陕西省地下水监测年鉴
（2011—2015年）

矿山地质灾害成灾机理与防控重点实验室
陕 西 省 地 质 环 境 监 测 总 站 编著

CUGP 中国地质大学出版社
ZHONGGUO DIZHI DAXUE CHUBANSHE

图书在版编目(CIP)数据

陕西省地下水监测年鉴:2011—2015年/矿山地质灾害成灾机理与防控重点实验室,陕西省地质环境监测总站编著. —武汉:中国地质大学出版社,2017.12

ISBN 978-7-5625-4134-9

Ⅰ.①陕…

Ⅱ.①矿…②陕…

Ⅲ.①地下水-水质监测-陕西-2011—2015-年鉴

Ⅳ.①P641.74-54

中国版本图书馆CIP数据核字(2017)第265343号

陕西省地下水监测年鉴(2011—2015年)

矿山地质灾害成灾机理与防控重点实验室
陕西省地质环境监测总站 编著

责任编辑:陈 琪 责任校对:周 旭

出版发行:中国地质大学出版社(武汉市洪山区鲁磨路388号) 邮政编码:430074
电 话:(027)67883511 传 真:67883580 E-mail:cbb @ cug.edu.cn
经 销:全国新华书店 http://cugp.cug.edu.cn

开本:880毫米×1230毫米 1/16 字数:428千字 印张:13.5
版次:2017年12月第1版 印次:2017年12月第1次印刷
印刷:武汉市籍缘印刷厂 印数:1—1000册

ISBN 978-7-5625-4134-9 定价:258.00元

《陕西省地下水监测年鉴(2011—2015年)》

编　委　会

前　言

陕西又称秦川，是中华文明的发祥地之一，位于中国西北内陆腹地，横跨黄河和长江两大流域。北山、秦岭山脉横断陕西，将全省分为陕北高原、关中盆地、秦巴山区三部分。陕西地下水开发利用追溯求源，已有数千年的历史，最早的水井位于咸阳沣西张家坡的西周遗址。中华人民共和国成立以来，地下水开发利用强度不断加大，满足了经济社会快速发展的需求，但同时产生了一系列环境地质问题。由于持续过量开采地下水，导致区域地下水位下降，形成水位降落漏斗，造成局部地下水资源衰减，形成含水层疏干、地面沉降、地裂缝、水质污染等一系列环境地质问题，给城市建设、生态安全带来隐患。

为了合理开发利用地下水资源，1955 年陕西省成立了地矿局地下水观测站，1991 年更名为陕西省地质环境监测总站（以下简称“总站”），主要承担全省地下水动态监测任务。目前全省已形成 1 个省级监测站和 10 个市级监测站的地质环境监测网。总站成立 60 年来，虽然机构历经多次变革，但承担全省地下水监测的职责一直没有改变。20 世纪，总站是单一的地下水监测机构，负责全省地下水的动态监测。20 世纪 80 年代后期，关中盆地地下水超采严重，地下水开采引起的地质环境问题日益突出，地面沉降、地裂缝活跃，导致地铁修建方案多次被否决，严重影响了西安市城市发展。为此，总站根据监测数据，多次向主管部门提出了控制地下水开采规模、缓解地面沉降速率、减缓地裂缝发育的防灾减灾建议，得到了政府采纳。从 20 世纪 90 年代后期开始，西安市关闭了大量自备水井，引入黑河水，解决了城市供水难题，也保护了城市地下水，使地面沉降与地裂缝发育趋缓。21 世纪以来，城区基本上不再开采地下水，从而使地铁、高层建筑群工程得以实施，地下水监测不仅为美丽西安建设提供了科学技术支撑，也为防灾减灾、保护城市安全提供了科学依据。

60 年来，通过地下水监测，我们研发了地下水监测新技术，开发出单井多层地下水监测装置、地下水监测井保护装置、地下水自动监测与数据传输系统等专利产品，不仅实现了地下水的自动化监测，也促进了科技进步，多次获得省部级科学技术奖。

60 年来，通过地下水监测，我们培养了一批地下水研究技术骨干，先后在《煤炭学报》《地质论评》《第四纪地质》《水文地质工程地质》等核心期刊发表了百余篇学术论文，繁荣了科学文化，促进了人才成长，先后有 3 人获得国务院政府特殊津贴，1 人被评为陕西省有突出贡献专家，多人被国土资源部、陕西省地质矿产勘查开发局、陕西省国土资源厅、陕西省应急办等授予先进个人称号。

60 年来，通过地下水监测，我们掌握了全省地下水动态，对地下水水位、水质演变规律进行了系统研究，初步掌握了地下水演化规律，为科学、合理利用地下水提供了大量基础资料。

60 年来，通过地下水监测，我们先后出版了《西安地区地下水位年鉴(1956—1977 年)》《西安地区地下水位年鉴(1978—1983 年)》《西安地区地下水位年鉴(1984—1988 年)》《宝鸡地区地下水位年鉴(1975—1985 年)》，涵盖了 1956—1985 年的全部监测数据，免费提供给地勘单位、政府机构和图书馆，履行了公益性地质调查队伍的职责，实现了资料共享。但由于各种原因，1986 年以来的监测成果未出版，使成果利用范围受到了一定影响。作为全省唯一的地质环境监测公益性队伍，我们有义务、有责任将监测成果提供给社会，发挥公益性队伍作用，促进社会经济发展。为此，2013 年 8 月，陕西省地质调查院启动"陕西省地下水动态研究"项目，整理历史监测数据并编辑出版年鉴是该项目的重要组成部分。项目启动后，我站将 1986—2015 年的地下水动态监测数据分 4 卷出版，分别为《陕西省地下水位年鉴(1986—2000 年)》《陕西省地下水位年鉴(2001—2010 年)》《陕西省地下水质年鉴(1996—2010 年)》《陕西省地下水监测年鉴(2011—2015 年)》，将全部监测数据原汁原味地展示在年鉴中，并公布了监测点分布图、监测点基本信息等资料，以期更好地发挥监测数据的社会作用。

今后，我们将每 5 年出版一卷《陕西省地下水监测年鉴》，以此方式向社会公布、提供监测数据。2016 年我省启动了国家地下水监测工程，国家地下水监测网络运行后，监测点将会覆盖全省行政区域，监测范围包括具有供水意义和生态意义的含水层，重点监测城市建设区、矿产资源集中开采区，为合理开发利用地下水、保护含水层提供科学依据。

在年鉴编辑过程中，得到了陕西省国土资源厅、陕西省地质调查院、各市县国土资源管理部门及地质环境监测站的大力支持，在此，我们一并表示衷心感谢。

陕西省地质环境监测总站

2016 年 12 月 10 日

目　　录

第一章　西安市 …………………………………………………………………… (1)
一、监测点基本情况 …………………………………………………………… (1)
二、监测点基本信息表 ………………………………………………………… (1)
三、地下水位资料 ……………………………………………………………… (6)
四、地下水质资料 ……………………………………………………………… (70)
第二章　咸阳市 …………………………………………………………………… (80)
一、监测点基本情况 …………………………………………………………… (80)
二、监测点基本信息表 ………………………………………………………… (80)
三、地下水位资料 ……………………………………………………………… (82)
四、地下水质资料 ……………………………………………………………… (116)
第三章　宝鸡市 …………………………………………………………………… (122)
一、监测点基本情况 …………………………………………………………… (122)
二、监测点基本信息表 ………………………………………………………… (122)
三、地下水位资料 ……………………………………………………………… (123)
四、地下水质资料 ……………………………………………………………… (142)
第四章　渭南市 …………………………………………………………………… (148)
一、监测点基本情况 …………………………………………………………… (148)
二、监测点基本信息表 ………………………………………………………… (148)
三、地下水位资料 ……………………………………………………………… (149)
四、地下水质资料 ……………………………………………………………… (170)
第五章　汉中市 …………………………………………………………………… (174)
一、监测点基本情况 …………………………………………………………… (174)
二、监测点基本信息表 ………………………………………………………… (174)
三、地下水位资料 ……………………………………………………………… (175)
四、地下水质资料 ……………………………………………………………… (184)
第六章　安康市 …………………………………………………………………… (188)
一、监测点基本情况 …………………………………………………………… (188)

二、监测点基本信息表 …… (188)
三、地下水位资料 …… (189)
四、地下水质资料 …… (196)
第七章 铜川市 …… (199)
一、监测点基本情况 …… (199)
二、监测点基本信息表 …… (199)
三、地下水质资料 …… (200)
第八章 榆林市 …… (203)
一、监测点基本情况 …… (203)
二、监测点基本信息表 …… (203)
三、地下水质资料 …… (204)
编制情况说明 …… (207)

第一章　西　安　市

一、监测点基本情况

西安市是闻名于世的历史名城和文化古都，是一带一路、千年丝绸之路的重要城市和起点城市。因长期过量开采地下水，已引起区域地下水位下降、地下水污染、地面沉降、地裂缝等地质环境问题。随着西安市逐步关停自备井，近年地下水位逐步上升，城区地面沉降、地裂缝等地质灾害得到有效遏制。

西安市地下水动态监测工作始于1956年，至今已有60多年历史。目前监测区北至渭河、南至秦岭山前、西起沣河、东至灞河，控制面积1400km²。本年鉴收录了2011—2015年西安市地下水监测数据，其中，水位监测点127个，水质监测点32个。

二、监测点基本信息表

（一）地下水位监测点基本信息表

地下水位监测点基本信息表

序号	点号	位置	地面高程(m)	孔深(m)	地下水类型	地貌单元	页码
1	GX2	西京电气公司	408.40	337.80	承压水	二级阶地	7
2	GQ17	周至焦楼小学	462.30	32.00	潜水	二级阶地	7
3	F16	户县光明乡孝中村	409.26	17.08	潜水	二级阶地	8
4	GQ27	高陵县岳慧乡江流村	398.00	16.45	潜水	二级阶地	9
5	N25	北郊尤家庄木器厂院内	386.60	254.27	承压水	二级阶地	10
6	S38	南郊财经学院门口	418.26	257.41	承压水	二级阶地	11
7	K22(J16)	灞桥乡东渠村(均衡场院内)	401.76	69.00	承压水	一级阶地	12
8	K395	北郊罗家寨村西1000m	388.93	32.81	潜水	二级阶地	14
9	K234主	北郊北玉峰村村西500m	384.13	147.00	承压水	二级阶地	15
10	K234付	北郊北玉峰村村西500m	384.91	95.40	潜水	二级阶地	17
11	N11	重型机械研究所	404.00	106.21	承压水	四级阶地	18
12	W16	塑料制品厂	391.51	240.00	承压水	二级阶地	18
13	W7-2	毛巾厂(3511厂)	402.44	246.84	承压水	一级阶地	19
14	N16	北郊秦川北库内机井	377.00	150.00	承压水	河漫滩	19
15	609	南郊二府庄村西南	412.75	\	潜水	二级阶地	19
16	E4	西安交通大学二村	428.96	252.00	承压水	黄土梁洼	19
17	N9	铁一村	412.35	\	承压水	黄土梁洼	20

续表

序号	点号	位置	地面高程(m)	孔深(m)	地下水类型	地貌单元	页码
18	K376	东方厂西门口	436.20	32.56	潜水	二级阶地	20
19	K273	东郊长乐坡西南	425.54	35.00	潜水	三级阶地	20
20	E12-1	筑路机械厂福利区	411.18	270.00	承压水	二级阶地	21
21	E10	西光厂福利区	430.30	276.00	承压水	黄土梁洼	22
22	E7	昆仑机械厂区	419.97	272.75	承压水	四级阶地	22
23	K413	兴庆公园游乐厂	414.09	＞60	潜水	黄土梁洼	22
24	612	南郊西万路口	416.34	43.43	潜水	二级阶地	23
25	S29	山口门公社二局仓库	406.88	\	承压水	二级阶地	23
26	＃4	南郊陕西师范大学	424.21	29.90	潜水	三级阶地	24
27	589	南郊黄金仓库	418.12	24.00	潜水	二级阶地	25
28	335	城区书院门小学	410.94	13.12	潜水	二级阶地	25
29	S4	大雁塔苗圃	431.32	262.14	承压水	黄土梁洼	26
30	529-1	西安技工学校	449.60	301.05	承压水	一级阶地	26
31	N5	北郊油漆分厂	407.40	250.00	承压水	黄土梁洼	27
32	N10	石家街仓库	407.61	228.00	承压水	四级阶地	27
33	E14	秦川机械厂院内	448.00	350.00	承压水	二级阶地	27
34	S14	213研究所	416.09	250.00	承压水	二级阶地	27
35	S19	九十号信箱	408.34	278.40	承压水	二级阶地	28
36	S26	西北工业大学	407.21	259.54	承压水	二级阶地	28
37	552-1	曲江乡政府院内	463.07	38.78	潜水	塬间洼地	28
38	S28	双水磨	408.40	300.33	承压水	一级阶地	28
39	W10	西安钢厂	402.19	266.00	承压水	一级阶地	28
40	W19	西安市农业学校	401.20	241.00	承压水	一级阶地	29
41	W2	西稍门航校	400.26	260.00	承压水	二级阶地	29
42	297-2	大庆路陈家门前	399.61	10.22	潜水	二级阶地	29
43	K422主	孙家围墙水峪南	385.94	99.75	承压水	一级阶地	30
44	K104	三水厂东公路东边	389.03	59.60	承压水	一级阶地	30
45	K421	大苏村北拐弯路处	389.27	79.94	承压水	一级阶地	31
46	K83-3主	西郊水源地(关家村北)	388.30	204.06	承压水	一级阶地	32
47	K83-3付	关家村村北	388.30	119.77	潜水	一级阶地	32
48	＃211	关家村村北	387.60	18.90	潜水	一级阶地	33
49	K110	纪杨医院北	388.37	36.32	承压水	一级阶地	34

续表

序号	点号	位置	地面高程(m)	孔深(m)	地下水类型	地貌单元	页码
50	K84-1 主	赵家堡村北	385.64	204.27	承压水	一级阶地	35
51	K84-1 付	西郊水源地(赵家堡村东)	385.35	126.86	潜水	一级阶地	36
52	K83-2 主	金家村西北	386.15	212.12	承压水	一级阶地	36
53	K83-2 付	西郊水源地	386.02	125.36	承压水	一级阶地	37
54	＃682	纪杨翻砂厂	392.82	18.30	潜水	一级阶地	38
55	K83-1 主	沣河管理站西南	387.95	211.56	承压水	一级阶地	39
56	K83-1 付	沣河管理站西南	387.67	131.90	潜水	一级阶地	40
57	K733 主	党家桥西南	387.68	105.62	承压水	一级阶地	40
58	K733 付	党家桥西南	387.68	50.04	潜水	一级阶地	41
59	＃1	西郊南桃村村北	387.80	90.72	潜水	一级阶地	42
60	K80-1	冯党村村北	388.89	201.64	潜水	一级阶地	43
61	K80-3	冯党村村北	398.89	73.50	承压水	一级阶地	44
62	K111	花园村村南	389.43	40.00	承压水	一级阶地	45
63	＃328-1	西郊土门市场东南	400.83	30.30	潜水	古河道	46
64	＃336-1	西安城西门里	401.54	\	潜水	二级阶地	46
65	K216	西北郊八家村西	383.73	58.44	潜水	一级阶地	47
66	K215-1	火烧寨炸药库门前	383.49	111.80	潜水	一级阶地	47
67	K214	北槐村北公路南	384.92	58.60	潜水	一级阶地	47
68	＃84-2	西郊北槐村东北	384.00	35.73	潜水	一级阶地	47
69	＃275	康家寨村南	385.89	24.01	潜水	一级阶地	48
70	＃401	西郊水源地火烧寨村南	383.66	53.53	潜水	一级阶地	48
71	＃S3-1	南关村东北	382.10	48.30	潜水	一级阶地	48
72	S7	沙岭村村北	380.90	20.80	潜水	一级阶地	48
73	K201	西北郊山岑东北角	385.71	50.97	潜水	一级阶地	48
74	S9	沙河村村南	379.40	19.00	潜水	一级阶地	49
75	S11	八兴滩西南	378.00	18.80	潜水	一级阶地	49
76	S2	贺家村东北	382.00	45.20	潜水	一级阶地	49
77	＃115	大苏村西北角地中	388.45	50.72	潜水	一级阶地	49
78	＃135-1	新农村南西	386.89	20.90	潜水	一级阶地	50
79	＃85-1	小章村东民井	385.90	49.80	潜水	一级阶地	50
80	＃92	樊家村村北	386.20	20.20	潜水	一级阶地	50
81	＃100	西郊水源地北陶村北	388.67	16.20	潜水	一级阶地	50

续表

序号	点号	位置	地面高程(m)	孔深(m)	地下水类型	地貌单元	页码
82	＃113	南桃村村南	388.15	24.20	潜水	一级阶地	51
83	＃111	花园村西北	389.90	34.50	潜水	一级阶地	51
84	K106	聚家庄村西	395.14	31.23	潜水	二级阶地	51
85	＃635-1	西围墙村南	396.00	62.24	潜水	一级阶地	51
86	K423	岳旗寨小学校院内	400.33	63.48	承压水	一级阶地	52
87	K735	东曹村北	399.99	156.39	承压水	一级阶地	52
88	＃276	西郊花园村西北	389.69	17.00	潜水	一级阶地	52
89	S16	东郊田王三队	407.89	150.00	承压水	一级阶地	52
90	K45	灞东赵庄高速路出口	429.57	65.00	承压水	洪积扇	53
91	K25	灞桥读书村	393.68	62.46	潜水	一级阶地	54
92	J12	灞西柴家村东南 30 米	399.35	27.70	潜水	漫滩	54
93	C32	灞西安家村南地中	410.14	22.76	潜水	漫滩	55
94	＃30	灞西安家村北 20 米	405.99	37.29	潜水＋承压水	漫滩	55
95	C30	灞西上庄村东约 30 米	405.32	\	潜水	漫滩	55
96	J6	灞东 22 号生产井西 90m 处	404.39	26.49	潜水	一级阶地	56
97	K26	灞东歇家寺南菜地中	397.87	35.30	潜水	二级阶地	56
98	Ⅱ2-10	灞西生产井	400.20	64.40	潜水	漫滩	57
99	Ⅱ1-20	灞东生产井	402.93	85.00	潜水	漫滩	57
100	Ⅱ3-3	灞东生产井	394.57	100.00	潜水	漫滩	57
101	W2	未央区渭滨水源地生产井	373.89	127.00	潜水＋承压水	滩心	57
102	W10	未央区渭滨水源地生产井	375.42	270.00	潜水＋承压水	漫滩	58
103	W22	未央区渭滨水源地生产井	375.12	200.00	潜水＋承压水	漫滩	59
104	＃23	渭滨水源地地中民井	373.10	15.98	潜水	漫滩	59
105	K394	曹家堡村南地中	382.65	28.00	潜水	二级阶地	60
106	K34	北郊赵村西南地中铁塔下	392.81	31.00	潜水	二级阶地	60
107	K233 主	黄家庄东房屋下	385.26	200.00	承压水	二级阶地	61
108	K234-1	北玉峰村西地中	384.10	33.08	潜水	二级阶地	62
109	＃93-1	秦川北库自备井	377.07	60.00	潜水	二级阶地	62
110	N14	北郊 330 变电所内自备井	393.40	300.00	承压水	二级阶地	63
111	N20	北郊楼阁台村自备井	380.33	150.00	承压水	二级阶地	63
112	K79-1 付	北郊农场东站管理站外	374.65	54.00	潜水	一级阶地	63
113	K79-2 主	北郊农场东站管理站外	374.31	64.00	承压水	一级阶地	63

续表

序号	点号	位置	地面高程(m)	孔深(m)	地下水类型	地貌单元	页码
114	Ⅱ2-4	浐灞河水源地生产井	404.20	149.00	承压水	漫滩	64
115	Ⅱ2-1	浐灞河水源地生产井	400.81	64.42	承压水	漫滩	64
116	深 1-1	浐灞河水源地生产井	399.50	120.00	承压水	漫滩	65
117	深 1-5	灞河东水源地生产井	400.76	150.00	承压水	漫滩	65
118	Ⅱ1-17	灞河东水源地生产井	402.60	136.20	承压水潜水+承压水	一级阶地	65
119	Ⅱ1-18	灞河东水源地生产井	402.53	83.60	潜水	漫滩	65
120	Ⅱ2-14	灞河西水源地生产井	410.02	26.00	潜水	漫滩	66
121	W14	渭滨水源地生产井	375.87	142.00	潜水+承压水	漫滩	66
122	W15	渭滨水源地生产井	376.40	202.02	承压水	漫滩	67
123	W6	渭滨水源地生产井	374.84	152.30	潜水+承压水	漫滩	67
124	J1	东渠村均衡场内	403.03	29.32	潜水	一级阶地	68
125	W25	渭滨水源地生产井	373.10	229.30	承压水	高漫滩	69
126	K23	灞西水源地下庄村东	404.39	19.28	潜水	漫滩	69
127	＃K104-1	西郊三水厂东	388.48		潜水	漫滩	69

(二)地下水质监测点基本信息表

地下水质监测点基本信息表

序号	点号	位置	地下水类型	页码
1	＃23	渭滨水源地中(10 号附近)民井	潜水	70
2	K83-4	天台四路腾龙锻压机械有限公司	潜水	70
3	K79-1 付	农五队一处	潜水	70
4	K83-1 主	沣河水源地 28 号井	承压水	70
5	GX2	西京电气总公司	承压水	70
6	K234 主	北郊北玉峰村西路边	承压水	70
7	54	阿房三路西安长太特种有限公司	承压水	70
8	166	北郊老洼滩村南机井	潜水	72
9	297	火烧碑陕西龙兴包装有限公司	潜水	72
10	C136	鱼化寨省水利机械厂	承压水	72
11	335	书院门小学	潜水	72
12	395	牛王庙村西南路边 3 号机井	潜水	72
13	281	三桥石化大道西段 80＃孙家围墙	潜水	72
14	585	老人仓丁字路口康福便民站	潜水	72

续表

序号	点号	位置	地下水类型	页码
15	J16	灞河水源地	潜水	74
16	E14	秦川厂	潜水	74
17	S38	丈八东路路桥集团第二公路工程公司	承压水	74
18	N25	北郊尤家庄建华木器厂内	承压水	74
19	F16	户县甘亭镇孝义坊孝中村	潜水	74
20	GQ27	高陵县岳慧乡江流村	潜水	74
21	GQ17	周至县马召乡焦楼村	潜水	74
22	K104	皂河水源地花园井	承压水	74
23	K234付	北郊北玉峰村西路边(南排)	承压水	76
24	K376	东郊等驾坡街道办水塔井	潜水	76
25	K394	北郊曹家村S路S	潜水	76
26	K395	北郊阁老门村南路东(石化大道)	潜水	76
27	K413	新廓们(兴庆公园北门东136号)	潜水	74
28	E10	十里铺米秦路苏王村水塔井下	承压水	76
29	C172	三兆通信大队	承压水	76
30	W22	北郊渭滨水源地22号井	承压水	76
31	K34	北郊呼沱寨村旺家福库房	潜水	78
32	K733付	沣河水源地	潜水	78

三、地下水位资料

西安市地下水位资料表

水位单位:m

点号	年份	1月		2月		3月		4月		5月		6月		7月		8月		9月		10月		11月		12月		年平均
		日	水位	日	水位	日	水位	日	水位	日	水位	日	水位	日	水位	日	水位	日	水位	日	水位	日	水位	日	水位	
GX2	2011	10	57.42	10	56.93	10	56.49	10	56.85	10	57.89	10	57.21	10	57.45	10	58.51	10	58.90	10	58.14	10	57.76	10	56.74	57.44
		20	57.45	20	56.45	20	56.64	20	56.58	20	57.61	20	57.14	20	57.53	20	58.42	20	58.69	20	57.73	20	57.59	20	56.81	
		30	57.38	30	56.48	30	56.92	30	56.75	30	57.28	30	57.29	30	58.34	30	58.27	30	58.45	30	57.80	30	57.28	30	56.63	
	2012	5	56.72	5	55.61	5	54.74	5	54.71	5	55.85	5	57.74	5	58.77	5	59.69	5	59.94	5	59.72	5	59.23	5	58.53	57.63
		15	56.44	15	55.27	15	54.81	15	54.87	15	56.26	15	57.96	15	58.98	15	60.09	15	60.26	15	59.78	15	59.05	15	57.92	
		25	56.13	25	54.87	25	54.60	25	55.03	25	56.79	25	58.64	25	59.22	25	60.00	25	60.42	25	59.58	25	58.80	25	57.64	
	2013	10		10		10		10		10		10		10	56.93	10	56.63	10	56.85	10	57.85	10	58.31	10	58.54	57.59
		20		20		20		20		20		20		20	57.19	20	56.65	20	58.52	20	57.98	20	57.30	20	58.48	
		30		30		30		30		30		30		30	56.73	30	56.61	30	58.01	30	58.85	30	57.13	30	58.01	
	2014	10	58.05	10	55.94	10	55.97	10	55.96	10	55.98	10	55.35	10	56.93	10	56.70	10	57.72	10	59.33	10	59.17	10	58.94	57.21
		20	58.02	20	55.85	20	55.97	20	55.76	20	56.10	20	55.71	20	57.49	20	56.99	20	59.07	20	59.25	20	58.85	20	58.85	
		30	57.82	30	55.90	30	55.97	30	55.60	30	55.32	30	56.93	30	55.92	30	57.07	30	58.72	30	59.15	30	58.73	30	58.41	
	2015	5	58.63	5	58.66	5	56.92	5	56.97	5	57.29	5	59.89	5	61.98	5	62.02	5	61.55	5	60.55	5	57.74	5	56.30	58.92
		10	58.70	10	58.42	10	56.60	10	56.39	10	57.81	10	59.90	10	62.04	10	62.08	10	62.10	10	60.14	10	57.35	10	56.04	
		15	58.36	15	58.16	15	56.45	15	56.27	15	58.28	15	60.03	15	62.08	15	61.93	15	62.04	15	59.82	15	57.16	15	56.11	
		20	58.44	20	57.53	20	56.53	20	56.92	20	58.49	20	60.92	20	61.99	20	61.54	20	61.52	20	59.24	20	57.22	20	55.94	
		25	58.91	25	56.91	25	56.54	25	57.21	25	59.79	25	60.58	25	61.97	25	61.23	25	61.50	25	58.54	25	57.35	25	55.58	
		30	58.75	30	56.77	30	56.73	30	57.26	30	59.81	30	62.09	30	62.00	30	61.72	30	61.22	30	57.83	30	57.26	30	55.67	
GQ17	2011	10	32.90	10	33.65	10	35.00	10	36.15	10	36.50	10	35.55	10	33.05	10	29.80	10	29.57	10	26.30	10	26.57	10	26.59	31.74
		20	33.40	20	34.10	20	35.38	20	36.15	20	36.80	20	34.75	20	31.65	20	29.70	20	28.05	20	26.40	20	26.65	20	27.30	
		30	32.55	30	34.80	30	35.90	30	36.30	30	39.62	30	34.57	30	30.40	30	29.80	30	26.00	30	26.47	30	26.70	30	27.60	

续表

点号	年份	1月		2月		3月		4月		5月		6月		7月		8月		9月		10月		11月		12月		年平均
		日	水位	日	水位	日	水位	日	水位	日	水位	日	水位	日	水位	日	水位	日	水位	日	水位	日	水位	日	水位	
GQ17	2012	10	27.95	10	28.20	10	28.80	10	30.30	10	31.55	10	31.25	10	31.10	10	29.30	10	29.90	10	29.80	10	31.70	10	33.40	30.30
		20	27.90	20	28.25	20	29.10	20	30.60	20	31.90	20	30.50	20	30.80	20	29.70	20	29.60	20	30.30	20	31.90	20	33.70	
		30	27.95	30	28.50	30	29.55	30	31.55	30	31.35	30	30.00	30	30.55	30	29.90	30	29.70	30	30.80	30	32.60	30	33.90	
	2013	10	34.40	10	35.35	10	36.60	10	36.60	10	38.80	10	37.20	10	36.10	10	33.18	10	34.20	10	35.55	10	36.55	10	37.85	36.20
		20	34.75	20	35.85	20	36.90	20	37.60	20	38.95	20	35.40	20	34.95	20	33.00	20	34.30	20	36.30	20	37.25	20	37.90	
		30		30	36.25	30	37.25	30	38.37	30	39.14	30	35.74	30	33.70	30	33.20	30	35.20	30	36.48	30	37.73	30	38.30	
	2014	10	38.23	10	39.05	10	39.53	10		10		10	37.21	10	38.15	10	38.20	10		10	34.53	10	35.00	10	35.35	37.24
		20	38.33	20	39.15	20		20		20		20	37.51	20	38.25	20	38.30	20		20	34.60	20	35.08	20	36.00	
		30	38.70	30	39.35	30		30		30		30	37.70	30	38.33	30	38.40	30		30	34.70	30	35.15	30	36.30	
	2015	10	36.90	10	37.60	10	38.50	10	38.80	10	36.40	10	35.50	10	35.50	10		10	35.10	10		10		10		36.68
		20	37.15	20	37.95	20	38.00	20	38.00	20	36.00	20	36.00	20	34.50	20		20	35.30	20		20		20		
		30	37.40	30	38.00	30	38.70	30	37.05	30	35.60	30	36.00	30	34.85	30		30	35.50	30		30		30		
F16	2011	10	6.79	10	6.66	10	7.18	10	6.80	10	6.75	10	6.75	10	7.00	10	6.88	10	6.79	10	5.40	10	5.20	10	5.11	6.43
		20	6.74	20	7.01	20	6.88	20	6.79	20	6.73	20	7.21	20	6.98	20	6.86	20	6.56	20	5.32	20	5.18	20	5.08	
		30	6.70	30	7.38	30	6.90	30	6.76	30	6.77	30	7.23	30	6.99	30	6.84	30	5.58	30	5.33	30	5.15	30	5.06	
	2012	10	4.85	10	4.81	10	4.76	10		10		10		10		10		10	6.64	10	6.45	10	6.41	10	6.37	5.74
		20	4.83	20	4.79	20	4.71	20		20		20		20		20		20	6.58	20	6.40	20	6.43	20	6.41	
		30	4.82	30	4.77	30	4.68	30		30		30		30		30		30	6.48	30	6.42	30	6.45	30	6.43	
	2013	10	6.74	10	6.73	10	6.84	10	6.78	10	6.85	10	6.87	10	7.07	10	6.97	10		10	7.13	10	6.41	10	7.39	6.90
		20	6.74	20	6.75	20	6.72	20	6.73	20	6.85	20	6.90	20	7.00	20	7.06	20		20	7.21	20	6.45	20	7.43	
		30	6.74	30	6.69	30	6.74	30	6.84	30	6.87	30	6.96	30	7.02	30	7.07	30		30	7.33	30	6.35	30	7.45	

续表

点号	年份	1月		2月		3月		4月		5月		6月		7月		8月		9月		10月		11月		12月		年平均
		日	水位	日	水位	日	水位	日	水位	日	水位	日	水位	日	水位	日	水位	日	水位	日	水位	日	水位	日	水位	
F16	2014	10	7.56	10	7.70	10	7.70	10	7.78	10	7.76	10	8.20	10	9.07	10	11.59	10	8.98	10	8.00	10		10	7.75	8.33
		20	7.85	20	7.74	20	7.60	20	7.76	20	7.78	20	8.70	20	9.03	20	9.35	20	8.61	20	7.93	20		20	7.80	
		30	8.00	30	7.68	30	7.86	30	7.73	30	7.75	30	9.01	30	11.76	30	9.16	30	8.00	30	7.88	30		30	7.85	
	2015	10	8.65	10	8.05	10	8.60	10	8.23	10	8.24	10	8.36	10	8.80	10	9.98	10	8.72	10	8.65	10	8.42	10	8.53	8.70
		20	9.05	20	7.98	20	8.60	20	8.24	20	8.23	20	10.61	20	9.20	20	8.98	20	8.68	20	8.58	20	8.56	20	8.58	
		30	8.30	30	8.40	30	8.60	30	8.28	30	8.31	30	9.21	30	10.17	30	8.88	30	8.62	30	8.55	30	8.62	30	8.64	
GQ27	2011	10	7.96	10	7.75	10	8.93	10	9.10	10	7.20	10	7.10	10	7.00	10	6.70	10	6.50	10	7.95	10	8.15	10	8.40	7.56
		20	7.85	20	7.53	20	8.90	20	9.20	20	7.05	20	7.00	20	6.50	20	6.40	20	6.00	20	7.75	20	8.25	20	8.30	
		30	7.60	30	7.36	30	8.94	30	9.30	30	6.90	30	6.50	30	6.10	30	6.20	30	5.50	30	7.65	30	8.40	30	8.35	
	2012	10	8.60	10	8.70	10	8.95	10	7.95	10	9.81	10	9.55	10	9.44	10	7.85	10	6.05	10	6.25	10	6.50	10	7.70	8.02
		20	8.40	20	8.55	20	8.88	20	7.70	20	9.71	20	9.44	20	9.31	20	7.50	20	6.15	20	6.30	20	6.57	20	7.90	
		30	8.55	30	8.60	30	8.75	30	7.55	30	9.62	30	9.32	30	9.11	30	6.10	30	6.20	30	6.45	30	6.70	30	8.05	
	2013	10	8.20	10	9.30	10	10.32	10	10.63	10	9.10	10	9.15	10	8.10	10	8.35	10	9.10	10	9.50	10	10.20	10	9.19	9.37
		20	8.35	20	9.45	20	10.30	20	10.63	20	9.10	20	9.17	20	8.30	20	8.40	20	9.30	20	10.00	20	10.25	20	9.20	
		30	8.50	30	9.55	30	10.29	30	10.75	30	9.15	30	9.17	30	8.50	30	8.55	30	9.45	30	10.20	30	10.35	30	9.10	
	2014	10	9.30	10	10.15	10	10.35	10	7.30	10	7.50	10	7.60	10	8.50	10	8.45	10	7.10	10	6.10	10	6.30	10		8.20
		20	9.50	20	10.30	20	10.40	20	7.45	20	7.55	20	7.63	20	8.70	20	8.50	20	7.30	20	6.15	20	6.35	20		
		30	10.10	30	10.35	30	10.50	30	7.50	30	7.60	30	7.68	30	9.10	30	8.67	30	7.80	30	6.35	30	6.45	30		
	2015	10	6.70	10	6.81	10	6.65	10	7.10	10	7.35	10	8.10	10	8.30	10	7.20	10	7.05	10	7.30	10	7.40	10		7.36
		20	6.76	20	6.85	20	6.68	20	7.15	20	7.50	20	8.20	20	8.37	20	7.45	20	7.20	20	7.35	20	7.35	20		
		30	6.80	30	6.87	30	6.70	30	7.25	30	8.05	30	8.25	30	8.45	30	7.60	30	7.30	30	7.45	30	7.47	30		

续表

点号	年份	1月		2月		3月		4月		5月		6月		7月		8月		9月		10月		11月		12月		年平均
		日	水位	日	水位	日	水位	日	水位	日	水位	日	水位	日	水位	日	水位	日	水位	日	水位	日	水位	日	水位	
N25	2011	5	35.39	5	35.37	5	34.54	5	34.24	5	35.17	5	35.50	5	35.78	5	35.54	5	35.54	5	35.36	5	34.34	5	34.26	35.05
		10	35.49	10	34.79	10	34.59	10	34.79	10	35.19	10	35.47	10	35.61	10	35.56	10	35.39	10	35.44	10	34.38	10	34.29	
		15	35.19	15	34.21	15	34.73	15	34.88	15	35.30	15	35.42	15	35.55	15	35.62	15	35.44	15	35.48	15	34.33	15	34.18	
		20	34.97	20	34.69	20	34.73	20	35.17	20	35.12	20	35.48	20	35.58	20	35.52	20	35.41	20	35.51	20	34.23	20	34.27	
		25	35.24	25	34.64	25	34.64	25	35.26	25	34.97	25	35.45	25	35.59	25	35.50	25	35.53	25	35.39	25	34.15	25	34.19	
		30	35.16	30	34.29	30	34.71	30	35.21	30	35.12	30	35.60	30	35.52	30	35.43	30	35.40	30	35.49	30	34.27	30	34.17	
	2012	5	34.09	5		5	33.94	5	34.48	5	34.87	5	34.98	5	35.40	5	35.58	5	35.47	5	34.58	5	34.15	5	34.54	34.80
		10		10		10	34.17	10	34.55	10	34.89	10	35.07	10	35.36	10	35.67	10	35.44	10	34.34	10	34.27	10	34.39	
		15		15		15	34.28	15	34.52	15	34.93	15	35.05	15	36.29	15	35.86	15	35.39	15	34.38	15	34.30	15	34.19	
		20		20		20	34.13	20	34.69	20	34.99	20	34.04	20	35.34	20	35.75	20	35.33	20	34.40	20	34.63	20	34.07	
		25		25		25	34.16	25	34.74	25	35.02	25	34.47	25	35.36	25	35.69	25	34.84	25	34.36	25	34.59	25	34.17	
		30		30	34.26	30	34.32	30	34.81	30	35.07	30	35.61	30	35.61	30	35.50	30	34.89	30	34.28	30	34.57	30	34.23	
	2013	5	34.31	5	35.11	5	34.31	5	35.04	5	35.41	5	35.68	5	36.05	5	35.50	5	35.42	5	35.23	5	34.52	5	35.50	35.19
		10	34.51	10	34.63	10	34.94	10	35.08	10	35.48	10	35.63	10	35.98	10	35.24	10	35.46	10	35.15	10	34.45	10	35.49	
		15	34.57	15	34.54	15	34.86	15	35.11	15	35.47	15	35.53	15	36.02	15	35.18	15	35.53	15	35.02	15	34.38	15	35.51	
		20	34.66	20	34.47	20	34.92	20	35.19	20	35.61	20	35.64	20	35.88	20	35.26	20	35.61	20	34.90	20	34.29	20	35.56	
		25	34.93	25	34.20	25	35.09	25	35.23	25	35.82	25	35.83	25	35.67	25	35.34	25	35.50	25	34.78	25	34.33	25	35.49	
		30	35.19	30	34.39	30	35.20	30	35.27	30	35.79	30	35.98	30	35.44	30	35.68	30	35.32	30	34.65	30	35.48	30	35.48	
	2014	5	35.61	5	34.74	5	35.01	5	35.42	5	35.01	5	35.56	5	36.87	5	37.73	5	37.32	5	35.57	5	35.30	5	35.25	35.80
		10	35.69	10	34.46	10	35.08	10	35.41	10	35.15	10	35.70	10	37.04	10	37.48	10	37.06	10	35.46	10	35.25	10	35.32	
		15	35.66	15	34.46	15	35.24	15	35.29	15	35.20	15	35.98	15	37.07	15	37.30	15	36.77	15	35.33	15	35.31	15	35.40	

续表

点号	年份	1月		2月		3月		4月		5月		6月		7月		8月		9月		10月		11月		12月		年平均
		日	水位	日	水位	日	水位	日	水位	日	水位	日	水位	日	水位	日	水位	日	水位	日	水位	日	水位	日	水位	
N25	2014	20	35.67	20	34.63	20	35.43	20	35.15	20	35.32	20	36.32	20	37.28	20	37.17	20	36.60	20	35.22	20	35.34	20	35.51	35.80
		25	35.55	25	34.80	25	35.23	25	35.09	25	35.53	25	36.59	25	37.52	25	37.26	25	36.19	25	35.36	25	35.27	25	35.62	
		30	35.52	30	34.89	30	35.33	30	34.98	30	35.52	30	36.75	30	37.72	30	37.44	30	35.78	30	35.42	30	35.23	30	35.60	
	2015	5	35.59	5	35.52	5	34.87	5	35.00	5	35.06	5	35.70	5	36.09	5	19.93	5	38.10	5	37.21	5	36.97	5	36.86	35.98
		10	35.56	10	35.44	10	35.01	10	34.95	10	35.14	10	35.68	10	36.28	10	37.79	10	38.08	10	37.00	10	36.68	10	36.84	
		15	35.54	15	35.38	15	35.24	15	34.79	15	35.17	15	35.99	15	36.50	15	37.86	15	37.95	15	36.99	15	36.58	15	36.82	
		20	35.46	20	35.15	20	35.41	20	34.71	20	35.31	20	36.20	20	36.65	20	37.86	20	37.82	20	36.96	20	36.84	20	36.53	
		25	35.48	25	34.81	25	35.28	25	34.82	25	35.41	25	36.22	25	36.88	25	37.88	25	37.68	25	36.95	25	36.90	25	36.33	
		30	35.45	30	34.76	30	35.08	30	34.99	30	35.64	30	36.12	30	37.26	30	38.07	30	37.48	30	36.94	30	36.89	30	36.33	
S38	2011	5	86.51	5	86.26	5	86.69	5	86.32	5	86.16	5	85.92	5	85.97	5	85.95	5	85.88	5	85.48	5	85.33	5	84.76	85.86
		10	86.45	10	86.38	10	86.57	10	86.25	10	86.13	10	85.86	10	85.86	10	86.00	10	85.76	10	85.43	10	85.28	10	84.64	
		15	86.39	15	86.44	15	86.62	15	86.27	15	86.19	15	85.96	15	85.95	15	85.94	15	85.68	15	85.36	15	85.22	15	84.50	
		20	86.33	20	86.48	20	86.53	20	86.18	20	86.26	20	86.00	20	85.89	20	85.98	20	85.62	20	85.50	20	85.18	20	84.36	
		25	86.26	25	86.70	25	86.47	25	86.24	25	86.14	25	85.91	25	85.98	25	85.90	25	85.66	25	85.62	25	85.11	25	84.18	
		30	86.11	30	86.77	30	86.41	30	86.21	30		30	86.07	30	85.89	30	85.86	30	85.57	30	85.37	30	84.99	30	84.04	
	2012	5	83.98	5	83.62	5	83.47	5	83.25	5	83.28	5	83.40	5	83.05	5	82.64	5	82.44	5	81.98	5	81.76	5	81.39	82.78
		10	83.92	10	83.65	10	83.40	10	83.22	10	83.37	10	83.32	10	82.94	10	82.50	10	82.58	10	81.96	10	81.80	10	81.34	
		15	83.80	15	83.50	15	83.44	15	83.28	15	83.49	15	83.19	15	82.86	15	82.58	15	82.51	15	81.90	15	81.87	15	81.21	
		20	83.86	20	83.47	20	83.32	20	83.20	20	83.63	20	83.27	20	82.82	20	82.51	20	82.32	20	81.84	20	81.68	20	81.37	
		25	83.75	25	83.53	25	83.39	25	83.27	25	83.70	25	83.16	25	82.69	25	82.54	25	82.24	25	81.77	25	81.52	25	81.42	
		30	83.78	30	83.42	30	83.22	30	83.18	30	83.65	30	83.09	30	82.63	30	82.33	30	82.01	30	81.71	30	81.33	30	81.31	

续表

点号	年份	1月		2月		3月		4月		5月		6月		7月		8月		9月		10月		11月		12月		年平均
		日	水位	日	水位	日	水位	日	水位	日	水位	日	水位	日	水位	日	水位	日	水位	日	水位	日	水位	日	水位	
S38	2013	5	81.74	5	80.96	5	80.33	5	80.23	5	80.24	5	79.92	5	80.36	5	78.23	5	78.17	5	78.77	5	79.02	5	78.72	79.73
		10	82.23	10	80.88	10	80.25	10	80.28	10	80.16	10	79.48	10	80.38	10	78.79	10	78.21	10	78.68	10	78.90	10	78.73	
		15	82.62	15	80.77	15	80.14	15	80.11	15	80.27	15	79.31	15	80.37	15	78.76	15	78.20	15	78.76	15	79.06	15	78.69	
		20	81.99	20	80.64	20	80.20	20	80.18	20	80.09	20	79.56	20	80.38	20	78.79	20	78.19	20	78.81	20	78.93	20	78.63	
		25	81.71	25	80.69	25	80.27	25	80.25	25	80.04	25	79.65	25	80.38	25	78.77	25	79.01	25	78.65	25	78.78	25	78.60	
		30	81.07	30	80.44	30	80.11	30	80.12	30	79.96	30	79.81	30	80.37	30	78.91	30	79.91	30	78.74	30	78.71	30	78.63	
	2014	5	78.54	5	78.57	5	77.81	5	77.24	5	77.31	5	77.58	5	77.45	5	78.83	5	79.17	5	79.49	5	79.09	5		78.19
		10	78.56	10	78.48	10	77.18	10	77.28	10	77.53	10	77.57	10	77.44	10	79.17	10	79.13	10	79.50	10	78.89	10		
		15	78.40	15	78.50	15	77.50	15	77.19	15	77.39	15	77.54	15	77.47	15	79.19	15	79.05	15	79.49	15	78.92	15		
		20	78.51	20	78.48	20	77.77	20	77.21	20	77.46	20	77.56	20	78.01	20	79.52	20	78.83	20	79.52	20		20		
		25	78.60	25	78.52	25	77.23	25	77.23	25	77.37	25	77.44	25	78.03	25	79.29	25	77.33	25	79.47	25		25		
		30	78.37	30	78.51	30	77.21	30	77.16	30	77.48	30	77.45	30	78.02	30	79.20	30	77.17	30	79.45	30		30		
	2015	5	78.48	5	78.69	5	77.98	5	77.95	5	77.57	5	77.49	5	76.49	5	76.71	5	76.76	5	76.81	5	76.99	5	76.83	77.36
		10	78.46	10	78.64	10	77.97	10	78.31	10	77.39	10	77.52	10	76.96	10	76.75	10	76.77	10	76.74	10	77.01	10	76.59	
		15	78.75	15	78.60	15	77.92	15	78.11	15	77.54	15	77.05	15	77.05	15	76.62	15	76.74	15	76.77	15	77.03	15	76.84	
		20	78.44	20	78.57	20	77.94	20	77.93	20	77.59	20	77.04	20	76.98	20	76.63	20	76.80	20	76.78	20	76.61	20	76.78	
		25	78.45	25	78.54	25	77.91	25	77.91	25	77.66	25	77.18	25	76.97	25	76.63	25	76.77	25	76.75	25	76.74	25	76.54	
		30		30	78.57	30	77.90	30	78.00	30	77.61	30	77.24	30	76.88	30	76.76	30	76.47	30	76.77	30	76.78	30	76.55	
K22(J16)	2011	5	39.72	5	39.95	5	40.17	5	39.94	5	39.80	5	38.87	5	38.34	5	38.38	5	37.00	5	36.13	5	35.36	5	35.11	38.06
		10	39.91	10	40.00	10	40.24	10	39.89	10	39.69	10	38.72	10	38.56	10	38.22	10	36.76	10	35.98	10	35.07	10	35.10	
		15	39.82	15	40.10	15	40.26	15	39.76	15	39.62	15	38.52	15	38.58	15	37.73	15	36.59	15	35.68	15	35.13	15	34.85	

续表

点号	年份	1月		2月		3月		4月		5月		6月		7月		8月		9月		10月		11月		12月		年平均
		日	水位	日	水位	日	水位	日	水位	日	水位	日	水位	日	水位	日	水位	日	水位	日	水位	日	水位	日	水位	
K22 (J16)	2011	20	39.96	20	40.20	20	40.22	20	39.72	20	39.58	20	38.64	20	38.61	20	37.50	20	36.48	20	35.44	20	35.10	20	34.60	38.06
		25	39.97	25	40.25	25	39.94	25	39.64	25	39.22	25	38.62	25	38.82	25	37.40	25	36.53	25	35.45	25	35.08	25	34.56	
		30	40.03	30	40.32	30	40.16	30	39.69	30	39.23	30	38.61	30	38.58	30	37.11	30	36.50	30	35.56	30	35.20	30	34.35	
	2012	5	34.30	5	34.09	5	33.91	5	34.33	5	34.44	5	33.99	5	34.94	5	35.42	5	35.38	5	35.63	5	36.33	5	36.06	35.01
		10	34.32	10	34.10	10	33.82	10	34.41	10	34.46	10	33.74	10	34.95	10	35.78	10	35.42	10	35.93	10	36.42	10	36.02	
		15	34.18	15	34.01	15	34.00	15	34.75	15	34.49	15	34.45	15	34.99	15	35.52	15	35.48	15	35.61	15	36.50	15	35.98	
		20	34.40	20	34.23	20	34.14	20	34.76	20	34.41	20	34.56	20	35.11	20	35.45	20	35.46	20	36.27	20	36.46	20	35.98	
		25	34.32	25	34.09	25	34.13	25	34.61	25	33.92	25	34.71	25	35.10	25	35.55	25	35.72	25	35.53	25	36.56	25	35.98	
		30	34.26	30	34.01	30	34.22	30	34.48	30	34.16	30	34.80	30	35.52	30	35.51	30	35.62	30	36.53	30	36.14	30	36.15	
	2013	5	36.06	5	36.83	5	37.67	5	38.16	5	38.66	5	39.02	5	39.52	5	39.87	5	39.72	5	40.96	5	39.41	5	40.05	38.97
		10	36.02	10	36.86	10	37.22	10	38.63	10	39.24	10	39.15	10	39.64	10	39.56	10	39.85	10	40.33	10	39.28	10	40.05	
		15	35.98	15	37.37	15	37.89	15	38.67	15	39.25	15	39.22	15	39.81	15	39.39	15	39.92	15	40.31	15	39.43	15	40.09	
		20	36.98	20	37.44	20	37.96	20	38.66	20	39.25	20	39.18	20	39.97	20	39.54	20	39.91	20	40.17	20	39.58	20	39.85	
		25	36.95	25	37.44	25	37.86	25	38.80	25	39.26	25	39.26	25	40.14	25	39.78	25	39.95	25	40.31	25	39.31	25	40.03	
		30	36.12	30	37.55	30	38.09	30	39.00	30	39.14	30	39.45	30	40.15	30	39.56	30	40.05	30	40.07	30	39.52	30	40.16	
	2014	5	40.15	5	39.57	5	40.43	5	40.51	5	40.80	5	41.23	5	41.48	5	42.09	5	42.56	5	42.24	5	41.96	5	41.82	41.31
		10	40.40	10	39.70	10	40.50	10	40.85	10	40.95	10	41.34	10	41.43	10	41.91	10	42.44	10	42.35	10	42.13	10	41.68	
		15	40.29	15	39.84	15	40.47	15	40.94	15	40.78	15	41.43	15	41.07	15	41.92	15	42.40	15	41.92	15	42.24	15	41.81	
		20	40.41	20	39.98	20	40.57	20	41.00	20	40.80	20	41.48	20	41.30	20	42.04	20	42.15	20	42.05	20	42.15	20	42.05	
		25	39.74	25	40.20	25	40.88	25	40.58	25	40.88	25	41.82	25	41.56	25	42.10	25	42.11	25	42.15	25	42.26	25	42.10	
		30	39.44	30	40.29	30	40.80	30	40.71	30	41.08	30	41.63	30	41.49	30	42.27	30	42.17	30	42.14	30	42.07	30	42.01	

续表

点号	年份	1月		2月		3月		4月		5月		6月		7月		8月		9月		10月		11月		12月		年平均
		日	水位	日	水位	日	水位	日	水位	日	水位	日	水位	日	水位	日	水位	日	水位	日	水位	日	水位	日	水位	
K22(J16)	2015	5	41.87	5	41.96	5	42.96	5	43.08	5	43.33	5	43.64	5	44.51	5	45.61	5	46.68	5	47.59	5	48.68	5	49.55	45.27
		10	41.62	10	42.16	10	43.11	10	43.30	10	43.39	10	43.93	10	44.69	10	46.73	10	46.51	10	47.80	10	48.84	10	49.65	
		15	41.53	15	42.54	15	43.19	15	43.47	15	43.37	15	43.95	15	44.76	15	46.03	15	46.73	15	48.00	15	49.00	15	49.53	
		20	41.72	20	42.64	20	43.31	20	43.33	20	43.60	20	44.33	20	44.53	20	46.26	20	47.06	20	48.20	20	48.81	20	49.77	
		25	41.86	25	42.74	25	43.34	25	43.32	25	43.84	25	44.46	25	45.48	25	46.39	25	47.25	25	48.37	25	49.28	25	49.84	
		30	41.65	30	42.81	30	43.41	30	43.48	30	43.97	30	44.07	30	45.20	30	46.51	30	47.46	30	48.50	30	49.43	30	49.90	
K395	2011	5	20.12	5	20.12	5	20.32	5	20.37	5	20.40	5	20.69	5	20.50	5	20.54	5	20.39	5	20.24	5	20.25	5	20.27	20.37
		10	20.09	10	20.11	10	20.34	10	20.47	10	20.36	10	20.65	10	20.60	10	20.56	10		10	20.34	10	20.20	10	20.26	
		15	20.10	15	20.14	15	20.47	15	20.57	15	20.43	15	20.70	15	20.54	15	20.56	15	20.37	15	20.27	15	20.24	15	20.24	
		20	20.12	20	20.09	20	20.40	20	20.37	20	20.45	20	20.75	20	20.58	20	20.46	20	20.42	20	20.25	20	20.26	20	20.24	
		25	20.07	25	20.13	25	20.47	25	20.40	25	20.59	25	20.60	25	20.61	25	20.41	25	20.42	25	20.27	25	20.22	25		
		30	20.08	30	20.09	30	20.51	30	20.47	30	20.63	30	20.68	30	20.57	30	20.39	30	20.34	30	20.31	30	20.30	30		
	2012	5		5	19.86	5	19.60	5	19.59	5		5	19.45	5	19.64	5	19.71	5	19.67	5	19.50	5	19.47	5	19.45	19.62
		10		10	19.91	10	19.55	10	19.62	10		10	19.56	10	19.50	10	19.89	10	19.69	10	19.47	10	19.55	10	19.47	
		15	20.12	15	19.86	15	19.52	15	19.60	15		15	19.55	15	19.57	15	19.75	15	19.55	15	19.48	15	19.57	15	19.34	
		20	20.05	20	19.81	20	19.49	20	19.65	20		20	19.63	20	19.66	20	19.69	20	19.60	20	19.47	20	19.53	20	19.41	
		25	20.02	25	19.77	25	19.51	25	19.53	25		25	19.68	25	19.54	25	19.74	25	19.61	25	19.51	25	19.51	25	19.44	
		30	19.97	30	19.66	30	19.54	30		30		30	19.70	30	19.76	30	19.67	30	19.63	30		30	19.41	30	19.49	
	2013	5	19.42	5	19.32	5	19.42	5	19.56	5	19.62	5	19.54	5	19.75	5	19.66	5	19.65	5	19.72	5	19.44	5	19.63	19.57
		10	19.40	10	19.34	10	19.39	10	19.67	10	19.46	10	19.68	10	19.68	10	19.62	10	19.58	10	19.59	10	19.40	10	19.62	
		15	19.43	15	19.31	15	19.45	15	19.61	15	19.48	15	19.67	15	19.70	15	19.70	15	19.79	15	19.83	15	19.38	15	19.61	

续表

点号	年份	1月		2月		3月		4月		5月		6月		7月		8月		9月		10月		11月		12月		年平均
		日	水位	日	水位	日	水位	日	水位	日	水位	日	水位	日	水位	日	水位	日	水位	日	水位	日	水位	日	水位	
K395	2013	20	19.37	20	19.37	20	19.45	20	19.64	20	19.60	20	19.66	20	19.78	20	19.75	20	19.86	20	19.76	20	19.41	20	19.60	19.57
		25	19.39	25	19.27	25	19.45	25	19.59	25	19.71	25	19.64	25	19.69	25	19.77	25	19.75	25	19.65	25	19.37	25	19.59	
		30	19.35	30	19.38	30	19.45	30	19.65	30	19.61	30	19.60	30	19.61	30	19.89	30	19.68	30	19.49	30	19.64	30	19.59	
	2014	5	19.58	5	19.53	5	19.53	5	19.70	5	19.79	5	19.92	5	19.97	5	20.20	5	20.10	5	19.94	5	19.84	5	19.73	19.82
		10	19.57	10	19.53	10	19.54	10	19.73	10	19.83	10	19.96	10	20.03	10	20.16	10	20.07	10	19.93	10	19.81	10	19.72	
		15	19.55	15	19.52	15	19.59	15	19.71	15	19.80	15	19.91	15	20.05	15	20.11	15	20.05	15	19.91	15	19.81	15	19.73	
		20	19.57	20	19.53	20	19.65	20	19.71	20	19.82	20	19.92	20	20.01	20	20.12	20	20.01	20	19.89	20	19.80	20	19.68	
		25	19.56	25	19.52	25	19.65	25	19.76	25	19.85	25	19.92	25	20.10	25	20.18	25	19.98	25	19.87	25	19.74	25	19.68	
		30	19.55	30	19.53	30	19.68	30	19.72	30	19.88	30	19.93	30	20.16	30	20.16	30	19.96	30	19.84	30	19.79	30	19.70	
	2015	5	19.71	5	19.64	5	19.61	5	19.66	5	19.70	5	19.80	5	20.01	5	19.93	5	19.97	5	19.92	5		5	19.82	19.81
		10	19.68	10	19.63	10	19.62	10	19.67	10	19.77	10	19.95	10	19.94	10	19.91	10	19.94	10	19.93	10		10	19.83	
		15	19.70	15	19.65	15	19.64	15	19.69	15	19.77	15	19.93	15	19.95	15	19.91	15	19.92	15	19.95	15	19.84	15	19.84	
		20	19.67	20	19.62	20	19.66	20	19.71	20	19.82	20	19.96	20	19.94	20	19.91	20	19.91	20	19.95	20	19.84	20	19.83	
		25	19.68	25	19.62	25	19.64	25	19.72	25	19.84	25	19.90	25	19.97	25	19.97	25	19.90	25		25	19.83	25	19.83	
		30	19.66	30	19.62	30	19.63	30	19.73	30	19.85	30	19.85	30	20.01	30	20.02	30	19.89	30		30	19.82	30	19.84	
K234主	2011	5		5	15.19	5	15.43	5	15.51	5	15.62	5	15.56	5	15.42	5	15.38	5	15.29	5	15.01	5	14.84	5	14.81	15.29
		10	15.25	10	15.27	10	15.53	10	15.68	10	15.57	10	15.52	10	15.68	10	15.41	10	15.31	10	14.99	10	14.81	10	14.69	
		15	15.29	15	15.29	15	15.52	15	15.77	15	15.64	15	15.49	15	15.53	15	15.47	15	15.32	15	15.04	15	14.85	15	14.65	
		20	15.24	20	15.33	20	15.58	20	15.69	20	15.67	20	15.51	20	15.58	20	15.34	20	15.29	20	14.98	20	14.83	20	14.62	
		25	15.21	25	15.44	25	15.55	25	15.71	25	15.65	25	15.39	25	15.65	25	15.33	25	15.19	25	14.92	25	14.79	25	14.58	
		30	15.23	30	15.41	30	15.57	30	15.76	30	15.53	30	15.50	30	15.43	30	15.36	30	15.07	30	14.97	30	14.72	30	14.54	

续表

点号	年份	1月		2月		3月		4月		5月		6月		7月		8月		9月		10月		11月		12月		年平均
		日	水位	日	水位	日	水位	日	水位	日	水位	日	水位	日	水位	日	水位	日	水位	日	水位	日	水位	日	水位	
K234主	2012	5	14.48	5	14.40	5	14.40	5	14.49	5	14.53	5	14.57	5	14.58	5	14.71	5	14.63	5	14.56	5	14.56	5	14.56	14.55
		10	14.50	10	14.38	10	14.43	10	14.50	10	14.56	10	14.61	10	14.56	10	14.84	10	14.59	10	14.57	10	14.61	10	14.54	
		15	14.51	15	14.33	15	14.34	15	14.46	15	14.67	15	14.63	15	14.66	15	14.67	15	14.67	15	14.54	15	14.59	15		
		20	14.39	20	14.40	20	14.32	20	14.57	20	14.65	20	14.64	20	14.62	20	14.64	20	14.65	20	14.58	20	14.62	20		
		25	14.36	25	14.47	25	14.40	25	14.51	25	14.54	25	14.66	25	14.59	25	14.66	25	14.59	25	14.59	25	14.57	25	14.46	
		30	14.39	30	14.44	30	14.43	30	14.54	30	14.57	30	14.64	30	14.88	30	14.69	30	14.61	30	14.60	30	14.54	30	14.44	
	2013	5	14.41	5	14.38	5	14.40	5	14.60	5	14.72	5	14.79	5	14.86	5	14.88	5	14.96	5	15.01	5	14.97	5	15.01	14.78
		10	14.38	10	14.32	10	14.47	10	14.63	10	14.75	10	14.75	10	14.93	10	14.88	10	14.95	10	15.04	10	15.01	10	14.99	
		15	14.36	15	14.30	15	14.48	15	14.70	15	14.81	15	14.80	15	14.88	15	14.94	15	14.98	15	15.02	15	15.01	15	14.99	
		20	14.38	20	14.33	20	14.55	20	14.63	20	14.76	20	14.82	20	14.89	20	14.98	20	14.95	20	15.01	20	15.00	20	15.01	
		25	14.51	25	14.36	25	14.53	25	14.68	25	14.73	25	14.85	25	14.85	25	14.99	25	14.97	25	15.06	25	15.01	25	14.98	
		30	14.40	30	14.36	30	14.70	30	14.72	30	14.69	30	14.95	30	14.86	30	14.98	30	14.96	30	14.99	30	15.06	30	14.97	
	2014	5	14.99	5	14.90	5	15.03	5	15.16	5	15.26	5	15.30	5	15.40	5	15.54	5	15.49	5	15.34	5	15.31	5	15.32	15.26
		10	14.95	10	14.91	10	15.04	10	15.18	10	15.21	10	15.33	10	15.37	10	15.49	10	15.46	10	15.32	10	15.34	10	15.23	
		15	14.97	15	14.95	15	15.10	15	15.17	15	15.24	15	15.33	15	15.43	15	15.47	15	15.39	15	15.31	15	15.32	15	15.35	
		20	14.97	20	14.97	20	15.14	20	15.15	20	15.27	20	15.32	20	15.51	20	15.54	20	15.38	20	15.30	20	15.23	20	15.33	
		25	14.98	25	15.02	25	15.15	25	15.19	25	15.28	25	15.33	25	15.47	25	15.55	25	15.35	25	15.29	25	15.30	25	15.32	
		30	14.93	30		30	15.13	30	15.19	30	15.31	30	15.34	30	15.51	30	15.49	30	15.34	30	15.29	30	15.34	30	15.35	
	2015	5	15.34	5	15.40	5	15.45	5	15.61	5	15.68	5	15.84	5	15.90	5	15.97	5	16.06	5	16.15	5	16.10	5	16.11	15.83
		10	15.35	10	15.37	10	15.50	10	15.64	10	15.78	10	15.92	10	15.93	10	15.98	10	16.03	10	16.09	10	16.07	10	16.06	
		15	15.36	15	15.44	15	15.55	15	15.63	15	15.82	15	15.92	15	15.91	15	16.00	15	16.06	15	16.11	15	16.06	15	16.07	

续表

点号	年份	1月		2月		3月		4月		5月		6月		7月		8月		9月		10月		11月		12月		年平均
		日	水位	日	水位	日	水位	日	水位	日	水位	日	水位	日	水位	日	水位	日	水位	日	水位	日	水位	日	水位	
K234主	2015	20	15.36	20	15.41	20	15.57	20	15.64	20	15.82	20	15.91	20	15.94	20	16.03	20	16.07	20	16.10	20	16.08	20	16.08	15.83
		25	15.37	25	15.40	25	15.57	25	15.68	25	15.86	25	15.89	25	15.97	25	16.04	25	16.13	25	16.13	25	16.13	25	16.09	
		30	15.37	30	15.44	30	15.61	30	15.68	30	15.81	30	15.86	30	16.05	30	16.11	30	16.06	30	16.13	30	16.13	30	16.17	
K234付	2011	5	15.37	5	15.30	5	15.54	5	15.64	5	15.76	5	15.68	5	15.53	5	15.50	5	15.40	5	15.12	5	14.96	5	14.90	15.41
		10	15.38	10	15.38	10	15.65	10	15.81	10	15.71	10	15.62	10	15.80	10	15.54	10	15.40	10	15.10	10	14.95	10	14.81	
		15	15.37	15	15.40	15	15.62	15	15.90	15	15.76	15	15.61	15	15.65	15	15.59	15	15.43	15	15.16	15	14.99	15	14.79	
		20	15.40	20	15.48	20	15.70	20	15.79	20	15.78	20	15.65	20	15.79	20	15.47	20	15.39	20	15.10	20	14.92	20	14.74	
		25	15.42	25	15.58	25	15.68	25	15.77	25	15.74	25	15.51	25	15.77	25	15.47	25	15.31	25	15.02	25	14.90	25	14.70	
		30	15.37	30	15.54	30	15.70	30	15.80	30	15.65	30	15.60	30	15.56	30	15.49	30	15.17	30	15.08	30	14.84	30	14.66	
	2012	5	14.60	5	14.50	5	15.54	5	14.63	5	14.66	5	14.69	5	14.72	5	14.85	5	14.76	5	14.70	5	14.70	5	14.69	14.69
		10	14.61	10	14.49	10	14.57	10	14.65	10	14.68	10	14.74	10	14.71	10	14.98	10	14.72	10	14.69	10	14.77	10	14.68	
		15	14.63	15	14.47	15	14.49	15	14.58	15	14.79	15	14.77	15	14.80	15	14.81	15	14.80	15	14.68	15	14.72	15		
		20	14.51	20	14.54	20	14.47	20	14.71	20	14.78	20	14.76	20	14.77	20	14.77	20	14.77	20	14.72	20	14.75	20		
		25	14.48	25	14.62	25	14.53	25	14.64	25	14.66	25	14.78	25	14.74	25	14.79	25	14.73	25	14.71	25	14.70	25	14.42	
		30	14.51	30	14.59	30	14.56	30	14.67	30	14.67	30	14.76	30	15.03	30	14.82	30	14.74	30	14.73	30	14.68	30	14.42	
	2013	5	14.38	5	14.34	5	14.37	5	14.56	5	14.70	5	14.80	5	14.84	5	14.88	5	14.96	5	15.01	5	14.94	5	14.97	14.76
		10	14.35	10	14.28	10	14.45	10	14.62	10	14.73	10	14.74	10	14.92	10	14.89	10	14.97	10	15.03	10	14.98	10	14.96	
		15	14.32	15	14.28	15	14.45	15	14.68	15	14.80	15	14.80	15	14.87	15	14.97	15	14.98	15	15.03	15	14.99	15	14.95	
		20	14.36	20	14.29	20	14.53	20	14.61	20	14.77	20	14.82	20	14.90	20	14.99	20	14.94	20	14.99	20	14.97	20	14.97	
		25	14.38	25	14.32	25	14.50	25	14.66	25	14.70	25	14.86	25	14.85	25	15.00	25	14.95	25	15.04	25	14.98	25	14.95	
		30	14.37	30	14.32	30	14.67	30	14.70	30	14.65	30	14.94	30	14.86	30	14.98	30	14.96	30	14.96	30	15.04	30	14.92	

续表

点号	年份	1月		2月		3月		4月		5月		6月		7月		8月		9月		10月		11月		12月		年平均
		日	水位	日	水位	日	水位	日	水位	日	水位	日	水位	日	水位	日	水位	日	水位	日	水位	日	水位	日	水位	
K234付	2014	5	14.94	5	14.86	5	14.99	5	15.14	5	15.24	5	15.28	5	15.37	5	15.53	5	15.47	5	15.34	5	15.30	5	15.31	15.24
		10	14.90	10	14.86	10	15.00	10	15.15	10	15.19	10	15.31	10	15.34	10	15.46	10	15.44	10	15.31	10	15.32	10	15.20	
		15	14.93	15	14.91	15	15.06	15	15.15	15	15.22	15	15.31	15	15.39	15	15.44	15	15.36	15	15.31	15	15.30	15	15.34	
		20	14.92	20	14.94	20	15.11	20	15.11	20	15.26	20	15.29	20	15.50	20	15.52	20	15.37	20	15.30	20	15.20	20	15.32	
		25	14.92	25	14.98	25	15.12	25	15.15	25	15.26	25	15.31	25	15.44	25	15.55	25	15.34	25	15.27	25	15.29	25	15.30	
		30	14.88	30		30	15.09	30	15.16	30	15.30	30	15.31	30	15.51	30	15.47	30	15.33	30	15.28	30	15.33	30	15.33	
	2015	5	15.32	5	15.38	5	15.45	5	15.60	5	15.68	5	15.88	5	15.94	5	16.01	5	16.09	5	16.18	5	16.10	5	16.10	15.86
		10	15.34	10	15.35	10	15.50	10	16.64	10	15.80	10	15.98	10	15.98	10	16.01	10	16.04	10	16.10	10	16.08	10	16.06	
		15	15.35	15	15.43	15	15.55	15	15.64	15	15.85	15	15.97	15	15.95	15	16.04	15	16.09	15	16.13	15	16.04	15	16.05	
		20	15.34	20	15.39	20	15.57	20	15.65	20	15.84	20	15.94	20	15.98	20	16.06	20	16.10	20	16.12	20	16.07	20	16.08	
		25	15.35	25	15.38	25	15.58	25	15.68	25	15.90	25	15.92	25	16.01	25	16.08	25	16.16	25	16.14	25	16.12	25	16.09	
		30	15.35	30	15.43	30	15.63	30	15.70	30	15.85	30	15.89	30	16.09	30	16.16	30	16.08	30	16.12	30	16.12	30	16.17	
N11	2011	14	49.99	14	49.91	14	49.64	14	49.93	14	49.85	14	50.46	14	50.69	14	51.09	14	50.52	14	49.70	14	49.48	14	48.64	49.99
	2012	14	48.85	14	47.61	14	47.61	14	47.84	14	49.20	14	49.57	14	50.73	14	50.24	14	49.93	14	48.50	14	49.01	14	49.12	49.02
	2013	1	49.49	1	49.68	1	48.95	1	53.15	1	52.86	1	52.58	1	55.52	1	53.42	1	53.42	1	53.42	1	52.00	1	53.42	52.33
	2014	1	51.23	1	50.59	1	51.17	1	51.00	1	51.21	1	51.30	1	53.50	1	53.47	1	53.52	1	53.43	1	51.66	1	51.65	51.98
	2015	1	59.60	1	59.59	1	59.57	1	59.03	1	51.80	1	59.43	1	53.85	1	54.63	1	54.59	1	54.70	1	54.62	1	54.58	56.33
W16	2011	14	36.22	14	36.40	14	35.98	14	36.14	14	36.32	14	36.22	14	36.39	14	36.55	14	36.29	14	36.35	14	35.19	14	35.28	36.11
	2012	14	35.47	14	35.18	14	35.18	14	35.39	14		14		14	35.20	14	35.28	14	35.43	14	34.57	14	34.30	14	34.49	35.05
	2013	1	34.72	1	34.90	1	34.34	1		1	34.60	1	35.08	1	35.42	1	35.32	1	34.96	1		1	34.36	1	35.37	34.91
	2014	1	34.30	1	33.16	1	33.01	1		1		1		1	35.38	1		1		1		1		1		33.96

续表

点号	年份	1月		2月		3月		4月		5月		6月		7月		8月		9月		10月		11月		12月		年平均
		日	水位	日	水位	日	水位	日	水位	日	水位	日	水位	日	水位	日	水位	日	水位	日	水位	日	水位	日	水位	
W7-2	2011	16	12.31	16	11.85	16	12.06	16	12.21	16	12.44	16	12.54	16	12.57	16	12.69	16	11.93	16	11.48	16	11.85	16	11.70	12.14
	2012	16	11.84	16	11.68	16	11.90	16	12.22	16	12.47	16	12.57	16	12.48	16	12.58	16	11.96	16	12.08	16	12.34	16	12.56	12.22
	2013	1	12.58	1	12.43	1	12.45	1	12.84	1	13.06	1	12.66	1	12.63	1	12.55	1	12.75	1	12.61	1	13.40	1	12.64	12.72
	2014	1	12.70	1	12.38	1	12.40	1	12.39	1	12.85	1	12.85	1	12.84	1	12.81	1	12.63	1	12.46	1	11.15	1	11.15	12.38
	2015	1	9.92	1	10.41	1	10.24	1	12.85	1	10.63	1	10.60	1	10.61	1	10.87	1	10.69	1	8.85	1	10.08	1	10.41	10.51
N16	2011	16	18.90	16	18.70	16	18.80	16	19.00	16	19.30	16	19.60	16	19.48	16	19.41	16	19.05	16	16.18	16	18.40	16	18.35	18.76
	2012	16	18.41	16	18.22	16	18.77	16	18.55	16	19.10	16	19.41	16	20.25	16	19.66	16	19.55	16	18.68	16	18.76	16	19.00	19.03
	2013	1	19.40	1	19.36	1	19.43	1	19.31	1	19.45	1	19.71	1	19.39	1	19.08	1	18.79	1	19.22	1	19.04	1	19.28	19.29
	2014	1	19.17	1	19.00	1	19.62	1	19.30	1	19.39	1	19.55	1	20.13	1	20.55	1	20.61	1	20.26	1	19.40	1	19.61	19.72
	2015	1	19.34	1	19.50	1	19.15	1	50.33	1	19.40	1	19.70	1	20.04	1	20.15	1	20.46	1	20.12	1	19.71	1	19.79	19.76
609	2011	4	14.21	4	14.43	4	13.44	4	14.05	4	14.19	4	14.31	4	14.35	4	14.40	4	14.18	4	13.63	4	13.08	4	13.14	13.95
		14	14.35	14	14.26	14	13.83	14	14.13	14	14.22	14	14.34	14	14.52	14	14.27	14	13.82	14	13.29	14	13.12	14	13.17	
		24	14.57	24	14.09	24	14.08	24	14.10	24	14.27	24	14.28	24	14.66	24	14.33	24	13.58	24	13.34	24	13.09	24	13.06	
	2012	4	13.09	4	17.93	4	13.05	4	13.08	4	13.20	4		4		4		4	13.72	4		4	13.28	4		13.30
		14	13.27	14		14	13.10	14		14	13.26	14		14		14		14	13.66	14	13.37	14		14		
		24	13.46	24		24	13.06	24	13.16	24		24	13.42	24		24		24	13.55	24		24		24		
E4	2011	5	97.45	5	98.16	5	99.10	5	99.50	5	98.23	5	98.85	5	97.61	5	95.45	5	95.17	5	94.94	5	93.95	5	93.60	96.70
		25	97.39	25	98.75	25	99.39	25	98.04	25	98.70	25	98.99	25	96.05	25	94.90	25	94.83	25	94.76	25	93.48	25	93.43	
	2012	5	94.02	5	95.84	5	95.84	5	96.14	5	95.14	5	93.90	5	94.23	5	94.33	5	93.86	5	92.88	5	92.11	5		94.41
		25	94.66	25	95.55	25	95.55	25	95.96	25	94.33	25	94.11	25	94.41	25	94.20	25	93.23	25	92.32	25		25		

续表

点号	年份	1月		2月		3月		4月		5月		6月		7月		8月		9月		10月		11月		12月		年平均
		日	水位	日	水位	日	水位	日	水位	日	水位	日	水位	日	水位	日	水位	日	水位	日	水位	日	水位	日	水位	
N9	2011	14	48.89	14	48.96	14	52.25	14	52.37	14	52.18	14	47.98	14	48.37	14	52.23	14	48.52	14	48.88	14	48.58	14	47.57	49.73
	2012	14	47.26	14	47.92	14	46.33	14	46.52	14	46.96	14	47.30	14	47.36	14	47.09	14	46.95	14	46.37	14	46.13	14	45.86	46.84
	2013	1	46.18	1	45.83	1	45.56	1	44.28	1	44.40	1	45.49	1	45.45	1	54.42	1	45.90	1	46.58	1	49.31	1		46.67
K376	2011	4	28.68	4	28.70	4	28.50	4	28.53	4	28.54	4	28.51	4	28.55	4	28.72	4	28.71	4	28.62	4	28.44	4	28.30	28.56
		14	28.72	14	28.67	14	28.57	14	28.61	14	28.51	14	28.54	14	28.50	14	28.68	14	28.69	14	28.55	14	28.27	14	28.28	
		24	28.69	24	28.69	24	28.55	24	28.53	24	28.52	24	28.52	24	28.81	24	28.69	24	28.67	24	28.57	24	28.29	24	28.27	
	2012	4	28.26	4	28.20	4	28.40	4	28.39	4	28.44	4	28.51	4	28.51	4	28.47	4	28.55	4	28.77	4	28.81	4	28.90	28.55
		14	28.22	14	28.38	14	28.37	14	28.43	14	28.48	14	28.53	14	28.46	14	28.52	14	28.49	14	28.79	14	28.84	14	29.39	
		24	28.18	24	28.35	24	28.42	24	28.41	24	28.46	24	28.50	24	28.49	24	28.50	24	28.53	24	28.83	24	28.78	24	29.34	
	2013	10	28.90	10	29.37	10	29.37	10	29.38	10	29.14	10	28.83	10	28.90	10	28.92	10	28.96	10	28.92	10	28.92	10	28.94	29.08
		20	29.36	20	29.34	20	29.32	20	29.35	20	29.18	20	29.28	20	28.90	20	28.93	20	28.94	20	28.94	20	28.93	20	28.94	
		30	29.34	30	29.41	30	29.27	30	28.83	30	29.42	30	28.93	30	28.95	30	28.95	30	28.92	30	28.93	30	28.92	30	28.98	
	2014	5	28.96	5	28.95	5	28.84	5	28.85	5	28.87	5	28.93	5	28.93	5	28.78	5	28.77	5	28.66	5	28.62	5	28.68	28.85
		15	28.98	15	28.94	15	28.88	15	28.85	15	28.93	15	28.92	15	28.85	15	28.74	15	28.78	15	28.65	15	28.63	15	28.72	
		25	28.94	25	28.88	25	28.82	25	28.88	25	28.95	25	28.89	25	29.95	25	28.73	25	28.71	25	28.62	25	28.66	25	28.72	
	2015	5	28.72	5	28.74	5	28.78	5	28.72	5	28.72	5	28.73	5	28.74	5	28.76	5	28.64	5	28.65	5	28.67	5	28.71	28.72
		15	28.73	15	28.77	15	28.71	15	28.72	15	28.74	15	28.74	15	28.73	15	28.76	15	28.63	15	28.66	15	28.68	15	28.76	
		25	28.74	25	28.77	25	28.79	25	28.73	25	28.73	25	28.75	25	28.74	25	28.68	25	28.64	25	28.67	25	28.71	25	28.70	
K273	2011	4	33.87	4	33.92	4	33.87	4	33.78	4	33.56	4	33.55	4	33.56	4	33.43	4	33.48	4	33.98	4	33.09	4	32.62	33.47
		14	33.91	14	33.86	14	33.91	14	33.50	14	33.54	14	33.51	14	33.53	14	33.49	14	33.39	14	33.36	14	32.54	14	33.17	
		24	33.89	24	33.89	24	33.89	24	33.52	24	33.52	24	33.52	24	33.48	24	33.52	24	32.86	24	32.89	24	32.59	24	33.06	

续表

点号	年份	1月		2月		3月		4月		5月		6月		7月		8月		9月		10月		11月		12月		年平均
		日	水位	日	水位	日	水位	日	水位	日	水位	日	水位	日	水位	日	水位	日	水位	日	水位	日	水位	日	水位	
K273	2012	4	32.68	4	32.16	4	31.89	4	31.91	4	31.92	4	31.96	4	31.89	4	31.68	4	31.73	4	31.23	4	31.36	4	31.31	31.78
		14	32.12	14	31.70	14	31.93	14	31.93	14	31.97	14	31.98	14	31.66	14	31.72	14	31.74	14	31.42	14	31.28	14	31.61	
		24	32.18	24	31.86	24	31.95	24	31.96	24	31.94	24	31.95	24	31.71	24	31.71	24	31.78	24	31.31	24	31.19	24	31.76	
	2013	10	31.31	10	31.95	10	31.99	10	31.81	10	31.76	10	31.76	10	31.32	10	30.87	10	30.81	10	30.81	10	31.01	10	30.96	31.31
		20	31.61	20	31.86	20	31.85	20	31.89	20	31.29	20	31.29	20	31.08	20	30.91	20	30.65	20	30.88	20	30.95	20	30.96	
		30	31.71	30	31.93	30	31.87	30	31.52	30	31.68	30	31.46	30	30.87	30	30.83	30	30.69	30	30.95	30	30.97	30	30.96	
	2014	5	30.98	5	30.90	5	30.88	5	30.79	5	30.79	5	30.76	5	30.70	5	30.61	5	30.70	5	30.48	5	30.47	5	30.43	30.67
		15	30.97	15	30.93	15	30.87	15	30.78	15	30.73	15	30.75	15	30.55	15	30.58	15	30.50	15	30.45	15	30.43	15	30.30	
		25	31.01	25	30.85	25	30.78	25	30.71	25	30.84	25	30.79	25	30.63	25	30.62	25	30.47	25	30.38	25	30.52	25	30.35	
	2015	5	30.28	5	30.22	5	30.02	5	29.97	5	29.80	5	29.88	5	29.86	5	29.74	5	29.69	5	29.62	5	29.70	5	29.72	29.84
		15	30.27	15	30.15	15	29.91	15	29.81	15	29.88	15	29.94	15	29.85	15	29.73	15	29.61	15	29.59	15	29.11	15	29.75	
		25	30.23	25	30.11	25	30.09	25	29.87	25	29.86	25	29.94	25	29.80	25	29.68	25	29.74	25	29.64	25	29.64	25	29.60	
E12-1	2011	4	74.01	4	74.86	4	72.66	4	73.36	4	71.18	4	71.99	4	71.78	4	71.99	4	72.28	4	71.65	4	71.06	4	70.48	72.31
		16	75.03	16	74.48	16	74.76	16	70.86	16	72.06	16	72.18	16	72.49	16	72.16	16	71.42	16	71.95	16	70.20	16	70.66	
	2012	4	70.61	4	69.12	4	69.61	4	69.54	4	69.61	4	69.63	4	67.76	4	66.82	4	66.25	4	64.02	4	64.98	4	65.12	67.74
		16	69.21	16	69.56	16	69.58	16	69.58	16	69.59	16	70.12	16	66.78	16	66.53	16	66.98	16	64.36	16	64.52	16	65.98	
	2013	1	65.12	1	65.62	1	66.51	1	66.66	1	69.52	1	67.33	1	62.88	1	61.67	1	60.55	1	59.41	1	58.31	1	58.23	63.26
		16	65.98	16	66.14	16	66.26	16	66.88	16	68.71	16	63.16	16	61.89	16	61.88	16	60.35	16	59.05	16	58.01	16	58.02	
	2014	1	58.20	1	58.51	1	58.49	1	58.23	1	58.43	1	58.50	1	55.70	1	56.40	1	58.36	1	59.33	1	59.31	1	57.82	58.10
		16	58.88	16	58.67	16	58.53	16	58.20	16	58.21	16	57.46	16	55.71	16	56.40	16	57.48	16	59.43	16	59.63	16	58.43	
	2015	1	60.42	1	59.84	1	58.79	1	58.60	1	58.11	1	58.39	1	58.29	1	57.77	1	57.52	1	57.41	1	56.91	1	57.91	58.25
		16	60.45	16	59.50	16	58.56	16	58.54	16	58.20	16	58.40	16	57.41	16	56.86	16	57.38	16	57.26	16	57.08	16	58.28	

续表

点号	年份	1月		2月		3月		4月		5月		6月		7月		8月		9月		10月		11月		12月		年平均
		日	水位	日	水位	日	水位	日	水位	日	水位	日	水位	日	水位	日	水位	日	水位	日	水位	日	水位	日	水位	
E10	2011	16	126.34	16	125.59	16	126.21	16		16		16		16		16		16		16		16		16		126.05
	2012	16	98.33	16	98.54	16	98.78	16	98.96	16	99.16	16	99.28	16	99.36	16	99.08	16	99.19	16	94.21	16	94.21	16	98.93	98.17
	2013	1	98.93	1	96.99	1	97.18	1	97.62	1	96.98	1	94.54	1	94.30	1	95.21	1	93.25	1	91.48	1	90.87	1	94.49	95.15
	2014	1	95.79	1	96.22	1	95.27	1	90.80	1	89.37	1	91.18	1	90.27	1	90.63	1	88.60	1	87.47	1	86.61	1	89.85	91.01
	2015	1	91.68	1	90.72	1	88.60	1	85.14	1	83.44	1	85.62	1	85.82	1	86.03	1	84.35	1	93.54	1	82.64	1	85.53	86.93
E7	2011	16	96.47	16	96.90	16	96.53	16	90.93	16	92.44	16	91.71	16	91.33	16	92.03	16	91.36	16	92.03	16	93.07	16	92.63	93.12
	2012	16	93.06	16	92.47	16	92.81	16	92.89	16	93.67	16	92.91	16	93.37	16	93.51	16	93.91	16	94.47	16	95.43	16	95.13	93.64
	2013	1	95.13	1	94.93	1	96.44	1	97.01	1	97.06	1		1		1		1		1	83.42	1	84.00	1	83.44	91.43
	2014	1	82.88	1	82.13	1	81.06	1	82.11	1	81.06	1	81.75	1	82.60	1	81.40	1	85.10	1	81.42	1	81.60	1	82.34	82.12
	2015	1	81.18	1	80.95	1	81.19	1	80.57	1	80.93	1	80.88	1	81.38	1		1	82.06	1	81.72	1	81.75	1	83.15	81.43
K413	2011	16	3.65	16	3.56	16	3.58	16	3.60	16	3.66	16	3.69	16	3.78	16	3.71	16	3.27	16	3.34	16	3.32	16	3.30	3.54
	2012	18	3.40	18	2.99	18	2.99	18	3.59	18	3.64	18	3.70	18	3.77	18	3.76	18	3.62	18	3.56	18	3.51	18	3.43	3.50
	2013	1	3.79	1	3.83	1	3.79	1	3.89	1	3.98	1	3.83	1	3.92	1	3.98	1	4.10	1	4.00	1	3.93	1	3.90	3.91
	2014	5	3.83	5	3.86	5	3.75	5	3.74	5	3.80	5	3.85	5	3.93	5	4.00	5	3.91	5	3.77	5	3.80	5	3.86	3.83
		10	3.84	10	3.84	10	3.75	10	3.75	10	3.80	10	3.91	10	3.92	10	3.90	10	3.80	10		10	3.79	10	3.84	
		15	3.85	15	3.83	15	3.76	15	3.82	15	3.76	15	3.93	15	3.96	15	3.90	15	3.64	15	3.76	15	3.86	15	3.78	
		20	3.88	20	3.79	20	3.75	20	3.73	20	3.78	20	3.88	20	3.97	20	3.94	20	3.68	20		20	3.83	20	3.75	
		25	3.83	25	3.76	25	3.75	25	3.77	25	3.80	25	3.87	25	3.92	25	4.01	25	3.70	25	3.81	25	3.82	25	3.78	
		30	3.86	30		30	3.76	30	3.76	30	3.83	30	3.88	30	3.97	30	3.99	30	3.73	30	3.79	30	3.84	30	3.81	
	2015	5	3.86	5	3.82	5	3.77	5	3.73	5	3.84	5	3.90	5	3.94	5	3.86	5	3.92	5	3.91	5	3.99	5	3.94	3.98
		10	3.86	10	3.77	10	3.82	10	3.78	10	3.91	10	3.98	10	3.97	10	9.98	10	3.90	10	3.92	10	3.97	10	3.90	

续表

点号	年份	1月		2月		3月		4月		5月		6月		7月		8月		9月		10月		11月		12月		年平均
		日	水位	日	水位	日	水位	日	水位	日	水位	日	水位	日	水位	日	水位	日	水位	日	水位	日	水位	日	水位	
K413	2015	15	3.82	15	3.77	15	3.83	15	3.78	15	3.85	15	3.93	15	3.99	15	3.99	15	3.92	15	4.01	15	3.96	15	3.88	3.98
		20	3.81	20	3.82	20	3.76	20	3.78	20	3.92	20	4.03	20	4.00	20	3.87	20	3.95	20	4.02	20	3.95	20	3.87	
		25	3.84	25	3.84	25	3.82	25	3.83	25	3.92	25	3.92	25	4.05	25	3.94	25	3.96	25	3.94	25	3.93	25	3.87	
		30	3.81	30	3.81	30	3.82	30	3.84	30	3.93	30	3.85	30	4.03	30	3.95	30	3.95	30	3.98	30	3.94	30	3.87	
612	2011	4	14.71	4	14.72	4	14.86	4	15.07	4	15.40	4	15.08	4	15.26	4	15.47	4	14.98	4	14.22	4	14.66	4	14.32	14.96
		14	14.83	14	14.81	14	14.91	14	15.18	14	15.13	14	15.22	14	15.40	14	15.51	14	14.46	14	14.19	14	14.72	14	15.15	
		24		24	14.89	24	14.99	24		24	14.99	24	15.39	24	15.45	24	15.50	24	14.15	24	13.98	24	14.83	24	16.23	
	2012	4	14.28	4	14.10	4	16.33	4	14.31	4	14.67	4	15.78	4	16.26	4	14.71	4	14.61	4	14.60	4	14.68	4	14.55	14.57
		14	14.44	14	14.16	14	13.18	14	14.08	14	14.73	14	15.59	14	14.14	14	14.76	14	14.64	14	14.64	14	14.61	14	14.58	
		24	14.33	24	14.04	24	16.42	24	16.57	24	14.68	24	15.38	24	14.98	24	14.70	24	14.57	24	16.41	24	14.59	24	14.43	
	2013	10	14.68	10		10	14.59	10	15.42	10	15.61	10	15.53	10	15.77	10	15.83	10	15.94	10	15.83	10	16.12	10	16.50	15.64
		20	14.98	20	14.64	20	14.64	20		20		20		20	15.68	20	15.70	20	15.97	20	15.83	20	16.32	20	16.50	
		30	14.81	30	14.56	30	14.80	30	15.48	30	15.78	30		30	17.68	30	15.88	30	16.00	30	16.01	30	15.17	30	16.70	
	2014	5	16.26	5	16.26	5	16.48	5	16.50	5	16.20	5	16.30	5	16.69	5	17.30	5		5		5		5		
		15	16.30	15	16.17	15	16.52	15	15.67	15	16.28	15	16.51	15	16.78	15	16.78	15		15		15		15		
		25	18.00	25	16.33	25	16.51	25	15.90	25	16.50	25	16.60	25	16.58	25	16.77	25		25		25		25		
S29	2011	4	63.00	4	62.74	4	62.67	4	61.47	4	61.38	4	61.33	4	61.67	4	62.21	4	62.08	4	61.12	4	60.33	4	59.51	61.54
		14	62.87	14	62.60	14	61.98	14	61.81	14	61.44	14	61.46	14	61.94	14	62.13	14	61.80	14	60.80	14	60.38	14	59.46	
		24	62.64	24	62.41	24	61.89	24	61.74	24	61.22	24	61.53	24	62.07	24	62.08	24	61.40	24	60.89	24	60.10	24	59.22	
	2012	4	58.84	4	57.39	4	57.87	4	58.26	4	60.11	4	61.37	4	63.19	4	63.03	4	62.65	4	61.60	4	61.20	4	60.71	60.55
		14	58.49	14	57.50	14	57.93	14	58.43	14	60.49	14	62.19	14	63.25	14	62.87	14	62.41	14	61.45	14	61.04	14	60.64	
		24	57.93	24	57.72	24	58.05	24	58.60	24	60.82	24	63.26	24	63.17	24	62.67	24	62.17	24	61.13	24	60.99	24	60.51	

续表

点号	年份	1月		2月		3月		4月		5月		6月		7月		8月		9月		10月		11月		12月		年平均
		日	水位	日	水位	日	水位	日	水位	日	水位	日	水位	日	水位	日	水位	日	水位	日	水位	日	水位	日	水位	
S29	2013	10	60.11	10	59.91	10	58.25	10	60.46	10	61.17	10	61.78	10	62.72	10	63.51	10	63.47	10	64.21	10	63.09	10	61.88	61.76
		20	59.93	20	58.40	20	59.31	20	60.63	20	61.49	20	62.09	20	62.70	20	63.42	20	63.58	20	64.21	20	62.88	20	61.83	
		30	59.72	30	57.54	30	60.33	30	60.87	30	61.57	30	62.36	30	62.79	30	63.57	30	63.85	30	64.02	30	63.81	30	62.00	
	2014	5	61.56	5	59.00	5	59.48	5	60.78	5	60.88	5	62.39	5	62.61	5	64.93	5	64.98	5	62.68	5	64.07	5	63.61	62.25
		15	61.80	15	59.03	15	59.31	15	59.30	15	60.99	15	63.64	15	62.47	15	64.74	15	64.42	15	64.08	15	64.38	15	63.80	
		25	61.35	25	58.99	25	59.31	25	59.32	25	61.09	25	62.58	25	62.51	25	64.80	25	64.33	25	64.02	25	63.80	25	63.81	
	2015	5	63.84	5	63.82	5	63.78	5	59.59	5	63.61	5	63.88	5	64.08	5	64.08	5	63.03	5	64.25	5	62.73	5	64.25	62.75
		15	62.62	15	63.83	15	59.58	15	59.49	15	63.57	15	63.87	15	63.87	15	63.75	15	63.18	15	64.11	15	61.75	15	63.90	
		25	63.62	25	63.82	25	59.58	25	51.51	25	63.82	25	63.79	25	62.85	25	63.52	25	63.77	25	63.11	25	64.32	25	60.86	
#4	2011	4	15.12	4	15.40	4	16.76	4	15.52	4	15.51	4	15.60	4	15.96	4	15.80	4		4	14.38	4	13.67	4	13.58	15.12
		14	15.22	14	15.35	14	16.16	14		14	15.46	14	15.71	14	16.03	14		14	14.86	14		14	13.52	14	13.62	
		24	15.32	24	15.26	24	15.34	24	15.47	24	15.57	24	15.88	24	16.08	24	16.14	24	14.20	24	14.31	24	13.44	24	13.46	
	2012	4	14.03	4	13.40	4	13.45	4	13.71	4	13.84	4	13.71	4	14.00	4	13.90	4	14.12	4	13.81	4	13.77	4	15.77	13.79
		14	13.90	14	13.52	14	13.58	14	13.85	14	13.70	14	15.11	14	14.12	14	13.86	14	14.01	14	13.82	14	13.83	14	13.72	
		24	13.68	24	13.41	24	13.64	24	13.62	24	13.85	24	13.89	24	14.05	24	13.94	24	13.95	24	13.74	24	13.64	24	16.50	
	2013	10	13.64	10	13.74	10	13.81	10	13.98	10	14.19	10	14.33	10	14.30	10	14.05	10	14.12	10	14.05	10	15.01	10	14.90	14.29
		20	13.73	20	13.68	20	13.44	20		20		20	14.26	20	14.52	20	14.98	20	14.67	20	14.08	20	15.19	20	14.90	
		30	13.69	30	13.92	30	13.74	30	14.31	30	14.42	30	14.24	30	14.64	30	14.12	30	14.50	30	14.90	30	14.90	30	14.98	
	2014	10	14.96	10	14.21	10	14.08	10	14.11	10	14.11	10	14.45	10	14.18	10	14.59	10	14.83	10	14.61	10	14.73	10	14.73	14.47
		20	14.58	20	14.19	20	14.15	20	14.09	20	14.12	20	14.03	20	14.87	20		20	14.84	20	14.73	20	14.77	20	14.74	
		30	14.37	30	13.98	30	14.15	30	14.03	30	14.07	30	14.18	30	14.57	30	15.02	30	15.01	30	14.78	30	14.76	30	14.75	

续表

点号	年份	1月		2月		3月		4月		5月		6月		7月		8月		9月		10月		11月		12月		年平均
		日	水位	日	水位	日	水位	日	水位	日	水位	日	水位	日	水位	日	水位	日	水位	日	水位	日	水位	日	水位	
♯4	2015	10	14.98	10	15.00	10	14.84	10	15.05	10	15.08	10	14.83	10	15.99	10	16.16	10	16.12	10	15.81	10	15.35	10	15.52	15.42
		20	14.99	20	14.90	20	14.86	20	15.03	20	15.08	20	14.84	20	16.01	20	18.80	20	18.09	20	15.88	20	15.32	20	15.83	
		30	14.98	30	15.00	30	14.87	30	15.07	30	15.03	30	14.99	30	15.96	30	15.51	30	15.43	30	15.67	30	15.90	30	15.08	
589	2011	4	15.54	4	15.38	4	15.60	4	15.94	4	15.93	4	15.67	4	16.18	4	16.32	4	15.51	4	14.07	4	13.83	4	14.06	15.34
		14	15.60	14	15.51	14	15.68	14	16.19	14	15.60	14	16.21	14	16.28	14	16.44	14	14.82	14	13.84	14	13.88	14	14.45	
		24	15.30	24	15.46	24	15.89	24	16.25	24	15.21	24	16.09	24	16.39	24	16.52	24	14.10	24	13.98	24	13.72	24	14.73	
	2012	4	13.80	4	13.05	4	13.53	4	13.78	4	14.20	4	14.05	4	13.42	4	13.58	4	13.58	4	13.13	4	12.72	4		13.56
		14	13.86	14	13.56	14	13.65	14	13.85	14	14.09	14	13.77	14	13.51	14	13.50	14	13.39	14	13.00	14	12.51	14		
		24	13.67	24	13.52	24	13.71	24	13.96	24	14.14	24	14.10	24	13.43	24	13.74	24	13.05	24	12.91	24		24		
335	2011	4	11.09	4	10.85	4	10.80	4	10.47	4	10.68	4	10.61	4	10.58	4	10.74	4	10.05	4	9.79	4	9.73	4	9.86	10.39
		14	11.05	14	10.78	14	10.83	14	10.38	14	10.66	14	10.64	14	10.47	14	10.42	14	9.89	14	9.68	14	9.75	14	9.92	
		24	10.97	24	10.61	24	10.76	24	10.65	24	10.63	24	10.53	24	10.56	24	10.27	24	9.75	24	9.74	24	9.82	24	10.01	
	2012	4	9.99	4	10.07	4	10.21	4	10.18	4	10.19	4	10.29	4	10.37	4	10.32	4	10.03	4	9.83	4	9.99	4	9.89	10.13
		14	10.11	14	10.10	14	10.17	14	10.26	14	10.31	14	10.41	14	10.25	14	10.27	14	9.94	14	9.87	14	9.96	14	9.93	
		24	10.18	24	10.18	24	10.23	24	10.09	24	10.51	24	10.46	24	10.28	24	10.20	24	9.79	24	10.05	24	9.92	24	9.88	
	2013	10	9.93	10	9.96	10	10.05	10	10.42	10	10.91	10	10.66	10	11.34	10	11.32	10	11.33	10	11.36	10	11.06	10	11.22	10.79
		20	9.89	20	10.04	20	10.19	20	10.54	20	10.90	20	10.72	20	11.18	20	11.29	20	11.02	20	11.39	20	11.00	20	11.24	
		30	9.86	30	10.12	30	10.36	30	10.84	30	10.59	30	10.90	30	11.08	30	11.16	30	11.05	30	11.26	30	11.00	30	11.27	
	2014	10	11.07	10	11.10	10	11.48	10	10.26	10	10.34	10	10.06	10	9.99	10	8.66	10	8.55	10	8.03	10	7.94	10	8.01	9.54
		20	11.05	20	10.91	20	10.96	20	10.36	20	10.27	20	9.97	20	8.99	20	8.24	20	8.40	20	7.93	20	7.89	20	8.24	
		30	11.46	30	10.88	30	11.61	30	9.90	30	9.96	30	9.99	30	8.98	30	8.46	30		30	7.88	30	7.88	30	8.21	

续表

点号	年份	1月		2月		3月		4月		5月		6月		7月		8月		9月		10月		11月		12月		年平均
		日	水位	日	水位	日	水位	日	水位	日	水位	日	水位	日	水位	日	水位	日	水位	日	水位	日	水位	日	水位	
335	2015	10	8.20	10	7.91	10	8.03	10	8.05	10	7.80	10	7.81	10	8.02	10	8.07	10	8.35	10	7.85	10	8.18	10	7.68	8.00
		20	8.22	20	7.72	20	8.06	20	7.85	20	7.83	20	7.80	20	8.01	20	8.36	20	8.33	20	7.83	20	8.15	20	7.69	
		30	8.18	30	7.69	30	8.05	30	7.83	30	7.83	30	7.78	30	8.26	30	8.36	30	8.20	30	8.18	30	7.69	30	8.26	
S4	2011	5	78.15	5	78.29	5	78.71	5	78.53	5	78.58	5	78.53	5	78.52	5	78.65	5	78.04	5	77.89	5	77.65	5	77.63	78.24
		15	78.21	15	78.50	15	78.62	15	78.52	15	78.65	15	78.38	15	78.37	15	78.59	15	77.98	15	77.76	15	77.68	15	77.56	
		25	78.07	25	78.77	25	78.69	25	78.51	25	78.46	25	78.57	25	78.53	25	78.54	25	77.94	25	77.64	25	77.59	25	77.44	
	2012	5	77.27	5	77.02	5	77.02	5	76.65	5	76.58	5	76.62	5	76.14	5	75.75	5	75.60	5	75.53	5	75.21	5	75.10	76.15
		15	77.34	15	77.07	15	77.07	15	76.59	15	76.66	15	76.33	15	76.06	15	75.78	15	75.65	15	75.41	15	75.27	15	75.01	
		25	77.19	25	76.96	25	76.96	25	76.33	25	76.55	25	76.48	25	75.97	25	75.64	25	75.45	25	75.27	25	75.15	25	74.87	
	2013	10	74.83	10	74.89	10	74.75	10	74.65	10	74.65	10	74.52	10	75.52	10	74.44	10	73.95	10	74.44	10	74.16	10	74.28	75.45
		20	75.02	20	74.94	20	74.63	20	74.61	20	74.47	20	74.39	20	80.13	20	74.50	20	74.44	20	79.64	20	74.24	20	79.81	
		30	74.86	30	74.86	30	74.55	30	74.73	30	74.66	30	74.38	30	80.13	30	79.71	30	74.49	30	74.01	30	74.23	30	79.64	
	2014	5	74.29	5	74.25	5	73.93	5	74.15	5	74.83	5	73.73	5	73.78	5	74.72	5	74.04	5	74.10	5	74.15	5	74.08	74.07
		15	73.98	15	73.84	15	73.83	15	73.83	15	75.17	15	73.74	15	73.81	15	74.66	15	74.15	15	74.16	15	74.15	15	74.04	
		25	73.88	25	73.85	25	73.88	25	73.77	25	73.83	25	73.66	25	73.60	25	74.30	25	73.95	25	74.09	25	74.13	25	74.04	
	2015	5	73.92	5	73.92	5	69.90	5	73.17	5	73.05	5	72.85	5	72.86	5	71.88	5	75.95	5	72.73	5	72.83	5	72.73	72.94
		15	73.92	15	73.89	15	69.88	15	73.15	15	73.08	15	72.84	15	72.88	15	72.00	15	76.04	15	72.70	15	72.81	15	72.66	
		25	73.92	25	72.84	25	69.87	25	73.10	25	72.88	25	72.83	25	72.53	25	72.51	25	76.26	25	72.85	25	72.81	25	71.83	
529-1	2011	5	108.84	5	108.82	5	109.53	5	109.48	5	108.78	5	108.36	5	108.36	5	108.07	5	107.59	5	107.38	5	107.11	5	106.92	108.20
		15	108.66	15	109.13	15	109.47	15	109.10	15	108.56	15	108.44	15	108.14	15	108.14	15	107.62	15	107.28	15	107.04	15	106.78	
		25	108.50	25	109.58	25	109.44	25	109.04	25	108.25	25	108.52	25	108.20	25	107.96	25	107.50	25	107.21	25	106.87	25	106.61	

续表

点号	年份	1月		2月		3月		4月		5月		6月		7月		8月		9月		10月		11月		12月		年平均
		日	水位	日	水位	日	水位	日	水位	日	水位	日	水位	日	水位	日	水位	日	水位	日	水位	日	水位	日	水位	
529-1	2012	5	106.45	5	106.00	5	106.00	5	105.34	5	105.16	5	105.28	5	104.75	5	104.30	5	104.15	5	103.68	5	103.44	5	103.02	104.73
		15	106.52	15	106.13	15	106.13	15	105.22	15	105.06	15	105.06	15	104.68	15	104.23	15	103.97	15	103.56	15	103.30	15	103.10	
		25	106.28	25	105.90	25	105.90	25	105.07	25	105.25	25	105.13	25	104.59	25	104.11	25	103.81	25	103.41	25	103.18	25	102.98	
	2013	10	102.89	10	102.63	10	102.30	10	101.63	10	101.36	10	101.00	10	100.49	10	101.52	10	101.55	10	100.53	10	101.75	10		101.52
		20	102.78	20	102.54	20	102.54	20	101.54	20	101.17	20	100.71	20	100.35	20	100.55	20	101.77	20		20	100.20	20		
		30	102.71	30	102.43	30	101.71	30	101.58	30	101.21	30	100.68	30	101.45	30	101.63	30	101.69	30	101.63	30	100.16	30		
N5	2011	14	65.39	14	65.52	14	65.50	14	65.52	14	65.80	14	65.90	14	66.22	14	67.34	14	66.96	14	65.58	14	65.21	14	65.00	65.83
	2012	14	65.14	14	62.95	14	62.95	14	63.22	14	63.41	14	63.56	14	61.87	14	61.98	14	62.06	14	61.03	14	60.69	14	60.15	62.42
	2013	14	60.39	14	60.51	14	59.78	14	61.07	14	61.22	14	60.25	14	61.88	14	59.88	14	59.88	14	61.01	14	58.86	14		60.43
N10	2011	14	61.27	14	61.38	14	61.93	14	62.03	14	62.01	14	61.93	14	62.15	14	63.04	14	62.88	14	61.49	14	61.22	14	66.04	62.28
	2012	14	66.20	14	61.58	14	61.58	14	61.54	14	61.76	14	61.98	14	61.20	14	60.93	14	60.69	14	59.70	14	59.42	14	59.25	61.32
	2013	1	59.38	1	58.97	1	59.08	1	60.34	1	60.50	1	60.90	1	62.00	1	61.35	1	61.35	1	61.76	1	60.03	1	61.68	60.61
	2014	1	69.50	1	65.55	1	69.36	1	57.75	1	59.54	1	59.36	1	60.04	1	61.24	1	61.57	1	61.48	1	59.86	1	59.83	62.09
	2015	1	51.99	1	51.89	1	50.80	1	51.36	1	58.18	1	51.93	1	48.78	1	60.79	1	60.70	1	60.70	1	60.70	1	60.70	55.71
E14	2011	14		14	99.70	14	95.75	14	97.40	14	95.65	14	97.87	14	97.55	14	98.45	14	104.48	14	104.49	14	105.80	14	103.37	100.05
	2012	14	103.17	14	103.37	14	103.37	14	102.95	14	102.87	14	103.34	14	102.47	14	101.53	14		14		14		14		102.88
S14	2011	15	81.14	15	79.62	15	80.68	15	80.73	15	80.56	15	80.23	15	80.17	15	80.69	15	79.80	15	79.00	15	78.57	15	78.46	79.97
	2012	15	78.32	15	76.91	15	76.91	15	77.81	15	78.70	15	78.82	15	78.76	15	78.42	15	79.11	15	79.69	15	79.00	15	79.13	78.47
	2013	1	79.25	1	77.63	1	77.82	1	78.47	1	79.01	1	79.24	1	79.10	1	79.80	1	80.12	1		1	79.14	1		78.96
	2014	1	78.84	1	78.82	1	78.80	1	77.35	1	77.15	1	77.21	1	78.47	1	78.46	1	78.18	1	77.73	1	77.75	1	77.75	78.04
	2015	1	77.54	1	76.03	1	76.02	1	75.64	1	75.72	1	75.21	1	76.21	1	76.60	1	76.21	1	76.62	1	76.50	1	76.20	76.21

续表

点号	年份	1月		2月		3月		4月		5月		6月		7月		8月		9月		10月		11月		12月		年平均
		日	水位	日	水位	日	水位	日	水位	日	水位	日	水位	日	水位	日	水位	日	水位	日	水位	日	水位	日	水位	
S19	2011	15	50.78	15	50.00	15	50.36	15	50.43	15	50.49	15	48.97	15	49.27	15	49.61	15	49.41	15	48.90	15	48.49	15	48.42	49.59
	2012	15	48.26	15	47.23	15	47.23	15	47.16	15	47.88	15	48.38	15	48.37	15	48.90	15	48.75	15	47.41	15	47.92	15	48.03	47.96
	2013	1	47.71	1	46.75	1	46.69	1	47.41	1	47.83	1	49.24	1	47.67	1	49.54	1	49.26	1	49.45	1	49.06	1	49.49	48.34
	2014	1	48.81	1	48.79	1	48.91	1	49.00	1	49.65	1	49.74	1	50.83	1	50.78	1		1		1		1		49.56
S26	2011	15	66.33	15	66.44	15	66.88	15	66.99	15	66.86	15	66.37	15	66.53	15	66.60	15	66.68	15	66.45	15	65.84	15	65.57	66.46
	2012	15	65.48	15	65.27	15	65.82	15	65.63	15	62.72	15		15		15	9.35	15	12.20	15	26.43	15	23.08	15	20.55	41.65
	2013	15	〈59.80〉	15	57.95	15	60.28	15	〈32.93〉	15	〈22.87〉	15	〈37.20〉	15	〈39.28〉	15	40.67	15	39.55	15	40.67	15	38.60	15	49.66	46.77
	2014	1	36.64	1	36.20	1	37.12	1	36.59	1	〈39.95〉	1	〈39.27〉	1	〈40.17〉	1	〈43.37〉	1	〈43.49〉	1	〈43.37〉	1	〈43.25〉	1	〈43.25〉	36.64
	2015	1		1	36.21	1	36.75	1	36.29	1		1		1		1		1		1		1		1		36.42
552-1	2011	15	15.15	15	15.42	15	15.74	15	15.15	15	15.63	15	15.77	15	15.29	15	14.74	15	14.57	15	13.39	15	12.72	15	12.64	14.68
	2012	15	12.86	15	13.65	15	13.13	15	14.12	15	14.63	15	13.26	15	13.36	15	13.52	15	13.33	15	13.41	15	13.66	15	13.67	13.55
	2013	1	13.88	1	14.02	1	14.08	1	14.20	1	14.17	1	13.98	1	14.23	1		1		1		1		1		14.08
S28	2011	15	80.68	15	77.37	15	78.48	15	79.45	15	82.27	15	84.01	15	86.68	15	85.22	15		15		15		15		81.77
	2012	15		15		15		15		15		15		15	85.01	15	85.81	15	86.90	15	86.49	15	86.75	15	79.99	85.16
	2013	1	87.27	1	85.39	1	87.21	1	88.77	1	78.64	1	78.63	1		1		1		1		1		1		84.32
W10	2011	16	47.94	16	46.63	16	47.53	16	47.64	16	47.81	16	47.62	16	47.69	16	47.67	16	46.84	16	45.90	16	46.32	16	46.57	47.18
	2012	16	46.19	16	44.98	16	44.98	16	45.42	16	45.52	16	45.86	16	46.01	16	46.48	16	46.37	16	45.62	16	45.47	16	45.53	45.70
	2013	1	45.45	1	44.53	1	45.07	1	44.98	1	45.00	1	45.04	1	45.07	1	46.70	1		1	45.00	1	44.42	1	44.45	45.06
	2014	1	44.60	1	43.28	1	43.17	1	45.20	1	42.90	1	43.17	1	47.58	1	47.71	1	47.44	1	47.10	1	44.47	1	45.07	45.14
	2015	1	44.75	1	44.76	1	44.37	1	43.98	1	43.27	1	53.19	1	53.55	1	46.62	1	46.29	1	46.13	1	45.62	1	48.15	46.72

续表

点号	年份	1月		2月		3月		4月		5月		6月		7月		8月		9月		10月		11月		12月		年平均
		日	水位	日	水位	日	水位	日	水位	日	水位	日	水位	日	水位	日	水位	日	水位	日	水位	日	水位	日	水位	
W19	2011	16	51.55	16	49.40	16	51.64	16	52.51	16	53.60	16	53.45	16	53.74	16	53.55	16	53.25	16	51.85	16	51.70	16	51.37	52.30
	2012	16	50.66	16	48.88	16	50.61	16	52.19	16	52.87	16	53.62	16	53.87	16	54.80	16	54.24	16	53.07	16	53.45	16	53.05	52.61
	2013	1	52.57	1	50.17	1	50.93	1	52.90	1	54.37	1	54.54	1	54.95	1	54.87	1	55.66	1	55.31	1	54.98	1	55.31	53.88
	2014	1	55.31	1	55.28	1	54.22	1	53.77	1	53.76	1	55.42	1	55.60	1	55.60	1	55.44	1	55.45	1	55.43	1	54.87	55.01
	2015	1	54.41	1	54.20	1	53.72	1	53.71	1	55.77	1	55.71	1	55.75	1	55.34	1	55.85	1	55.23	1	55.77	1	55.70	55.10
W2	2011	1	62.49	1	59.41	1	58.11	1	52.33	1	62.89	1	63.11	1	66.68	1	64.96	58	58.05	1	64.03	1	63.25	1	65.12	61.70
	2012	16	63.28	16	64.28	16	60.78	16	61.48	16	64.19	16	64.61	16	64.99	16	60.54	16	64.65	16	59.88	16	62.83	16	60.16	62.64
	2013	1	59.75	1	49.47	1	61.29	1	56.18	1	59.08	1	55.35	1	62.78	1	60.25	1	64.20	1	60.25	1	66.43	1		59.55
297-2	2011	4	24.93	4	24.89	4	24.84	4	24.75	4	24.96	4	24.93	4	25.05	4	25.81	4	25.46	4	24.59	4	24.27	4	24.26	24.85
		14	24.95	14	24.80	14	24.88	14	24.70	14	24.80	14	25.07	14	25.19	14	25.47	14	25.30	14	24.44	14	24.31	14	24.11	
		24	24.91	24	24.73	24	24.89	24	24.89	24	24.75	24	25.15	24	25.52	24	25.42	24	24.97	24	24.27	24	24.35	24	24.08	
	2012	4	23.80	4	23.60	4	23.43	4	23.18	4	23.33	4	23.24	4	22.76	4	22.32	4	22.25	4	21.98	4	21.82	4	21.68	22.72
		14	23.76	14	23.56	14	23.56	14	23.06	14	23.29	14	22.91	14	22.73	14	22.29	14	22.13	14	21.86	14	21.70	14	21.61	
		24	23.67	24	23.50	24	23.53	24	23.12	24	23.38	24	22.96	24	22.66	24	22.23	24	22.09	24	21.71	24	21.73	24	21.46	
	2013	10	21.57	10	21.45	10	21.48	10	21.37	10	21.68	10	21.31	10	21.13	10	21.10	10	20.89	10	20.82	10	20.62	10	20.75	21.10
		20	21.38	20	21.43	20	21.45	20	21.33	20	21.34	20	21.28	20	21.16	20	20.95	20	20.89	20	20.88	20	20.77	20	20.73	
		30	21.49	30	20.53	30	20.49	30	21.42	30	21.33	30	21.25	30	21.07	30	20.94	30	20.86	30	21.21	30	20.75	30	20.62	
	2014	10	20.58	10	20.53	10	20.49	10	20.54	10	20.43	10	20.42	10	20.53	10	20.68	10	20.73	10	20.20	10		10	20.26	20.46
		20	20.65	20	20.51	20	20.41	20	20.47	20	20.06	20	20.42	20	20.60	20	20.92	20	20.71	20	20.49	20	20.28	20	20.20	
		30	20.55	30	20.40	30	20.38	30	20.47	30	20.38	30	20.40	30	20.66	30	20.72	30	20.50	30	20.36	30	20.22	30	20.12	

续表

点号	年份	1月		2月		3月		4月		5月		6月		7月		8月		9月		10月		11月		12月		年平均
		日	水位	日	水位	日	水位	日	水位	日	水位	日	水位	日	水位	日	水位	日	水位	日	水位	日	水位	日	水位	
297-2	2015	10	20.12	10	19.97	10	19.83	10	19.95	10	19.80	10	19.64	10	19.69	10	19.94	10	19.76	10	19.74	10	19.77	10	19.72	19.80
		20	20.07	20	19.95	20	19.85	20	19.89	20	19.71	20	20.67	20	19.50	20	19.74	20	19.70	20	19.75	20	19.70	20	19.76	
		30	20.07	30	19.82	30	19.92	30	19.86	30	19.78	30	19.73	30	19.62	30	19.81	30	19.92	30	19.70	30	19.71	30	19.66	
K422主	2011	4	27.02	4	26.93	4	26.75	4	26.80	4	27.02	4	27.11	4	27.13	4	27.41	4	27.40	4	26.57	4	26.68	4	26.34	26.92
		14	27.10	14	26.87	14	26.84	14	26.87	14	26.96	14	27.12	14	27.21	14	27.42	14	27.17	14	26.82	14	26.57	14	26.30	
		24	27.05	24	26.72	24	26.90	24	26.93	24	26.90	24	27.17	24	27.47	24	27.44	24	26.72	24	26.68	24	26.52	24	26.32	
	2012	4	26.30	4	25.42	4	25.21	4	26.01	4	26.16	4	26.03	4	26.17	4	26.09	4	26.15	4	25.76	4	25.64	4	24.55	25.77
		14	26.17	14	25.01	14	25.74	14	25.92	14	26.09	14	26.10	14	26.08	14	26.29	14	25.96	14	25.68	14	25.68	14	24.53	
		24	26.00	24	24.96	24	25.80	24	26.06	24	26.00	24	26.28	24	26.04	24	26.22	24	25.79	24	25.69	24	25.66	24	24.48	
	2013	10	25.42	10	25.41	10	25.24	10	25.39	10	25.50	10	25.59	10	25.62	10	25.49	10	25.57	10	25.45	10	25.13	10	24.70	25.36
		20	25.39	20	25.30	20	25.27	20	25.38	20	25.62	20	25.55	20	25.59	20	25.50	20	25.62	20	25.43	20	25.16	20	24.75	
		30	25.45	30	25.20	30	25.42	30	25.41	30	25.57	30	25.72	30	25.54	30	25.62	30	25.47	30	25.31	30	24.72	30	24.53	
	2014	10	24.49	10	24.32	10	24.12	10	24.61	10	24.03	10	24.25	10	24.23	10	24.46	10	24.22	10	24.17	10	23.93	10	24.10	24.25
		20	24.50	20	24.21	20	24.10	20	24.53	20	23.90	20	24.19	20	24.32	20	24.96	20	24.30	20	24.12	20	24.15	20	24.07	
		30	24.46	30	24.10	30	24.15	30	24.50	30	24.00	30	24.16	30	24.43	30	24.38	30	24.24	30	24.07	30	24.08	30	24.05	
K104	2011	4	27.58	4	27.29	4	27.30	4	27.26	4	27.44	4	27.38	4	27.30	4	27.24	4	27.27	4	27.01	4	26.75	4	26.47	27.16
		14	27.50	14	27.37	14	27.38	14	27.13	14	27.28	14	27.40	14	27.33	14	27.23	14	27.12	14	26.85	14	26.56	14	26.48	
		24	27.39	24	27.50	24	27.37	24	27.35	24	27.25	24	27.37	24	27.38	24	27.19	24	26.88	24	26.96	24	26.61	24	26.44	
	2012	4	26.12	4	25.72	4	25.52	4	25.43	4	25.56	4	25.46	4	25.48	4	25.36	4	25.25	4	24.97	4	24.80	4	23.40	25.20
		14	25.99	14	25.63	14	25.42	14	25.36	14	25.69	14	25.55	14	25.40	14	25.31	14	25.16	14	24.91	14	24.73	14	23.18	
		24	25.71	24	25.56	24	25.40	24	25.45	24	25.68	24	25.56	24	25.37	24	25.30	24	25.12	24	24.87	24	24.77	24	23.07	

续表

点号	年份	1月		2月		3月		4月		5月		6月		7月		8月		9月		10月		11月		12月		年平均
		日	水位	日	水位	日	水位	日	水位	日	水位	日	水位	日	水位	日	水位	日	水位	日	水位	日	水位	日	水位	
K104	2013	10	24.38	10	24.26	10	24.09	10	24.20	10	24.66	10		10	23.88	10	23.59	10	23.65	10	23.49	10	23.40	10	23.24	23.80
		20	24.37	20	24.22	20	24.17	20	24.25	20	24.21	20	23.18	20	23.83	20	23.37	20	23.73	20	23.47	20	23.32	20	23.23	
		30	24.33	30	24.13	30	24.21	30	24.30	30	24.12	30	23.22	30	23.78	30	23.59	30	23.63	30	23.33	30	23.24	30	23.07	
	2014	5	23.08	5	22.81	5	22.85	5	22.74	5	22.68	5	22.74	5	22.77	5	22.97	5	22.85	5	22.82	5	22.34	5	22.21	22.76
		15	23.07	15	22.70	15	22.80	15	22.65	15	22.52	15	22.67	15	22.89	15	23.07	15	22.91	15	22.46	15		15	22.12	
		25	22.95	25	22.90	25	22.87	25	22.72	25	22.68	25	22.64	25	23.05	25	23.05	25	24.22	25	22.40	25	22.22	25	22.10	
	2015	5	22.20	5	22.02	5	21.08	5	21.78	5		5		5		5		5	19.90	5	20.23	5	19.89	5	19.85	20.84
		15	22.62	15	21.94	15	21.98	15		15		15		15		15		15	20.04	15	20.19	15	19.83	15	19.87	
		25	22.06	25	21.82	25	21.72	25		25		25		25		25		25	19.87	25	20.16	25	19.84	25	19.65	
K421	2011	4	28.07	4	28.23	4	27.99	4	27.87	4	28.22	4	28.10	4	28.08	4	28.14	4	28.07	4	27.72	4	27.49	4	27.21	27.89
		14	28.24	14	27.81	14	28.06	14	27.98	14	27.96	14	28.18	14	27.95	14	28.10	14	27.87	14	27.57	14	27.44	14	27.18	
		24	28.28	24	27.97	24	28.14	24	28.17	24	27.77	24	28.32	24	28.12	24	28.08	24	27.81	24	27.50	24	27.35	24	27.13	
	2012	4	26.90	4	26.51	4	26.35	4	26.19	4	26.48	4	26.08	4	26.13	4	26.16	4	26.02	4	25.54	4	25.39	4	25.16	26.00
		14	26.79	14	26.41	14	26.29	14	26.13	14	26.37	14	26.09	14	26.15	14	26.11	14	25.69	14	25.35	14	25.34	14	25.13	
		24	26.54	24	26.38	24	26.24	24	26.27	24	26.27	24	26.17	24	26.19	24	26.03	24	25.40	24	25.28	24	25.30	24	25.12	
	2013	10	25.10	10	24.91	10	24.98	10	24.91	10	25.14	10		10	24.69	10	24.52	10	24.44	10	24.40	10	24.17	10	24.09	24.64
		20	25.06	20	24.82	20	24.95	20	24.96	20	24.98	20	24.70	20	24.62	20	24.52	20	24.46	20	24.39	20	24.18	20	24.05	
		30	24.97	30	24.73	30	25.00	30	25.03	30	24.66	30	24.91	30	24.60	30	24.53	30	24.48	30	24.26	30	24.09	30	23.98	
	2014	10	23.90	10		10		10		10		10		10		10		10		10		10		10		23.90
	2015	10		10	18.91	10	18.85	10	19.89	10	18.68	10	20.10	10	18.50	10	18.59	10	18.58	10	18.46	10	18.45	10	18.51	18.76
		20		20	18.93	20	18.86	20	19.49	20	18.57	20	18.54	20	18.50	20	18.50	20	18.53	20	18.46	20	18.48	20	18.51	
		30		30	18.84	30	18.91	30	19.10	30	19.56	30	18.72	30	18.54	30	18.57	30	18.50	30	18.45	30	18.49	30	18.50	

续表

点号	年份	1月		2月		3月		4月		5月		6月		7月		8月		9月		10月		11月		12月		年平均
		日	水位	日	水位	日	水位	日	水位	日	水位	日	水位	日	水位	日	水位	日	水位	日	水位	日	水位	日	水位	
K83-3主	2011	10	26.65	10	26.38	10	26.51	10	26.70	10	27.41	10	26.86	10	27.04	10	26.95	10	27.05	10	26.09	10	26.00	10	25.77	26.59
		20	26.84	20	26.01	20	26.80	20	26.74	20	26.62	20	27.22	20	27.18	20	27.01	20	26.27	20	26.04	20	25.87	20	25.80	
		30	26.93	30	26.40	30	26.69	30	27.25	30	26.37	30	27.44	30	27.32	30	27.03	30	26.42	30	25.96	30	25.93	30	25.78	
	2012	6	25.10	6	23.76	6	24.33	6	24.44	6	24.71	6	24.58	6	25.02	6	25.01	6	24.71	6	24.17	6	24.06	6	23.69	24.45
		16	24.68	16	23.94	16	24.70	16	24.58	16	24.79	16	24.69	16	25.15	16	25.00	16	24.49	16	23.78	16	23.94	16	23.61	
		26	24.18	26	24.18	26	24.82	26	24.66	26	24.78	26	25.20	26	24.94	26	24.91	26	24.42	26	23.61	26	23.90	26	23.59	
	2013	10	23.75	10	23.07	10	23.63	10	23.67	10	24.17	10		10	24.12	10	23.73	10	24.07	10	23.75	10	23.48	10	23.21	23.70
		20	23.46	20	23.18	20	23.78	20	23.74	20	24.05	20	23.82	20	24.15	20	23.91	20	24.04	20	23.79	20	23.37	20	23.21	
		30	23.24	30	23.11	30	23.99	30	23.95	30	24.02	30	24.11	30	23.90	30	24.10	30	23.89	30	23.59	30	23.19	30	23.11	
	2014	5	22.96	5	22.82	5	22.89	5	23.14	5	23.08	5	23.92	5	24.40	5	25.34	5	24.50	5	23.55	5		5	23.86	23.62
		15	22.82	15	22.69	15	23.09	15	23.05	15	22.83	15	24.21	15	24.74	15	24.79	15	23.76	15	23.11	15	23.84	15	23.92	
		25	22.69	25	22.89	25	23.21	25	23.05	25	23.30	25	24.26	25	25.16	25	24.68	25	23.64	25	23.23	25	23.28	25	23.84	
	2015	5	23.73	5	23.49	5	23.25	5	23.42	5	23.44	5	23.84	5	24.12	5		5	24.83	5	23.78	5	24.05	5	24.11	23.83
		10	23.67	10	23.60	10	23.45	10	23.70	10	23.58	10	24.02	10	24.10	10		10	24.58	10	23.75	10	24.02	10	24.04	
		15	23.30	15	23.48	15	23.67	15	23.54	15	23.57	15	24.20	15	24.38	15		15	24.63	15	24.01	15	24.00	15	24.08	
		20	23.44	20	23.32	20	23.79	20	23.55	20	23.76	20	24.45	20	24.23	20		20	24.35	20	24.07	20	24.01	20	24.03	
		25	23.31	25	23.06	25	23.67	25	23.51	25	23.72	25	24.05	25		25		25	23.95	25	24.06	25	24.02	25	24.07	
		30	23.35	30	23.09	30	23.53	30	23.75	30	23.83	30	23.89	30		30		30	23.58	30	24.05	30	24.06	30	23.91	
K83-3付	2011	4	25.97	4	25.58	4	25.73	4	25.82	4	26.17	4	25.94	4	25.99	4	25.94	4	25.97	4	25.66	4	25.28	4	25.03	25.72
		14	26.02	14	25.46	14	25.83	14	25.87	14	25.86	14	26.05	14	25.92	14	25.93	14	25.80	14	25.41	14	25.22	14	24.95	
		24	26.03	24	25.62	24	25.85	24	26.11	24	25.69	24	26.13	24	26.04	24	25.91	24	25.69	24	25.33	24	25.16	24	24.91	
	2012	6	24.53	6	24.02	6	23.94	6	23.93	6	23.89	6	23.70	6	23.78	6	23.91	6	24.64	6	23.24	6	23.15	6	22.96	23.68
		16	24.34	16	24.05	16	23.85	16	23.91	16	23.86	16	23.66	16	23.73	16	23.80	16	23.47	16	22.93	16	23.06	16	22.87	
		26	24.12	26	23.97	26	23.90	26	23.89	26	23.88	26	23.98	26	23.79	26	23.69	26	23.38	26	22.77	26	23.09	26	22.80	

续表

点号	年份	1月		2月		3月		4月		5月		6月		7月		8月		9月		10月		11月		12月		年平均
		日	水位	日	水位	日	水位	日	水位	日	水位	日	水位	日	水位	日	水位	日	水位	日	水位	日	水位	日	水位	
K83-3付	2013	10	22.08	10	22.73	10	22.57	10	22.34	10	22.71	10		10	22.54	10	21.97	10	22.39	10	22.30	10	22.32	10	21.95	22.37
		20	22.75	20	22.59	20	22.62	20	22.49	20	22.58	20	22.40	20	22.21	20	22.30	20	22.41	20	22.27	20	22.08	20	21.94	
		30	22.78	30	22.35	30	22.75	30	22.67	30	22.20	30	22.58	30	22.15	30	22.37	30	22.33	30	22.20	30	22.02	30	21.90	
	2014	5	21.88	5	21.71	5	21.70	5	21.76	5	21.62	5	21.74	5	22.07	5	22.64	5	24.50	5	21.91	5		5	22.80	22.14
		15	21.85	15	21.64	15	21.70	15	21.72	15	21.56	15	21.90	15	22.10	15	22.36	15	23.76	15	21.73	15	22.66	15	22.79	
		25	21.82	25	21.64	25	21.75	25	21.65	25	21.59	25	21.88	25	22.18	25	22.43	25	23.64	25	21.66	25	21.81	25	22.76	
	2015	5	22.70	5	22.42	5	22.32	5	22.34	5	22.13	5	22.33	5	22.43	5		5	22.62	5	22.30	5	22.43	5	22.41	22.40
		10	22.70	10	22.50	10	22.33	10	22.33	10	22.11	10	22.35	10	22.42	10	22.47	10	22.64	10	22.25	10	22.44	10	22.40	
		15	22.57	15	22.45	15	22.28	15	22.26	15	22.21	15	22.41	15	22.37	15	22.50	15	22.62	15	22.23	15	22.42	15	22.40	
		20	22.43	20	22.43	20	22.39	20	22.41	20	22.26	20	22.44	20	22.39	20	22.53	20	22.60	20	22.24	20	22.41	20	22.40	
		25	22.36	25	22.38	25	22.45	25	22.18	25	22.30	25	22.47	25	22.33	25	22.54	25	22.50	25	22.36	25	22.41	25	22.39	
		30	22.31	30	22.34	30	22.42	30	22.16	30	22.31	30	22.42	30		30	22.57	30	22.39	30	22.41	30	22.40	30	22.39	
＃211	2011	4	25.11	4	24.94	4	24.83	4	25.68	4	24.92	4	24.76	4	24.69	4	24.65	4	24.57	4	24.31	4	24.06	4	23.87	24.67
		14	25.05	14	25.27	14	24.90	14	24.87	14	25.11	14	24.80	14	24.67	14	24.64	14	24.55	14	24.25	14	23.98	14	23.76	
		24	25.00	24	24.93	24	24.88	24	25.48	24	24.82	24	24.78	24	25.09	24	24.62	24	24.56	24	24.16	24	23.93	24	23.70	
	2012	4	23.62	4	23.25	4	23.02	4	22.81	4	22.62	4	22.53	4	22.44	4	22.38	4	22.30	4	22.11	4	21.94	4	21.78	22.51
		14	23.50	14	23.16	14	22.95	14	22.70	14	22.57	14	22.53	14	22.40	14	22.31	14	22.21	14	22.02	14	21.91	14	21.78	
		24	23.34	24	23.24	24	22.89	24	22.65	24	22.57	24	22.50	24	22.36	24	22.30	24	22.16	24	21.98	24	21.87	24	21.73	
	2013	10	21.63	10	21.52	10	21.43	10	21.38	10	21.36	10	21.28	10	21.15	10	21.07	10	20.97	10	20.90	10	20.76	10	20.70	21.17
		20	21.66	20	21.48	20	21.41	20	21.31	20	21.32	20	21.28	20	21.18	20	21.07	20	20.95	20	20.92	20	20.77	20	20.70	
		30	21.60	30	21.45	30	21.40	30	21.30	30	21.35	30	21.25	30	21.29	30	20.97	30	20.99	30	20.87	30	20.69	30	20.64	

续表

点号	年份	1月		2月		3月		4月		5月		6月		7月		8月		9月		10月		11月		12月		年平均
		日	水位	日	水位	日	水位	日	水位	日	水位	日	水位	日	水位	日	水位	日	水位	日	水位	日	水位	日	水位	
＃211	2014	5	20.56	5	20.49	5	20.43	5	20.47	5	20.39	5	20.32	5	20.47	5	20.64	5	20.72	5	20.41	5		5	20.22	20.43
		15	20.60	15	20.46	15	20.40	15	20.43	15	20.30	15	20.37	15	20.54	15	20.70	15	20.58	15	20.30	15	20.30	15	20.17	
		25	20.52	25	20.42	25	20.41	25	20.42	25	20.35	25	20.40	25	20.59	25	20.71	25	20.51	25	20.39	25	20.15	25	20.07	
	2015	5	20.02	5	19.92	5	19.92	5	19.80	5	19.68	5	19.65	5	19.63	5	19.80	5	19.77	5	19.63	5	19.59	5	19.53	19.73
		15	20.07	15	19.92	15	19.82	15	19.75	15	19.60	15	19.60	15	19.60	15	19.72	15	19.97	15	19.59	15	19.55	15	19.58	
		25	20.04	25	19.84	25	19.79	25	19.70	25	19.77	25	19.67	25	19.66	25	19.66	25	19.85	25	19.56	25	19.67	25	19.49	
K110	2011	4	26.27	4	26.11	4	25.97	4	25.94	4	25.97	4	25.82	4	25.87	4	25.54	4	25.74	4	25.46	4	25.23	4	25.06	25.71
		14	26.24	14	26.02	14	26.01	14	25.93	14	25.98	14	25.89	14	25.82	14	25.78	14	25.72	14	24.47	14	25.18	14	24.97	
		24	26.20	24	25.76	24	25.98	24	25.97	24	25.93	24	25.92	24	25.92	24	25.76	24	25.71	24	25.33	24	25.11	24	24.89	
	2012	4	24.79	4	24.33	4	24.10	4	23.85	4	23.71	4	23.63	4	23.24	4	23.46	4	23.35	4	23.16	4	23.00	4	22.81	23.57
		14	24.65	14	24.26	14	24.00	14	23.89	14	23.65	14	23.57	14	23.47	14	23.38	14	23.27	14	23.10	14	23.00	14	22.79	
		24	24.45	24	24.10	24	23.87	24	23.76	24	23.63	24	23.55	24	23.44	24	23.36	24	23.22	24	23.06	24	22.89	24	22.71	
	2013	10	23.65	10	22.62	10	22.48	10	22.14	10	22.14	10	22.07	10	21.96	10	21.87	10	21.74	10	21.68	10	21.54	10	21.42	22.09
		20	23.60	20	22.56	20	22.45	20	22.14	20	22.13	20	22.05	20	22.04	20	21.79	20	21.73	20	21.68	20	21.51	20	21.43	
		30	23.53	30	22.52	30	22.41	30	22.13	30	22.13	30	22.04	30	21.90	30	21.76	30	21.74	30	21.60	30	21.48	30	21.41	
	2014	5	21.34	5	21.22	5	21.16	5	21.15	5	21.07	5	21.04	5	21.16	5	21.34	5	21.40	5	21.20	5		5	21.01	21.10
		15	21.34	15	21.19	15	21.14	15	20.13	15	21.02	15	21.08	15	21.23	15	21.42	15	21.27	15	21.06	15	21.04	15	20.94	
		25	21.26	25	21.16	25	21.12	25	20.28	25	21.03	25	21.10	25	21.30	25	21.42	25	21.22	25	20.97	25	20.92	25	20.91	
	2015	5	20.82	5	20.74	5	20.60	5	20.55	5	20.47	5	20.42	5	20.42	5	20.45	5	20.55	5	20.48	5	20.36	5	20.34	20.50
		10	20.85	10	20.69	10	20.60	10	20.56	10	20.42	10	20.38	10	20.43	10	20.48	10	20.58	10	20.44	10		10	20.31	
		15	20.81	15	20.64	15	20.56	15	20.51	15	20.43	15	20.41	15	20.40	15	20.48	15	20.56	15	20.41	15	20.33	15	20.33	

续表

点号	年份	1月		2月		3月		4月		5月		6月		7月		8月		9月		10月		11月		12月		年平均
		日	水位	日	水位	日	水位	日	水位	日	水位	日	水位	日	水位	日	水位	日	水位	日	水位	日	水位	日	水位	
K110	2015	20	20.77	20	20.64	20	20.59	20	20.51	20	20.42	20	20.41	20	20.41	20	20.51	20	20.55	20	20.38	20	20.34	20	20.32	20.50
		25	20.75	25	20.61	25	20.62	25	20.50	25	20.42	25	20.43	25	20.41	25	20.51	25	20.51	25	20.39	25	20.36	25	20.31	
		30	20.76	30	20.62	30	20.55	30	20.46	30	20.41	30	20.42	30	20.39	30	20.52	30	20.50	30	20.40	30	20.32	30	20.32	
K84-1主	2011	4	22.45	4	22.24	4	22.24	4	22.26	4	22.86	4	22.65	4	22.82	4	22.64	4	22.77	4	21.93	4	21.63	4	21.56	22.30
		14	22.59	14	21.88	14	22.50	14	22.37	14	22.46	14	22.91	14	22.77	14	22.66	14	22.15	14	21.68	14	21.57	14	21.63	
		24	22.76	24	22.15	24	22.32	24	22.74	24	22.32	24	23.06	24	22.95	24	22.71	24	21.87	24	21.55	24	21.51	24	21.58	
	2012	4	21.12	4	20.42	4	20.77	4	20.88	4	21.06	4	21.09	4	21.03	4	21.34	4	21.15	4	20.54	4	20.61	4	20.40	20.86
		14	20.94	14	20.45	14	20.94	14	21.02	14	21.22	14	21.07	14	21.07	14	21.43	14	21.03	14	20.53	14	20.66	14	20.18	
		24	20.39	24	20.64	24	20.49	24	21.11	24	21.19	24	21.41	24	21.08	24	21.18	24	20.82	24	20.59	24	20.71	24	20.34	
	2013	10	20.45	10	20.23	10	20.33	10	20.41	10	20.88	10	20.77	10	20.95	10	20.51	10	20.92	10	20.58	10	20.27	10	20.14	20.54
		20	20.54	20	20.17	20	20.39	20	20.46	20	20.89	20	20.75	20	20.88	20	20.72	20	20.91	20	20.62	20	20.28	20	20.17	
		30	20.51	30	20.15	30	20.67	30	20.45	30	20.78	30	20.96	30	20.70	30	20.94	30	20.60	30	20.35	30	20.14	30	20.10	
	2014	5	20.20	5	19.95	5	19.90	5	20.24	5	20.08	5	20.73	5	21.12	5	21.69	5	21.33	5	20.41	5		5	20.92	20.58
		15	20.17	15	19.79	15	20.22	15	20.15	15	19.86	15	20.94	15	21.39	15	21.59	15	20.78	15	20.10	15	20.16	15	21.00	
		25	20.10	25	19.98	25	20.32	25	20.09	25	20.29	25	20.99	25	21.66	25	21.41	25	20.53	25	20.26	25	20.94	25	20.91	
	2015	5	20.85	5	20.81	5	20.54	5	20.60	5	20.48	5	20.93	5	21.00	5	21.47	5	21.55	5	20.98	5	20.99	5	21.20	20.97
		10	20.86	10	20.75	10	20.65	10	20.73	10	20.49	10	20.99	10	21.24	10	21.61	10	21.51	10	20.98	10	20.99	10	20.95	
		15	20.63	15	20.69	15	20.81	15	20.58	15	20.64	15	21.23	15	21.28	15	21.48	15	21.30	15	20.95	15	20.90	15	21.04	
		20	20.88	20	20.54	20	20.69	20	20.70	20	20.83	20	21.37	20	21.29	20	21.44	20	21.26	20	21.11	20	21.08	20	21.01	
		25	20.79	25	20.28	25	20.63	25	20.64	25	20.87	25	20.96	25	21.28	25	21.48	25	21.10	25	21.00	25	21.10	25	21.08	
		30	20.81	30	20.35	30	20.67	30	20.79	30	21.00	30	20.77	30	21.46	30	21.59	30	20.85	30	21.00	30	21.13	30	21.03	

续表

点号	年份	1月		2月		3月		4月		5月		6月		7月		8月		9月		10月		11月		12月		年平均
		日	水位	日	水位	日	水位	日	水位	日	水位	日	水位	日	水位	日	水位	日	水位	日	水位	日	水位	日	水位	
K84-1付	2011	4	21.57	4	21.54	4	21.45	4	21.40	4	21.48	4	21.53	4	21.67	4	21.62	4	21.58	4	21.14	4	20.67	4	20.46	21.29
		14	21.60	14	21.51	14	21.50	14	21.28	14	21.42	14	21.72	14	21.61	14	21.59	14	21.42	14	20.95	14	20.61	14	20.41	
		24	21.56	24	21.47	24	21.46	24	21.50	24	21.38	24	21.03	24	21.66	24	21.55	24	21.19	24	20.81	24	20.56	24	20.36	
	2012	4	20.25	4	20.07	4	19.89	4	19.85	4	19.78	4	19.69	4	19.80	4	19.86	4	19.83	4	19.53	4	19.44	4	19.40	19.76
		14	20.20	14	20.01	14	19.79	14	19.81	14	19.80	14	19.72	14	19.77	14	19.93	14	19.76	14	19.52	14	19.41	14	19.33	
		24	20.06	24	19.94	24	19.85	24	19.79	24	19.82	24	19.83	24	19.76	24	19.85	24	19.61	24	19.49	24	19.47	24	19.34	
	2013	10	19.32	10	19.28	10	19.23	10	19.00	10	19.56	10	19.58	10	19.41	10	19.27	10	19.29	10	19.19	10	19.05	10	18.99	19.26
		20	19.28	20	19.25	20	19.31	20	19.02	20	19.62	20	19.51	20	19.47	20	19.28	20	19.27	20	19.17	20	19.05	20	18.99	
		30	19.29	30	19.20	30	19.28	30	19.03	30	19.53	30	19.52	30	19.36	30	19.29	30	19.25	30	19.13	30	19.00	30	18.95	
	2014	5	18.92	5	18.87	5	18.82	5	18.89	5	18.81	5	18.82	5	19.00	5	19.18	5	19.35	5	19.13	5		5	19.45	19.01
		15	18.94	15	18.82	15	18.80	15	18.85	15	18.74	15	18.91	15	19.08	15	19.31	15	19.19	15	18.97	15	18.81	15	19.45	
		25	18.90	25	18.81	25	18.85	25	18.84	25	18.76	25	18.94	25	19.15	25	19.33	25	19.18	25	18.91	25		25	19.39	
	2015	5	19.36	5	19.31	5	19.20	5	19.08	5	18.98	5	18.99	5	19.02	5	19.15	5	19.24	5	19.17	5	19.10	5	19.11	19.14
		10	19.38	10	19.28	10	19.20	10	19.04	10	18.96	10	19.01	10	19.05	10	19.17	10	19.25	10	19.16	10	19.10	10	19.10	
		15	19.34	15	19.27	15	19.17	15	19.00	15	18.98	15	19.05	15	19.06	15	19.18	15	19.23	15	19.15	15	19.09	15	19.12	
		20	19.32	20	19.24	20	19.19	20	19.03	20	18.97	20	19.06	20	19.08	20	19.20	20	19.21	20	19.13	20	19.09	20	19.08	
		25	19.31	25	19.22	25	19.15	25	19.02	25	18.95	25	19.05	25	19.11	25	19.21	25	19.20	25	19.14	25	19.10	25	19.10	
		30	19.32	30	19.24	30	19.12	30	19.00	30	19.00	30	19.03	30	19.13	30	19.23	30	19.19	30	19.14	30	19.09	30	19.11	
K83-2主	2011	4	20.97	4	21.16	4	20.83	4	20.53	4	21.22	4	21.03	4	21.06	4	20.78	4	20.83	4	20.08	4	20.30	4	20.67	20.84
		14	21.07	14	20.56	14	21.13	14	20.81	14	20.93	14	21.18	14	21.01	14	20.75	14	20.51	14	19.73	14	21.64	14	20.78	
		24	21.10	24	20.78	24	21.12	24	21.23	24	21.05	24	21.27	24	21.04	24	20.61	24	20.44	24	19.54	24	21.77	24	20.76	

续表

点号	年份	1月		2月		3月		4月		5月		6月		7月		8月		9月		10月		11月		12月		年平均
		日	水位	日	水位	日	水位	日	水位	日	水位	日	水位	日	水位	日	水位	日	水位	日	水位	日	水位	日	水位	
K83-2主	2012	4	20.39	4	19.63	4	19.32	4	19.29	4	19.06	4	19.48	4	18.91	4	20.39	4	19.51	4	18.67	4	19.00	4	18.77	19.30
		14	19.06	14	19.21	14	19.70	14	19.39	14	19.42	14	19.49	14	19.07	14	20.78	14	19.47	14	18.88	14	19.07	14	18.30	
		24	19.53	24	18.94	24	18.98	24	19.48	24	19.54	24	19.32	24	19.24	24	20.47	24	19.10	24	18.59	24	19.19	24	18.09	
	2013	10	18.70	10	18.97	10	18.54	10	19.14	10	19.37	10	19.09	10	19.21	10	18.80	10	18.94	10	19.08	10	18.67	10	20.30	19.04
		20	18.82	20	18.60	20	18.65	20	19.25	20	19.22	20	19.03	20	19.26	20	18.89	20	18.89	20	18.99	20	18.94	20	20.29	
		30	18.99	30	18.72	30	19.00	30	19.06	30	18.91	30	19.20	30	19.04	30	18.99	30	18.71	30	18.64	30	18.34	30	20.37	
	2014	5	20.39	5	19.80	5	19.62	5	20.55	5	19.39	5	20.74	5	20.84	5	21.75	5	21.47	5	20.49	5	20.28	5	19.70	20.45
		10	20.39	10	19.81	10	20.37	10	20.58	10	19.24	10	20.94	10	20.93	10	20.96	10	21.24	10	20.35	10	19.78	10	20.23	
		15	20.36	15	19.89	15	20.49	15	20.18	15	19.87	15	20.97	15	20.90	15	20.95	15	20.81	15	20.10	15	19.86	15	20.25	
		20	20.46	20	19.94	20	20.49	20	20.01	20	19.74	20	21.08	20	21.05	20	20.94	20	20.95	20	20.05	20	20.18	20	20.15	
		25	20.34	25	19.83	25	20.52	25	20.09	25	20.50	25	20.67	25	21.60	25	21.27	25	20.85	25	20.43	25	20.06	25	20.02	
		30	20.33	30		30	20.56	30	20.11	30	20.56	30	20.63	30	21.68	30	21.52	30	20.80	30	20.34	30	19.60	30	19.95	
	2015	5	20.05	5	20.14	5	19.97	5	19.98	5	19.04	5	20.22	5	19.89	5	19.94	5	19.86	5	19.52	5	19.45	5	19.78	19.87
		10	20.09	10	20.09	10	20.04	10	20.05	10	19.66	10	19.92	10	20.36	10	20.46	10	19.94	10	19.56	10	19.47	10	19.37	
		15	19.83	15	20.06	15	19.72	15	19.86	15	19.29	15	20.29	15	20.25	15	20.21	15	19.69	15	19.37	15	19.30	15	19.91	
		20	20.22	20	19.92	20	19.24	20	19.94	20	19.89	20	20.64	20	20.29	20	20.18	20	19.65	20	19.95	20	19.64	20	19.90	
		25	20.14	25	19.72	25	19.24	25	19.93	25	20.24	25	19.84	25	20.30	25	20.02	25	19.59	25	19.48	25	19.64	25	19.95	
		30	20.22	30	19.81	30	20.03	30	20.04	30	20.32	30	19.65	30	20.31	30	19.91	30	19.31	30	19.49	30	19.66	30	19.95	
K83-2付	2011	4	21.66	4	21.34	4	21.48	4	21.14	4	22.02	4	21.96	4	22.02	4	21.81	4	21.93	4	21.09	4	20.25	4	19.88	21.40
		14	21.81	14	21.19	14	21.78	14	21.15	14	21.78	14	22.15	14	22.04	14	21.79	14	21.81	14	20.62	14	20.58	14	19.94	
		24	21.98	24	21.44	24	21.74	24	21.77	24	21.75	24	22.22	24	22.07	24	21.74	24	21.71	24	20.20	24	20.53	24	19.93	
	2012	4	19.65	4	18.87	4	19.29	4	20.23	4	20.12	4	20.44	4	19.83	4	20.21	4	20.53	4	19.69	4	19.88	4	19.53	19.81
		14	19.46	14	18.90	14	19.10	14	20.42	14	20.26	14	20.48	14	19.94	14	20.63	14	20.36	14	19.58	14	20.04	14	19.31	
		24	18.74	24	19.10	24	18.51	24	20.49	24	20.49	24	20.50	24	20.04	24	20.48	24	19.98	24	19.19	24	20.16	24	18.83	

续表

点号	年份	1月		2月		3月		4月		5月		6月		7月		8月		9月		10月		11月		12月		年平均
		日	水位	日	水位	日	水位	日	水位	日	水位	日	水位	日	水位	日	水位	日	水位	日	水位	日	水位	日	水位	
K83-2付	2013	10	19.68	10	19.84	10	19.33	10	19.94	10	20.19	10	20.03	10	20.17	10	19.61	10	20.11	10	19.88	10	19.58	10	19.44	19.81
		20	19.93	20	19.57	20	19.52	20	20.13	20	20.18	20	20.00	20	20.19	20	19.85	20	20.06	20	19.86	20	19.54	20	19.36	
		30	19.91	30	19.61	30	19.85	30	19.79	30	19.96	30	20.21	30	19.96	30	20.14	30	19.67	30	19.57	30	19.23	30	19.38	
	2014	5	19.44	5	19.34	5	19.23	5	19.83	5	19.42	5	20.22	5	20.14	5	21.15	5	20.78	5	19.50	5		5	18.80	19.75
		15	19.67	15	19.13	15	19.76	15	19.54	15	19.03	15	20.34	15	20.60	15	20.54	15	20.16	15	19.12	15	19.10	15	19.35	
		25	19.50	25	19.39	25	19.86	25	19.23	25	19.76	25	20.38	25	21.00	25	20.78	25	19.81	25	19.62	25	18.74	25	18.98	
	2015	5	18.89	5	19.01	5	18.85	5	18.87	5	18.86	5	19.41	5	19.01	5	19.64	5	19.27	5	19.01	5	19.00	5	19.44	19.07
		15	18.25	15	18.95	15	19.00	15	18.86	15	18.68	15	19.55	15	19.34	15	19.55	15	19.01	15	18.71	15	18.96	15	19.02	
		25	19.03	25	18.51	25	18.89	25	18.86	25	19.17	25	19.67	25	19.58	25	19.49	25	19.11	25	18.98	25	19.34	25	18.81	
＃682	2011	4	20.73	4	20.76	4	20.79	4	20.74	4	20.70	4	20.67	4	20.67	4	20.27	4	20.31	4	19.65	4	19.37	4	19.33	20.29
		14	20.75	14	20.84	14	20.85	14	20.69	14	20.58	14	20.64	14	20.64	14	20.20	14	20.11	14	19.59	14	19.46	14	19.25	
		24	20.73	24	20.85	24	20.80	24	20.66	24	20.51	24	20.60	24	20.60	24	20.08	24	19.82	24	19.50	24	19.39	24	19.21	
	2012	4	19.27	4	19.13	4	19.01	4	19.22	4	18.91	4	18.81	4	18.91	4	18.75	4	18.73	4	18.56	4	18.60	4	18.59	18.85
		14	19.23	14	19.03	14	19.00	14	18.95	14	18.98	14	18.96	14	18.82	14	18.91	14	18.67	14	18.58	14	18.64	14	18.49	
		24	19.13	24	18.93	24	19.04	24	18.99	24	18.96	24	19.10	24	18.79	24	18.79	24	18.59	24	18.54	24	18.66	24	18.37	
	2013	10	18.35	10	18.33	10	18.30	10	18.30	10	18.24	10	18.07	10	17.88	10	17.86	10	18.09	10	17.98	10	18.05	10	18.05	18.12
		20	18.41	20	18.15	20	18.26	20	18.25	20	18.20	20	18.16	20	18.07	20	17.78	20	17.98	20	18.08	20	18.06	20	18.05	
		30	18.38	30	18.13	30	18.31	30	18.22	30	18.09	30	18.13	30	17.97	30	18.09	30	18.09	30	17.99	30	17.93	30	18.08	
	2014	5	18.04	5	18.01	5	18.00	5	18.08	5	18.12	5	18.06	5	18.31	5	18.47	5	18.36	5	18.07	5		5	17.97	18.12
		15	18.10	15	18.05	15	18.10	15	18.16	15	17.89	15	18.10	15	18.40	15	18.46	15	18.00	15	18.03	15	17.94	15	17.99	
		25	17.99	25	18.08	25	18.18	25	18.12	25	18.06	25	18.13	25	18.51	25	18.47	25	18.04	25	18.01	25	17.91	18	17.98	

续表

点号	年份	1月		2月		3月		4月		5月		6月		7月		8月		9月		10月		11月		12月		年平均
		日	水位	日	水位	日	水位	日	水位	日	水位	日	水位	日	水位	日	水位	日	水位	日	水位	日	水位	日	水位	
＃682	2015	5	17.82	5	17.64	5	17.74	5	17.77	5	17.52	5	17.41	5	17.52	5	17.74	5	17.37	5	17.37	5	17.40	5	17.37	17.54
		15	17.79	15	17.70	15	17.76	15	17.69	15	17.43	15	17.32	15	17.64	15	17.39	15	17.45	15	17.37	15	17.27	15	17.46	
		25	17.82	25	17.71	25	17.75	25	17.61	25	17.48	25	17.20	25	17.70	25	17.48	25	17.40	25	17.39	25	17.32	18	17.53	
K83-1主	2011	4	22.84	4	21.82	4	22.55	4	22.59	4	23.57	4	22.60	4	22.83	4	22.50	4	22.65	4	21.74	4	21.56	4	21.51	22.42
		14	22.92	14	22.18	14	22.67	14	22.52	14	23.71	14	22.99	14	22.86	14	22.73	14	22.05	14	21.77	14	21.46	14	21.49	
		24	22.74	24	22.50	24	22.53	24	22.89	24	23.67	24	22.81	24	22.94	24	22.69	24	22.06	24	21.26	24	21.59	24	21.24	
	2012	4	20.76	4	20.23	4	20.64	4	20.58	4	20.73	4	20.89	4	20.97	4	21.24	4	20.89	4	20.49	4	20.47	4	20.27	20.69
		14	20.58	14	20.45	14	20.46	14	20.68	14	20.88	14	21.24	14	21.05	14	21.05	14	20.86	14	20.60	14	20.45	14	20.17	
		24	20.24	24	20.57	24	20.32	24	20.73	24	20.80	24	21.37	24	21.06	24	21.07	24	20.73	24	20.57	24	20.38	24	20.24	
	2013	10	20.17	10	20.15	10	20.23	10	20.06	10	20.47	10	20.36	10	20.65	10	20.13	10	20.45	10	20.19	10	19.87	10	19.82	20.26
		20	20.48	20	20.00	20	20.35	20	20.43	20	20.55	20	20.27	20	20.68	20	20.28	20	20.49	20	20.39	20	19.85	20	19.90	
		30	20.27	30	20.06	30	20.35	30	20.43	30	20.64	30	20.58	30	20.29	30	20.42	30	20.27	30	20.03	30	19.78	30	19.90	
	2014	5	19.90	5	19.71	5	19.49	5	20.00	5	19.94	5	20.40	5	20.74	5	21.33	5	20.82	5	19.54	5		5	21.15	20.27
		15	19.96	15	19.63	15	19.95	15	19.98	15	19.88	15	20.68	15	20.94	15	20.88	15	20.31	15	19.45	15	19.11	15	21.31	
		25	19.82	25	19.72	25	20.02	25	19.93	25	20.07	25	20.74	25	21.14	25	20.76	25	20.24	25	19.37	25	21.51	18	21.07	
	2015	5	21.76	5	21.66	5	21.46	5	21.35	5	21.30	5	21.64	5	21.88	5	22.09	5	22.26	5	21.64	5	21.62	5	21.71	21.72
		10	21.79	10	21.68	10	21.57	10	21.46	10	21.22	10	21.59	10	21.86	10	22.07	10	21.98	10	21.63	10	21.62	10	21.65	
		15	21.47	15	21.60	15	21.83	15	21.38	15	21.57	15	21.78	15	21.84	15	22.12	15	22.04	15	21.75	15	21.61	15	21.76	
		20	21.83	20	21.46	20	21.80	20	21.58	20	21.71	20	22.10	20	21.89	20	22.14	20	21.97	20	21.77	20	21.64	20	21.73	
		25	21.62	25	21.24	25		25	21.56	25	21.56	25	21.80	25	21.89	25	22.18	25	21.85	25	21.65	25	21.63	25	21.77	
		30	21.80	30	21.32	30	21.45	30	21.65	30	21.67	30	21.64	30	22.00	30	22.28	30	21.41	30	21.64	30	21.65	30	21.74	

续表

点号	年份	1月		2月		3月		4月		5月		6月		7月		8月		9月		10月		11月		12月		年平均
		日	水位	日	水位	日	水位	日	水位	日	水位	日	水位	日	水位	日	水位	日	水位	日	水位	日	水位	日	水位	
K83-1付	2011	4	22.43	4	21.73	4	22.18	4	22.15	4	21.92	4	22.06	4	22.40	4	21.97	4	22.22	4	21.38	4	21.12	4	21.06	21.91
		14	22.49	14	22.11	14	22.24	14	22.09	14	22.09	14	22.53	14	22.41	14	22.18	14	21.64	14	21.45	14	20.96	14	20.94	
		24	22.32	24	22.11	24	22.26	24	22.34	24	22.02	24	22.33	24	22.51	24	22.15	24	21.66	24	21.64	24	21.07	24	20.77	
	2012	4	20.33	4	19.98	4	20.41	4	20.20	4	20.29	4	20.58	4	20.71	4	20.81	4	20.50	4	20.88	4	20.12	4	19.96	20.37
		14	20.23	14	20.20	14	20.12	14	20.27	14	20.41	14	20.80	14	20.72	14	20.56	14	20.48	14	20.32	14	20.18	14	19.88	
		24	20.23	24	20.36	24	20.10	24	20.36	24	20.39	24	20.99	24	20.72	24	20.72	24	20.33	24	20.19	24	20.07	24	19.85	
	2013	10	19.85	10	19.81	10	19.82	10	19.81	10	20.00	10	19.95	10	20.22	10	19.75	10	19.95	10	19.68	10	19.33	10	19.48	19.85
		20	20.17	20	19.82	20	19.94	20	19.93	20	20.21	20	19.90	20	20.27	20	19.83	20	19.97	20	19.85	20	19.30	20	19.54	
		30	19.91	30	19.74	30	20.01	30	19.95	30	20.29	30	20.19	30	19.90	30	19.92	30	19.74	30	19.56	30	19.49	30	19.49	
	2014	5	19.32	5	19.30	5	19.39	5	19.48	5	19.54	5	19.91	5	19.96	5	20.68	5	20.16	5	19.54	5		5	21.15	19.87
		15	19.40	15	19.32	15	19.37	15	19.57	15	19.02	15	20.61	15	20.23	15	20.24	15	19.72	15	19.45	15	19.11	15	21.31	
		25	19.27	25	19.37	25	19.42	25	19.53	25	19.61	25	20.22	25	20.52	25	20.04	25	19.60	25	19.37	25	21.52	18	21.07	
	2015	5	21.16	5	21.02	5	20.85	5	20.74	5	20.60	5	20.85	5	21.00	5	21.16	5	21.31	5	20.84	5	20.82	5	20.89	20.96
		10	21.18	10	21.02	10	20.95	10	20.76	10	20.53	10	20.78	10	20.97	10	21.12	10	21.09	10	20.84	10	20.82	10	20.86	
		15	20.98	15	20.95	15	21.17	15	20.79	15	20.93	15	20.92	15	20.95	15	21.19	15	21.14	15	20.92	15	20.82	15	20.94	
		20	21.31	20	20.78	20	21.23	20	20.87	20	21.02	20	21.29	20	20.98	20	21.21	20	21.08	20	20.92	20	20.83	20	20.92	
		25	21.07	25	20.64	25	21.20	25	20.85	25	20.84	25	20.98	25	20.98	25	21.24	25	21.01	25	20.84	25	20.83	25	20.95	
		30	21.25	30	20.80	30	20.77	30	20.90	30	20.92	30	20.86	30	21.07	30	21.32	30	20.66	30	20.85	30	20.83	30	20.94	
K733主	2011	4	22.39	4	21.57	4	22.09	4	22.06	4	21.94	4	22.05	4	22.24	4	21.43	4	22.01	4	21.17	4	20.97	4	20.96	21.77
		14	22.46	14	21.79	14	21.98	14	22.04	14	22.04	14	22.10	14	22.23	14	22.17	14	21.48	14	21.17	14	20.87	14	20.96	
		24	22.29	24	22.12	24	21.97	24	22.29	24	22.00	24	22.26	24	22.32	24	22.10	24	21.50	24	21.10	24	21.02	24	20.69	

续表

点号	年份	1月		2月		3月		4月		5月		6月		7月		8月		9月		10月		11月		12月		年平均
		日	水位	日	水位	日	水位	日	水位	日	水位	日	水位	日	水位	日	水位	日	水位	日	水位	日	水位	日	水位	
K733主	2012	4	20.28	4	19.87	4	20.17	4		4	20.28	4	20.34	4	20.58	4	20.78	4	20.55	4	20.18	4	20.10	4	19.95	20.28
		14	20.10	14	20.12	14	20.17	14	20.21	14	20.45	14	20.80	14	20.62	14	20.62	14	20.44	14	20.40	14	19.66	14	19.88	
		24	19.88	24	19.98	24	19.92	24	20.37	24	20.38	24	20.92	24	20.79	24	20.69	24	20.39	24	20.19	24	19.88	24	19.91	
	2013	10	19.83	10	19.87	10	19.97	10	19.25	10	20.12	10	20.19	10	20.30	10	19.77	10	19.92	10	19.96	10	19.07	10	20.44	19.96
		20	20.14	20	19.69	20	20.17	20	20.13	20	20.23	20	20.07	20	20.34	20	19.88	20	20.04	20	19.78	20	19.52	20	20.47	
		30	19.99	30	19.76	30	20.11	30	20.07	30	20.30	30	20.23	30	19.91	30	20.01	30	19.90	30	19.68	30	18.96	30	20.48	
	2014	5	20.51	5	19.80	5	20.05	5	20.61	5	19.60	5	20.85	5	21.17	5	21.69	5	21.12	5	20.48	5	20.18	5	19.96	20.48
		10	20.54	10	20.22	10	19.78	10	20.63	10	19.43	10	21.04	10	21.27	10	20.67	10	21.09	10	20.36	10	20.17	10	19.42	
		15	20.52	15	20.19	15	20.48	15	20.55	15	20.04	15	21.13	15	21.41	15	21.29	15	20.88	15	20.25	15	20.20	15	20.02	
		20	20.48	20	20.22	20	20.55	20	19.85	20	20.17	20	21.21	20	21.52	20	21.31	20	20.74	20	20.19	20	20.18	20	19.49	
		25	20.44	25	20.29	25	20.05	25	20.49	25	20.64	25	21.23	25	21.02	25	21.41	25	20.67	25	20.19	25	20.20	25	19.47	
		30	20.40	30	20.22	30	20.09	30	20.52	30	20.62	30	21.12	30	21.07	30	20.74	30	20.63	30	20.22	30	20.15	30	19.41	
	2015	5	19.48	5	19.50	5	19.22	5	19.03	5	18.98	5	19.74	5	20.01	5	20.04	5	20.33	5	19.76	5	19.73	5	19.29	19.64
		10	19.50	10	19.52	10	19.44	10	19.08	10	19.39	10	19.22	10	19.52	10	19.54	10	19.57	10	19.78	10	19.73	10	19.85	
		15	19.31	15	19.91	15	20.00	15	19.18	15	19.78	15	19.41	15	19.44	15	20.16	15	20.06	15	19.87	15	19.81	15	19.84	
		20	19.54	20	19.26	20	19.61	20	19.82	20	19.89	20	20.20	20	19.45	20	20.22	20	20.00	20	19.80	20	19.23	20	19.83	
		25	19.41	25	19.08	25	19.91	25	19.80	25	19.23	25	19.99	25	19.47	25	20.21	25	19.95	25	19.77	25	19.22	25	19.86	
		30	19.60	30	19.24	30	19.11	30	19.88	30	19.37	30	19.85	30	19.61	30	20.36	30	19.07	30	19.77	30	19.23	30	19.86	
K733付	2011	5	19.24	5	19.12	5	18.65	5	22.03	5	21.94	5	17.61	5	17.99	5	17.67	5	18.04	5	17.73	5	17.86	5	17.83	18.77
		15	19.18	15	19.08	15	17.86	15	22.00	15	22.04	15	17.67	15	17.87	15	17.85	15	17.67	15	17.79	15	17.83	15	17.87	
		25	19.16	25	19.11	25	17.81	25	22.29	25	22.00	25	17.89	25	17.78	25	17.87	25	17.70	25	17.82	25	17.83	25	17.87	

续表

点号	年份	1月		2月		3月		4月		5月		6月		7月		8月		9月		10月		11月		12月		年平均
		日	水位	日	水位	日	水位	日	水位	日	水位	日	水位	日	水位	日	水位	日	水位	日	水位	日	水位	日	水位	
K733付	2012	5	17.86	5	17.73	5	17.70	5		5	17.50	5	17.42	5	17.40	5	17.31	5	17.01	5	17.15	5	17.43	5	17.30	17.45
		15	17.80	15	17.72	15	17.70	15	17.45	15	17.46	15	17.39	15	17.30	15	17.23	15	17.07	15	17.34	15	17.27	15	17.30	
		25	17.74	25	17.73	25	17.65	25	17.49	25	18.42	25	17.48	25	17.24	25	17.14	25	17.12	25	17.20	25	17.29	25	17.33	
	2013	10	17.35	10	17.79	10	17.36	10	17.37	10	17.44	10	17.17	10	17.09	10	16.92	10	16.87	10	16.81	10	16.99	10	17.74	17.23
		20	17.37	20	17.36	20	17.38	20	17.37	20	17.37	20	17.27	20	17.31	20	16.73	20	16.90	20	16.59	20	16.99	20	17.82	
		30	17.40	30	17.37	30	17.54	30	17.39	30	17.39	30	17.08	30	16.96	30	16.87	30	16.91	30	16.99	30	16.98	30	17.87	
	2014	5	17.88	5	17.96	5	17.98	5	18.00	5	17.93	5	17.92	5	18.10	5	18.31	5	18.02	5	17.41	5	16.83	5	16.36	17.66
		10	17.90	10	17.97	10	17.96	10	18.00	10	17.92	10	17.95	10	18.13	10	18.33	10	17.94	10	17.39	10	16.66	10	16.33	
		15	17.91	15	17.97	15	17.98	15	17.95	15	17.86	15	17.99	15	18.15	15	18.16	15	17.64	15	17.34	15	16.56	15	16.35	
		20	17.94	20	17.96	20	18.01	20	17.96	20	17.85	20	18.04	20	18.19	20	18.18	20	17.30	20	17.27	20	16.52	20	16.38	
		25	17.94	25	17.97	25	18.00	25	17.87	25	17.90	25	18.06	25	18.23	25	18.22	25	17.31	25	17.21	25	16.51	25	16.46	
		30	17.96	30		30	18.02	30	17.89	30	17.88	30	18.09	30	18.26	30	18.22	30	17.36	30	17.11	30	16.46	30	16.55	
	2015	5	16.64	5	17.04	5	17.21	5	16.71	5	15.51	5	15.42	5	15.19	5	15.33	5	15.56	5	15.59	5	15.82	5	15.97	15.99
		10	16.72	10	17.07	10	17.24	10	16.37	10	15.44	10	15.41	10	15.23	10	15.31	10	15.57	10	15.63	10	15.79	10	16.02	
		15	16.79	15	17.11	15	17.24	15	16.16	15	15.42	15	15.41	15	15.24	15	15.36	15	15.37	15	15.71	15	15.74	15	16.10	
		20	16.85	20	17.14	20	17.28	20	16.03	20	15.42	20	15.46	20	15.24	20	15.42	20	15.39	20	15.81	20	15.79	20	16.16	
		25	16.91	25	17.16	25	17.18	25	15.83	25	15.42	25	15.46	25	15.26	25	15.41	25	15.47	25	15.90	25	15.85	25	16.22	
		30	16.98	30	17.18	30	16.99	30	15.67	30	15.43	30	15.35	30	15.30	30	15.47	30	15.53	30	15.94	30	15.90	30	16.29	
#1	2011	5	22.61	5	22.53	5	22.56	5	22.35	5	22.22	5	22.02	5	22.07	5	21.80	5	21.98	5	21.60	5	21.31	5	21.12	22.02
		15	22.60	15	22.51	15	22.48	15	22.30	15	22.21	15	22.06	15	22.05	15	21.94	15	21.70	15	21.38	15	21.25	15	21.09	
		25	22.60	25	22.58	25	22.45	25	22.25	25	22.09	25	22.10	25	23.97	25	21.95	25	21.71	25	21.26	25	21.14	25	20.78	

续表

点号	年份	1月		2月		3月		4月		5月		6月		7月		8月		9月		10月		11月		12月		年平均
		日	水位	日	水位	日	水位	日	水位	日	水位	日	水位	日	水位	日	水位	日	水位	日	水位	日	水位	日	水位	
#1	2012	5	20.79	5	20.45	5	20.76	5	20.51	5	20.50	5	20.30	5	20.42	5	20.40	5	20.03	5	19.96	5	19.92	5	20.34	20.36
		15	20.81	15	20.63	15	20.57	15	20.47	15	20.33	15	20.41	15	20.37	15	20.28	15	20.23	15	20.13	15	20.04	15	20.36	
		25	20.49	25	20.61	25	20.51	25	20.49	25	20.29	25	20.49	25	20.38	25	20.17	25	20.16	25	19.97	25	20.01	25	20.33	
	2013	10	19.99	10	19.90	10	19.92	10	19.69	10	19.96	10	19.97	10	19.82	10	19.53	10	19.48	10	19.47	10	19.48	10	19.57	19.66
		20	19.86	20	19.83	20	20.01	20	18.55	20	19.96	20	19.85	20	19.76	20	19.48	20	19.50	20	19.44	20	19.79	20	19.44	
		30	19.81	30	19.80	30	19.85	30	19.93	30	19.95	30	19.81	30	19.63	30	19.28	30	19.49	30	19.42	30	19.44	30	19.08	
	2014	5	19.32	5	19.30	5	19.39	5	19.50	5	19.37	5	19.29	5	19.49	5	19.72	5	20.42	5	19.52	5		5	18.91	19.39
		15	19.40	15	19.32	15	19.37	15	19.45	15	19.24	15	19.35	15	19.54	15	19.84	15	19.57	15	19.28	15	19.02	15	18.79	
		25	19.27	25	19.37	25	19.42	25	19.43	25	19.37	25	19.38	25	19.67	25	19.80	25	19.58	25	19.36	25	18.95	25	18.77	
	2015	5	18.67	5	18.67	5	18.62	5	18.62	5	18.50	5	18.15	5	18.08	5	18.08	5	18.14	5	18.03	5	18.03	5	18.08	18.25
		15	18.69	15	18.67	15	18.57	15	18.58	15	18.32	15	18.12	15	18.06	15	18.06	15	18.10	15	18.00	15	17.27	15	18.09	
		25	18.66	25	18.62	25	18.67	25	18.54	25	18.47	25	18.18	25	18.09	25	18.09	25	18.07	25	18.02	25	17.37	25	18.08	
K80-1	2011	5	24.27	5	22.85	5	24.00	5	24.10	5	24.04	5	24.07	5	24.15	5	23.98	5	24.01	5	23.12	5	23.04	5	22.86	23.75
		15	24.31	15	23.36	15	24.14	15	24.06	15	24.03	15	24.42	15	24.27	15	24.26	15	23.39	15	23.13	15	22.97	15	22.87	
		25	24.22	25	23.97	25	23.94	25	24.47	25	23.97	25	24.27	25	24.27	25	24.13	25	23.57	25	23.06	25	22.97	25	22.38	
	2012	5	21.74	5	21.10	5	21.56	5	21.58	5	21.70	5	21.70	5	21.85	5	22.01	5	21.89	5	21.52	5	21.33	5	21.13	21.62
		15	21.50	15	21.45	15	21.55	15	21.68	15	21.80	15	22.21	15	21.95	15	22.09	15	21.77	15	21.56	15	21.31	15	21.08	
		25	21.07	25	21.39	25	21.31	25	21.71	25	21.77	25	22.29	25	22.04	25	22.07	25	21.76	25	21.51	25	21.17	25	21.09	
	2013	10	21.04	10	21.01	10	21.02	10	20.99	10	21.40	10	21.57	10	21.50	10	21.24	10	21.50	10	21.29	10	20.83	10	21.03	21.22
		20	21.32	20	20.77	20	21.21	20	21.34	20	21.44	20	21.20	20	21.69	20	21.38	20	21.51	20	21.31	20	20.90	20	20.90	
		30	21.17	30	20.86	30	21.22	30	21.35	30	21.50	30	21.44	30	21.37	30	21.51	30	21.38	30	21.15	30	20.91	30	20.73	

续表

点号	年份	1月		2月		3月		4月		5月		6月		7月		8月		9月		10月		11月		12月		年平均
		日	水位	日	水位	日	水位	日	水位	日	水位	日	水位	日	水位	日	水位	日	水位	日	水位	日	水位	日	水位	
K80-1	2014	5	20.96	5	20.73	5	20.46	5	21.08	5	20.99	5	21.39	5	21.76	5	22.35	5	21.78	5	21.06	5		5	21.30	21.22
		15	20.99	15	20.61	15	20.91	15	20.98	15	20.56	15	21.68	15	21.98	15	21.89	15	21.26	15	20.73	15	20.80	15	21.33	
		25	20.84	25	20.63	25	21.09	25	20.98	25	21.09	25	21.76	25	22.21	25	21.84	25	21.14	25	20.79	25	21.43	18	21.25	
	2015	5	21.20	5	21.10	5	20.83	5	20.76	5	20.87	5	21.31	5	21.60	5	21.72	5	22.07	5	21.32	5	21.34	5	21.32	21.33
		10	21.23	10	21.15	10	21.01	10	20.85	10	20.80	10	21.32	10	21.63	10	21.70	10	21.77	10	21.31	10	21.34	10	21.41	
		15	21.02	15	21.12	15	21.15	15	20.85	15	21.10	15	21.53	15	21.58	15	21.85	15	21.79	15	21.48	15	21.38	15	21.40	
		20	21.19	20	20.96	20	21.24	20	21.14	20	21.21	20	21.80	20	21.58	20	21.92	20	21.71	20	21.43	20	21.27	20	21.38	
		25	21.07	25	20.76	25	21.19	25	21.12	25	21.17	25	21.62	25	21.59	25	21.91	25	21.59	25	21.38	25	21.26	25	21.41	
		30	21.16	30	20.79	30	20.84	30	21.22	30	21.31	30	21.44	30	21.74	30	22.09	30	21.19	30	21.36	30	21.26	30	21.39	
K80-3	2011	4	21.91	4	21.53	4	21.93	4	21.59	4	21.97	4	21.44	4	21.44	4	21.30	4	21.25	4	20.79	4	20.53	4	20.35	21.31
		14	21.73	14	21.57	14	22.02	14	21.53	14	21.83	14	21.92	14	21.41	14	21.31	14	21.08	14	20.69	14	20.46	14	20.33	
		24	21.66	24	21.95	24	21.80	24	21.63	24	21.48	24	21.57	24	21.53	24	21.27	24	20.98	24	20.62	24	20.41	24	20.24	
	2012	4	20.16	4	19.89	4	19.79	4	19.67	4	19.71	4	19.57	4	19.55	4	19.49	4	19.45	4	19.24	4	19.29	4	19.08	19.56
		14	21.08	14	19.96	14	19.72	14	19.64	14	19.59	14	19.61	14	19.52	14	19.48	14	19.36	14	19.22	14	19.19	14	19.05	
		24	19.94	24	19.82	24	19.72	24	19.65	24	19.56	24	19.61	24	19.51	24	19.49	24	19.30	24	19.19	24	19.11	24	19.09	
	2013	10	19.00	10	18.98	10	18.98	10	19.02	10	19.15	10	19.31	10	19.30	10	19.10	10	19.13	10	19.04	10	18.92	10	19.04	19.08
		20	18.99	20	18.93	20	19.01	20	19.06	20	19.38	20	19.25	20	19.31	20	19.08	20	19.19	20	19.02	20	18.94	20	18.96	
		30	19.02	30	18.96	30	19.03	30	19.07	30	19.39	30	19.27	30	19.15	30	19.05	30	19.00	30	19.00	30	18.93	30	18.91	
	2014	5	18.91	5	18.86	5	18.87	5	18.98	5	18.95	5	18.95	5	19.07	5	19.24	5	19.23	5	18.91	5		5	19.00	18.96
		15	18.93	15	18.85	15	18.90	15	18.95	15	18.82	15	19.00	15	19.13	15	19.24	15	18.99	15	18.66	15	18.38	15	18.97	
		25	18.88	25	18.87	25	18.95	25	18.95	25	18.95	25	19.06	25	19.20	25	19.26	25	18.93	25	18.58	25	19.05	18	18.96	

续表

点号	年份	1月		2月		3月		4月		5月		6月		7月		8月		9月		10月		11月		12月		年平均
		日	水位	日	水位	日	水位	日	水位	日	水位	日	水位	日	水位	日	水位	日	水位	日	水位	日	水位	日	水位	
K80-3	2015	5	18.94	5	18.93	5	18.91	5	18.86	5	18.57	5		5	18.28	5	18.23	5	18.24	5	18.13	5	18.15	5	18.19	18.46
		10	18.93	10	18.92	10	18.94	10	18.81	10	18.50	10	18.37	10	18.28	10	18.20	10	18.20	10	18.13	10	18.16	10	18.20	
		15	18.90	15	18.90	15	18.94	15	18.73	15	18.53	15	18.38	15	18.25	15	18.21	15	18.17	15	18.17	15	18.15	15	18.26	
		20	18.91	20	18.89	20	18.90	20	18.76	20	18.51	20	18.40	20	18.22	20	18.22	20	18.14	20	18.15	20	18.16	20	18.22	
		25	18.92	25	18.92	25	18.96	25	18.70	25	18.43	25	18.36	25	18.22	25	18.21	25	18.14	25	18.18	25	18.17	25	18.26	
		30	18.95	30		30	18.84	30	18.65	30	18.42	30	18.29	30	18.22	30	18.22	30	18.12	30	18.20	30	18.16	30	18.28	
K111	2011	4	26.55	4	26.16	4	26.27	4	26.34	4	26.35	4	26.12	4	26.14	4	25.98	4	26.04	4	25.85	4	25.56	4	25.31	26.08
		14	26.57	14	26.25	14	26.49	14	26.34	14	26.31	14	26.32	14	26.21	14	26.12	14	25.98	14	25.74	14	25.53	14	25.36	
		24	26.44	24	26.66	24	26.28	24	26.45	24	26.23	24	26.23	24	26.32	24	26.09	24	26.02	24	25.65	24	25.54	24	25.24	
	2012	4	24.88	4	24.05	4	24.06	4	23.76	4	23.48	4	23.57	4	22.56	4	23.36	4	23.06	4	22.96	4	22.53	4	22.38	23.39
		14	24.77	14	24.35	14	23.57	14	23.80	14	23.60	14	23.56	14	23.41	14	23.31	14	23.13	14	22.90	14	22.65	14	22.42	
		24	24.07	24	24.26	24	23.54	24	23.42	24	23.57	24	23.62	24	23.39	24	23.12	24	23.09	24	22.86	24	22.63	24	22.46	
	2013	10	22.58	10	22.12	10	21.94	10	21.71	10	21.86	10	21.73	10	21.68	10		10		10		10		10		21.90
		20	22.24	20	21.97	20	21.85	20	21.77	20	21.76	20	21.64	20		20		20		20		20		20		
		30	22.26	30	22.01	30	21.82	30	21.78	30	21.77	30	21.61	30		30		30		30		30		30		
	2015	10	21.63	10	21.57	10	21.41	10	21.60	10	21.42	10	21.29	10	21.29	10	21.63	10	21.28	10	21.41	10	21.05	10	20.97	21.38
		20	21.66	20	21.48	20	21.56	20	21.54	20	21.44	20	21.46	20	21.54	20	21.34	20	21.26	20	21.30	20	21.05	20	21.05	
		30	21.62	30	21.38	30	21.56	30	21.48	30	21.35	30	21.50	30	21.60	30	21.46	30	21.18	30	21.27	30	21.02	30	20.99	

续表

点号	年份	1月		2月		3月		4月		5月		6月		7月		8月		9月		10月		11月		12月		年平均
		日	水位	日	水位	日	水位	日	水位	日	水位	日	水位	日	水位	日	水位	日	水位	日	水位	日	水位	日	水位	
#328-1	2011	4	〈8.47〉	4	〈8.40〉	4	〈8.20〉	4	〈8.23〉	4	〈8.42〉	4	〈9.18〉	4	〈9.48〉	4	〈9.68〉	4	〈9.99〉	4	〈9.47〉	4	〈9.65〉	4	〈9.61〉	
		14	〈8.45〉	14	〈8.25〉	14	〈8.29〉	14	〈8.18〉	14	〈8.79〉	14	〈9.31〉	14	〈9.58〉	14	〈9.74〉	14	〈9.73〉	14	〈9.49〉	14	〈9.77〉	14	〈9.55〉	
		24	〈8.49〉	24	〈8.21〉	24	〈8.24〉	24	〈8.29〉	24	〈8.84〉	24	〈9.34〉	24	〈9.61〉	24	〈9.80〉	24	〈9.61〉	24	〈9.21〉	24	〈9.67〉	24	〈9.39〉	
	2012	4	〈9.49〉	4	〈9.62〉	4	〈9.48〉	4	〈9.57〉	4	〈9.63〉	4	〈9.60〉	4		4		4		4		4		4		
		14	〈9.56〉	14	〈9.54〉	14	〈9.56〉	14	〈9.59〉	14	〈9.64〉	14	〈9.66〉	14		14		14		14		14		14		
		24	〈9.54〉	24	〈9.48〉	24	〈9.59〉	24	〈9.64〉	24	〈9.59〉	24		24		24		24		24		24		24		
#336-1	2011	5		5		5		5	12.85	5	12.80	5	12.80	5	12.64	5	12.53	5	12.39	5	11.66	5	11.92	5	12.06	12.35
		15		15		15		15	12.82	15	12.72	15	12.78	15	12.62	15	12.40	15	11.99	15	11.79	15	12.04	15	12.09	
		25		25		25		25	12.89	25	12.67	25	12.70	25	12.65	25	12.31	25	11.72	25	11.58	25	12.09	25	12.13	
	2012	5	12.27	5	12.28	5	12.29	5	12.64	5	12.68	5	12.47	5	12.49	5	12.57	5	12.30	5	11.96	5	12.34	5	12.40	12.41
		15	12.29	15	12.20	15	12.52	15	12.67	15	12.71	15	12.50	15	12.38	15	12.51	15	12.23	15	12.05	15	12.39	15	12.46	
		25	12.36	25	12.18	25	12.69	25	12.75	25	12.51	25	12.66	25	12.36	25	12.42	25	12.13	25	12.26	25	12.34	25	12.51	
	2013	10	12.58	10	12.67	10	12.90	10	13.03	10	13.11	10	13.03	10	13.02	10	12.92	10	12.88	10	12.91	10	12.92	10	12.87	12.90
		20	12.61	20	12.75	20	12.95	20	12.98	20	13.11	20	13.01	20	13.04	20	12.89	20	12.90	20	12.95	20	12.88	20	12.83	
		30	12.59	30	12.83	30	13.01	30	13.00	30	13.01	30	13.00	30	13.01	30	12.95	30	12.38	30	12.97	30	12.85	30	12.89	
	2014	5	12.95	5	12.81	5	12.68	5	12.89	5	12.96	5	13.03	5	13.09	5	13.01	5	12.55	5	12.30	5	12.21	5	12.05	12.73
		15	12.97	15	12.72	15	12.85	15	12.95	15	12.97	15	13.12	15	12.88	15	12.75	15	12.45	15	12.37	15	12.33	15	12.14	
		25	12.90	25	12.73	25	12.70	25	12.87	25	13.00	25	13.17	25	13.16	25	12.86	25	12.82	25	12.40	25	12.33	25	12.21	
	2015	5	12.40	5	12.27	5	12.38	5	12.33	5	12.20	5	12.24	5	12.32	5	12.40	5	12.24	5	12.26	5	12.39	5	12.58	12.34
		15	12.26	15	12.28	15	12.33	15	12.23	15	12.12	15	12.39	15	12.40	15	12.21	15	12.23	15	12.33	15	12.49	15	12.71	
		25	12.36	25	12.31	25	12.38	25	12.29	25	12.09	25	12.38	25	12.37	25	12.17	25	12.18	25	12.36	25	12.54	25	12.75	

续表

点号	年份	1月		2月		3月		4月		5月		6月		7月		8月		9月		10月		11月		12月		年平均
		日	水位	日	水位	日	水位	日	水位	日	水位	日	水位	日	水位	日	水位	日	水位	日	水位	日	水位	日	水位	
K216	2011	14	13.04	14	13.82	14	13.85	14	13.42	14	13.52	14	14.25	14	14.62	14	13.56	14	12.73	14	12.50	14	12.18	14	12.04	13.29
	2012	14	11.74	14	12.45	14	12.43	14	12.33	14	13.05	14	13.51	14	13.26	14	13.48	14	12.66	14	12.70	14	12.68	14	12.64	12.74
	2013	1	12.74	1	12.72	1	13.13	1	13.42	1	13.52	1	13.93	1	13.29	1	13.01	1	12.89	1	12.64	1	12.52	1	12.70	13.04
	2014	1	12.81	1	13.05	1	13.21	1	13.22	1	13.20	1	13.32	1	13.75	1	13.82	1	13.19	1	12.92	1	12.51	1	12.50	13.13
	2015	1	12.66	1	12.79	1	12.84	1	13.13	1	12.79	1	13.03	1	12.99	1	12.92	1	12.80	1	13.15	1	12.80	1	12.88	12.90
K215-1	2011	15	14.84	15	14.76	15	14.89	15	14.84	15	14.78	15	15.44	15	15.71	15	15.13	15	15.11	15	14.66	15	14.48	15	13.61	14.85
	2012	15	13.18	15	13.79	15	13.48	15	13.24	15	13.62	15	13.69	15	13.56	15	13.71	15	13.50	15	13.44	15	13.31	15	13.15	13.47
	2013	1	13.24	1	13.06	1	13.11	1	13.00	1	13.51	1	13.59	1	13.49	1	13.24	1	13.22	1	13.17	1	13.09	1	13.06	13.23
	2014	1	13.01	1	13.00	1	13.06	1	13.15	1	13.11	1	13.21	1	13.29	1	13.32	1	13.27	1	12.97	1	12.90	1	12.80	13.09
	2015	1	12.81	1	12.79	1	12.84	1	12.85	1	12.88	1	12.94	1	12.96	1	13.06	1	13.60	1	13.61	1	13.54	1	13.55	13.12
K214	2011	14	13.27	14	13.03	14	13.50	14	13.17	14	13.00	14	14.81	14	15.41	14	14.11	14	13.64	14	13.04	14	12.65	14	13.22	13.57
	2012	14	13.02	14	12.99	14	12.61	14	13.76	14	14.21	14	14.66	14	14.68	14	15.03	14	14.73	14	14.62	14	14.59	14	14.52	14.12
	2013	1	14.41	1	14.26	1	14.70	1	14.98	1	15.20	1	15.17	1	15.23	1	15.03	1	14.89	1	14.79	1	14.44	1	14.34	14.79
	2014	1	14.17	1	14.10	1	14.30	1	14.42	1	14.54	1	14.70	1	14.99	1	14.92	1	14.85	1	14.42	1	14.20	1	13.97	14.47
	2015	1	12.96	1	13.91	1	13.97	1	14.14	1	14.24	1	14.43	1	14.43	1	14.45	1	14.29	1	14.44	1	14.14	1	14.23	14.14
＃84-2	2011	14	15.64	14	15.70	14	15.85	14	15.61	14	15.45	14	15.67	14	15.60	14	15.52	14	15.33	14	15.01	14	17.89	14	16.10	15.78
	2012	14	15.41	14	14.16	14	14.07	14	13.91	14	14.02	14	13.90	14	13.96	14	13.99	14	13.81	14	13.57	14	13.78	14	13.70	14.02
	2013	1	13.80	1	13.73	1	13.89	1	13.85	1	13.98	1	13.82	1	13.81	1	13.45	1	13.46	1	13.58	1	13.58	1	13.62	13.71
	2014	1	13.70	1	13.68	1	13.74	1	13.81	1	13.74	1	13.85	1	13.85	1	13.81	1	13.71	1	13.35	1	13.55	1	13.50	13.69
	2015	1	13.53	1	13.62	1	13.68	1	13.61	1	13.55	1	13.59	1	13.52	1	13.46	1	13.53	1	13.51	1	13.50	1	13.58	13.56

续表

点号	年份	1月		2月		3月		4月		5月		6月		7月		8月		9月		10月		11月		12月		年平均
		日	水位	日	水位	日	水位	日	水位	日	水位	日	水位	日	水位	日	水位	日	水位	日	水位	日	水位	日	水位	
#275	2011	14	21.00	14	20.80	14	21.29	14	21.38	14	21.05	14	21.03	14	20.98	14	20.80	14	20.71	14	19.55	14	19.42	14	19.39	20.62
	2012	14	19.33	14	19.09	14	18.95	14	19.04	14	18.96	14	19.15	14	19.00	14	19.08	14	18.70	14	18.69	14	18.66	14	18.57	18.94
	2013	1	18.52	1	18.52	1	18.50	1	18.57	1	18.55	1	18.44	1	18.45	1	18.17	1	18.34	1	18.34	1	18.22	1	18.24	18.41
	2014	1	18.25	1	18.19	1	18.31	1	18.38	1	18.22	1	18.44	1	18.64	1	18.62	1	18.37	1	18.21	1	18.10	1	18.06	18.32
	2015	1	18.50	1	18.02	1	17.95	1	17.81	1	17.69	1	17.80	1	17.72	1	17.76	1	17.72	1	17.75	1	17.71	1	17.76	17.85
#401	2011	14	19.62	14	19.89	14	19.80	14	19.50	14	19.31	14	20.20	14	20.61	14	20.10	14	20.02	14	19.18	14	18.59	14	18.62	19.62
	2012	14	18.23	14	18.58	14	18.51	14	18.79	14	19.13	14	19.18	14	18.84	14	18.87	14	18.58	14	18.46	14	18.57	14	18.42	18.68
	2013	1	18.25	1	18.02	1	18.44	1	18.70	1	18.62	1	18.58	1	15.83	1	15.75	1	15.51	1	15.33	1	15.10	1	14.92	16.92
	2014	1	14.80	1	14.75	1	14.83	1	14.96	1	15.09	1	15.44	1	15.67	1	15.54	1	15.40	1	15.03	1	14.94	1	14.61	15.09
	2015	1	14.54	1	14.68	1	14.70	1	14.49	1	14.80	1	15.16	1	15.06	1	15.29	1	15.03	1	15.00	1	14.93	1	14.75	14.87
#S3-1	2011	14	17.39	14	17.17	14	17.44	14	17.55	14	17.40	14	18.15	14	16.59	14	18.15	14	18.03	14	17.37	14	16.98	14	16.72	17.41
	2012	14	16.34	14	17.72	14	17.16	14	16.89	14	17.06	14	17.35	14	17.22	14	17.61	14	17.25	14	17.11	14	17.09	14	16.77	17.13
	2013	1	16.77	1	16.73	1	16.95	1	17.07	1	17.20	1	16.97	1	17.28	1	17.11	1	16.99	1	16.83	1	16.70	1	16.52	16.93
	2014	1	16.37	1	16.30	1	16.53	1	16.45	1	16.53	1	16.67	1	17.16	1	16.86	1	16.87	1	16.57	1	16.71	1	16.19	16.60
	2015	1	16.06	1	16.03	1	16.00	1	16.42	1	16.12	1	16.26	1	16.33	1	16.36	1	16.35	1	16.41	1	16.31	1	16.19	16.24
S7	2011	14	12.57	14	12.70	14	12.77	14	12.85	14	13.00	14	13.49	14	13.82	14	13.74	14	13.62	14	12.97	14	12.67	14	12.50	13.06
	2012	14	12.29	14	12.54	14	12.48	14	12.97	14	13.18	14	13.56	14	13.67	14	13.97	14	13.76	14	13.72	14	13.67	14	13.55	13.28
	2013	1	13.58	1	13.40	1	13.93	1	14.20	1	14.38	1	14.34	1	14.36	1	13.99	1	13.74	1	13.58	1	13.45	1	13.25	13.85
	2014	1	13.21	1	13.17	1	13.64	1	13.38	1	13.42	1	13.53	1	13.78	1	13.93	1	13.70	1	13.33	1	13.15	1	13.01	13.44
	2015	1	12.96	1	12.92	1	13.02	1	13.50	1	13.06	1	13.40	1	13.28	1	13.32	1	13.28	1	13.50	1	13.22	1	13.21	13.22
K201	2011	14	13.03	14	13.42	14	13.76	14	14.17	14	12.99	14	14.86	14	15.49	14	14.13	14	13.40	14	13.04	14	12.60	14	13.30	13.68
	2012	14	13.10	14	13.04	14	12.77	14	13.48	14	13.71	14	14.18	14	14.11	14	14.67	14	14.23	14	14.18	14	14.19	14	14.11	13.81
	2013	1	14.30	1	14.26	1	14.28	1	14.97	1	14.72	1	14.87	1	14.40	1	14.39	1	14.38	1	13.87	1	13.57	1	13.61	14.30
	2014	1	13.53	1		1		1	13.87	1	14.12	1	14.38	1	14.90	1	14.88	1	14.34	1	14.07	1	13.94	1	13.54	14.16

续表

点号	年份	1月		2月		3月		4月		5月		6月		7月		8月		9月		10月		11月		12月		年平均
		日	水位	日	水位	日	水位	日	水位	日	水位	日	水位	日	水位	日	水位	日	水位	日	水位	日	水位	日	水位	
S9	2011	14	14.80	14	14.82	14	14.94	14	14.89	14	14.64	14	15.43	14	15.77	14	15.54	14	15.53	14	14.87	14	14.64	14	14.46	15.03
	2012	14	14.25	14	14.41	14	14.29	14	14.66	14	14.87	14	14.96	14	14.66	14	15.05	14	14.40	14	14.71	14	14.88	14	14.97	14.68
	2013	1	14.81	1	14.66	1	14.99	1	15.36	1	15.41	1	15.38	1	14.85	1	14.68	1	14.81	1	14.54	1	14.06	1	14.06	14.80
	2014	1	13.96	1	13.90	1	14.13	1	14.10	1	14.18	1	14.54	1	15.02	1	14.76	1	14.45	1	14.10	1	13.98	1	13.68	14.23
	2015	1	13.66	1	13.64	1	13.79	1	14.19	1	13.95	1	14.19	1	14.31	1	14.78	1	14.30	1	14.56	1	14.21	1	14.25	14.15
S11	2011	15	15.07	15	15.29	15	15.33	15	16.05	15	16.38	15	16.36	15	16.43	15	16.10	15	15.92	15	15.49	15	15.05	15	15.67	15.76
	2012	15	15.32	15	15.67	15	15.60	15	15.78	15	15.93	15	16.02	15	15.87	15	16.24	15	16.04	15	16.22	15	15.93	15	15.77	15.87
	2013	1	15.96	1	15.88	1	16.07	1	16.35	1	16.20	1	16.25	1	18.32	1	18.12	1	18.02	1	17.93	1	17.69	1	17.64	17.04
	2014	1	17.48	1	17.32	1	17.45	1	17.40	1	17.35	1	17.65	1	17.96	1	17.56	1	17.44	1	17.12	1	17.02	1	16.77	17.38
	2015	1	16.72	1	16.67	1	16.61	1	16.53	1	17.66	1	16.75	1	17.14	1	16.74	1	16.78	1	16.86	1	16.69	1	16.72	16.82
S2	2011	14	18.11	14	18.50	14	18.59	14	18.57	14	18.29	14	19.83	14	20.13	14	18.91	14	18.35	14	18.03	14	17.74	14	17.52	18.55
	2012	14	17.17	14	18.07	14	18.50	14	17.73	14	18.27	14	18.53	14	18.16	14	18.40	14	17.90	14	17.69	14	17.73	14	17.60	17.98
	2013	1	17.47	1	17.10	1	17.73	1	17.98	1	18.09	1	18.14	1	16.21	1	16.09	1	15.97	1	15.90	1	15.95	1	15.82	16.87
	2014	1	15.84	1	15.76	1	15.99	1	16.07	1	16.13	1	17.56	1	16.53	1	16.07	1	15.74	1	15.43	1	15.18	1	15.41	15.98
	2015	1	15.19	1	15.34	1	15.39	1	15.42	1	15.59	1	15.63	1	15.53	1	15.28	1	15.29	1	15.46	1	15.36	1	15.52	15.42
#115	2011	14	27.47	14	27.20	14	27.27	14	27.48	14	27.14	14	27.28	14	27.26	14	27.10	14	27.14	14	27.91	14	26.73	14	26.49	27.21
	2012	14	26.11	14	25.86	14	25.67	14	25.63	14	25.45	14	25.25	14	25.08	14	25.05	14	24.98	14	24.77	14	24.49	14	24.35	25.22
	2013	1	24.19	1	24.06	1	24.03	1	23.98	1	23.89	1	23.45	1	23.59	1	23.46	1		1		1		1		23.83
	2015	10		10	17.90	10	17.86	10	17.84	10	17.68	10	17.65	10	17.64	10	17.60	10	17.72	10	17.63	10	17.61	10	17.70	17.71
		20		20	17.89	20	17.85	20	17.79	20	17.59	20	17.68	20	17.67	20	17.68	20	17.67	20	17.67	20	17.59	20	17.67	
		30		30	17.86	30	17.90	30	17.74	30	17.62	30	17.70	30	17.70	30	17.73	30	17.66	30	17.60	30	17.67	30	17.61	

续表

点号	年份	1月		2月		3月		4月		5月		6月		7月		8月		9月		10月		11月		12月		年平均
		日	水位	日	水位	日	水位	日	水位	日	水位	日	水位	日	水位	日	水位	日	水位	日	水位	日	水位	日	水位	
#135-1	2011	14	24.00	14	23.91	14	24.17	14	24.24	14	23.82	14	23.98	14	23.95	14	23.79	14	23.84	14	23.54	14	23.32	14	22.90	23.79
	2012	14	22.69	14	22.37	14	21.95	14	22.08	14	21.88	14	21.81	14	21.75	14	21.79	14	21.72	14	21.61	14	21.26	14	21.14	21.84
	2013	1	20.89	1	20.91	1	20.98	1	20.91	1	20.86	1	20.88	1	20.84	1	20.66	1	20.60	1	20.48	1	20.36	1	20.37	20.73
	2014	1	20.25	1	20.02	1	20.11	1	20.16	1	20.00	1	20.03	1	20.40	1	20.50	1	20.41	1	20.13	1	19.98	1	20.46	20.20
	2015	1	19.73	1	19.65	1	19.57	1	19.46	1	19.36	1	19.39	1	20.49	1	19.49	1	19.54	1	19.34	1	19.40	1	19.42	19.57
#85-1	2011	14	22.23	14	22.30	14	22.31	14	22.35	14	21.92	14	22.27	14	22.10	14	21.93	14	21.82	14	21.27	14	21.12	14	21.00	21.89
	2012	14	20.66	14	20.50	14	20.17	14	20.53	14	20.79	14	20.57	14	20.42	14	20.47	14	20.12	14	20.15	14	20.16	14	20.19	20.39
	2013	1	19.94	1	19.92	1	19.89	1	19.76	1	19.73	1	19.68	1	19.64	1	19.55	1	19.60	1	19.61	1	19.46	1	19.68	19.71
	2014	1	19.65	1	19.47	1	19.51	1	19.62	1	19.38	1	19.71	1	19.91	1	19.95	1	19.76	1	19.64	1	19.40	1	19.24	19.60
	2015	1	19.23	1	18.12	1	19.04	1	18.96	1	18.81	1	18.74	1	18.68	1	18.69	1	18.81	1	18.74	1	18.89	1	18.85	18.80
#92	2011	14	18.91	14	19.00	14	19.15	14	19.29	14	19.07	14	19.35	14	19.20	14	18.98	14	18.83	14	17.22	14	16.99	14	16.88	18.57
	2012	14	16.70	14	16.99	14	17.12	14	17.02	14	17.14	14	17.08	14	16.99	14	17.10	14	16.70	14	16.72	14	16.78	14	16.19	16.88
	2013	1	16.64	1	16.79	1	16.90	1	16.67	1	16.93	1	16.78	1	16.65	1	16.40	1	16.45	1	16.53	1	16.45	1	16.52	16.64
	2014	1	16.53	1	16.56	1	16.59	1	16.79	1	16.56	1	16.84	1	16.82	1	16.85	1	16.66	1	16.37	1	16.19	1	16.27	16.59
	2015	1	16.30	1	16.39	1	13.68	1	16.44	1	16.15	1	16.26	1	16.37	1	16.42	1	16.36	1	16.31	1	16.20	1	16.40	16.11
#100	2011	14	21.56	14	21.59	14	21.54	14	21.55	14	21.09	14	21.44	14	21.35	14	21.09	14	21.00	14	20.59	14	20.42	14	20.39	21.13
	2012	14	20.09	14	19.75	14	19.44	14	19.79	14	20.06	14	19.72	14	19.78	14	19.83	14	19.40	14	19.50	14	19.49	14	19.43	19.69
	2013	1	19.32	1	19.28	1	19.32	1	19.05	1	19.06	1	18.92	1	18.94	1	18.74	1	18.81	1	18.83	1	18.56	1	18.97	18.98
	2014	1	18.80	1	18.63	1	18.71	1	18.76	1	18.58	1	19.00	1	19.24	1	19.19	1	18.97	1	18.73	1	18.53	1	18.34	18.79
	2015	1	18.45	1	18.22	1	18.19	1	18.06	1	17.86	1	17.85	1	17.80	1	17.84	1	17.83	1	17.75	1	17.81	1	17.89	17.96

续表

点号	年份	1月		2月		3月		4月		5月		6月		7月		8月		9月		10月		11月		12月		年平均
		日	水位	日	水位	日	水位	日	水位	日	水位	日	水位	日	水位	日	水位	日	水位	日	水位	日	水位	日	水位	
#113	2011	14	21.50	14	21.44	14	21.53	14	21.37	14	21.39	14	21.33	14	21.13	14	21.28	14	21.08	14	20.74	14	20.50	14	20.36	21.14
	2012	14	20.12	14	19.91	14	19.80	14	19.65	14	19.60	14	19.60	14	19.51	14	19.48	14	19.36	14	19.19	14	19.15	14	19.06	19.54
	2013	1	19.01	1	18.95	1	18.97	1	19.05	1	19.13	1	19.02	1	18.90	1	18.80	1	18.74	1	18.75	1	18.71	1	18.69	18.89
	2014	1	18.61	1	18.61	1	18.56	1	18.65	1	18.57	1	18.70	1	18.78	1	18.87	1	18.81	1	18.60	1	18.25	1	17.97	18.58
	2015	1	17.86	1	17.85	1	17.89	1	17.81	1	17.54	1	17.32	1	17.19	1	17.18	1	17.02	1	16.97	1	17.18	1	17.17	17.42
#111	2011	15	25.95	15	25.74	15	25.81	15	25.80	15	25.68	15	25.61	15	25.52	15	25.51	15	25.59	15	25.15	15	24.98	15	28.80	25.85
	2012	15	24.28	15	23.89	15	23.57	15	23.30	15	23.11	15	23.01	15	22.83	15	22.73	15	22.56	15	22.33	15	22.09	15	21.81	22.96
	2013	1	21.59	1	21.37	1	21.22	1	21.09	1	21.09	1	20.97	1	20.90	1	22.89	1	22.86	1	22.84	1	22.37	1	22.33	21.79
	2014	1	22.29	1	21.80	1	22.17	1	22.15	1	22.12	1	22.64	1	22.83	1	22.99	1	22.39	1	22.03	1	21.94	1	21.80	22.26
	2015	1	21.57	1	21.47	1	21.44	1	21.31	1	21.40	1	21.92	1	21.97	1	22.07	1	22.00	1	21.58	1	21.43	1	21.44	21.63
K106	2011	15	19.64	15	16.63	15	19.63	15	19.67	15	19.74	15	19.79	15	19.83	15	19.87	15	19.87	15	19.66	15	19.51	15	19.40	19.44
	2012	15	19.31	15	19.25	15	19.21	15	19.16	15	19.19	15	19.25	15	19.26	15	19.27	15	19.26	15	19.23	15	19.20	15	19.20	19.23
	2013	1	19.22	1	19.22	1	19.22	1	19.21	1	19.27	1	19.29	1	19.32	1	19.24	1	19.24	1	19.22	1	20.62	1	19.23	19.36
	2014	1	19.23	1	19.21	1	19.22	1	19.24	1	19.24	1	19.51	1	19.32	1	19.35	1	19.36	1	19.30	1	19.21	1	19.18	19.28
	2015	1	19.16	1	19.15	1	19.12	1	19.04	1	19.14	1	19.15	1	19.18	1	19.21	1	19.24	1	19.28	1	19.30	1	19.26	19.19
#635-1	2011	15	25.67	15	25.24	15	27.45	15	25.39	15	25.11	15	25.48	15	25.44	15	25.37	15	25.24	15	24.96	15	24.86	15	24.42	25.39
	2012	15	24.04	15	23.68	15	23.32	15	23.33	15	23.64	15	23.01	15	22.91	15	22.83	15	22.55	15	22.28	15	22.27	15	22.13	23.00
	2013	1	21.98	1	22.68	1	21.82	1	21.68	1	21.77	1	21.65	1	21.66	1	21.44	1	21.37	1	21.27	1	21.16	1	21.08	21.63
	2014	1	20.97	1	20.80	1	20.81	1	20.80	1	20.70	1	20.66	1	21.12	1	21.17	1	20.97	1	20.71	1	20.64	1	19.85	20.77
	2015	1	20.34	1	20.26	1	20.16	1	19.60	1	21.65	1	20.03	1	20.02	1	20.09	1	20.15	1	20.07	1	19.87	1	19.91	20.18

续表

点号	年份	1月		2月		3月		4月		5月		6月		7月		8月		9月		10月		11月		12月		年平均
		日	水位	日	水位	日	水位	日	水位	日	水位	日	水位	日	水位	日	水位	日	水位	日	水位	日	水位	日	水位	
K423	2011	14	33.25	14	33.05	14	33.16	14	32.97	14	33.31	14	33.45	14	33.46	14	33.06	14	33.53	14	32.01	14	31.81	14	31.39	32.87
	2012	14	31.25	14	30.77	14	30.79	14	20.68	14	30.60	14	31.01	14	30.54	14	30.77	14	29.53	14	29.20	14	29.12	14	29.30	29.46
	2013	1	28.80	1	28.17	1	28.62	1	28.73	1	28.89	1	28.62	1	28.56	1	28.48	1	28.45	1	28.29	1	28.21	1	27.98	28.48
	2014	1	27.89	1	27.41	1	27.51	1	27.48	1	27.32	1	27.46	1	27.72	1	27.71	1	27.28	1	26.91	1	26.82	1	26.61	27.34
	2015	1	26.46	1	26.24	1	26.30	1	26.09	1	28.55	1	26.06	1	26.12	1	26.04	1	26.13	1	25.86	1	25.64	1	25.59	26.26
K735	2011	14	26.65	14	25.73	14	26.09	14	26.21	14	26.35	14	28.49	14	26.59	14	26.58	14	26.06	14	25.15	14	24.95	14	24.59	26.12
	2012	14	23.89	14	23.40	14	23.75	14	24.15	14	24.16	14	26.35	14	24.33	14	25.79	14	24.33	14	24.00	14	23.93	14	23.70	24.32
	2013	1	23.91	1	23.66	1	23.75	1	24.25	1	24.39	1	24.28	1	24.61	1	24.26	1	24.36	1	23.95	1	23.98	1	23.64	24.09
	2014	1	23.73	1	23.14	1		1		1	23.79	1	24.35	1	24.87	1	24.69	1	24.02	1	23.59	1	23.51	1	23.36	23.91
	2015	1	23.20	1	22.93	1	23.54	1	23.09	1	24.60	1	23.27	1	23.27	1	23.26	1		1		1		1		23.40
＃276	2011	15	29.19	15	27.77	15	29.05	15	28.85	15	28.84	15	29.36	15	29.21	15	29.30	15	27.86	15	27.86	15	27.73	15	27.58	28.55
	2012	1	25.04	1	24.78	1	24.95	1	24.97	1	27.86	1	25.52	1	26.23	1	25.39	1	25.08	1	24.71	1	24.51	1	24.03	25.26
	2013	1	24.24	1	23.52	1	24.19	1	24.28	1	24.34	1	23.57	1	24.42	1	24.22	1	24.20	1	24.00	1	23.55	1	23.62	24.01
	2014	1	23.44	1	22.97	1	23.31	1	23.58	1	23.13	1	24.18	1	24.68	1	24.57	1	23.84	1	22.61	1		1		23.63
	2015	1		1	21.56	1	21.49	1	21.61	1	21.39	1	20.95	1	21.34	1	21.38	1	21.22	1	21.16	1	20.45	1	20.48	21.18
S16	2011	4	42.18	4	41.52	4	42.01	4	42.26	4	43.81	4	42.96	4	42.83	4	41.98	4	41.88	4	40.02	4	41.38	4	41.62	42.09
		14	41.86	14	41.86	14	41.83	14	42.81	14	43.92	14	42.66	14	42.91	14	42.31	14	41.18	14	40.89	14	41.36	14	40.96	
		24	42.03	24	42.19	24	42.13	24	43.79	24	43.58	24	43.02	24	42.76	24	42.56	24	40.09	24	41.28	24	41.43	24	41.28	
	2012	5	41.36	5	39.71	5	39.86	5	39.41	5	39.32	5	40.36	5	40.91	5	41.72	5	41.76	5	39.84	5	41.26	5	41.56	40.63
		15	39.32	15	39.79	15	38.92	15	39.12	15	39.12	15	41.38	15	41.38	15	41.76	15	42.13	15	40.16	15	42.01	15	41.86	

续表

点号	年份	1月		2月		3月		4月		5月		6月		7月		8月		9月		10月		11月		12月		年平均
		日	水位	日	水位	日	水位	日	水位	日	水位	日	水位	日	水位	日	水位	日	水位	日	水位	日	水位	日	水位	
S16	2012	25	39.66	25	39.82	25	38.96	25	39.26	25	40.13	25	40.96	25	41.09	25	42.06	25	42.26	25	40.96	25	41.82	25	41.67	40.63
	2013	10	41.56	10	41.62	10	41.82	10	42.28	10	42.78	10	41.90	10	41.76	10	42.16	10	41.86	10	41.78	10	40.53	10	42.62	41.97
		20	41.86	20	42.18	20	42.05	20	41.62	20	42.16	20	42.36	20	41.62	20	41.03	20	42.58	20	41.16	20	43.21	20	43.60	
		30	41.67	30	41.76	30	41.16	30	42.01	30	41.72	30	41.56	30	41.86	30	41.86	30	41.96	30	41.03	30	42.62	30	43.72	
	2014	5	43.36	5	43.62	5	42.76	5	41.24	5	41.62	5	42.16	5	41.66	5	41.64	5	41.96	5	41.72	5	42.37	5	43.71	42.37
		15	43.12	15	43.26	15	41.98	15	42.86	15	41.31	15	41.28	15	41.92	15	42.16	15	41.62	15	41.64	15	42.62	15	43.91	
		25	43.15	25	42.88	25	42.09	25	41.58	25	42.16	25	42.11	25	42.18	25	41.82	25	41.46	25	42.16	25	43.82	25	44.32	
	2015	5	44.39	5	44.28	5	44.62	5	44.16	5	45.22	5	45.36	5	45.75	5	45.72	5	45.29	5	45.48	5	46.50	5	45.26	45.18
		15	44.16	15	44.83	15	43.76	15	45.07	15	45.62	15	45.52	15	45.85	15	45.62	15	45.50	15	45.16	15	46.18	15	45.72	
		25	43.85	25	44.52	25	43.96	25	45.16	25	44.82	25	45.49	25	45.94	25	44.98	25	45.36	25	44.69	25	45.92	25	46.82	
K45	2011	4	57.75	4	56.95	4	57.50	4	57.09	4	58.61	4	58.65	4	58.79	4	58.95	4	58.99	4	58.76	4	58.43	4	58.73	58.28
		14	57.89	14	57.09	14	57.23	14	57.15	14	58.69	14	58.69	14	58.75	14	59.09	14	58.95	14	58.48	14	58.68	14	58.74	
		24	57.19	24	57.43	24	57.03	24	57.53	24	58.53	24	58.77	24	58.92	24	58.98	24	58.79	24	58.59	24	58.75	24	58.79	
	2012	4	58.85	4	58.70	4	58.71	4	58.69	4	58.58	4	58.55	4	58.89	4	58.73	4	58.88	4	58.27	4	58.63	4	58.69	58.64
		14	58.73	14	58.69	14	58.45	14	58.47	14	58.70	14	58.63	14	58.62	14	58.65	14	58.81	14	58.51	14	58.41	14	58.75	
		24	58.68	24	58.73	24	58.64	24	58.54	24	58.22	24	58.68	24	58.68	24	58.79	24	59.03	24	58.39	24	58.63	24	58.35	
	2013	10	58.69	10	59.13	10	58.93	10	59.09	10	59.09	10	58.81	10	58.98	10	59.03	10	59.14	10	59.48	10	59.67	10	59.72	59.07
		20	58.75	20	58.99	20	58.99	20	59.00	20	59.18	20	58.65	20	58.73	20	59.11	20	59.19	20	59.69	20	60.19	20	58.43	
		30	58.35	30	58.90	30	58.96	30	59.11	30	58.94	30	58.93	30	58.96	30	59.14	30	59.23	30	59.58	30	58.59	30	58.99	
	2014	5	58.39	5	58.41	5	58.59	5	58.83	5	58.68	5	59.09	5	58.95	5	58.99	5	59.15	5	58.95	5	58.79	5	58.69	58.76
		15	58.43	15	58.46	15	58.39	15	58.74	15	58.89	15	58.50	15	58.73	15	58.51	15	58.75	15	59.03	15	58.59	15	58.99	

续表

点号	年份	1月		2月		3月		4月		5月		6月		7月		8月		9月		10月		11月		12月		年平均
		日	水位	日	水位	日	水位	日	水位	日	水位	日	水位	日	水位	日	水位	日	水位	日	水位	日	水位	日	水位	
K45	2014	25	58.44	25	58.53	25	58.68	25	58.84	25	58.70	25	59.03	25	58.89	25	59.28	25	59.03	25	58.75	25	58.55	25	58.95	58.76
	2015	5	58.55	5	58.89	5	58.90	5	58.89	5		5		5		5		5		5		5		5		58.82
		15	58.58	15	58.51	15	58.69	15	59.20	15		15		15		15		15		15		15		15		
		25	58.69	25	58.98	25	59.03	25	58.98	25		25		25		25		25		25		25		25		
K25	2011	4	29.90	4	29.94	4	30.06	4	29.94	4	29.88	4	29.91	4	29.64	4	29.39	4	29.54	4	28.55	4	28.54	4	28.12	29.37
		14	29.92	14	29.96	14	30.09	14	29.79	14	29.90	14	29.89	14	29.56	14	29.56	14	29.07	14	29.22	14	28.03	14	27.18	
		24	29.89	24	30.05	24	30.05	24	29.84	24	29.92	24	29.67	24	29.46	24	29.49	24	28.64	24	29.38	24	28.19	24	27.13	
	2012	4	27.19	4	26.82	4	26.99	4	27.03	4	27.22	4	27.34	4	27.42	4	27.57	4	27.55	4	27.16	4	27.13	4	27.03	27.27
		14	26.84	14	26.88	14	27.05	14	27.26	14	27.24	14	27.32	14	27.58	14	27.60	14	27.58	14	27.22	14	27.22	14	27.29	
		24	26.91	24	27.07	24	27.06	24	27.21	24	27.30	24	27.36	24	27.55	24	27.65	24	27.62	24	27.19	24	27.11	24	28.06	
	2013	10	27.03	10	26.97	10	26.92	10	26.93	10	27.03	10	27.87	10	27.26	10	27.10	10	28.65	10	28.49	10	28.56	10	28.26	27.59
		20	27.29	20	26.99	20	26.99	20	26.97	20	27.04	20	27.06	20	27.01	20	27.48	20	28.71	20	28.62	20	28.51	20	28.28	
		30	27.06	30	26.94	30	26.91	30	26.93	30	27.11	30	27.15	30	27.18	30	27.95	30	28.74	30	28.67	30	28.32	30	28.31	
	2014	5	28.34	5	28.43	5	28.38	5	28.44	5	28.43	5	28.40	5	29.48	5	30.14	5	29.79	5	29.09	5	28.30	5	29.03	28.82
		15	28.32	15	28.46	15	28.36	15	28.39	15	28.47	15	28.57	15	29.17	15	29.09	15	29.39	15	29.12	15	28.55	15	29.11	
		25	28.52	25	28.44	25	28.32	25	28.36	25	28.45	25	28.27	25	29.25	25	30.06	25	29.27	25	29.07	25	29.12	25	29.18	
	2015	5	29.09	5	28.91	5	28.86	5	28.98	5	29.14	5	29.41	5	29.72	5	29.97	5	29.97	5	29.98	5	29.59	5	29.49	29.44
		15	29.16	15	29.16	15	29.01	15	28.72	15	28.92	15	29.77	15	30.07	15	30.11	15	29.87	15	29.82	15	29.48	15	29.46	
		25	29.08	25	29.01	25	28.92	25	29.01	25	28.88	25	29.55	25	29.86	25	30.05	25	30.05	25	30.02	25	29.46	25	29.39	
J12	2011	4	14.27	4	14.11	4	13.82	4	13.92	4	14.93	4		4		4		4		4		4		4		14.18
		14	14.22	14	14.11	14	14.09	14	13.89	14	14.72	14		14		14		14		14		14		14		
		30	14.09	30	14.07	30	13.99	30	13.95	30	14.57	30		30		30		30		30		30		30		

续表

点号	年份	1月		2月		3月		4月		5月		6月		7月		8月		9月		10月		11月		12月		年平均
		日	水位	日	水位	日	水位	日	水位	日	水位	日	水位	日	水位	日	水位	日	水位	日	水位	日	水位	日	水位	
C32	2011	4	27.87	4	28.21	4	29.87	4	30.55	4	31.17	4	31.84	4	31.60	4	30.78	4	29.86	4	26.88	4	24.03	4	21.88	28.65
		14	28.05	14	29.41	14	30.48	14	30.59	14	31.62	14	31.86	14	31.76	14	30.34	14	29.25	14	26.09	14	23.27	14	22.00	
		24	28.13	24	29.66	24	30.62	24	31.02	24	31.70	24	32.01	24	31.11	24	30.06	24	27.59	24	25.66	24	22.28	24	22.13	
	2012	4	23.69	4	23.12	4	28.65	4	25.89	4	25.55	4	25.77	4	27.30	4	26.40	4	27.27	4	25.33	4	25.26	4	25.00	25.61
		14	23.77	14	23.36	14	24.06	14	25.63	14	25.73	14	27.26	14	26.75	14	26.30	14	26.63	14	25.13	14	24.93	14	25.89	
		24	23.31	24	23.45	24	25.38	24	25.84	24	25.71	24	28.48	24	26.58	24	26.52	24	26.13	24	25.00	24	24.68	24	26.35	
	2013	10	26.86	10	27.89	10	28.59	10	31.06	10	31.42	10	31.06	10	31.06	10	31.69	10	32.06	10		10		10		30.23
		20	27.62	20	28.16	20	28.84	20	31.36	20	31.48	20	30.41	20	30.41	20	31.42	20	31.82	20		20		20		
		30	27.64	30	28.36	30	30.24	30	31.24	30	30.86	30	30.67	30	30.67	30	31.56	30	31.75	30		30		30		
♯30	2011	14	30.95	14	33.08	14	34.29	14	33.96	14	34.13	14	34.51	14	35.67	14	34.96	14	33.87	14	30.62	14	30.11	14	30.62	33.06
	2012	14	28.99	14	26.66	14	26.73	14	28.70	14	28.11	14	30.89	14	29.90	14	29.65	14	31.36	14	29.39	14	28.40	14	29.78	
	2013	1	30.94	1	32.11	1	32.89	1	36.01	1	36.24	1	36.18	1	36.18	1	31.62	1	31.06	1	31.78	1	31.69	1	31.62	
	2014	1	31.76	1	31.68	1	30.92	1	31.28	1	30.92	1	30.52	1	30.64	1	30.41	1	29.88	1	29.76	1		1		30.78
C30	2011	14	22.85	14	23.61	14	24.66	14	25.04	14	25.80	14	25.99	14	27.07	14	26.86	14	25.52	14	23.95	14	22.58	14	22.73	24.72
	2012	4	22.01	4	22.52	4	23.08	4	24.38	4	24.90	4	26.02	4	25.99	4	26.07	4	25.93	4	25.22	4	24.76	4	24.74	24.68
		14	22.10	14	22.62	14	23.35	14	24.47	14	25.27	14		14	26.01	14	26.07	14	25.82	14	24.97	14	24.78	14	24.98	
		24	22.26	24	22.92	24	23.62	24	24.71	24	25.30	24	26.19	24	26.58	24	26.05	24	25.59	24	24.76	24	24.66	24	25.22	
	2013	10	25.43	10	26.06	10	26.53	10	27.50	10	27.71	10	27.52	10	27.52	10	27.73	10	28.81	10	29.31	10	30.09	10	30.14	27.86
		20	25.71	20	26.29	20	26.73	20		20	27.76	20	27.59	20	27.59	20	27.76	20	28.59	20	30.19	20		20	30.16	
		30	25.93	30	26.43	30	27.23	30	27.62	30	27.79	30	27.46	30	27.46	30	27.89	30	28.92	30	29.93	30		30	29.98	
	2014	5	28.32	5	29.74	5	29.61	5	29.76	5	29.53	5	29.22	5	30.59	5	29.61	5	32.16	5	30.66	5	30.59	5	31.18	30.35

续表

点号	年份	1月		2月		3月		4月		5月		6月		7月		8月		9月		10月		11月		12月		年平均
		日	水位	日	水位	日	水位	日	水位	日	水位	日	水位	日	水位	日	水位	日	水位	日	水位	日	水位	日	水位	
C30	2014	15	29.06	15	29.71	15	29.63	15	29.82	15	29.13	15	29.61	15	30.46	15	31.18	15	31.94	15	31.72	15	31.35	15	31.52	30.35
		25	29.62	25	29.52	25	29.52	25	29.71	25	29.52	25	29.76	25	30.61	25	32.23	25	31.86	25	31.42	25	31.52	25	31.28	
	2015	5	31.32	5	30.78	5	29.28	5	37.66	5	32.94	5	32.92	5	32.80	5	32.76	5	31.50	5	31.96	5	31.84	5	31.18	32.42
		15	31.44	15	30.16	15	29.36	15	39.89	15	34.16	15	32.96	15	35.41	15	32.29	15	32.14	15	31.59	15	31.88	15	31.36	
		25	31.52	25	30.38	25	29.44	25	39.78	25	34.62	25	32.96	25	32.68	25	31.78	25	32.08	25	31.86	25	31.66	25	31.76	
J6	2011	4	22.47	4	22.50	4	22.53	4	22.57	4	22.59	4	22.58	4	22.61	4	22.63	4	22.32	4	20.72	4	21.08	4	20.97	22.00
		14	22.49	14	22.44	14	22.51	14	22.59	14	22.60	14	22.59	14	22.60	14	22.62	14	21.17	14	21.31	14	20.99	14	19.74	
		24	22.45	24	22.47	24	22.56	24	22.58	24	22.58	24	22.59	24	22.61	24	22.58	24	20.63	24	21.12	24	20.95	24	19.72	
	2012	4	21.90	4	21.68	4	21.89	4	22.15	4	22.27	4	22.35	4	22.33	4	22.38	4	22.38	4	21.12	4	21.70	4	21.77	22.01
		14	21.75	14	21.80	14	22.04	14	22.25	14	22.29	14	22.36	14	22.37	14	22.36	14	22.35	14	21.28	14	21.29	14	21.58	
		24	21.63	24	21.67	24	22.07	24	22.21	24	22.32	24	22.34	24	22.38	24	22.39	24	22.37	24	21.74	24	21.49	24	22.25	
	2013	10	21.77	10	22.35	10	22.30	10	22.41	10	19.94	10	21.33	10	21.83	10	22.16	10	22.21	10	22.29	10	22.56	10	22.45	22.05
		20	21.90	20	22.37	20	22.27	20	22.44	20	20.00	20	21.67	20	21.92	20	22.26	20	22.27	20	22.31	20	22.52	20	22.42	
		30	22.25	30	22.33	30	22.29	30	22.42	30	20.82	30	21.72	30	22.14	30	22.24	30	22.33	30	22.34	30	22.48	30	22.40	
	2014	5	22.42	5	22.48	5	22.40	5	22.42	5	22.37	5	22.30	5	21.86	5	22.38	5	22.33	5	22.39	5	22.35	5	22.36	22.36
		15	22.43	15	22.44	15	22.37	15	22.39	15	22.39	15	22.28	15	22.38	15	22.33	15	22.34	15	22.38	15	22.37	15	22.37	
		25	22.46	25	22.38	25	22.39	25	22.37	25	22.36	25	22.31	25	22.40	25	22.30	25	22.36	25	22.40	25	22.37	25	22.39	
	2015	5	22.42	5	22.37	5	22.38	5	22.38	5	22.37	5	22.40	5	22.43	5	22.42	5	22.49	5	22.48	5	22.54	5	22.55	22.43
		15	22.21	15	22.28	15	22.35	15	22.36	15	22.39	15	22.42	15	22.44	15	22.44	15	22.53	15	22.45	15	22.56	15	22.61	
		25	22.32	25	22.34	25	22.37	25	22.35	25	22.36	25	22.41	25	22.45	25	22.41	25	22.51	25	22.43	25	22.53	25	22.63	
K26	2011	15	26.70	15	26.95	15	26.83	15	26.79	15	26.80	15	26.86	15	26.89	15	27.02	15	26.89	15	27.00	15	26.51	15	26.85	26.84
	2012	15	26.51	15	26.53	15	26.49	15	26.43	15	26.55	15	26.58	15	26.42	15	26.54	15	26.66	15	26.79	15	26.68	15	26.79	26.58
	2013	1	26.79	1	26.89	1	26.59	1	26.73	1	26.85	1	26.96	1	27.02	1	26.92	1	27.05	1	27.09	1	26.88	1	27.19	26.91

续表

点号	年份	1月		2月		3月		4月		5月		6月		7月		8月		9月		10月		11月		12月		年平均
		日	水位	日	水位	日	水位	日	水位	日	水位	日	水位	日	水位	日	水位	日	水位	日	水位	日	水位	日	水位	
K26	2014	1	26.98	1	26.91	1	27.03	1	27.09	1	26.95	1	27.04	1	27.02	1	27.09	1	27.01	1	26.94	1	26.06	1	26.63	26.90
	2015	1	26.21	1	26.31	1	26.56	1	26.53	1	26.65	1	26.56	1	26.53	1	26.64	1	26.48	1	26.74	1	26.39	1	26.93	26.54
Ⅱ2-10	2011	14	22.86	14	23.05	14	24.76	14	22.72	14	22.37	14	21.98	14	21.21	14	21.08	14	18.40	14	16.20	14	15.30	14	16.02	20.50
	2012	14	18.89	14	20.33	14	21.45	14	20.97	14	19.02	14	19.25	14	18.68	14	17.79	14	16.83	14	16.17	14	17.73	14	23.93	19.25
	2013	1	22.53	1	23.73	1	24.24	1	23.70	1	23.69	1	23.46	1	23.46	1	23.08	1	24.86	1	24.69	1	25.26	1	25.16	23.99
	2014	1	25.93	1	25.82	1	26.72	1	26.46	1	21.72	1	26.71	1	26.82	1	26.71	1	26.96	1	27.76	1	24.44	1	24.68	25.89
	2015	1	24.71	1	26.04	1	25.78	1	26.41	1	26.72	1	27.38	1	24.32	1	24.06	1	25.26	1	24.98	1	25.06	1	24.82	25.46
Ⅱ1-20	2011	14	36.98	14	37.25	14	37.53	14	37.62	14	37.81	14	37.69	14	37.75	14	37.21	14	37.02	14	37.57	14	36.79	14	36.75	37.33
	2012	14	36.52	14	36.41	14	36.52	14	36.58	14	36.64	14	36.71	14	36.89	14	37.14	14	37.26	14	37.58	14	38.16	14	38.02	37.04
	2013	1	38.02	1	38.41	1	38.36	1	38.58	1	38.66	1	38.45	1	38.62	1	38.71	1	38.86	1	38.92	1	39.26	1	39.65	38.71
	2014	1	39.27	1	39.13	1	39.41	1	39.28	1	39.17	1	39.62	1	39.42	1	39.67	1	39.72	1	39.81	1	41.72	1	39.72	39.66
	2015	1	39.65	1	40.72	1	40.26	1	42.22	1	41.46	1	42.12	1	42.00	1	41.57	1	44.16	1	43.66	1		1		41.78
Ⅱ3-3	2011	16	18.22	16	17.88	16	17.71	16	16.29	16	16.84	16	17.25	16	17.68	16	17.59	16	17.97	16	18.32	16	15.06	16	15.35	17.18
	2012	16	15.29	16	15.52	16	15.65	16	15.68	16	15.79	16	16.19	16	17.32	16	17.95	16	18.32	16	17.92	16	17.98	16	18.26	16.82
	2013	1	18.32	1	18.77	1	18.85	1	19.27	1	19.42	1	16.82	1	16.96	1	16.84	1	16.65	1	16.75	1	16.75	1	17.01	17.70
	2014	1	17.37	1	16.73	1	16.89	1	18.28	1	17.84	1	17.92	1	17.74	1	17.74	1	17.81	1	16.91	1	17.04	1	17.44	17.48
	2015	1	17.39	1	17.93	1	18.24	1	18.07	1	17.88	1	17.64	1		1		1		1		1		1		17.86
W2	2011	5	12.86	5	12.50	5	12.25	5	12.64	5	12.81	5	12.93	5	13.23	5	12.88	5	12.89	5	12.09	5	11.54	5	12.03	12.55
		15	13.09	15	12.38	15	12.71	15	12.64	15	12.59	15	13.42	15	13.04	15	12.84	15	12.31	15	11.96	15	11.84	15	11.98	
		25	12.25	25	12.48	25	12.67	25	12.86	25	12.77	25	12.90	25	13.45	25	12.86	25	12.20	25	11.90	25	11.75	25	12.11	
	2012	5	12.26	5	12.01	5	12.61	5	12.63	5	13.11	5	13.01	5	12.61	5	12.81	5	12.81	5	12.26	5	12.41	5	12.21	12.71
		15	12.28	15	12.47	15	12.76	15	12.81	15	13.27	15	13.16	15	12.97	15	13.86	15	12.51	15	12.43	15	12.96	15	12.79	
		25	11.91	25	12.69	25	12.81	25	12.96	25	12.81	25	13.26	25	13.01	25	12.99	25	12.41	25	12.21	25	12.91	25	12.43	

续表

点号	年份	1月		2月		3月		4月		5月		6月		7月		8月		9月		10月		11月		12月		年平均
		日	水位	日	水位	日	水位	日	水位	日	水位	日	水位	日	水位	日	水位	日	水位	日	水位	日	水位	日	水位	
W2	2013	10	13.29	10	13.31	10	13.59	10	13.79	10	13.69	10	13.31	10	13.31	10	13.27	10	14.43	10	13.63	10	14.00	10	13.76	13.70
		20	12.89	20	12.70	20	13.91	20	13.48	20	13.84	20	13.41	20	14.17	20	14.08	20	14.22	20	13.88	20	13.45	20	13.95	
		30	13.18	30	12.96	30	13.93	30	13.92	30	14.31	30	14.03	30	13.33	30	14.80	30	13.91	30	14.17	30	13.54	30	13.92	
	2014	5	13.97	5	13.88	5	13.91	5	13.92	5	13.83	5	14.13	5	14.35	5	15.28	5	14.19	5	13.60	5	13.19	5	13.49	13.95
		15	13.88	15	13.93	15	14.09	15	13.66	15	13.74	15	14.28	15	14.68	15	14.94	15	13.99	15	13.37	15	13.21	15	13.69	
		25	13.77	25	13.89	25	14.03	25	13.81	25	13.97	25	14.44	25	15.05	25	14.60	25	13.47	25	13.11	25	13.24	25	13.75	
	2015	5	13.15	5	13.69	5	13.80	5	13.32	5	13.27	5	14.50	5	13.77	5	46.71	5	23.97	5	22.45	5	21.62	5	22.29	17.40
		15	13.24	15	13.86	15	14.42	15	12.72	15	13.76	15	14.24	15	14.00	15	24.05	15	23.56	15	22.11	15	22.04	15	22.38	
		25	13.11	25	13.58	25	14.01	25	12.86	25	14.05	25	14.10	25	46.61	25	24.17	25	23.11	25	21.89	25	22.17	25	22.42	
W10	2011	5	20.72	5	19.31	5	19.69	5	20.27	5	20.53	5	20.03	5	20.76	5	20.61	5	20.73	5	19.14	5	19.32	5	19.67	20.00
		15	18.91	15	19.80	15	19.96	15	20.02	15	20.28	15	20.63	15	20.65	15	20.54	15	19.70	15	19.16	15	19.39	15	19.48	
		25	20.23	25	19.65	25	20.01	25	20.56	25	20.01	25	20.56	25	21.29	25	20.51	25	19.62	25	19.25	25	19.82	25	19.35	
	2012	5	20.19	5	19.02	5	21.22	5	21.35	5	22.40	5	21.84	5	22.38	5	22.42	5	20.97	5	20.46	5	21.35	5	17.87	21.24
		15	19.92	15	20.31	15	21.22	15	21.52	15	22.82	15	22.30	15	22.37	15	22.72	15	21.47	15	21.07	15	22.27	15	16.47	
		25	18.85	25	20.82	25	21.17	25	21.79	25	22.17	25	22.82	25	22.38	25	22.20	25	21.92	25	21.17	25	22.22	25	〈21.43〉	
	2013	10	22.19	10	22.02	10		10	23.35	10	22.65	10	22.42	10	22.82	10	22.95	10	24.51	10	22.98	10	22.02	10	20.94	22.57
		20	22.21	20	20.29	20		20	21.87	20	23.48	20	22.85	20	23.74	20	23.60	20	24.11	20	22.80	20	21.57	20	21.38	
		30	22.21	30	21.12	30		30	22.52	30	24.18	30	22.58	30	22.63	30	24.82	30	23.08	30	22.54	30	20.84	30	21.52	
	2014	5	21.54	5	21.16	5	21.82	5	22.09	5	22.07	5	23.03	5	23.90	5	24.83	5	24.91	5	23.31	5	17.86	5	18.05	22.08
		15	21.42	15	21.43	15	22.05	15	21.83	15	22.30	15	23.40	15	24.02	15	24.94	15	24.24	15	22.73	15	17.99	15	18.30	
		25	21.10	25	21.70	25	22.29	25	21.95	25	22.94	25	23.64	25	24.34	25	25.18	25	23.89	25	22.14	25	17.90	25	18.53	

续表

点号	年份	1月		2月		3月		4月		5月		6月		7月		8月		9月		10月		11月		12月		年平均
		日	水位	日	水位	日	水位	日	水位	日	水位	日	水位	日	水位	日	水位	日	水位	日	水位	日	水位	日	水位	
W10	2015	5	21.64	5	21.51	5	21.68	5	21.22	5	19.84	5	22.46	5	23.03	5	26.01	5	25.78	5	23.87	5	23.70	5	23.42	22.80
		15	20.80	15	21.11	15	22.96	15	17.46	15	20.69	15	22.78	15	24.34	15	25.18	15	25.31	15	23.94	15	23.69	15	23.30	
		25	19.56	25	21.34	25	21.56	25	20.42	25	21.39	25	22.84	25	25.93	25	26.36	25	24.84	25	23.82	25	23.56	25	23.56	
W22	2011	5	13.22	5	12.54	5	12.06	5	12.68	5	13.00	5	12.22	5	13.58	5	16.62	5	16.95	5	16.30	5	16.08	5	15.81	14.36
		15	12.60	15	11.94	15	12.64	15	12.68	15	12.64	15	16.95	15	13.77	15	16.92	15	16.36	15	16.39	15	16.24	15	15.99	
		25	12.29	25	12.36	25	12.84	25	13.06	25	15.62	25	13.21	25	17.33	25	13.08	25	16.30	25	12.61	25	16.04	25	16.15	
	2012	5	16.53	5	16.11	5	16.55	5	16.53	5	17.05	5	16.87	5	17.05	5	17.25	5	14.75	5	16.07	5	16.85	5	17.36	16.37
		15	20.54	15	16.49	15	16.60	15	16.55	15	17.55	15	17.40	15	14.23	15	17.55	15	16.57	15	16.55	15	17.30	15	12.45	
		25	15.69	25	16.58	25	16.68	25	16.70	25		25	17.40	25	14.30	25	13.45	25	16.50	25	17.10	25	17.25	25	12.60	
	2013	10	17.61	10	16.91	10	17.75	10	17.96	10	14.51	10	13.85	10	14.03	10	13.92	10	14.68	10	17.68	10	17.87	10	18.20	16.12
		20	17.61	20	16.85	20	17.85	20	13.96	20	14.63	20	13.75	20	14.38	20	14.24	20	15.34	20	17.99	20	17.41	20	18.05	
		30	17.70	30	16.83	30	17.75	30	14.24	30	14.97	30	14.35	30	13.88	30	14.44	30	15.11	30	18.32	30	17.80	30	17.87	
	2014	5	17.97	5	18.16	5	18.46	5	18.15	5	18.16	5	18.41	5	18.80	5	19.44	5	19.46	5	18.32	5	17.86	5	18.05	18.44
		15	18.15	15	18.32	15	18.37	15	18.02	15	17.95	15	18.60	15	18.94	15	19.46	15	19.12	15	18.08	15	17.99	15	18.30	
		25	18.33	25	18.41	25	18.26	25	18.07	25	18.23	25	18.75	25	19.21	25	19.59	25	18.57	25	17.60	25	17.90	25	18.53	
	2015	5	13.31	5	18.40	5	17.62	5	18.01	5	13.07	5	14.80	5	13.76	5	19.71	5	19.53	5	20.00	5	19.27	5	19.17	17.21
		15	13.14	15	18.20	15	17.48	15	12.71	15	13.38	15	14.62	15	18.18	15	19.78	15	19.66	15	19.84	15	19.17	15	19.38	
		25	12.93	25	17.75	25	17.73	25	12.66	25	13.64	25	14.16	25	21.10	25	20.03	25	19.22	25	19.70	25	19.29	25	19.08	
#23	2012	14	6.71	14	6.88	14	7.11	14	7.12	14	7.18	14	7.35	14	7.49	14	7.45	14	7.15	14	7.08	14	7.21	14	7.35	7.17
	2013	1	8.14	1	7.53	1	7.63	1	8.47	1	7.75	1	7.99	1	7.80	1	7.55	1	7.63	1	7.56	1	7.56	1	7.62	7.77
	2014	1	7.71	1	7.71	1	7.80	1	7.67	1	7.88	1	8.04	1	8.26	1	8.41	1	7.98	1	7.43	1	7.46	1	7.38	7.81
	2015	1	8.22	1	8.30	1	7.58	1	7.52	1	7.42	1	7.75	1	7.35	1	7.48	1	7.54	1	7.60	1	7.80	1	7.64	7.68

续表

点号	年份	1月		2月		3月		4月		5月		6月		7月		8月		9月		10月		11月		12月		年平均
		日	水位	日	水位	日	水位	日	水位	日	水位	日	水位	日	水位	日	水位	日	水位	日	水位	日	水位	日	水位	
K394	2011	4	14.61	4	14.57	4	14.52	4	14.72	4	14.80	4	14.95	4	14.98	4	15.15	4	15.00	4	14.87	4	14.52	4	14.42	14.76
		14	14.67	14	14.52	14	14.72	14	14.67	14	14.77	14	14.98	14	14.96	14	15.22	14	14.95	14	14.77	14	14.56	14	14.48	
		24	14.62	24	14.57	24	14.48	24	14.77	24	14.85	24	15.02	24	15.21	24	15.01	24	14.92	24	14.57	24	14.47	24	14.44	
	2012	4	14.42	4	14.33	4	15.00	4	14.50	4	14.53	4	14.54	4	14.60	4	14.79	4	14.67	4	14.57	4	14.68	4	14.57	14.62
		14	14.47	14	14.46	14	14.57	14	14.65	14	14.55	14	14.65	14	14.62	14	14.74	14	14.65	14	14.67	14	14.65	14	14.60	
		24		24	14.87	24	14.44	24	14.45	24	14.58	24	14.74	24	14.74	24	14.76	24	14.75	24	14.64	24	14.57	24	14.52	
	2013	10	14.42	10	14.46	10	14.49	10	14.57	10	14.67	10	14.61	10	14.76	10	14.63	10	14.84	10	14.78	10	14.49	10	14.40	14.62
		20	14.48	20	14.44	20	14.57	20	14.62	20	14.66	20	14.66	20	14.80	20	14.75	20	14.79	20	14.82	20	14.56	20	14.45	
		30	14.50	30	14.42	30	14.61	30	14.65	30	14.69	30	14.64	30	14.68	30	14.81	30	14.70	30	14.77	30	14.62	30	14.38	
	2014	5	14.38	5	14.52	5	14.75	5	14.59	5	14.80	5	14.82	5	14.94	5	14.98	5	15.05	5	14.85	5	14.50	5	14.45	14.71
		15	14.42	15	14.56	15	14.68	15	14.72	15	14.68	15	14.73	15	14.80	15	15.05	15	14.94	15	14.76	15	14.63	15	14.39	
		25	14.48	25	14.73	25	14.64	25	14.88	25	14.70	25	14.86	25	14.93	25	15.18	25	14.81	25	14.58	25	14.39	25	14.30	
	2015	5	14.37	5	14.40	5	14.36	5	14.43	5	14.52	5	14.58	5	14.64	5	14.76	5	15.33	5	14.67	5	14.62	5	14.71	14.57
		15	14.41	15	14.46	15	14.42	15	14.47	15	14.60	15	14.20	15	14.71	15	14.80	15	14.92	15	14.58	15	14.67	15	14.64	
		25	14.32	25	14.29	25	14.41	25	14.48	25	14.46	25	14.43	25	14.83	25	14.77	25	14.69	25	14.43	25	14.70	25	14.59	
K34	2011	4	20.76	4	20.81	4	20.76	4		4		4		4		4		4		4		4		4		20.75
		14	20.70	14	20.76	14	20.69	14		14		14		14		14		14		14		14		14		
		24	20.77	24	20.79	24	20.72	24		24		24		24		24		24		24		24		24		
	2012	4		4		4	20.82	4	20.55	4	20.74	4	20.68	4	20.64	4	20.74	4	20.35	4	20.34	4	20.16	4	20.21	20.50
		14		14		14	20.69	14	20.73	14	20.90	14	20.79	14	20.71	14	20.63	14	20.30	14	20.36	14	20.09	14	20.12	
		24		24		24	20.78	24	20.61	24	20.80	24	20.64	24	20.78	24	20.34	24	20.26	24	20.10	24	20.11	24	20.09	

续表

点号	年份	1月		2月		3月		4月		5月		6月		7月		8月		9月		10月		11月		12月		年平均
		日	水位	日	水位	日	水位	日	水位	日	水位	日	水位	日	水位	日	水位	日	水位	日	水位	日	水位	日	水位	
K34	2013	10	20.15	10	20.33	10	20.47	10	20.39	10	20.40	10	20.60	10	20.79	10	20.92	10	20.63	10	20.63	10	20.60	10		20.56
		20	20.24	20	20.20	20	20.38	20	20.50	20	20.47	20	20.85	20	20.56	20	20.68	20	20.82	20	20.68	20	20.88	20	20.66	
		30	20.27	30	20.38	30	20.41	30	20.52	30	20.55	30	20.78	30	20.83	30	20.40	30	20.59	30	20.76	30	20.64	30	20.74	
	2014	5	20.80	5	20.93	5	20.66	5	20.46	5	20.63	5	21.70	5	21.29	5	21.33	5	21.33	5	21.20	5	21.13	5	21.63	21.14
		15	20.92	15	20.81	15	20.51	15	20.23	15	20.91	15	21.62	15	21.84	15	21.72	15	21.26	15	20.96	15	21.31	15	21.76	
		25	20.86	25	20.76	25	20.30	25	20.39	25	21.35	25	21.76	25	21.41	25	21.64	25	21.40	25	20.83	25	21.60	25	21.81	
	2015	5	21.67	5	21.69	5		5		5		5	21.90	5	21.85	5	22.23	5	21.54	5	21.50	5	21.74	5	21.72	21.80
		15	21.62	15	21.74	15		15		15		15	22.30	15	21.97	15	21.85	15	21.57	15	21.56	15	21.80	15	21.84	
		25	21.59	25	21.76	25		25		25		25	22.12	25	22.14	25	21.80	25	21.62	25	21.69	25	21.66	25	22.00	
K233主	2011	4	28.26	4	27.42	4	27.67	4	28.01	4	28.42	4	28.52	4	28.91	4	28.81	4	28.55	4	27.67	4	27.38	4	27.54	28.14
		14	28.34	14	27.50	14	28.04	14	28.17	14	28.40	14	28.55	14	28.89	14	28.91	14	28.65	14	27.71	14	27.42	14	27.60	
		24	28.25	24	27.65	24	27.96	24	28.42	24	28.23	24	28.80	24	29.16	24	28.66	24	27.79	24	27.67	24	27.55	24	27.57	
	2012	4	27.62	4	26.75	4	27.38	4	27.90	4	28.12	4	28.18	4	28.69	4	29.16	4	28.42	4	27.86	4	27.85	4	27.91	28.02
		14	27.54	14	26.95	14	27.64	14	27.93	14	28.21	14	28.70	14	28.55	14	29.10	14	28.37	14	27.80	14	27.92	14	27.93	
		24	26.82	24	27.17	24	27.87	24	28.02	24	28.28	24	28.92	24	28.51	24	28.64	24	28.11	24	27.90	24	28.10	24	27.82	
	2013	10	27.89	10	28.22	10	28.31	10	28.36	10	28.50	10	28.97	10	28.96	10	28.46	10	28.95	10	27.46	10	27.74	10	27.36	28.34
		20	27.95	20	28.40	20	28.23	20	28.40	20	28.89	20	28.85	20	28.89	20	28.94	20	28.81	20	27.65	20	27.75	20	27.43	
		30	28.24	30	28.37	30	28.45	30	28.32	30	29.04	30	29.04	30	28.68	30	29.43	30	28.42	30	28.01	30	27.39	30	27.35	
	2014	5	27.31	5	27.28	5	27.54	5	28.00	5	27.77	5	28.24	5	28.34	5	29.63	5	29.49	5	28.39	5	27.77	5	27.57	28.12
		15	27.22	15	27.34	15	27.61	15	27.82	15	27.90	15	28.49	15	28.78	15	30.05	15	29.13	15	28.16	15	27.65	15	27.54	
		25	27.15	25	27.49	25	27.77	25	27.57	25	28.02	25	28.40	25	29.27	25	29.94	25	28.45	25	28.07	25	27.49	25	27.71	

续表

点号	年份	1月		2月		3月		4月		5月		6月		7月		8月		9月		10月		11月		12月		年平均
		日	水位	日	水位	日	水位	日	水位	日	水位	日	水位	日	水位	日	水位	日	水位	日	水位	日	水位	日	水位	
K233主	2015	5	27.63	5	27.72	5	27.47	5	27.21	5	27.33	5	27.85	5	28.35	5	30.14	5	30.53	5	29.65	5	29.15	5	29.20	28.54
		15	27.69	15	27.65	15	27.33	15	27.17	15	27.41	15	28.45	15	28.93	15	30.21	15	30.00	15	29.51	15	29.23	15	29.08	
		25	27.75	25	27.68	25	27.25	25	27.27	25	27.29	25	28.51	25	29.36	25	30.10	25	29.86	25	29.34	25	29.18	25	28.94	
K234-1	2011	4	14.91	4	14.94	4	14.91	4	15.26	4	15.37	4	15.29	4	15.19	4	15.17	4	14.93	4	14.69	4	14.52	4	14.50	14.99
		14	14.99	14	14.99	14	14.99	14	15.36	14	15.39	14	15.32	14	15.20	14	15.21	14	14.90	14	14.73	14	14.51	14	14.44	
		24	15.01	24	15.01	24	15.01	24	15.37	24	15.43	24	15.22	24	15.42	24	15.10	24	14.79	24	14.58	24	14.48	24	14.38	
	2012	4	14.31	4	14.18	4	14.16	4	14.29	4	14.28	4	14.35	4	14.38	4	14.47	4	14.42	4	14.38	4	14.42	4	14.41	14.34
		14	14.36	14	14.20	14	14.13	14	14.41	14	14.41	14	14.39	14	14.46	14	14.45	14	14.39	14	14.34	14	14.38	14	14.39	
		24	14.16	24	14.16	24	14.17	24	14.29	24	14.29	24	14.37	24	14.36	24	14.43	24	14.34	24	14.39	24	14.44	24	14.34	
	2013	10	14.37	10	14.37	10	14.36	10	14.48	10	14.46	10	14.53	10	14.55	10	14.57	10	14.76	10	14.75	10	14.68	10	14.77	14.59
		20	14.43	20	14.41	20	14.46	20	14.55	20	14.66	20	14.60	20	14.66	20	14.60	20	14.71	20	14.78	20	14.77	20	14.85	
		30	14.40	30	14.39	30	14.44	30	14.61	30	14.62	30	14.64	30	14.62	30	14.69	30	14.72	30	14.54	30	14.79	30	14.57	
	2014	5	14.82	5	14.72	5	14.83	5	14.98	5	15.04	5	21.70	5	15.14	5	15.24	5	15.34	5	15.32	5	15.08	5	15.01	15.59
		15	14.70	15	14.78	15	14.88	15	15.06	15	15.00	15	21.62	15	15.09	15	15.15	15	15.26	15	15.19	15	15.10	15	15.12	
		25	14.63	25	14.84	25	14.90	25	15.02	25	15.08	25	21.76	25	15.11	25	15.27	25	15.17	25	15.06	25	14.96	25	15.18	
	2015	5	15.23	5	15.10	5	15.05	5		5		5		5		5		5		5		5		5		15.13
		15	15.28	15	15.12	15	15.07	15		15		15		15		15		15		15		15		15		
		25	15.19	25	15.16	25	15.01	25		25		25		25		25		25		25		25		25		
＃93-1	2011	16	12.67	16	13.77	16	13.66	16	13.97	16	13.93	16	14.01	16	14.11	16	13.96	16	13.87	16	14.00	16	13.40	16	13.47	13.74
	2012	16	13.39	16	13.43	16	13.36	16		16	13.61	16	13.62	16	13.68	16		16		16		16		16		13.52
	2013	1	13.77	1	13.87	1	13.93	1	13.86	1	13.90	1	14.19	1	14.14	1	14.20	1	14.17	1	14.32	1	14.19	1	14.30	14.07
	2014	1	14.35	1	14.46	1	14.52	1	14.49	1	14.55	1	14.61	1	15.28	1		1		1		1		1		14.61

续表

点号	年份	1月		2月		3月		4月		5月		6月		7月		8月		9月		10月		11月		12月		年平均
		日	水位	日	水位	日	水位	日	水位	日	水位	日	水位	日	水位	日	水位	日	水位	日	水位	日	水位	日	水位	
N14	2011	16	43.27	16	43.30	16	41.97	16	43.02	16	43.20	16	43.64	16	43.57	16	43.72	16	43.58	16	43.62	16	42.62	16	42.80	43.19
	2012	16	41.69	16	41.58	16	41.76	16	41.82	16	42.50	16	42.31	16	43.25	16	43.40	16	43.10	16	42.09	16	41.83	16	42.13	42.29
	2013	1	42.49	1	42.29	1	42.52	1	42.79	1	43.36	1	43.58	1	43.75	1	43.52	1	42.90	1	42.97	1	42.26	1		42.95
	2014	1	42.34	1	41.16	1		1	42.65	1	42.55	1	42.76	1	43.99	1	44.79	1	44.23	1	42.82	1	42.20	1	42.33	42.89
	2015	1	42.17	1	42.28	1	41.48	1	41.58	1	41.60	1	41.86	1	54.60	1	54.88	1	44.68	1	44.36	1	43.70	1	43.44	42.72
N20	2011	15	23.80	15	23.70	15	24.26	15		15	24.30	15	24.49	15	24.90	15	24.65	15	24.18	15	24.11	15	23.56	15	22.37	24.03
	2012	15	25.07	15	24.94	15	25.06	15	24.99	15	25.10	15	25.38	15		15	24.63	15	24.56	15		15	24.05	15	23.86	24.76
	2013	1	24.07	1		1	24.33	1	24.05	1	24.38	1	24.50	1	24.49	1	24.60	1	24.73	1	27.93	1	28.32	1	28.17	25.42
	2014	1	27.02	1	26.68	1	26.85	1	27.24	1	27.42	1	27.68	1	28.57	1	29.23	1	28.84	1	28.50	1	27.06	1	27.64	27.73
	2015	1	28.06	1	27.83	1	27.41	1	30.46	1	28.18	1	28.33	1	28.58	1	33.06	1	33.22	1	28.45	1	28.21	1	28.10	28.13
K79-1付	2011	4	9.30	4	9.28	4	9.22	4	9.29	4	9.37	4		4		4		4		4		4		4		9.29
		14	9.32	14	9.22	14	9.26	14	9.38	14		14		14		14		14		14		14		14		
		24	9.26	24	9.25	24	9.29	24	9.35	24		24		24		24		24		24		24		24		
K79-2主	2011	5	18.91	5	17.81	5	17.69	5	17.98	5	18.57	5	18.09	5	18.50	5	18.65	5	18.71	5	17.34	5	17.10	5	17.80	18.04
		15	17.84	15	17.64	15	17.93	15	18.10	15	18.24	15	18.65	15	18.55	15	18.67	15	17.93	15	17.02	15	17.60	15	17.69	
		25	18.15	25	17.65	25	17.96	25	18.43	25	18.10	25	18.28	25	18.99	25	18.38	25	17.57	25	17.42	25	17.77	25	17.76	
	2012	5	17.81	5	17.57	5	18.42	5	18.84	5	19.50	5	18.83	5	19.50	5	19.75	5	19.55	5	18.65	5	18.70	5	19.30	18.99
		15	17.67	15	17.87	15	18.62	15	18.67	15	19.65	15	19.55	15	19.70	15	20.08	15	19.05	15	18.55	15	19.76	15	19.23	
		25	16.92	25	18.22	25	18.82	25	19.12	25	19.55	25	20.00	25	19.75	25	19.78	25	18.90	25	18.60	25	19.70	25	19.38	
	2013	10	19.76	10	19.67	10	19.85	10	20.10	10	19.40	10	19.20	10	20.47	10	20.18	10	21.08	10	19.79	10	19.06	10	20.12	19.89
		20	19.87	20	18.40	20	20.10	20	18.46	20	20.40	20	20.45	20	21.08	20	20.55	20	20.70	20	19.82	20	19.12	20	20.04	
		30	19.84	30	18.68	30	20.29	30	18.05	30	20.90	30	18.84	30	20.53	30	21.56	30	20.24	30	19.86	30	19.16	30	20.48	

续表

点号	年份	1月		2月		3月		4月		5月		6月		7月		8月		9月		10月		11月		12月		年平均
		日	水位	日	水位	日	水位	日	水位	日	水位	日	水位	日	水位	日	水位	日	水位	日	水位	日	水位	日	水位	
K79-2主	2014	5	20.50	5	18.65	5	20.55	5	20.73	5	20.19	5	21.17	5	22.99	5	23.66	5	22.51	5	19.62	5	19.31	5	19.64	20.78
		10	20.43	10	18.70	10	20.48	10	20.59	10	20.46	10	21.76	10	23.03	10	22.68	10	22.06	10	19.81	10	19.22	10	19.31	
		15	20.53	15	19.77	15	20.46	15	20.12	15	20.65	15	22.53	15	23.06	15	21.90	15	21.18	15	19.06	15	19.30	15	20.22	
		20	20.25	20	19.92	20	20.64	20	20.04	20	20.93	20	23.06	20	23.21	20	22.44	20	20.72	20	19.24	20	19.35	20	20.63	
		25	19.99	25	20.22	25	20.58	25	20.06	25	20.90	25	23.09	25	23.41	25	22.41	25	19.31	25	19.91	25	19.08	25	20.21	
		30	19.91	30		30	20.72	30	19.96	30	21.16	30	23.03	30	23.78	30	22.88	30	18.97	30	19.33	30	19.28	30	20.22	
	2015	5	19.91	5	20.03	5	19.67	5	18.84	5	19.03	5	19.26	5	21.24	5	23.99	5	23.42	5	21.83	5	21.41	5	21.54	21.01
		10	19.80	10	20.25	10	20.19	10	18.40	10	19.59	10	21.16	10	21.45	10	23.32	10	23.64	10	21.96	10	20.23	10	21.55	
		15	20.53	15	19.89	15	20.65	15	17.84	15	19.49	15	21.84	15	22.44	15	23.21	15	23.52	15	22.61	15	21.24	15	21.70	
		20	19.94	20	19.41	20	19.82	20	18.07	20	20.33	20	21.51	20	21.54	20	23.14	20	23.31	20	22.40	20	21.80	20	20.69	
		25	20.05	25	18.50	25	18.98	25	19.07	25	19.82	25	20.50	25	22.89	25	23.89	25	23.14	25	22.10	25	21.47	25	20.56	
		30	19.90	30	19.16	30	18.76	30	19.42	30	20.33	30	20.13	30	23.47	30	24.11	30	22.61	30	21.51	30	21.86	30	21.72	
Ⅱ2-4	2011	14	35.24	14	〈48.96〉	14	〈56.65〉	14	35.00	14	〈55.93〉	14	〈56.36〉	14	〈55.83〉	14	〈54.30〉	14	〈53.93〉	14	〈51.66〉	14	25.66	14	25.93	30.46
	2012	14	24.96	14	24.35	14	24.60	14	23.90	14	24.43	14	〈40.92〉	14	25.11	14	26.87	14	26.24	14	26.09	14	26.33	14	26.76	25.42
	2013	14	29.63	14		14		14		14		14		14		14		14		14		14		14		29.63
Ⅱ2-1	2011	14	〈34.52〉	14	〈34.67〉	14	〈35.88〉	14	〈35.12〉	14	〈35.00〉	14	〈35.26〉	14	〈34.06〉	14	22.26	14	〈32.91〉	14	〈31.11〉	14	〈28.99〉	14	〈29.30〉	22.26
	2012	14	〈30.97〉	14	〈26.80〉	14	〈25.56〉	14	〈24.99〉	14	19.17	14	19.37	14	〈25.37〉	14	〈27.33〉	14	22.26	14	〈29.42〉	14	〈29.66〉	14	19.14	19.99
	2013	14	〈31.22〉	14	〈31.61〉	14	25.48	14	26.30	14	26.39	14	26.34	14	26.34	14	25.98	14	26.25	14	26.86	14	27.01	14	27.34	26.43
	2014	14	27.48	14	27.62	14	28.14	14	28.46	14	28.14	14	28.41	14	28.21	14	28.36	14	27.98	14	27.87	14	33.52	14	33.21	28.95
	2015	14	35.56	14	35.42	14	35.62	14	37.68	14	38.09	14	31.82	14	〈38.89〉	14	31.62	14	36.30	14	37.52	14	31.42	14	31.81	34.81

续表

点号	年份	1月		2月		3月		4月		5月		6月		7月		8月		9月		10月		11月		12月		年平均
		日	水位	日	水位	日	水位	日	水位	日	水位	日	水位	日	水位	日	水位	日	水位	日	水位	日	水位	日	水位	
深 1-1	2011	14	〈39.56〉	14	〈39.47〉	14	〈40.08〉	14	〈40.26〉	14	〈40.58〉	14	〈40.16〉	14	〈40.38〉	14	〈41.26〉	14	〈40.13〉	14	〈40.38〉	14	〈40.69〉	14	〈40.52〉	
	2012	14	〈40.27〉	14	〈40.36〉	14	〈40.17〉	14	〈40.98〉	14	〈40.72〉	14	〈41.26〉	14	〈41.31〉	14	〈40.98〉	14	〈41.52〉	14	〈41.92〉	14	〈42.38〉	14	38.52	38.52
	2013	14	〈38.52〉	14	〈39.08〉	14	40.01	14	〈41.26〉	14	〈42.31〉	14	〈41.39〉	14	〈41.52〉	14	〈41.82〉	14	〈41.98〉	14	〈42.96〉	14	〈41.76〉	14	36.22	38.12
	2014	14	〈41.91〉	14	〈41.82〉	14	〈42.16〉	14	〈42.76〉	14	〈41.56〉	14	〈42.38〉	14	〈42.16〉	14	〈41.76〉	14	〈42.68〉	14	〈41.78〉	14	23.04	14	〈41.92〉	23.04
	2015	14	〈42.13〉	14	〈43.16〉	14	〈42.68〉	14	〈49.30〉	14	〈48.71〉	14	〈49.26〉	14	45.03	14	45.63	14	40.46	14	41.46	14	41.06	14	41.28	42.49
深 1-5	2011	14	〈39.42〉	14	〈39.62〉	14	〈39.56〉	14	〈40.38〉	14	〈40.26〉	14	〈40.72〉	14	〈40.16〉	14	〈40.72〉	14	〈40.06〉	14	〈40.52〉	14	〈40.12〉	14	〈40.06〉	〈40.13〉
	2012	14	〈40.01〉	14	〈39.92〉	14	〈39.26〉	14	〈40.02〉	14	〈40.09〉	14	〈40.31〉	14	〈42.06〉	14	〈41.76〉	14	〈41.98〉	14	〈42.18〉	14	〈42.96〉	14	〈42.12〉	〈41.05〉
	2013	14	〈42.12〉	14	〈41.02〉	14	〈42.13〉	14	〈41.58〉	14	〈41.96〉	14	〈40.83〉	14	〈42.06〉	14	〈41.92〉	14	〈40.62〉	14	〈41.97〉	14	〈42.69〉	14	〈43.00〉	〈42.83〉
	2014	14	〈43.17〉	14	〈42.76〉	14	〈41.87〉	14	〈41.28〉	14	〈42.47〉	14	〈41.73〉	14	〈42.38〉	14	〈42.94〉	14	〈41.76〉	14	〈41.82〉	14	〈36.72〉	14	〈36.71〉	〈41.30〉
	2015	14	〈36.92〉	14	〈37.18〉	14	〈37.92〉	14	〈46.33〉	14	〈43.26〉	14	〈43.98〉	14	〈44.72〉	14	〈45.18〉	14	〈44.69〉	14	〈45.12〉	14	〈45.98〉	14	〈46.27〉	〈43.13〉
Ⅱ1-17	2011	14	〈52.03〉	14	〈51.86〉	14	〈51.27〉	14	〈52.32〉	14	〈51.89〉	14	〈51.28〉	14	〈51.49〉	14	〈51.27〉	14	〈50.82〉	14	42.59	14	〈50.74〉	14	〈50.56〉	42.59
	2012	14	〈51.00〉	14	〈50.71〉	14	〈51.26〉	14	〈51.08〉	14	〈50.86〉	14	42.18	14	41.93	14	〈51.06〉	14	〈51.76〉	14	〈51.24〉	14	〈51.48〉	14	〈52.21〉	42.06
	2013	14	〈52.21〉	14	〈51.46〉	14	〈50.92〉	14	〈52.26〉	14	〈51.92〉	14	〈52.06〉	14	41.93	14	〈51.06〉	14	〈51.76〉	14	〈51.98〉	14	〈52.34〉	14	〈49.98〉	41.93
	2014	14	42.83	14	〈50.27〉	14	〈51.29〉	14	〈51.72〉	14	〈52.28〉	14	〈51.06〉	14	42.76	14	〈51.26〉	14	〈51.86〉	14	〈51.29〉	14	〈49.56〉	14	〈51.26〉	42.80
	2015	14	〈52.28〉	14	〈57.45〉	14	〈51.68〉	14	51.42	14	50.28	14	44.08	14	45.09	14	46.22	14	〈52.70〉	14	〈51.48〉	14	〈51.76〉	14	〈51.88〉	47.42
Ⅱ1-18	2011	14	〈37.92〉	14	〈38.21〉	14	〈38.69〉	14	〈39.26〉	14	〈39.72〉	14	〈40.26〉	14	〈40.46〉	14	〈40.12〉	14	〈40.06〉	14	〈39.56〉	14	〈39.18〉	14	〈39.62〉	
	2012	14	〈40.16〉	14	〈39.91〉	14	35.69	14	〈39.86〉	14	〈39.92〉	14	〈39.63〉	14	〈40.86〉	14	〈40.02〉	14	〈41.28〉	14	〈41.56〉	14	〈41.34〉	14	〈45.38〉	35.69
	2013	14	〈45.38〉	14	〈41.28〉	14	〈42.19〉	14	〈41.52〉	14	〈41.98〉	14	〈41.62〉	14	〈40.86〉	14	〈40.02〉	14	〈41.28〉	14	〈42.61〉	14	41.96	14	39.20	40.58
	2014	14	〈42.16〉	14	〈42.28〉	14	〈41.92〉	14	〈41.68〉	14	〈42.16〉	14	〈41.62〉	14	〈41.66〉	14	〈42.13〉	14	〈41.68〉	14	〈41.36〉	14	〈45.13〉	14	〈45.13〉	〈42.39〉
	2015	14	〈44.96〉	14	〈47.04〉	14	〈46.52〉	14	44.02	14	〈45.37〉	14	〈45.70〉	14	44.47	14	〈44.60〉	14	〈48.86〉	14	〈47.96〉	14	46.98	14	46.64	〈46.30〉

续表

点号	年份	1月		2月		3月		4月		5月		6月		7月		8月		9月		10月		11月		12月		年平均
		日	水位	日	水位	日	水位	日	水位	日	水位	日	水位	日	水位	日	水位	日	水位	日	水位	日	水位	日	水位	
Ⅱ2-14	2011	14	34.45	14	〈41.11〉	14	〈44.51〉	14	〈45.23〉	14	〈45.63〉	14	〈48.38〉	14	〈45.86〉	14	〈45.40〉	14	〈44.32〉	14	〈43.00〉	14	〈42.30〉	14	〈42.67〉	34.45
	2012	14	〈44.53〉	14	25.18	14	23.93	14	22.45	14	24.43	14	〈39.31〉	14	〈39.77〉	14	〈39.11〉	14	〈41.28〉	14	24.67	14	25.11	14	24.83	24.37
	2013	14	26.66	14	27.47	14	27.18	14	27.46	14	27.31	14	27.28	14	〈39.77〉	14	〈39.11〉	14	〈41.28〉	14	28.73	14	28.64	14	28.71	27.72
	2014	14	28.42	14	28.75	14	28.16	14	27.52	14	28.16	14	27.69	14	27.78	14	28.01	14	29.74	14	29.82	14	29.76	14	29.92	28.64
	2015	14	30.02	14	29.89	14	30.66	14	31.28	14	31.08	14	30.76	14		14		14		14		14		14		30.62
W14	2011	6	〈52.81〉	6	〈52.81〉	6	〈52.81〉	6	〈52.79〉	6	〈52.74〉	6	〈52.54〉	6	〈52.69〉	6	〈52.70〉	6	〈52.46〉	6	18.60	6	18.32	6	〈52.61〉	17.22
		16	13.36	16	〈52.78〉	16	〈52.78〉	16	〈52.78〉	16	〈52.57〉	16	〈52.56〉	16	〈52.68〉	16	〈52.48〉	16	〈52.48〉	16	18.00	16	17.93	16	16.70	
		26	〈52.81〉	26	〈52.81〉	26	〈52.80〉	26	〈52.82〉	26	〈52.55〉	26	〈52.55〉	26	〈52.67〉	26	〈52.49〉	26	〈52.48〉	26	18.20	26	18.41	26	15.47	
	2012	6	15.10	6	〈52.65〉	6	〈57.95〉	6	〈38.83〉	6	〈37.20〉	6	〈38.30〉	6	〈38.73〉	6	〈38.75〉	6	〈38.20〉	6	〈36.75〉	6	〈37.50〉	6	18.35	16.88
		16	17.18	16	〈55.55〉	16	〈38.85〉	16	〈38.80〉	16	〈37.85〉	16	〈38.73〉	16	〈38.80〉	16	〈38.88〉	16	〈37.75〉	16	〈37.15〉	16	〈38.25〉	16	〈40.45〉	
		26	〈54.38〉	26	〈57.75〉	26	〈38.75〉	26	〈38.81〉	26	〈38.40〉	26	〈38.07〉	26	〈38.85〉	26	〈38.70〉	26	〈37.60〉	26	〈37.30〉	26	〈38.20〉	26	〈37.90〉	
	2013	6	〈37.80〉	6	〈38.10〉	6	〈38.94〉	6	〈39.93〉	6	〈39.46〉	6	〈38.71〉	6	〈39.24〉	6	〈39.47〉	6	〈40.15〉	6	〈39.07〉	6	〈37.99〉	6	〈37.06〉	22.71
		16	〈37.72〉	16	〈38.75〉	16	〈39.17〉	16	〈39.82〉	16	〈39.21〉	16	〈39.12〉	16	〈39.17〉	16	〈40.07〉	16	〈39.81〉	16	〈38.76〉	16	〈37.48〉	16	〈37.19〉	
		26	〈37.64〉	26	〈37.55〉	26	〈39.70〉	26	〈38.74〉	26	〈39.93〉	26	22.71	26	〈39.13〉	26	〈40.51〉	26	〈39.17〉	26	〈38.44〉	26	〈36.72〉	26	〈37.37〉	
	2014	6	〈37.25〉	6	〈37.05〉	6	〈38.31〉	6	〈38.97〉	6	〈38.95〉	6	〈39.44〉	6	〈39.97〉	6	〈40.45〉	6	〈40.33〉	6	〈38.25〉	6	〈37.12〉	6	20.84	20.87
		16	〈37.00〉	16	〈37.48〉	16	〈39.00〉	16	〈38.55〉	16	〈38.86〉	16	〈39.58〉	16	〈40.10〉	16	〈40.62〉	16	〈39.68〉	16	〈37.89〉	16	〈37.50〉	16	〈38.40〉	
		26	〈36.74〉	26	〈37.77〉	26	〈39.39〉	26	〈38.79	26	〈39.35〉	26	〈39.85〉	26	〈40.28〉	26	〈40.79〉	26	〈39.00〉	26	〈37.38〉	26	20.30	26	21.47	
	2015	6	21.39	6	〈37.60〉	6	〈37.25〉	6	〈37.53〉	6	20.18	6	〈38.73〉	6	〈38.38〉	6	〈42.17〉	6	〈41.33〉	6	〈41.97〉	6	24.05	6	〈40.71〉	21.95
		16	21.11	16	21.41	16	〈37.31〉	16	〈37.69〉	16	〈37.87〉	16	〈38.50〉	16	〈40.89〉	16	〈41.94〉	16	〈41.62〉	16	23.36	16	23.57	16	〈40.51〉	
		26	21.18	26	21.15	26	〈37.34〉	26	〈37.05〉	26	〈38.61〉	26	20.40	26	〈42.12〉	26	〈41.48〉	26	〈41.76〉	26	23.61	26	〈41.50〉	26	〈41.13〉	

续表

点号	年份	1月		2月		3月		4月		5月		6月		7月		8月		9月		10月		11月		12月		年平均
		日	水位	日	水位	日	水位	日	水位	日	水位	日	水位	日	水位	日	水位	日	水位	日	水位	日	水位	日	水位	
W15	2011	6	〈34.56〉	6	18.51	6	18.52	6	18.67	6	18.08	6	19.05	6	19.96	6	19.73	6	19.62	6	18.36	6	15.13	6	19.35	18.51
		16	18.35	16	18.50	16	18.75	16	18.01	16	18.94	16	19.73	16	19.91	16	19.62	16	18.61	16	18.20	16	14.99	16	19.35	
		26	18.96	26	18.50	26	18.69	26	18.88	26	18.54	26	19.11	26	20.36	26	19.41	26	18.29	26	17.28	26	13.29	26	〈49.23〉	
	2012	6	〈48.69〉	6	〈46.23〉	6	〈46.33〉	6	〈45.55〉	6	〈45.18〉	6	〈43.41〉	6	〈46.75〉	6	〈47.18〉	6	〈47.23〉	6	〈45.03〉	6	〈46.43〉	6	17.35	17.67
		16	〈46.66〉	16	〈48.46〉	16	〈46.93〉	16	〈45.38〉	16	〈42.63〉	16	〈46.55〉	16	〈47.01〉	16	〈47.25〉	16	〈47.53〉	16	〈45.83〉	16	〈47.03〉	16	〈47.02〉	
		26	18.03	26	〈47.23〉	26	12.28	26	〈45.18〉	26	〈43.58〉	26	23.03	26	〈47.03〉	26	〈47.33〉	26	〈45.63〉	26	〈45.86〉	26	〈46.93〉	26	〈47.06〉	
	2013	6	〈46.46〉	6	〈46.92〉	6	〈47.39〉	6	〈47.85〉	6	22.56	6	〈39.09〉	6	〈42.14〉	6	〈40.68〉	6	〈41.99〉	6	〈40.32〉	6	〈40.60〉	6	〈40.03〉	22.41
		16	〈46.52〉	16	19.89	16	〈47.87〉	16	21.05	16	23.86	16	〈41.39〉	16	〈40.59〉	16	〈41.85〉	16	〈41.23〉	16	〈40.68〉	16	〈40.05〉	16	〈40.62〉	
		26	〈46.46〉	26	〈46.44〉	26	〈47.90〉	26	〈41.84〉	26	24.08	26	22.99	26	〈40.81〉	26	〈42.74〉	26	〈40.61〉	26	〈40.97〉	26	〈39.79〉	26	〈41.17〉	
	2014	6	〈41.07〉	6	〈40.96〉	6	21.80	6	〈43.03〉	6	〈41.87〉	6	22.97	6	23.52	6	24.45	6	24.39	6	22.53	6	20.64	6	21.20	22.84
		16	〈41.00〉	16	〈41.21〉	16	〈42.65〉	16	〈41.42〉	16	〈35.69〉	16	23.06	16	24.01	16	24.79	16	23.71	16	22.27	16	20.99	16	〈39.73〉	
		26	〈40.83〉	26	21.88	26	〈43.41〉	26	〈41.73〉	26	22.78	26	23.40	26	24.20	26	24.99	26	23.10	26	21.82	26	21.13	26	21.58	
	2015	6	21.36	6	〈38.90〉	6	〈38.36〉	6	〈38.66〉	6	20.33	6	〈40.24〉	6	〈39.00〉	6	〈41.84〉	6	25.33	6	〈40.47〉	6	〈40.43〉	6	〈40.52〉	22.42
		16	21.09	16	21.53	16	〈38.17〉	16	23.16	16	21.02	16	〈39.87〉	16	〈40.49〉	16	25.14	16	25.46	16	〈40.86〉	16	〈40.55〉	16	〈40.68〉	
		26	21.29	26	〈38.31〉	26	〈38.35〉	26	〈38.22〉	26	21.73	26	21.57	26	〈41.65〉	26	〈41.63〉	26	〈40.27〉	26	〈40.64〉	26	〈40.40〉	26	〈40.35〉	
W6	2011	6	〈38.30〉	6	〈37.79〉	6	〈38.19〉	6	〈37.72〉	6	〈34.86〉	6	〈35.58〉	6	18.51	6	〈43.07〉	6	〈42.42〉	6	〈41.81〉	6	〈42.09〉	6	〈41.97〉	18.25
		16	17.66	16	〈38.23〉	16	〈38.58〉	16	〈38.11〉	16	〈35.85〉	16	〈36.04〉	16	18.57	16	〈42.68〉	16	〈42.01〉	16	〈41.81〉	16	〈41.50〉	16	〈41.91〉	
		26	〈38.48〉	26	〈38.22〉	26	〈38.47〉	26	〈38.52〉	26	〈35.53〉	26	〈33.82〉	26	〈43.06〉	26	〈42.75〉	26	〈42.16〉	26	〈42.12〉	26	〈41.63〉	26	〈41.42〉	
	2012	6	18.02	6	17.11	6	〈40.88〉	6	〈40.16〉	6	〈41.06〉	6	〈34.31〉	6	20.01	6	20.26	6	27.76	6	26.28	6	〈39.24〉	6	16.66	21.48
		16	〈40.97〉	16	〈40.82〉	16	〈40.81〉	16	〈40.56〉	16	〈41.51〉	16	26.53	16	〈39.76〉	16	〈39.60〉	16	〈42.16〉	16	〈32.66〉	16	〈39.21〉	16	〈38.21〉	
		26	〈41.16〉	26	〈41.19〉	26	〈40.86〉	26	〈40.61〉	26	〈41.61〉	26	20.66	26	20.16	26	20.16	26	26.66	26	19.16	26	21.35	26	〈38.46〉	

续表

点号	年份	1月		2月		3月		4月		5月		6月		7月		8月		9月		10月		11月		12月		年平均
		日	水位	日	水位	日	水位	日	水位	日	水位	日	水位	日	水位	日	水位	日	水位	日	水位	日	水位	日	水位	
W6	2013	6	〈39.16〉	6	〈37.92〉	6	〈40.28〉	6	〈40.59〉	6	〈40.96〉	6	〈40.07〉	6	〈40.77〉	6	〈40.33〉	6	〈41.28〉	6	〈40.19〉	6	〈40.81〉	6	19.65	19.44
		16	〈39.16〉	16	18.65	16	〈40.61〉	16	〈42.21〉	16	〈40.92〉	16	〈40.66〉	16	〈39.78〉	16	〈41.01〉	16	〈41.05〉	16	〈40.36〉	16	19.34	16	19.69	
		26	〈39.16〉	26	〈37.64〉	26	〈38.95〉	26	〈39.87〉	26	〈41.75〉	26	〈40.34〉	26	〈39.76〉	26	〈41.50〉	26	〈40.64〉	26	〈40.75〉	26	19.38	26	19.93	
	2014	6	19.98	6	19.91	6	20.39	6	20.39	6	20.42	6	21.61	6	22.04	6	22.72	6	〈42.58〉	6	〈40.88〉	6	19.23	6	19.63	20.60
		16	19.80	16	19.97	16	20.68	16	19.94	16	20.52	16	21.70	16	22.22	16	〈42.58〉	16	〈42.15〉	16	〈40.66〉	16	19.25	16	〈42.19〉	
		26	19.71	26	20.24	26	21.06	26	20.22	26	21.25	26	21.93	26	22.26	26	〈42.85〉	26	〈41.33〉	26	〈40.36〉	26	19.01	26	20.09	
	2015	6	20.12	6	〈40.03〉	6	18.30	6	〈35.91〉	6	18.66	6	〈41.02〉	6	〈37.90〉	6	〈43.18〉	6	〈43.10〉	6	〈42.89〉	6	〈42.30〉	6	22.21	19.88
		16	19.74	16	18.83	16	〈40.14〉	16	16.85	16	〈40.32〉	16	〈40.59〉	16	〈41.11〉	16	〈43.14〉	16	〈43.18〉	16	〈43.12〉	16	22.11	16	21.98	
		26	19.90	26	18.02	26	18.62	26	〈40.11〉	26	18.78	26	〈40.31〉	26	〈42.90〉	26	〈42.91〉	26	〈42.96〉	26	〈42.74〉	26	22.28	26	21.82	
J1	2011	4		4		4		4		4		4	17.97	4	18.00	4	19.07	4	19.41	4	19.40	4	20.03	4	19.41	19.18
		14		14		14		14		14		14	17.77	14	18.23	14	19.32	14	19.19	14	19.61	14	20.22	14	19.67	
		24		24		24		24		24		24	18.06	24	18.82	24	19.50	24	19.18	24	19.83	24	20.16	24	19.84	
	2012	4	20.06	4	20.59	4	21.04	4	21.48	4	21.84	4	21.59	4	19.00	4	19.31	4	18.45	4	16.66	4	18.07	4	17.15	19.56
		14	20.21	14	20.76	14	21.20	14	21.61	14	21.96	14	21.74	14	19.07	14	18.28	14	16.94	14	16.75	14	16.40	14	19.29	
		24	20.39	24	20.91	24	21.32	24	21.62	24	22.07	24	21.63	24	19.36	24	18.41	24	16.62	24	16.93	24	17.07	24	18.48	
	2013	10	17.15	10	20.15	10	20.89	10	21.00	10	21.65	10	15.01	10	14.17	10	13.27	10	14.40	10	15.29	10	16.23	10	16.34	17.30
		20	19.29	20	20.47	20	21.03	20	21.41	20	21.76	20	14.37	20	13.95	20	13.66	20	14.70	20	16.49	20	16.17	20	16.52	
		30	18.48	30	20.77	30	20.92	30	21.52	30	18.40	30	14.92	30	13.24	30	14.01	30	15.18	30	17.05	30	16.38	30	16.71	
	2014	5	17.02	5	17.69	5	18.19	5	18.72	5	18.07	5	16.74	5	17.20	5	17.78	5	18.55	5	16.27	5	16.89	5	17.64	17.36
		15	17.24	15	17.83	15	18.26	15	18.15	15	14.69	15	16.79	15	17.37	15	17.97	15	17.21	15	16.51	15	17.20	15	17.79	
		25	17.42	25	18.01	25	18.48	25	17.94	25	14.85	25	16.98	25	17.56	25	17.92	25	16.08	25	16.68	25	17.37	25	17.98	

续表

点号	年份	1月		2月		3月		4月		5月		6月		7月		8月		9月		10月		11月		12月		年平均
		日	水位	日	水位	日	水位	日	水位	日	水位	日	水位	日	水位	日	水位	日	水位	日	水位	日	水位	日	水位	
J1	2015	5	18.18	5	18.68	5	19.15	5	18.73	5	15.35	5	17.04	5	16.75	5	13.01	5	13.32	5	13.90	5	15.16	5	15.98	16.30
		15	17.96	15	19.08	15	19.00	15	18.37	15	15.61	15	16.29	15	16.91	15	13.07	15	13.66	15	13.52	15	15.42	15	16.25	
		25	17.90	25	19.00	25	19.46	25	18.53	25	15.96	25	16.53	25	16.20	25	12.97	25	13.96	25	13.92	25	15.40	25	16.44	
W25	2012	16	16.46	16	16.01	16	21.04	16	21.99	16	21.81	16	21.66	16	22.31	16	22.46	16	21.17	16	21.83	16	21.81	16	21.75	20.86
	2013	1	21.65	1	21.56	1	21.67	1	22.01	1	23.02	1	23.26	1	22.93	1	22.77	1	23.17	1	22.13	1	21.06	1	21.70	22.24
	2014	1	21.41	1	22.16	1	21.83	1	21.56	1	21.36	1	21.68	1	23.31	1	24.96	1	23.76	1	22.37	1	20.95	1	22.38	22.31
	2015	1	19.42	1	20.91	1	20.48	1	21.01	1	19.35	1	21.48	1	22.85	1	25.66	1	25.48	1	24.79	1	23.04	1	23.09	22.30
K23	2012	4	18.17	4	18.51	4	18.80	4	18.97	4		4		4		4		4		4		4		4		18.75
		14	18.22	14	18.56	14	18.86	14	19.31	14		14		14		14		14		14		14		14		
		24	18.23	24	18.77	24	18.97	24	19.58	24		24		24		24		24		24		24		24		
K104-1#	2011	4		4		4		4		4	26.58	4	26.61	4	26.66	4	26.52	4	26.59	4	26.47	4	26.17	4	25.91	26.37
		14		14		14		14		14	26.47	14	26.67	14	26.62	14	26.49	14	26.53	14	26.32	14	26.14	14	25.85	
		24		24		24		24		24	26.44	24	26.62	24	26.60	24	26.47	24	26.34	24	26.04	24	26.03	24	25.83	
	2012	4	25.71	4	25.46	4	25.19	4	25.15	4	25.04	4	24.68	4	24.56	4	24.64	4	24.56	4	24.10	4	23.59	4	23.40	24.56
		14	25.64	14	25.29	14	25.12	14	25.06	14	25.09	14	24.73	14	24.60	14	24.49	14	24.35	14	23.73	14	23.53	14	23.18	
		24	25.49	24	25.21	24	24.84	24	25.01	24	25.07	24	24.66	24	24.69	24	24.24	24	24.22	24	23.51	24	23.42	24	23.07	
	2013	10	23.30	10	23.09	10	23.10	10	23.05	10	23.05	10	22.64	10	22.49	10	22.49	10	22.35	10	22.22	10	22.04	10		22.70
		20	23.26	20	23.12	20	23.06	20	22.99	20	22.93	20	22.87	20	22.47	20	22.52	20	22.24	20	22.29	20	22.08	20		
		30	23.20	30	23.05	30	23.08	30	22.98	30	22.84	30	22.84	30	22.53	30		30	22.20	30	22.09	30	22.02	30		
	2015	10	20.47	10	20.41	10	20.27	10	20.44	10	20.17	10	20.10	10	20.08	10	20.40	10	20.31	10	19.90	10	20.17	10	20.12	20.21
		20	20.50	20	20.38	20	20.32	20	20.32	20	20.15	20	20.14	20	20.15	20	20.19	20	20.26	20	19.95	20	20.10	20	20.13	
		30	20.44	30	20.28	30	20.37	30	20.22	30	20.08	30	20.19	30	20.28	30	20.00	30	20.19	30	19.89	30	20.13	30	20.08	

四、地下水质资料

西安市地下水质资料表

点号	年份	pH	色(度)	浑浊度(度)	臭和味	肉眼可见物	阳离子(mg/L)								阴离子(mg/L)						矿化度
							钾	钠	钙	镁	氨氮	三价铁	二价铁	锰	氯化物	硫酸盐	重碳酸盐	碳酸盐	硝酸盐	亚硝酸盐	
#23	2011	7.97					5.6	158	131	56.8	0.51	3.27		1.32	153	110	696	0	5	0.24	
	2012	8.32					5.03	160	128	56.4	0.17	0.08		0.5	149	138	713	0	6.2	0.04	
	2013	7.81					5.22	164	80.3	51.4	2.27	0.32		0.73	140	238	432	0	5.5	0.21	
	2014	7.7					8.07	149.39	85.96	44.15	0.99	<0.04		0.01	73.52	310.1	386.84	0	5.65	<0.02	106
	2015	8.05		52.5	无	有沉淀	6.1	101	105.8	47.47	0.54	<0.04		0.29	63.68	259.3	389.5	0	10.48	<0.003	984
K83-4	2011	8.07					0.82	68.9	72.1	12.2	0.17	1.43		0.34	52	26.3	339	2.49	2.27	0.016	
	2012	8.36					0.6	64.4	59	9.43	0.1	0.11		0.03	30.1	39.3	317	0	2.2	0.003	
	2013	8.2					0.1	64.3	49.91	12.14	0.35	0.02		0.01	27.66	18.52	313.26	0	0.8	<0.02	487
	2014	8.66					0.66	70.5	47.4	8.7	0.073	<0.03		<0.01	17.1	9.9	322	4	6.38	0.031	471
	2015	8.26		0.17	无	无	0.59	56	43.3	9.6	0.2	<0.04		0.06	14.62	7.41	296.7	0	2.61	<0.003	432
K79-1付	2012	8.3					1	106	13	3.3	0.07	<0.03		0.06	9.44	109	177	0	2	0.06	
	2013	7.85					1.7	148.6	115.15	54.5	0.46	0.09		<0.01	82.51	288.12	521.83	0	0.4	<0.02	121
	2014	7.75					3.11	220.4	101.64	45.84	0.84	<0.04		0.06	78.85	412.37	460.37	0	0.6	<0.02	132
	2015	7.58		38.28	无	有沉淀	2.61	147	83.69	53.03	0.45	<0.04		<0.01	76.21	262.2	433.6	0	0.7	<0.003	106
K83-1	2011	7.59					0.79	19.9	75.5	10.1	0.33	0.2		0.45	8.88	62.3	235	0	0.65	0.017	
	2012	8.4					1.36	25.1	23.2	6.5	0.07	0.84		0.02	26.6	2.6	103	12.4	1.04	0.012	
	2013	8.15					1.2	15.3	84.1	13.8	0.02	0.02		0.52	14.56	76.14	250.27	0	0.1	<0.02	456
	2014	8.25					3.42	32.4	21.5	4.8	0.084	0.12		<0.01	28	23	102	0	5.01	0.034	216
	2015	8.12		0.15	无	无	0.46	37.8	29.98	2.53	0.13	<0.04		<0.002	5.19	16.88	183	0	0.65	<0.003	277
GX2	2011	8.28					2.46	44.1	48.1	11.4	0.068	0.24		0.29	14.7	28.7	271	0	1.5	0.0051	
	2012	8.61					4.73	48.4	36	7.81	0.09	0.15		0.13	1.2	2	269	0	0.4	0.01	
	2013	8.01					3.9	38.4	22.4	7.85	0.26	0.02		<0.005	10.19	13.17	183.87	0	0.1	<0.02	280
	2014	7.86					5.44	42.43	22	4.76	0.33	<0.04		0.17	13.81	25.58	162.42	0	2.73	<0.02	280
	2015	8.17		3.87	无	少有沉淀	6.41	45.2	27.66	6.81	0.12	1.07		0.139	13.01	25.72	188.4	0	1.21	<0.003	102
K234主	2011	8.91					21.3	167	5.5	37.4	0.09	4.79		0.5	102	62.6	380	32.4	0.66	0.011	
	2012	9					11	184	7.33	66	0.1	0.17		0.05	114	104	500	34	10	0.05	
	2013	8.76					0.3	82.2	30.65	22.37	0.58	0.02		0.03	46.44	69.97	236.65	11.73	0.1	<0.02	501
	2014	8					2.21	147	42.2	89.5	0.089	<0.03		<0.01	95	140	655	0	18	0.03	119
	2015	7.97		0.67	无	无	2.34	128	44.97	82.32	0.2	<0.04		0.03	89.75	132.5	566.2	0	6.93	<0.003	105
54	2011	8.09					1.15	102	86.6	79.4	<0.02	0.066		0.1	100	122	564	0	72.3	0.0097	
	2012	8.51					1.2	110	93	92.3	0.1	<0.03		0.01	113	141	597	6.2	76	<0.002	
	2013	8.2					1.26	125	93.4	92.9	0.19	<0.03		0.01	126	154	623	5.98	91	0.01	
	2014	8.55					1.24	114	60.6	92.9	0.07	<0.03		<0.01	98	105	611	2.1	63	0.005	118
	2015	8.16		0.05	无	无	1.11	89	56.38	78.78	0.22	<0.04		<0.002	90.5	110.3	492.2	0	44.67	0.43	965

溶解性总固体(mg/L)	COD(mg/L)	可溶性SiO_2(mg/L)	硬度(以碳酸钙计,mg/L)			其他指标(mg/L)								取样时间
			总硬	暂硬	永硬	挥发酚	氰化物	氟离子	砷	六价铬	铅	镉	汞	
996	2.87	13.1	561	561	0	<0.002	<0.002	0.39	<0.0004	<0.01	0.01	<0.0002	<0.000 04	2011.09.20
1005	3.2	12	552	552	0	<0.002	<0.002	0.7	0.0008	<0.01	<0.002	<0.0002	<0.000 04	2012.09.15
855	3.04	13.8	412	354	43	<0.002	<0.002	0.55	0.001	<0.01	<0.002	<0.0002	<0.000 04	2013.09.25
865	4.85	7.13	396.7	317.07	79.63	<0.002	<0.002	0.3		<0.004	<0.005	<0.001	<0.008	2014.12.29
794	6.58	11.94	459.9	319.3	140.7	0.005	<0.001	0.54	<0.0006	<0.004	<0.005	<0.0001	<0.000 04	2015.07.07
403	0.54	16.2	230	230	0	<0.002	<0.002	0.25	0.02	<0.01	<0.002	<0.0002	<0.000 04	2011.09.20
348	0.93	16	185	185	0	<0.002	<0.002	0.33	0.025	<0.01	<0.002	<0.0002	<0.000 04	2012.09.16
346	1.15	14.2	174.69	174.69	0	<0.002	<0.002	0.4	35.279	0.003	<0.001	<0.5	<0.04	2013.08
310	0.89	16.5	154	154	0	<0.002	<0.002	0.33	0.026	<0.01	<0.002	<0.0002	<0.000 04	2014.09.11
290	1	12.35	147.7	147.7	0	<0.001	<0.001	0.38	0.0211	<0.004	<0.005	<0.0001	<0.000 04	2015.07.24
325	0.96	3.4	46	46	0	<0.002	<0.002	0.34	0.0006	<0.01	0.003	<0.0002	<0.000 04	2012.09.15
960	3.25	15.4	512.27	427.72	84.55	<0.002	<0.002	0.3	1.802	0.003	<0.001	<0.5	0.076	
1080	2.11	15.32	442.82	377.34	65.48	<0.002	<0.002	0.2	0.275	<0.004	<0.005	<0.001	<0.008	2014.12.29
848	1.75	16.1	427.6	355.4	72.25	<0.001	<0.001	0.32	0.001	<0.004	<0.005	<0.0001	<0.000 04	2015.07.07
305	0.7	15.7	230	193	37.4	<0.002	<0.002	0.13	0.0007	<0.01	<0.002	<0.0002	<0.000 04	2011.09.20
156	0.93	0.7	85	70	15	<0.002	<0.002	0.14	<0.0004	<0.01	0.003	<0.0002	<0.000 04	2012.09.16
338	2.21	10.7	266.9	205.13	61.77	<0.002	<0.002	0.2	4.804	0.003	<0.001	<0.5	<0.04	
165	2	1.5	73	73	0	<0.002	<0.002	0.11	<0.0004	<0.01	<0.002	<0.0002	<0.000 04	2014.09.11
190	0.77	16.62	85.31	85.31	0	<0.001	<0.001	0.19	0.0069	<0.004	<0.005	<0.0001	<0.000 06	2015.07.24
277	0.47	14.9	167	167	0	<0.002	<0.002	0.17	<0.0004	<0.01	<0.002	<0.0002	<0.000 04	2011.09.20
249	0.72	7.54	122	395	0	<0.002	<0.002	0.03	0.0014	<0.01	<0.002	<0.0002	<0.000 04	2012.09.14
195	2.01	7	88.3	88.3	0	<0.002	<0.002	0.2	1.802	0.003	<0.001	<0.5	<0.04	
200	1.17	4.49	74.56	74.56	0	<0.002	<0.002	0.2	1.03	<0.004	<0.005	<0.001	<0.008	2014.01.05
935	1.48	6.58	97.2	97.2	0	<0.001	<0.001	0.13	<0.0006	<0.004	0.005	<0.0001	0.002 33	2015.12.05
602	1.17	1.33	168	168	0	<0.002	<0.002	0.22	<0.0004	<0.01	0.03	<0.0002	<0.000 04	2011.09.20
765	1.2	2.51	290	289	0	<0.002	<0.002	0.75	0.001	<0.01	0.004	<0.0002	<0.000 04	2012.09.15
408	0.85	12.7	168.78	168.78	0	<0.002	<0.002	0.7	<0.75	0.003	<0.001	<0.5	<0.04	
871	0.94	15.5	474	474	0	<0.002	<0.002	0.81	<0.0004	<0.01	<0.002	<0.0002	<0.000 04	2014.09.15
777	1.17	15.09	451.7	451.7	0	<0.001	<0.001	0.9	0.0013	<0.004	<0.005	<0.0001	<0.000 04	2015.07.09
889	0.39	18.2	543	463	80.7	<0.002	<0.002	0.45	0.001	0.026	<0.002	<0.0002	<0.000 04	2011.09.20
961	0.56	11.4	611	240	0	<0.002	<0.002	0.7	0.005	0.02	<0.002	<0.0002	<0.000 04	2012.09.14
996	0.56	18.6	616	513	103	<0.002	<0.002	0.65	0.003	0.02	<0.002	<0.0002	<0.000 04	2013.09.26
876	1.71	19.4	534	501	33	<0.002	<0.002	0.45	0.0011	0.028	<0.002	<0.0002	<0.000 04	2014.09.11
720	0.59	16.89	465.7	403.4	62.3	<0.001	<0.001	0.48	0.0012	0.016	<0.005	<0.0001	<0.000 04	2015.07.24

续表

点号	年份	pH	色(度)	浑浊度(度)	臭和味	肉眼可见物	阳离子(mg/L) 钾	钠	钙	镁	氨氮	三价铁/二价铁	锰	阴离子(mg/L) 氯化物	硫酸盐	重碳酸盐	碳酸盐	硝酸盐	亚硝酸盐	矿化度
166	2011	8.11					6.1	128	86.4	55.1	14.3	2.1	1.18	62.9	203	575	0	1.87	1.65	
	2012	8.3					7.7	166	52	73	0.2	<0.03	<0.01	77	241	473	0	36.1	2	
	2014	8.24					1.1	204	41.3	82.4	0.065	0.096	<0.01	104	272	571	3.6	12	0.003	128
	2015	8.3		2.87	无	少量沉淀	2.31	347	39.14	67.67	0.25	<0.04	<0.002	170.5	290.6	695.8	15.8	0.38	<0.003	163
297	2011	7.83					7.6	118	21.9	28.9	0.18	2.95	0.37		105	4.43	354	0	0.28	0.0
	2012	8.3					0.74	117	104	31.1	0.1	0.26	0.034	90	198	407	0	7	0.004	
	2013	8.28					0.7	92.6	67.6	47.6	0.62	0.02	0.005	67.95	96.73	457.97	0	<0.1	<0.02	83
	2014	8					1.33	103	59.1	50.6	0.065	<0.03	<0.01	81	98	475	0	0.09	<0.001	89
	2015	7.97		0.05	无	无	2.1	142	85.78	62.87	0.25	<0.04	<0.002	212.7	217.3	364.3	0	2.69	<0.003	109
C136	2011	8.36					0.64	78.2	26.5	3.2	0.05	0.14	0.12	17	18.6	256	0	3.3	<0.002	
	2012	8.36					0.56	76	29.3	3.34	0.1	0.34	0.01	21.8	18.3	257	0	2.43	<0.002	
	2013	8.28					0.2	78.3	25.15	2.86	0.03	<0.02	<0.005	19.41	20.17	243.46	0	0.1	<0.02	39
	2014	8.01					0.68	88.1	27.7	3.1	0.065	0.154	<0.01	22	18	251	0	4.6	0.004	41
	2015	8.22		0.15	无	无	6.3	88	26.23	2.02	0.14	0.14	0.04	22.64	21.4	252.3	0	0.46	<0.003	42
335	2011	7.95					160	265	108	82	0.2	0.09	0.13	159	391	468	7.47	533	0.072	
	2012	7.94					108	168	61.7	49.5	0.075	<0.03	<0.01	43.5	283	572	0	82.7	0.018	
	2013	8.72					8.4	153.2	53.05	37.13	0.19	<0.02	0.005	75.71	142.83	372.85	8.38	80	<0.02	93
	2014	8.12					118	133	51.1	34.7	0.12	<0.03	<0.04	102	161	229	0	226	0.067	108
	2015	8.49		2.56	无	无	160	204	61.21	12.62	<0.1	<0.04	0.03	86.24	228	433	20.97	168.6	<0.003	137
395	2011	8.63					0.7	56.8	17	3.2	0.42	0.063	0.16	7.04	10.6	162	9.96	0.87	0.0076	
	2012	8.32					5.6	129	107	57	0.1	0.08	<0.01	102	146	588	0	68.3	0.01	
	2013	8.46					0.94	61.2	14.5	4.23	<0.02	0.07	0.02	6.99	6.67	197	5.98	1.05	0.002	
	2014	8.6					0.74	65.1	15	3.8	0.093	0.092	<0.01	8.2	8.6	194	2.7	4.2	0.002	31
	2015	7.98		0.93	无	无	0.69	56	18.74	2.02	0.12	0.11	0.06	16.55	15.64	168.8	0	0.32	<0.003	28
281	2011	8.12					0.49	53	38	4.7	0.31	0.27	0.21	31.6	49.9	177	0	1.83	<0.002	
	2012	8.26					0.53	79.4	44	7	0.11	0.11	0.11	30.1	91.2	222	0	2.62	0.004	
	2013	8.07					0.59	61.9	40.9	5.58	0.01	<0.03	0.09	27.8	47.7	218	0	1.85	0.003	
	2014	8.71					0.56	58	36.9	5.8	0.17	0.036	0.08	18	26	228	3	4.16	<0.001	37
	2015	8.24		0.5	无	无	0.55	55	39.97	6.06	0.14	0.11	0.14	25.57	37.87	198.6	0	0.12	<0.003	36
585	2011	8.09					1.38	92.4	64.4	80.4	0.08	<0.03	0.15	73.5	99.7	572	0	62.7	0.014	
	2012	8.55					1.5	149	104	114	0.1	<0.03	<0.01	156	163	562	6.2	207	0.01	
	2013	8.16					1.58	190	115	126	0.22	0.04	<0.01	236	258	477	2.98	333	0.06	
	2014	8.41					1.65	158	64.5	116	0.078	<0.03	<0.01	141	148	554	5.4	167	0.01	135
	2015	8.06		0.82	无	无	1.74	142	77.45	109.8	0.16	<0.04	<0.002	156.9	172.9	504.6	0	161.5	<0.003	132

溶解性总固体(mg/L)	COD(mg/L)	可溶性 SiO_2(mg/L)	硬度(以碳酸钙计,mg/L)			其他指标(mg/L)								取样时间
			总硬	暂硬	永硬	挥发酚	氰化物	氟离子	砷	六价铬	铅	镉	汞	
891	2.87	20.4	443	443	0	<0.002	<0.002	0.78	<0.0004	<0.01	<0.002	<0.0002	<0.000 04	2011.09.20
878	3.11	24	430	429	0	<0.002	<0.002	1.3	0.001	<0.01	<0.002	<0.0002	<0.00004	2012.09.15
998	0.94	16.8	442	442	0	<0.002	<0.002	0.8	<0.0004	<0.01	<0.002	<0.0002	<0.000 04	2012.09.15
1290	1.24	14.5	376.8	376.8	0	<0.001	<0.001	1.14	<0.0006	<0.004	<0.005	<0.0001	<0.000 04	2015.07.09
484	2.49	2.57	174	174	0	<0.002	<0.002	0.28	<0.0004	<0.01	0.008	<0.0002	<0.000 04	2011.09.20
725	0.93	18.1	388	350	38	<0.002	<0.002	0.44	0.0013	<0.01	<0.002	<0.0002	<0.000 04	2012.09.16
605	1.03	15.4	365.08	365.08	0	<0.002	<0.002	0.5	2.252	0.002	<0.001	<0.5	<0.04	
660	1.27	17.5	356	356	0	<0.002	<0.002	0.39	0.0008	<0.01	<0.002	<0.0002	<0.000 04	2014.09.11
911	1	13.32	473.5	174.9	298.6	<0.001	<0.001	0.33	0.0012	<0.004	<0.005	<0.0001	<0.000 04	2015.07.24
271	0.63	17.3	79	79	0	<0.002	<0.002	0.32	0.009	<0.01	0.01	0.0005	<0.000 04	2011.09.20
277	0.78	17.1	87	87	0	<0.002	<0.002	0.45	0.015	<0.01	<0.002	<0.0002	<0.000 04	2012.09.16
270	1.49	15.1	74.59	74.59	0	<0.002	<0.002	0.5	22.068	0.003	<0.001	<0.5	<0.04	
288	0.59	18.1	82	82	0	<0.002	<0.002	0.46	0.014	<0.01	<0.002	<0.0002	<0.000 04	2014.09.15
300	1.07	14.84	73.84	73.84	0	<0.001	<0.001	0.55	0.0125	<0.004	<0.005	<0.0001	<0.000 06	2015.07.24
1874	0.65	10.9	607	396	211	<0.002	<0.002	1.03	<0.0004	0.032	0.003	<0.0002	<0.000 04	2011.09.20
1083	0.88	11.7	358	358	0	<0.002	<0.002	1.38	0.0032	0.025	<0.002	<0.0002	<0.000 04	2012.08.31
755	1.29	9.4	285.58	285.58	0	<0.002	<0.002	1.1	4.504	0.016	<0.001	<0.5	<0.04	
970	0.94	8.3	270	188	82	<0.002	<0.002	1.32	<0.0004	0.029	<0.002	<0.0002	<0.000 04	2014.09.15
1162	1.49	10.34	204.9	204.9	0	<0.001	<0.001	0.9	0.0014	0.015	<0.005	<0.0001	<0.000 04	2015.07.20
187	1.01	13.1	56	56	0	<0.002	<0.002	0.69	0.001	<0.01	<0.002	<0.0002	<0.000 04	2011.09.20
892	0.72	18.3	502	482	0	<0.002	<0.002	0.63	0.002	0.01	<0.002	<0.0002	<0.000 04	2012.09.15
203	1.04	14.4	53.7	53.7	0	<0.002	<0.002	0.55	0.002	<0.01	<0.002	<0.0002	<0.000 04	2013.09.25
217	1.02	14.5	53	53	0	<0.002	<0.002	0.74	<0.0004	<0.01	<0.002	<0.0002	<0.000 04	2014.09.15
197	1.41	12.69	55.12	55.12	0	<0.001	<0.001	0.71	0.0007	<0.004	<0.005	<0.0001	<0.000 04	2015.07.07
269	0.54	14.8	114	114	0	<0.002	<0.002	0.16	<0.0004	<0.01	<0.002	<0.0002	<0.000 04	2011.09.20
346	0.62	16	139	138	0	<0.002	<0.002	0.13	0.001	<0.01	<0.002	<0.0002	<0.000 04	2012.09.16
282	1.2	15.6	125	125	0	<0.002	<0.002	0.16	<0.0004	<0.01	<0.002	<0.0002	<0.000 04	2013.09.26
256	1.05	16.2	116	116	0	<0.002	<0.002	0.11	<0.0004	<0.01	<0.002	<0.0002	<0.000 04	2014.09.11
267	1.08	14.37	124.8	124.8	0	<0.001	<0.001	0.25	<0.0006	<0.004	<0.005	<0.0001	<0.000 04	2015.07.09
758	0.47	18.7	492	469	22.8	<0.002	<0.002	0.62	<0.0004	0.03	<0.002	<0.0002	<0.000 04	2011.09.20
1223	0.56	12	729	228		<0.002	<0.002	0.7	0.002	0.05	<0.002	<0.0002	<0.00004	2012.09.14
1533	0.64	18.1	805	391	414	<0.002	<0.002	0.99	0.002	0.05	<0.002	<0.0002	<0.000 04	2013.09.26
1078	0.78	19.4	639	454	185	<0.002	<0.002	0.52	<0.0004	0.06	<0.002	<0.0002	<0.000 04	2014.09.12
1081	1.16	12.59	646.2	413.6	232.6	<0.001	<0.001	0.6	<0.0006	<0.004	<0.005	<0.0001	<0.000 04	2015.07.07

续表

点号	年份	pH	色(度)	浑浊度(度)	臭和味	肉眼可见物	阳离子(mg/L)								阴离子(mg/L)						矿化度
							钾	钠	钙	镁	氨氮	三价铁	二价铁	锰	氯化物	硫酸盐	重碳酸盐	碳酸盐	硝酸盐	亚硝酸盐	
J16	2011	8					1.75	27.2	70.6	12.3	<0.02	<0.03		0.11	22.1	75.1	218	0	16.9	0.17	
	2012	7.9					1.2	16.5	71.8	12.8	0	<0.03		<0.01	21.1	51.9	223	0	21.1	0	
	2013	7.92					1.65	20	75.3	12.6	0.07	<0.03		0.02	23.9	65.7	200	0	20.2	0.006	
	2014	8.2					1.93	20.5	62.5	16	0.073	<0.03		<0.01	22	46	207	0	21.1	<0.001	41
	2015	7.81		0.29	无	无	2.01	20.4	84.53	15.66	<0.1	<0.04		0.05	30.08	60.92	238.1	0	14.13	<0.003	46
E14	2012	8.79					1.12	126	29	17	0.1	0.04		<0.01	55	68	308	9.3	3	<0.002	
	2013	8.17					0.7	104.6	27.51	23.32	0.04	<0.02		0.02	50.76	68.74	313.26	0	0.4	<0.02	59
	2014	8.75					1	143	28.6	18.3	0.075	<0.03		<0.01	70	80	280	10.6	51.7	0.0016	71
	2015	8.17		0.67	无	无	1.01	135	37.47	10.61	<0.1	<0.04		<0.002	51.14	86.85	321.6	0	1.77	<0.003	64
S38	2011	7.66					2.8	66.1	178	56.4	0.015	<0.03		0.12	77	83.9	633	0	190	0.0082	
	2012	8.25					2	3	31	3	0.13	0.47		<0.01	11	16.1	75.4	0	5.1	0.003	
	2014	7.57					1.39	82.35	29.85	13.82	0.33	0.96		0.12	40.44	129.48	161.25	0	0.42	<0.02	46
	2015	8.37		318.4	无	大量沉淀	1.06	92	27.25	16.53	0.15	0.3		2.43	43.13	128.7	170.6	0	10.07	<0.003	49
N25	2011	7.79					1.6	108.5	111	26.1	0.37	16.9		3.23	409	11.9	33	0	0.82	0.017	
	2012	8.67					0.5	93	26	8.5	0.07	0.24		0.05	23.6	20.4	317	9.3	3.13	0.05	
	2013	8.07					0.2	105.8	24.37	9.76	<0.02	<0.005		0.02	23.78	43.65	308.15	0	0.4	<0.02	51
	2014	8.1					0.63	104	24	7.9	0.089	0.18		<0.01	23	29	305	0	4.98	0.2	48
	2015	8.13		1.07	无	无	0.45	99	19.15	5.05	0.16	<0.04		<0.002	26.93	26.52	257.8	0	<0.20	<0.003	43
F16	2011	8.01					3.38	93.84	171.2	53.6	0.22	5.98		1.08	160	226	511	0	42.4	0.087	
	2012	8.3					0.6	33.2	32	1	<0.02	<0.03		<0.01	1.7	8.78	176	0	1.1	<0.002	
	2013	7.67					1.08	45.6	197	81.6	0.17	<0.03		<0.01	82.3	268	555	0	160	0.34	
	2014	8.09					1.34	46.47	147.24	86.87	0.47	<0.02		0.13	74.85	264.25	510.55	0	31.99	<0.02	116
	2015	7.81		1.05	无	无	2.47	57	122.8	52.02	0.14	0.11		<0.002	64.18	272.2	294.3	0	20.54	<0.003	65.
GQ27	2011	8.12					1.5	712	73.5	207	0.049	0.1		0.079	507	779	819	41.5	325	0.083	
	2012	7.63					1.03	613	73.2	246	0.11	0.08		<0.01	507	898	826	0	230	0.027	
	2013	7.99					1.29	57.5	38.8	35.3	0.12	<0.03		<0.01	13.8	10.4	425	0	9.26	0.02	
	2014	8.67					4.37	367.19	68.5	132.68	0.1	<0.02		<0.002	283.43	564.18	561.07	36.17	37.9	<0.02	205
	2015	8.23		0.05	无	无	9.5	706	66.21	254.3	0.15	<0.04		<0.002	569.2	1204	947.1	0	107.2	<0.003	386
GQ17	2011	7.87					2.58	9.42	61.2	12.7	<0.02	0.11		0.068	4.74	45.5	178	0	19.2	0.72	
	2012	7.58					2.35	8.14	59.2	9.1	<0.02	<0.03		<0.01	4.1	83.9	119	0	13.1	0.04	
	2013	8.16					2	7.6	40.7	6.18	0.05	<0.03		<0.01	2.84	44	125	0	7.74	<0.002	
	2014	7.36					1.56	5.82	36.79	6.41	0.09	<0.02		<0.002	3.4	41.98	98.27	0	8.75	<0.02	20
	2015	8.2		0.15	无	无	1.7	4.1	40.8	5.05	<0.1	<0.04		<0.002	3.01	34.16	112.4	0	5.7	<0.003	20
K104	2011	7.57					3.31	131	179	85.6	0.082	6.25		0.44	168	421	572	0	1.44	0.024	
	2012	8.13					2.56	147	155	113	0.14	<0.03		<0.01	166	416	669	0	9.54	0.032	
	2013	7.93					2.2	170.7	113.97	111.15	0.39	<0.02		<0.005	152.88	374.56	612.3	0	30	<0.02	156
	2014	8.15					0.6	50.6	35.6	3.5	0.12	<0.03		<0.01	5.84	2.89	249	0	6.17	0.013	35
	2015	8.23		1.15	无	无	0.94	43	33.5	2.78	0.18	<0.04		<0.002	5.19	5.35	189	15.47	3.24	<0.003	29

溶解性总固体(mg/L)	COD(mg/L)	可溶性SiO_2(mg/L)	硬度(以碳酸钙计,mg/L)			其他指标(mg/L)								取样时间
			总硬	暂硬	永硬	挥发酚	氰化物	氟离子	砷	六价铬	铅	镉	汞	
321	0.55	14.1	227	179	48.1	<0.002	<0.002	0.38	<0.0004	<0.01	<0.002	<0.0002	<0.000 04	2011.09.20
293	0.65	14.3	232	183	49	<0.002	<0.002	0.25	<0.0004	<0.01	<0.002	<0.0002	<0.000 04	2012.09.10
329	0.5	13.9	240	164	76	<0.002	<0.002	0.26	<0.0004	<0.01	<0.002	<0.0002	<0.000 04	2013.08.23
309	0.39	15.7	222	170	52	<0.002	<0.002	0.23	<0.0004	<0.01	<0.002	<0.0002	<0.000 04	2014.09.12
346	2.26	14.52	195.2	195.2	0	<0.001	<0.001	0.29	<0.0006	<0.004	<0.005	<0.0001	<0.000 04	2015.07.07
454	0.8	10	142	129	0	<0.002	<0.002	1.3	0.0071	<0.01	<0.002	<0.0002	<0.000 04	2012.09.14
430	1.68	14.8	164.86	164.86	0	<0.002	<0.002	1.4	9.308	0.008	<0.001	<0.5	<0.04	
575	0.48	17.5	147	147	0	<0.002	<0.002	0.16	0.0052	<0.01	<0.002	<0.0002	<0.000 04	2014.09.12
490	1.04	15.92	137.3	137.3	0	<0.001	<0.001	1.01	0.0046	<0.004	<0.005	<0.0001	<0.000 06	2015.07.20
1000	0.47	22.8	677	519	157.6	<0.002	<0.002	0.27	<0.0004	0.01	0.005	<0.0002	<0.000 04	2011.09.20
110	1.44	11	87	343	15	<0.002	<0.002	0.1	<0.0004	<0.01	<0.002	<0.0002	<0.000 04	2012.09.14
380	4.51	4.32	131.52	131.52	0	<0.002	<0.002	0.3	0.12	<0.004	<0.005	<0.001	<0.008	2014.01.05
410	4	15.64	136	136	0	<0.001	<0.001	0.42	<0.0006	0.004	<0.005	<0.0001	0.000 06	2015.08.27
685	0.7	0.72	385	27	357.6	<0.002	<0.002	0.39	<0.0004	<0.01	0.04	<0.0002	<0.000 04	2011.09.20
333	1.12	16	100	100	0	<0.002	<0.002	0.58	0.014	<0.01	<0.002	<0.0002	<0.000 04	2012.09.15
375	1.29	13.9	101.1	101.1	0	<0.002	<0.002	0.6	16.964	0.002	<0.001	<0.5	2013.08	
335	1.33	15.9	92	92	0	<0.002	<0.002	0.66	0.013	<0.01	<0.002	<0.0002	<0.000 04	2014.09.15
310	1.6	10.9	68.64	68.64	0	<0.001	<0.001	1.24	0.009	<0.004	<0.005	<0.0001	<0.000 04	2015.07.07
1069	0.72	14	648	419	229	<0.002	<0.002	0.52	0.006	<0.01	0.013	<0.0002	<0.000 04	2011.09.20
171	0.71	18	84	83	49	<0.002	<0.002	0.11	0.02	<0.01	<0.02	<0.0002	<0.000 04	2012.08.31
1156	1.04	19.5	828	455	373	<0.002	<0.002	0.6	0.0008	<0.01	<0.002	<0.0002	<0.000 04	2013.09.04
910	3.17	16.37	725.88	418.47	307.41	<0.001	<0.001	0.6	0.371	<0.004	<0.005	<0.001	0.06	2014.11.03
510	0.93	16.22	521.1	241.2	279.9	<0.001	<0.001	0.22	<0.0006	<0.004	<0.005	<0.0001	0.000 05	2015.07.14
2993	1.05	9.5	1036	741	295	<0.002	<0.002	1.56	<0.0004	0.06	0.003	<0.0002	<0.000 04	2011.09.20
3018	1.2	10.9	1196	677	518.5	<0.002	<0.002	1.91	0.0052	0.044	<0.002	<0.0002	<0.000 04	2012.08.31
372	0.88	13.6	242	242	0	<0.002	<0.002	1.95	0.003	0.02	<0.002	<0.0002	<0.000 04	2013.09.16
1790	1.82	10.64	718.17	520.16	198.01	0.003	<0.001	1.5	1.025	0.01	<0.005	<0.001	0.036	2014.10.23
3400	1.46	10.47	1214	437.9	776.3	<0.001	<0.001	1.87	0.0029	0.065	<0.005	<0.0001	<0.000 04	2015.07.26
257	0.64	7.94	205	146	59.2	<0.002	<0.002	0.06	<0.0004	<0.01	0.004	<0.0002	<0.000 04	2011.09.20
245	0.55	9.8	185	98	87.1	<0.002	<0.002	0.2	0.0006 5	<0.01	<0.002	<0.0002	<0.000 04	2012.09.04
174	0.8	9.23	127	103	24	<0.002	<0.002	0.15	0.0004	<0.01	<0.002	<0.0002	<0.000 04	2013.09.04
160	0.82	6.93	118.3	80.55	37.75	<0.001	<0.001	0.2	0.447	<0.004	<0.005	<0.001	0.035	2014.10.23
150	0.64	10.12	122.7	92.13	30.57	<0.001	<0.001	0.07	<0.0006	<0.004	<0.005	<0.0001	<0.000 06	2015.07.14
1321	0.7	14	800	469	330.4	<0.002	<0.002	0.35	<0.0004	<0.01	0.026	<0.0002	<0.00004	2011.09.20
1419	1.1	16	852	549	305	<0.002	<0.002	0.45	0.002	<0.01	<0.002	<0.0002	<0.00004	2012.09.16
1216	2.25	10.6	742.92	501.87	241.05	<0.002	<0.002	0.5	1.351	0.004	<0.001	<0.5	<0.04	
232	1.54	16.7	103	103	0	<0.002	<0.002	0.13	0.017	<0.01	<0.002	<0.0002	<0.00004	2014.09.11
210	1.25	14.18	95.13	95.13	0	<0.001	<0.001	0.19	0.0083	<0.004	<0.005	<0.0001	<0.00004	2015.7.24

续表

点号	年份	pH	色(度)	浑浊度(度)	臭和味	肉眼可见物	阳离子(mg/L)								阴离子(mg/L)						矿 度
							钾	钠	钙	镁	氨氮	三价铁	二价铁	锰	氯化物	硫酸盐	重碳酸盐	碳酸盐	硝酸盐	亚硝酸盐	
K234付	2011	8.63					4.19	131	9.1	32.9	1.21	8.32		0.51	122	133	157	9.96	0.53	0.014	
	2012	8.62					3.6	166	19	31	0.14	0.06		0.03	148	138	225	16	4	0.08	
	2013	8.25					1.5	117.9	58.56	85.68	0.4	0.02		<0.005	94.15	118.54	578.85	0	15	<0.02	10
	2014	8.61					0.43	99.6	13.5	4.4	0.069	<0.03		<0.01	21	11	248	5.4	6.97	<0.001	4
	2015	8.24		0.33	无	无	1.91	43	28.31	52.27	0.16	<0.04		<0.002	26.57	53.92	337.6	0	6.51	<0.003	5
K376	2011	8.19					2.12	73	100	27	<0.02	<0.03		0.13	57.9	68.4	433	0	46.7	0.0051	
	2012	8.31					2.2	86	110	26	0.13	0.1		<0.01	68	95	443	0	43	0.005	
	2013	7.85					1.8	70.5	103.75	31.18	0.09	<0.02		<0.005	66	84.79	423.92	0	25	<0.02	8
	2014	8.1					2.34	84.3	76.3	31.9	0.076	<0.03		<0.01	69	80	374	0	53	0.004	7
	2015	7.83		1.05	无	无	2.25	80	89.52	32.32	<0.1	<0.04		<0.002	72.7	81.09	362.5	0	50.86	<0.003	13
K394	2011	8.01					0.54	88.4	58.7	13	0.45	0.12		0.29	47	71.4	311	0	1.88	0.41	
	2012	8.4					0.51	92.3	64	12.1	0.1	0.08		0.14	47.4	75	336	3.1	8	0.003	
	2013						0.2	79.7	56.99	12.73	0.69	<0.02		0.008	41.73	55.44	309.86	0	0.1	<0.02	5
	2014	8.1					0.72	94.95	54.58	12.24	0.75	<0.04		0.01	41.39	83.55	316.5	0	0.81	<0.02	6
	2015	8.18		0.27	无	无	0.6	80	53.3	11.11	0.12	<0.04		<0.002	41.11	60.51	288.6	0	0.74	<0.003	5
K395	2011	7.89					9.89	120	110	56.8	0.098	10.7		1.08	110	129	554	0	32.2	0.0087	
	2012	8.45					0.6	62.4	12.3	3.8	0.07	<0.03		<0.01	8.61	10.9	182	9.3	2.66	<0.002	
	2013	7.98					3.4	128.4	75.06	67.59	0.39	0.05		<0.005	109.4	156.82	495.43	0	50	<0.02	10
	2014	7.8					21.7	134	82.5	66.3	0.1	<0.03		<0.01	116	139	586	0	70	0.938	12
	2015	7.87		0.11	无	无	2.16	171	75.78	67.42	0.15	<0.04		<0.002	128.9	183.9	546	0	19.05	<0.003	11
K413	2011	8.05					1.31	85.2	58.7	40	0.027	<0.03		0.12	22.9	71.3	504	0	5.6	0.013	
	2012	8.05					1.31	92.7	49.6	40.5	0.053	<0.03		<0.01	27.3	74.3	459	0	7.77	0.004	
	2013	8.14					1.07	76.8	50.8	35.3	0.14	<0.03		<0.01	27.2	68.2	413	0	3.27	0.01	
	2014	8.6					1.52	69.3	37.4	35.6	0.07	<0.03		<0.01	26	33	382	2.7	1.82	0.004	5
	2015	8.46		0.36	无	无	1.01	58	40.81	37.37	0.19	<0.04		<0.002	25.07	38.69	330.1	13.98	1.43	<0.003	12
E10	2011	8.08					1.51	95.2	90.6	44.3	<0.02	<0.03		0.12	72	81.4	468	0	79.7	0.0082	
	2013	7.89					1.57	113	92.3	44	0.03	<0.03		<0.01	87.2	120	425	0	97.2	0.02	
	2014	8.17					1.61	110	55.5	45.2	0.078	<0.03		<0.01	73.5	74.2	409	0	69.8	<0.001	8
	2015	8.11		0.21	无	无	1.64	96	84.11	39.9	0.15	<0.04		<0.002	72.7	84.79	416.7	0	51.62	<0.003	8
C172	2011	8.23					1.24	122	37.6	22.4	0.035	<0.03		0.12	61.1	101	312	0	9.5	0.0058	
	2012	8.68					1.4	127	45	23.3	0.1	<0.03		<0.01	61	114	361	3.1	8.9	0.014	
	2013	8.05					1.2	102.4	44.41	43.32	0.2	0.2		<0.005	61.64	114.84	371.15	0	3	<0.02	7
	2014	8.57					1.46	146	43.7	30.4	0.078	<0.03		<0.01	102	147	316	1.5	3.06	0.007	7
	2015	8.27		0.24	无	无	1.52	123	41.72	33.08	0.33	<0.04		<0.002	56.66	105.8	360.7	0	8.55	<0.003	7
W22	2011	8.54					1.06	117	60.6	35.9	<0.02	0.05		0.42	92.4	114	387	4.98	0.66	0.25	
	2012	8.3					1	120	63.4	36.4	0.12	0.04		0.18	93.7	115	408	0	6.24	0.02	

溶解性总固体(mg/L)	COD(mg/L)	可溶性SiO_2(mg/L)	硬度(以碳酸钙计,mg/L)			其他指标(mg/L)								取样时间
			总硬	暂硬	永硬	挥发酚	氰化物	氟离子	砷	六价铬	铅	镉	汞	
519	0.78	1.27	158	145	12.8	<0.002	<0.002	0.17	<0.0004	<0.01	0.07	<0.0002	<0.000 04	2011.09.20
613	1	0.7	175	160	8	<0.002	<0.002	0.42	0.0008	<0.01	<0.002	<0.0002	<0.000 04	2012.09.15
800	1.38	12.8	499.54	474.45	25.08	<0.002	<0.002	0.9	2.552	0.003	<0.001	<0.5	<0.04	
298	1.22	15.4	52	52	0	<0.002	<0.002	0.89	0.011	<0.01	<0.002	<0.0002	<0.000 04	2014.09.15
386	0.96	10.45	286.2	276.7	9.52	<0.001	<0.001	1.45	<0.0006	<0.004	<0.005	<0.0001	<0.000 04	2015.07.09
567	0.47	23.6	361	355	5.8	<0.002	<0.002	0.16	<0.0004	0.045	<0.002	<0.0002	<0.000 04	2011.09.20
669	0.64	11	382	128	18.8	<0.002	<0.002	0.4	0.0011	<0.01	<0.002	<0.0002	<0.000 04	2012.09.14
595	0.65	20.9	387.64	347.46	40.17	<<0.002	<0.002	0.3	2.702	0.035	<0.001	<0.5	<0.04	
576	0.4	24.3	322	306	16	<0.002	<0.002	0.14	0.0052	<0.01	<0.002	<0.0002	<0.000 04	2014.09.12
1182	1.08	22.3	356.9	297.1	59.76	<0.001	<0.001	0.16	<0.0006	0.04	<0.005	<0.0001	<0.000 06	2015.07.20
456	0.62	15.6	200	200	0	<0.002	<0.002	0.41	0.02	<0.01	<0.002	<0.0002	<0.000 04	2011.09.20
443	0.96	16.1	210	208	0	<0.002	<0.002	0.7	0.018	<0.01	<0.002	<0.0002	<0.000 04	2012.09.15
406	1.48	13.8	194.8	194.8	0	<0.002	<0.002	0.6	26.722	0.002	<0.001	<0.05	0.008	
555	1.24	12.7	186.76	186.76	0	<0.002	<0.002	0.3	9.405	<0.004	<0.005	<0.001	0.009	2014.12.29
395	1.15	13.74	178.9	178.9	0	<0.001	<0.001	0.6	0.0022	<0.004	<0.005	<0.0001	<0.000 04	2015.07.09
857	0.54	23	509	454	54.2	<0.002	<0.002	0.37	<0.0004	<0.01	0.07	<0.0002	<0.000 04	2011.09.20
192	1.04	14	47	46.2	0	<0.002	<0.002	0.81	0.002	<0.01	<0.002	<0.0002	<0.000 04	2012.09.15
850	1.63	15.3	466.14	406.08	60.06	<0.002	<0.002	0.4	1.351	0.017	<0.001	<0.5	<0.04	
978	1.02	19.8	479	479	0	<0.002	<0.002	0.34	<0.0004	<0.01	<0.002	<0.0002	<0.000 04	2014.09.15
927	0.9	14.24	467.2	447.5	19.71	<0.001	<0.001	0.63	<0.0006	<0.004	<0.005	<0.0001	<0.000 04	2015.07.09
512	0.55	13	311	311	0	<0.002	<0.002	0.76	<0.0004	0.01	<0.002	<0.0002	<0.000 04	2011.09.20
517	0.72	13	291	291	0	<0.002	<0.002	1.28	0.0019	<0.01	<0.002	<0.0002	<0.000 04	2012.08.31
445	0.48	11.8	272	272	0	<0.002	<0.002	0.91	0.0006	<0.01	<0.002	<0.0002	<0.000 04	2013.08.23
403	0.59	12.9	240	240	0	<0.002	<0.002	0.92	<0.0004	<0.01	<0.002	<0.0002	<0.000 04	2014.09.12
1041	0.96	11.14	256.1	256.1	0	<0.001	<0.001	0.71	<0.0006	<0.004	<0.005	<0.0001	<0.000 04	2015.07.20
702	0.47	19.7	409	384	24.8	<0.002	<0.002	0.45	<0.0004	0.071	<0.002	<0.0002	<0.000 04	2011.09.20
762	0.48	18.8	412	349	63	<0.002	<0.002	0.42	0.0006	0.06	<0.002	<0.0002	<0.000 04	2013.09.26
622	0.43	22	325	325	0	<0.002	<0.002	0.36	<0.0004	0.058	<0.002	<0.0002	<0.000 04	2014.09.12
644	0.74	18.9	374.6	341.5	33.03	<0.001	<0.001	0.48	0.0007	<0.004	<0.005	<0.0001	<0.000 04	2015.07.07
528	0.47	18.1	186	186	0	<0.002	<0.002	0.5	0.004	0.03	<0.002	<0.0002	<0.000 04	2011.09.20
574	0.56	9.1	208	497	194	<0.002	<0.002	0.6	0.0088	0.04	<0.002	<0.0002	<0.000 04	2012.09.14
560	1.54	15.6	289.53	289.53	0	<0.002	<0.002	0.5	6.756	0.011	<0.001	<0.5	<0.04	
610	0.39	19.8	234	230	4	<0.002	<0.002	2.74	0.0049	0.018	<0.002	<0.0002	<0.000 04	2014.09.12
550	1.23	17.87	240.6	240.6	0	<0.001	<0.001	0.32	0.0041	0.017	<0.005	<0.0001	<0.000 06	2015.07.20
643	0.93	14.6	299	299	0	<0.002	<0.002	0.41	<0.0004	<0.01	<0.002	<0.0002	<0.000 04	2011.09.20
630	1	15.5	308	308	0	<0.002	<0.002	0.85	0.0008	<0.01	<0.002	<0.0002	<0.000 04	2012.09.15

续表

点号	年份	pH	色(度)	浑浊度(度)	臭和味	肉眼可见物	阳离子(mg/L)								阴离子(mg/L)						矿度
							钾	钠	钙	镁	氨氮	三价铁	二价铁	锰	氯化物	硫酸盐	重碳酸盐	碳酸盐	硝酸盐	亚硝酸盐	
W22	2013	8.4					1.06	127	61.8	36.7	0.07	<0.03		0.05	107	141	374	5.98	1.5	<0.002	
	2014	8.4					1.25	114.26	49.49	55.74	0.23	<0.04		0.15	172.99	111.54	309.3	0	1.13	<0.02	81
	2015	8.35		0.52	无	无	1.11	103	44.97	27.78	0.12	<0.04		0.05	74.71	111.5	276.1	6.23	0.25	<0.003	64
K34	2011	7.97					1.03	97	60.9	59.9	<0.02	0.099		0.14	71.3	78	488	0	41.7	0.003	
	2012	8.3					1.5	62	90	27	0.1	<0.03		<0.01	56	56	399	0	22	<0.002	
	2013	7.65					2.22	134	59	53.4	0.06	0.07		0.03	60.7	229	416	0	15.9	0.02	
	2014	8.38					1.55	80	61.3	38.9	0.077	<0.03		<0.01	77	73	320	3	33	0.007	71
	2015	7.76		1.02	无	无	2.07	77	84.11	39.39	0.13	<0.04		<0.002	86.02	65.04	361	0	66.7	<0.003	77
K733付	2011	8.14					0.96	20	80.5	10.2	0.44	0.26		0.43	10.5	79.6	228	0	0.54	<0.002	
	2012	8.31					0.86	21	88	10.3	0.06	0.05		0.37	15.1	101	204	0	3.1	<0.002	
	2013	7.55					2.7	12.2	89.78	13.33	0.09	0.06		0.08	9.71	98.78	228.14	0	0.1	<0.02	45
	2014	8.11					4	16.9	89.7	10.4	0.11	<0.03		0.07	14	76	260	0	4.9	0.025	49
	2015	8.23		1.38	无	无	0.65	17.3	72.45	14.64	0.74	0.15		0.8	12.26	70.38	243.4	0	1.12	<0.003	43

溶解性总固体(mg/L)	COD(mg/L)	可溶性 SiO_2(mg/L)	硬度(以碳酸钙计,mg/L)			其他指标(mg/L)								取样时间
			总硬	暂硬	永硬	挥发酚	氰化物	氟离子	砷	六价铬	铅	镉	汞	
672	0.72	15.8	305	305	0	<0.002	<0.002	0.4	0.0008	<0.01	<0.002	<0.0002	<0.000 04	2013.09.25
655	0.44	12.02	353.43	253.52	99.91	<0.002	<0.002	0.4	0.117	<0.004	<0.005	<0.001	<0.008	2014.12.29
511	0.64	13.05	226.8	226.8	0	<0.001	<0.001	0.6	<0.0006	<0.004	<0.005	<0.0001	<0.000 04	2015.07.07
630	0.39	17	399	399	0	<0.002	<0.002	0.69	0.0007	0.037	<0.002	<0.0002	<0.000 04	2011.09.20
520	0.56	18	336	327	17	<0.002	<0.002	0.5	0.001	0.03	<0.002	<0.0002	<0.000 04	2012.09.15
796	0.88	14.2	367	341	26.4	<0.002	<0.002	0.87	0.003	<0.01	<0.002	<0.0002	<0.000 04	2013.09.16
555	1.22	18.1	313	265	48	<0.002	<0.002	0.45	0.00047	0.042	<0.002	<0.0002	<0.000 04	2014.09.15
600	0.72	13.14	372.5	287.7	84.76	<0.001	<0.001	0.41	<0.0006	<0.004	<0.005	<0.0001	<0.000 04	2015.07.07
314	0.7	15.6	243	187	56	<0.002	<0.002	0.12	<0.0004	<0.01	<0.002	<0.0002	<0.000 04	2011.09.20
341	0.93	16.2	262	204	58	<0.002	<0.002	0.3	0.001	<0.01	<0.002	<0.0002	<0.000 04	2012.09.16
358	4	11.5	279.15	186.99	92.16	<0.002	<0.002	0.4	1.802	0.004	<0.001	<0.5	<0.001	
360	1.93	15.2	267	242	25	<0.002	<0.002	0.33	<0.0004	<0.01	<0.002	<0.0002	<0.000 04	2014.09.11
320	1.11	16.19	241.3	199.5	41.82	<0.001	<0.001	0.26	0.003	<0.004	<0.005	<0.0001	<0.000 04	

第二章　咸　阳　市

一、监测点基本情况

咸阳市位于关中盆地中部，是陕西省以纺织、电子、机械等工业为主的中等工业城市。地下水是城市主要供水源之一。2013 年咸阳市区地下水供水量 $0.26\times10^{8}m^{3}$，占总城市供水量的 60%。

咸阳市地下水动态监测从 1985 年开始，监测区东以烟王村一长兴村东一线为界，南依西安市，西部与兴平市接壤，北部以高干渠为界，面积大约 $160km^{2}$。本年鉴收录 2011—2015 年监测数据，其中水位监测点 44 个，水质监测点 20 个。

二、监测点基本信息表

（一）地下水位监测点基本信息表

地下水位监测点基本信息表

序号	点号	位置	地面高程(m)	孔深(m)	地下水类型	地貌单元	页码
1	41	启蒙工贸公司南	392.72	28.30	潜水	二级阶地	83
2	GQ18	乾县薛录中学门口西南	548.00	33.00	潜水	黄土塬	84
3	GQ20	礼泉县药王洞乡东仪门村	509.00	30.00	潜水	黄土塬	85
4	GQ26	武功县水利局院内	447.70	109.71	潜水	二级阶地	85
5	19	西北橡胶厂水源地	395.54	185.00	承压水	二级阶地	86
6	46	陕西第二毛纺织厂	393.66	176.74	承压水	二级阶地	88
7	49	自来水公司(市水司 9#)	386.27	175.00	承压水	一级阶地	89
8	32	彩管总厂水源地	392.71	300.11	承压水	二级阶地	90
9	X23	西北电力建设局第四工程公司	379.73	200.30	承压水	高漫滩	92
10	GQ25	兴平市秦岭电气公司	439.70	197.74	承压水	二级阶地	93
11	36	陶瓷建材分厂南	397.72	36.00	潜水	二级阶地	95
12	51	自来水公司(市水司 6#)	386.20	88.88	潜水	一级阶地	95
13	336	渭城区李家崖南	384.97	35.00	潜水	一级阶地	96
14	522	古渡公园	383.75	34.50	潜水	一级阶地	97
15	A18	西郊给水工程筹建处水源地	391.51	53.00	潜水	一级阶地	98
16	A20	渭城区周陵乡苏家寨村	430.12	90.00	潜水	二级阶地	98
17	A67	秦都区茂陵镇南	396.18	36.90	潜水	二级阶地	99

续表

序号	点号	位置	地面高程(m)	孔深(m)	地下水类型	地貌单元	页码
18	X28	秦都区渭滨乡宗家庄	393.35	70.00	潜水	二级阶地	100
19	26-1	彩管总厂水源地	392.04	230.66	承压水	二级阶地	100
20	74-2	纺织机械厂	387.88	70.00	潜水	一级阶地	101
21	116	肉联厂	383.90	120.00	承压水	一级阶地	101
22	173	秦都区茂陵焊轨队	\	164.00	承压水	二级阶地	102
23	457	陕西玻璃厂	\	248.18	承压水	一级阶地	102
24	505	制氧厂	387.85	150.00	承压水	一级阶地	103
25	557	秦都区古渡西铁第四工程处	422.16	146.77	承压水	三级阶地	104
26	X2	秦都区渭滨乡宗家庄	393.72	192.00	承压水	二级阶地	105
27	13-1	西北橡胶厂西里村供水站	394.69	287.48	承压水	二级阶地	105
28	58	自来水公司	390.76	299.00	承压水	一级阶地	106
29	84-1	印染厂	389.39	337.00	承压水	一级阶地	107
30	105-1	绒布印染厂	385.68	300.00	承压水	一级阶地	107
31	448	铁二十局第三工程处	420.52	261.00	承压水	三级阶地	108
32	C4	西郊供水工程筹建处	391.51	260.00	承压水	一级阶地	109
33	20	西北橡胶厂北	394.06	35.00	潜水	二级阶地	110
34	282-1	秦都区渭滨乡柏李村	394.22	36.30	潜水	二级阶地	110
35	98	陕西第八棉纺织厂	388.67	95.00	潜水	一级阶地	110
36	510	秦都区沣西镇陕广三台东	386.94	35.30	潜水	一级阶地	111
37	515	秦都区沣西镇东堡子村东	385.79	32.00	潜水	一级阶地	111
38	516-1	秦都区沣西镇郭村	385.46	31.50	潜水	一级阶地	112
39	X30	渭城区省建十一公司预制厂	380.698	61.66	潜水	高漫滩	112
40	72-1	渭滨公园	387.61	192.00	承压水	一级阶地	113
41	78	省机械研究所	389.83	210.00	承压水	二级阶地	113
42	209	西北橡胶厂生产区	395.54	187.78	承压水	二级阶地	114
43	B5	西郊给水工程筹建处水源地	392.51	140.00	承压水	一级阶地	114
44	X6	秦都区沣西中学	386.36	264.90	承压水	一级阶地	115

(二)地下水质监测点基本信息表

地下水质监测点基本信息表

序号	点号	位置	地下水类型	页码
1	36	陶瓷建材分厂南	潜水	116
2	41	启蒙工贸公司南	潜水	116
3	51	自来水公司(市水司6#)	潜水	116
4	336	渭城区李家崖南	潜水	116
5	GQ18	乾县薛录中学门口西南	潜水	116
6	GQ20	礼泉县药王洞乡东仪门村	潜水	116
7	46	陕西第二毛纺织厂	承压水	116
8	A6	西郊给水工程筹建处南营村北	潜水	118
9	505	制氧厂	承压水	118
10	19-2	西北橡胶厂水源地	承压水	118
11	C4	西郊供水工程筹建处	承压水	118
12	26	彩管总厂水源地	承压水	118
13	84-1	印染厂	承压水	118
14	49	自来水公司(市水司9#)	承压水	118
15	173	秦都区茂陵焊轨队	承压水	118
16	457	陕西玻璃厂	承压水	120
17	X23	西北电力建设局第四工程公司	承压水	120
18	GQ26	武功县水利局院内	潜水	120
19	32	彩管总厂水源地	承压水	120
20	GQ25	兴平市秦岭电气公司	承压水	120

三、地下水位资料

咸阳市地下水位资料表

水位单位：m

点号	年份	1月		2月		3月		4月		5月		6月		7月		8月		9月		10月		11月		12月		年平均
		日	水位	日	水位	日	水位	日	水位	日	水位	日	水位	日	水位	日	水位	日	水位	日	水位	日	水位	日	水位	
41	2011	6	15.72	6	15.91	6	15.99	6	16.19	6	16.45	6	14.95	6	16.70	6	16.63	6	16.63	6	16.03	6	14.98	6	14.31	15.85
		10	15.75	10	15.95	10	16.00	10	16.24	10	16.49	10	15.77	10	16.68	10	16.66	10	16.62	10	15.93	10	14.87	10	14.26	
		16	15.77	16	15.98	16	16.01	16	16.29	16	16.53	16	16.33	16	16.60	16	16.69	16	16.49	16	15.81	16	14.73	16	14.18	
		20	15.79	20	16.00	20	16.06	20	16.32	20	16.51	20	16.75	20	16.55	20	16.72	20	16.37	20	15.69	20	14.57	20	14.12	
		26	15.83	26	16.02	26	16.11	26	16.37	26	14.73	26	16.73	26	16.58	26	16.69	26	16.25	26	15.42	26	14.48	26	14.03	
		30	15.87	28	16.00	30	16.15	30	16.41	30	14.22	30	16.71	30	16.61	30	15.66	30	16.14	30	15.11	30	14.39	30	14.01	
	2012	6	13.95	6	13.66	6	13.62	6	13.74	6	13.88	6	14.24	6	14.36	6	14.69	6	14.76	6	14.88	6	14.69	6		14.24
		10	13.85	10	13.63	10	13.65	10	13.76	10	13.95	10	14.25	10	14.43	10	14.70	10	14.78	10	14.87	10	14.56	10		
		16	13.81	16	13.60	16	13.67	16	13.77	16	14.02	16	14.26	16	14.50	16	14.70	16	14.81	16	14.86	16	14.42	16		
		20	13.75	20	13.56	20	13.69	20	13.79	20	14.09	20	14.27	20	14.56	20	14.71	20	14.84	20	14.85	20	14.28	20		
		26	13.72	26	13.58	26	13.71	26	13.81	26	14.17	26	14.28	26	14.63	26	14.72	26	14.89	26	14.85	26	14.69	26		
		30	13.69	29	13.60	30	13.73	30	13.85	30	14.23	30	14.29	30	14.69	30	14.73	30	14.89	30	14.74	30	14.37	30		
	2013	6	16.53	6	16.57	6	16.78	6	16.68	6	16.18	6	16.56	6	16.31	6	16.53	6	16.83	6	16.24	6	16.62	6	16.27	16.52
		10	16.75	10	16.79	10	16.98	10	16.49	10	16.38	10	16.63	10	16.34	10	16.54	10	16.94	10	16.31	10	16.50	10	16.21	
		16	16.38	16	16.32	16	16.74	16	16.89	16	16.35	16	16.64	16	16.34	16	16.63	16	16.93	16	16.12	16	16.58	16	16.32	
		20	16.49	20	16.42	20	16.74	20	16.84	20	16.01	20	16.62	20	16.21	20	16.65	20	16.84	20	16.29	20	16.69	20	16.35	
		26	16.34	26	16.31	26	16.89	26	16.81	26	15.99	26	16.61	26	16.44	26	16.43	26	16.85	26	16.34	26	16.53	26	16.38	
		30	16.59	28	16.63	30	16.91	30	16.43	30	16.03	30	16.62	30	16.42	30	16.45	30	16.84	30	16.38	30	16.48	30	16.41	
	2014	6	16.34	6	16.46	6	16.87	6	16.53	6	16.73	6	16.83	6	16.78	6	17.68	6	16.53	6	16.34	6	16.29	6	16.34	16.63
		10	16.29	10	16.52	10	16.81	10	16.72	10	16.68	10	16.79	10	16.91	10	17.42	10	16.38	10	16.08	10	16.35	10	16.27	
		16	16.38	16	16.58	16	16.83	16	16.38	16	16.70	16	16.86	16	17.13	16	17.47	16	16.13	16	16.12	16	16.43	16	16.31	

续表

点号	年份	1月		2月		3月		4月		5月		6月		7月		8月		9月		10月		11月		12月		年平均
		日	水位	日	水位	日	水位	日	水位	日	水位	日	水位	日	水位	日	水位	日	水位	日	水位	日	水位	日	水位	
41	2014	20	16.53	20	16.53	20	16.87	20	16.46	20	16.65	20	16.91	20	17.54	20	17.34	20	15.97	20	16.15	20	16.39	20	16.25	16.63
		26	16.49	26	16.51	26	16.85	26	16.61	26	16.79	26	16.89	26	17.92	26	17.16	26	15.92	26	16.02	26	16.30	26	16.38	
		30	16.56	28	16.52	30	16.87	30	16.57	30	16.64	30	16.93	30	18.12	30	17.13	30	15.87	30	16.15	30	16.32	30	16.30	
	2015	6	16.81	6	16.86	6	16.68	6	16.45	6	16.43	6	16.40	6	16.19	6	16.19	6	16.12	6	16.22	6	16.35	6	16.39	16.11
		10	16.84	10	16.74	10	16.73	10	16.49	10	16.45	10	16.35	10	16.17	10	16.15	10	16.08	10	16.23	10	16.41	10	16.37	
		16	16.89	16	16.78	16	16.57	16	16.44	16	16.42	16	16.36	16	16.17	16	16.14	16	16.07	16	16.27	16	16.38	16	16.37	
		20	16.88	20	16.80	20	16.58	20	16.42	20	16.41	20	16.34	20	16.12	20	16.12	20	16.12	20	16.29	20	16.39	20	16.35	
		26	16.90	26	16.74	26	16.53	26	16.45	26	16.43	26	16.30	26	16.15	26	16.14	26	16.14	26	16.24	26	16.43	26	16.34	
		30	16.92	28	16.73	30	16.49	30	16.40	30	16.45	30	16.25	30	16.17	30	16.15	30	16.18	30	16.30	30	16.44	30	16.32	
GQ18	2011	5	12.20	12	12.22	5	12.22	5	12.10	5	12.20	5	12.10	5	12.10	5	12.20	5	12.22	5	12.20	5	12.19	5	12.17	12.20
		15	12.22	15	12.21	15	12.20	15	12.22	15	12.20	15	12.20	15	12.20	15	12.10	15	12.35	15	12.21	15	12.21	15	12.18	
		25	12.22	25	12.23	25	12.22	25	12.10	25	12.20	25	12.22	25	12.22	25	12.20	25	12.45	25	12.19	25	12.19	25	12.19	
	2012	5	12.21	5	12.22	5	12.21	5	12.10	5	12.22	5	12.12	5	12.19	5	12.25	5	12.24	5		5		5		12.22
		15	12.22	15	12.21	15	12.22	15	12.20	15	12.20	15	12.20	15	12.24	15	12.28	15	12.26	15		15		15		
		25	12.20	25	12.23	25	12.24	25	12.25	25	12.21	25	12.22	25	12.22	25	12.23	25	12.25	25		25		25		
	2013	5	12.20	5	12.22	5	12.24	5	12.10	5	12.13	5	12.12	5	12.20	5	12.20	5	12.23	5	14.90	5	14.92	5	14.93	12.88
		15	12.21	15	12.21	15	12.22	15	12.22	15	12.12	15	12.20	15	12.22	15	12.22	15	12.12	15	14.93	15	14.91	15	14.92	
		25	12.23	25	12.23	25	12.24	25	12.15	25	12.10	25	12.18	25	12.30	25	12.23	25	12.24	25	14.91	25	14.93	25	14.90	
	2014	5	14.92	5	14.92	5	14.88	5	14.91	5	14.90	5	14.88	5	14.91	5	14.88	5	14.88	5	14.86	5	14.88	5	14.91	14.88
		15	14.91	15	14.92	15	14.89	15	14.88	15	14.89	15	14.85	15	14.87	15	14.86	15	14.86	15	14.89	15	14.85	15	14.85	
		25	14.92	25	14.89	25	14.90	25	14.89	25	14.91	25	14.86	25	14.85	25	14.85	25	14.85	25	14.88	25	14.90	25	14.90	

续表

点号	年份	1月		2月		3月		4月		5月		6月		7月		8月		9月		10月		11月		12月		年平均
		日	水位	日	水位	日	水位	日	水位	日	水位	日	水位	日	水位	日	水位	日	水位	日	水位	日	水位	日	水位	
GQ18	2015	5	14.83	5	15.03	5	14.94	5	14.90	5	14.83	5	14.80	5	14.70	5	14.72	5	14.64	5	14.75	5	14.88	5	14.87	14.82
		15	14.87	15	14.98	15	14.93	15	14.88	15	14.81	15	14.75	15	14.68	15	14.66	15	14.68	15	14.86	15	14.85	15	14.90	
		25	14.90	25	14.96	25	14.91	25	14.85	25	14.82	25	14.72	25	14.71	25	14.62	25	14.72	25	14.91	25	14.86	25	14.91	
GQ20	2011	5	13.35	5	13.32	5	13.35	5	14.18	5	14.41	5	14.21	5	14.20	5	14.50	5	14.30	5	13.48	5	13.32	5	13.20	13.81
		15	13.35	15	13.35	15	13.52	15	14.35	15	14.35	15	14.20	15	14.42	15	14.45	15	14.00	15	13.40	15	13.26	15	13.15	
		25	13.34	25	13.35	25	13.85	25	14.35	25	14.30	25	14.20	25	14.53	25	14.40	25	13.60	25	13.37	25	13.23	25	13.12	
	2012	5	13.06	5	13.02	5	12.92	5	13.20	5	13.40	5	13.42	5	14.00	5	14.00	5	14.00	5		5		5		13.45
		15	13.01	15	12.95	15	12.87	15	13.20	15	13.40	15	13.52	15	13.90	15	14.20	15	13.89	15		15		15		
		25	12.98	25	12.90	25	12.84	25	13.38	25	13.40	25	14.10	25	13.81	25	14.10	25	13.80	25		25		25		
	2013	5	13.35	5	13.36	5	13.25	5	14.30	5	14.28	5	14.15	5	14.42	5	14.35	5	14.60	5	14.70	5	14.60	5	14.50	14.19
		15	13.40	15	13.30	15	13.52	15	14.25	15	14.35	15	14.10	15	14.50	15	14.32	15	14.70	15	14.70	15	14.56	15	14.46	
		25	13.40	25	13.26	25	14.30	25	14.25	25	14.25	25	14.27	25	14.35	25	14.32	25	14.70	25	14.65	25	14.50	25	14.54	
	2014	5	14.69	5	14.52	5	14.35	5	15.00	5	14.90	5	14.90	5	15.58	5	16.05	5	15.70	5	15.46	5	15.60	5	15.63	15.22
		15	14.65	15	14.48	15	14.35	15	15.10	15	14.85	15	15.25	15	16.10	15	15.85	15	15.60	15	15.53	15	15.58	15	15.68	
		25	14.60	25	14.40	25	14.38	25	14.95	25	14.85	25	15.58	25	15.70	25	15.75	25	15.48	25	15.59	25	15.61	25	15.70	
	2015	5	15.65	5	15.59	5	15.49	5	15.54	5	15.52	5	15.48	5	15.42	5	15.42	5	15.39	5	15.55	5	15.58	5	15.53	15.51
		15	15.66	15	15.55	15	15.52	15	15.52	15	15.50	15	15.45	15	15.45	15	15.38	15	15.42	15	15.60	15	15.59	15	15.52	
		25	15.54	25	15.48	25	15.55	25	15.53	25	15.49	25	15.40	25	15.48	25	15.35	25	15.47	25	15.61	25	15.55	25	15.50	
GQ26	2011	5	19.09	5	19.13	5	19.13	5	18.95	5	18.99	5	18.95	5	18.96	5	18.91	5	18.90	5	18.90	5	18.86	5	18.78	18.95
		15	19.15	15	19.18	15	18.92	15	18.90	15	18.93	15	19.20	15	18.93	15	18.88	15	18.86	15	18.95	15	18.87	15	18.82	
		25	19.17	25	19.21	25	18.88	25	18.94	25	18.97	25	19.27	25	18.95	25	18.93	25	18.13	25	18.88	25	18.83	25	18.78	

续表

点号	年份	1月		2月		3月		4月		5月		6月		7月		8月		9月		10月		11月		12月		年平均
		日	水位	日	水位	日	水位	日	水位	日	水位	日	水位	日	水位	日	水位	日	水位	日	水位	日	水位	日	水位	
GQ26	2012	5	19.05	5	19.13	5	19.09	5	19.15	5	19.18	5	19.15	5	19.15	5	19.18	5	19.10	5		5		5		19.12
		15	19.15	15	19.16	15	19.12	15	19.17	15	19.15	15	19.23	15	19.18	15	19.10	15	18.58	15		15		15		
		25	19.13	25	19.19	25	19.07	25	19.11	25	19.20	25	19.26	25	19.23	25	19.00	25	19.07	25		25		25		
	2013	5	19.30	5	19.28	5	19.30	5	19.42	5	19.65	5	19.70	5	19.85	5	19.86	5		5	20.30	5	20.32	5	20.15	19.73
		15	19.34	15	19.31	15	19.35	15	19.45	15	19.60	15	19.74	15	19.65	15	19.80	15		15	20.21	15	20.25	15	20.15	
		25	19.31	25	19.33	25	19.32	25	19.56	25	19.68	25	19.80	25	19.70	25	19.82	25		25	20.32	25	20.20	25	20.10	
	2014	5	20.50	5	20.48	5	20.52	5	20.45	5	20.25	5	20.45	5	20.30	5	20.10	5	20.05	5	21.50	5	21.30	5	21.20	20.58
		15	20.56	15	20.51	15	20.47	15	20.36	15	20.35	15	20.41	15	20.20	15	20.05	15	20.10	15	21.50	15	21.30	15	21.20	
		25	20.52	25	20.53	25	20.48	25	20.32	25	20.43	25	20.43	25	20.10	25	20.00	25	20.00	25	21.40	25	21.30	25	21.15	
	2015	5	21.10	5	21.08	5	21.10	5	21.09	5	21.05	5	21.00	5	20.87	5	20.82	5	20.81	5	20.90	5	20.96	5	20.90	20.97
		15	21.13	15	21.06	15	21.12	15	21.11	15	21.03	15	20.95	15	20.86	15	20.82	15	20.85	15	20.93	15	20.98	15	20.91	
		25	21.11	25	21.09	25	21.08	25	21.07	25	21.03	25	20.91	25	20.84	25	20.80	25	20.84	25	20.99	25	20.97	25	20.88	
19	2011	6	15.80	6	15.86	6	15.87	6	15.86	6	15.95	6	15.83	6	16.04	6	16.02	6	15.94	6	15.81	6	15.41	6	15.11	15.74
		10	15.79	10	15.88	10	15.85	10	15.88	10	15.97	10	15.94	10	16.06	10	16.00	10	15.96	10	15.77	10	15.44	10	15.03	
		16	15.77	16	15.91	16	15.84	16	15.87	16	15.98	16	15.98	16	16.07	16	15.98	16	15.93	16	15.74	16	15.37	16	14.95	
		20	15.79	20	15.90	20	15.86	20	15.89	20	16.00	20	16.03	20	16.08	20	15.96	20	15.89	20	15.72	20	15.32	20	14.91	
		26	15.81	26	15.89	26	15.85	26	15.91	26	14.09	26	16.04	26	16.06	26	15.94	26	15.86	26	15.64	26	15.24	26	14.82	
		30	15.83	29	15.88	30	15.86	30	15.93	30	15.75	30	16.05	30	16.04	30	15.93	30	15.84	30	15.59	30	15.18	30	14.76	
	2012	6	14.69	6	14.33	6	13.96	6	13.77	6	13.87	6	14.31	6	15.05	6	14.39	6	14.47	6	14.59	6	14.41	6		14.38
		10	14.61	10	14.28	10	13.89	10	13.75	10	13.94	10	14.46	10	14.85	10	14.40	10	14.51	10	14.55	10	14.37	10		
		16	14.57	16	18.22	16	13.84	16	13.77	16	13.99	16	14.51	16	14.73	16	14.41	16	14.54	16	14.52	16	14.33	16		

续表

点号	年份	1月日	1月水位	2月日	2月水位	3月日	3月水位	4月日	4月水位	5月日	5月水位	6月日	6月水位	7月日	7月水位	8月日	8月水位	9月日	9月水位	10月日	10月水位	11月日	11月水位	12月日	12月水位	年平均
19	2012	20	14.49	20	14.14	20	13.77	20	13.81	20	14.03	20	14.77	20	14.62	20	14.42	20	14.56	20	14.51	20	14.29	20		14.38
		26	14.42	26	14.08	26	13.84	26	13.82	26	14.09	26	14.92	26	14.49	26	14.43	26	14.59	26	14.49	26	14.41	26		
		30	14.37	28	14.02	30	13.73	30	13.83	30	14.14	30	15.08	30	14.38	30	14.44	30	14.62	30	14.46	30	14.21	30		
	2013	6	18.28	6	18.33	6	18.56	6	18.42	6	18.21	6	18.48	6	18.49	6	18.43	6	19.16	6	18.83	6	18.56	6	18.42	18.55
		10	18.19	10	18.23	10	18.86	10	18.14	10	18.52	10	18.43	10	18.39	10	18.43	10	19.46	10	18.92	10	18.93	10	18.37	
		16	18.36	16	18.35	16	18.39	16	18.69	16	18.48	16	18.54	16	18.41	16	18.72	16	19.45	16	18.71	16	18.43	16	18.46	
		20	18.25	20	18.17	20	18.41	20	18.71	20	17.94	20	18.53	20	19.39	20	18.74	20	19.44	20	18.73	20	18.51	20	18.36	
		26	18.34	26	18.31	26	18.83	26	18.66	26	18.51	26	18.42	26	18.40	26	18.14	26	19.17	26	18.94	26	18.48	26	18.38	
		30	18.36	28	18.32	30	18.31	30	18.17	30	17.96	30	18.44	30	18.57	30	18.76	30	19.15	30	18.96	30	18.58	30	18.45	
	2014	6	18.47	6	18.56	6	18.76	6	18.23	6	18.31	6	18.35	6	18.63	6	19.58	6	18.97	6	18.27	6	18.62	6	18.38	18.60
		10	18.52	10	18.51	10	18.68	10	18.31	10	18.36	10	18.41	10	18.91	10	19.26	10	18.86	10	18.16	10	18.59	10	18.41	
		16	18.39	16	18.47	16	18.72	16	18.41	16	18.42	16	18.38	16	19.16	16	19.37	16	18.72	16	18.07	16	18.67	16	18.49	
		20	18.45	20	18.52	20	18.64	20	18.27	20	18.37	20	18.43	20	19.42	20	19.18	20	18.64	20	18.12	20	18.48	20	18.35	
		26	18.51	26	18.58	26	18.70	26	18.30	26	18.35	26	18.45	26	19.86	26	19.24	26	18.38	26	18.21	26	18.51	26	18.34	
		30	18.51	28	18.54	30	18.78	30	18.28	30	18.39	30	18.40	30	20.12	30	19.26	30	18.16	30	18.15	30	18.61	30	18.36	
	2015	6	18.61	6	18.84	6	18.52	6	18.38	6	18.38	6	18.32	6	18.20	6	18.15	6	18.07	6	18.20	6	18.28	6	18.22	18.33
		10	18.63	10	18.78	10	18.48	10	18.36	10	18.35	10	18.33	10	18.18	10	18.12	10	18.12	10	18.22	10	18.31	10	18.23	
		16	18.65	16	18.80	16	18.46	16	18.37	16	18.36	16	18.28	16	18.17	16	18.11	16	18.11	16	18.21	16	18.33	16	18.21	
		20	18.73	20	18.72	20	18.41	20	18.39	20	18.34	20	18.25	20	18.19	20	18.05	20	18.16	20	18.25	20	18.29	20	18.26	
		26	18.81	26	18.76	26	18.34	26	18.37	26	18.32	26	18.23	26	18.16	26	18.09	26	18.12	26	18.23	26	18.26	26	18.25	
		30	18.83	28	18.63	30	18.39	30	18.35	30	18.30	30	18.22	30	18.14	30	18.04	30	18.13	30	18.27	30	18.25	30	18.22	

续表

点号	年份	1月		2月		3月		4月		5月		6月		7月		8月		9月		10月		11月		12月		年平均
		日	水位	日	水位	日	水位	日	水位	日	水位	日	水位	日	水位	日	水位	日	水位	日	水位	日	水位	日	水位	
46	2011	5	27.81	5	27.93	5	28.09	5	28.24	5	28.32	5	28.34	5	27.97	5	28.10	5	28.09	5	27.64	5	27.09	5	26.31	27.77
		10	27.83	10	27.95	10	28.14	10	28.26	10	28.33	10	28.35	10	27.99	10	28.13	10	28.08	10	27.61	10	26.95	10	26.16	
		15	27.84	15	27.97	15	28.18	15	28.27	15	28.35	15	28.36	15	28.01	15	28.15	15	27.99	15	27.57	15	26.84	15	26.01	
		20	27.86	20	28.01	20	28.20	20	28.28	20	28.25	20	27.92	20	28.02	20	28.18	20	27.87	20	27.46	20	26.76	20	25.85	
		25	27.89	25	29.04	25	28.21	25	28.29	25	28.13	25	27.93	25	28.06	25	28.08	25	27.76	25	27.31	25	26.64	25	25.96	
		30	27.91	28	28.07	30	28.23	30	28.31	30	28.25	30	27.95	30	28.07	30	28.10	30	27.68	30	27.17	30	26.45	30	26.10	
	2012	5	26.06	5	21.76	5	26.01	5		5	20.45	5	21.18	5	25.84	5	26.19	5	21.97	5	26.27	5	26.31	5		25.35
		10	26.37	10	26.06	10	26.09	10		10	25.05	10	25.68	10	25.89	10	26.25	10	26.41	10	26.25	10	26.28	10		
		15	26.52	15	25.91	15	26.18	15		15	25.19	15	25.70	15	25.95	15	26.31	15	26.37	15	26.23	15	26.35	15		
		20	26.64	20	25.75	20	26.27	20		20	25.34	20	24.72	20	26.01	20	26.37	20	26.34	20	26.21	20	26.41	20		
		25	26.51	25	25.84	25		25		25	21.01	25	21.28	25	21.61	25	21.95	25	21.84	25	26.19	25	26.22	25		
		30	26.38	29	25.92	30		30	24.87	30	25.62	30	25.78	30	26.14	30	26.47	30	26.28	30	26.16	30	26.54	30		
	2013	5	22.12	5	22.17	5	22.49	5	23.74	5	22.20	5	23.86	5	23.42	5	21.93	5	23.06	5	21.43	5	20.98	5	23.51	22.58
		10	22.04	10	22.66	10	22.41	10	23.66	10	22.09	10	23.91	10	23.30	10	21.92	10	22.96	10	21.51	10	21.06	10	23.43	
		15	22.23	15	22.19	15	22.28	15	23.81	15	22.11	15	23.89	15	23.57	15	21.83	15	23.16	15	21.34	15	20.93	15	23.53	
		20	22.07	20	22.01	20	22.36	20	23.83	20	22.25	20	23.81	20	23.51	20	21.84	20	22.97	20	21.49	20	21.13	20	23.56	
		25	22.26	25	22.31	25	22.42	25	23.65	25	22.32	25	23.82	25	23.34	25	22.03	25	23.15	25	21.38	25	21.45	25	23.41	
		30	22.27	28	22.21	30	22.26	30	23.69	30	22.08	30	23.92	30	23.33	30	22.04	30	23.14	30	21.56	30	20.94	30	23.53	
	2014	5	23.48	5	22.13	5	22.24	5	22.26	5	22.31	5	22.29	5	23.89	5	24.16	5	23.36	5	23.26	5	22.39	5	22.38	22.76
		10	23.43	10	22.21	10	22.16	10	22.13	10	22.26	10	22.32	10	23.94	10	24.08	10	23.24	10	23.18	10	22.28	10	22.31	
		15	23.35	15	21.98	15	22.28	15	22.21	15	22.38	15	22.35	15	24.03	15	24.02	15	23.18	15	23.18	15	22.39	15	22.28	

续表

点号	年份	1月		2月		3月		4月		5月		6月		7月		8月		9月		10月		11月		12月		年平均
		日	水位	日	水位	日	水位	日	水位	日	水位	日	水位	日	水位	日	水位	日	水位	日	水位	日	水位	日	水位	
46	2014	20	23.42	20	22.08	20	22.20	20	22.12	20	22.23	20	22.38	20	24.09	20	23.96	20	21.96	20	23.16	20	22.31	20	22.34	22.76
		25	23.51	25	22.08	25	22.18	25	22.21	25	22.34	25	22.34	25	24.16	25	23.92	25	21.89	25	23.29	25	22.24	25	22.30	
		30	23.49	29	22.26	30	22.28	30	22.18	30	22.35	30	22.29	30	24.28	30	23.98	30	21.83	30	23.29	30	22.16	30	22.36	
	2015	5	22.31	5	22.52	5	22.14	5	22.11	5	22.06	5	22.06	5	21.00	5	20.82	5	20.75	5	20.81	5	20.68	5	20.63	21.43
		10	22.34	10	22.48	10	22.18	10	22.08	10	22.05	10	22.03	10	20.97	10	20.81	10	20.77	10	20.78	10	20.67	10	20.61	
		15	22.29	15	22.56	15	22.16	15	22.06	15	22.04	15	22.00	15	20.95	15	20.80	15	20.81	15	20.77	15	20.65	15	20.60	
		20	22.38	20	22.57	20	22.11	20	22.09	20	22.03	20	21.08	20	20.93	20	20.83	20	20.82	20	20.74	20	20.64	20	20.59	
		25	22.41	25	22.50	25	22.07	25	22.07	25	22.07	25	21.05	25	20.90	25	20.76	25	20.80	25	20.77	25	20.66	25	20.59	
		30	22.48	28	22.32	30	22.13	30	22.05	30	22.09	30	21.02	30	20.89	30	20.72	30	20.83	30	20.70	30	20.68	30	20.56	
49	2011	5	44.93	5	44.79	5	22.96	5	22.79	5	23.28	5	22.27	5	22.33	5	22.37	5	21.25	5	19.95	5	20.97	5	20.95	22.00
		10	44.91	10	25.08	10	22.64	10	22.90	10	23.35	10	22.04	10	22.30	10	22.31	10	21.06	10	20.34	10	21.48	10	20.37	
		15	44.90	15	24.60	15	22.35	15	22.98	15	23.45	15	22.19	15	22.24	15	22.39	15	20.85	15	19.61	15	22.03	15	19.93	
		20	44.95	20	24.44	20	22.46	20	23.07	20	23.42	20	22.53	20	22.28	20	22.41	20	20.58	20	19.32	20	22.50	20	19.50	
		25	44.94	25	24.29	25	22.57	25	23.13	25	22.70	25	22.48	25	22.35	25	21.59	25	20.41	25	19.87	25	21.95	25	19.86	
		30	44.97	28	24.19	30	22.68	30	23.20	30	22.45	30	22.38	30	22.28	30	21.40	30	20.14	30	20.49	30	21.46	30	20.29	
	2012	5	20.73	5	21.03	5	20.49	5	20.53	5	20.10	5	23.01	5	22.92	5	22.71	5	23.34	5	23.03	5	22.15	5		22.01
		10	21.15	10	20.66	10	20.70	10	20.34	10	20.65	10	22.91	10	22.86	10	22.84	10	23.30	10	22.85	10	22.53	10		
		15	21.56	15	20.34	15	20.89	15	20.15	15	21.21	15	22.93	15	22.77	15	22.98	15	23.27	15	22.69	15	20.88	15		
		20	21.98	20	19.98	20	27.08	20	19.95	20	21.79	20	22.95	20	22.70	20	23.11	20	23.24	20	22.53	20	22.86	20		
		25	21.68	25	20.15	25	20.90	25	19.74	25	22.33	25	22.97	25	22.64	25	23.24	25	23.21	25	22.38	25	22.37	25		
		30	21.37	29	20.30	30	20.71	30	19.54	30	22.87	30	22.99	30	22.58	30	23.37	30	23.18	30	22.20	30	23.18	30		

续表

点号	年份	1月		2月		3月		4月		5月		6月		7月		8月		9月		10月		11月		12月		年平均
		日	水位	日	水位	日	水位	日	水位	日	水位	日	水位	日	水位	日	水位	日	水位	日	水位	日	水位	日	水位	
49	2013	5	24.67	5	24.68	5	24.49	5	24.32	5	25.68	5	24.36	5	21.58	5	22.09	5	26.64	5	24.73	5	23.45	5	21.64	23.91
		10	25.59	10	25.66	10	24.99	10	23.84	10	22.29	10	24.85	10	21.09	10	22.92	10	25.64	10	24.87	10	23.12	10	21.78	
		15	25.38	15	25.34	15	24.88	15	24.74	15	25.28	15	24.87	15	22.09	15	23.40	15	26.63	15	24.61	15	22.98	15	21.42	
		20	25.44	20	25.37	20	24.34	20	24.73	20	25.27	20	23.87	20	21.07	20	23.41	20	25.63	20	24.36	20	23.56	20	21.86	
		25	23.72	25	23.84	25	24.27	25	23.91	25	25.14	25	23.88	25	21.13	25	22.40	25	26.13	25	24.91	25	22.12	25	23.41	
		30	23.69	28	23.57	30	23.73	30	23.94	30	25.21	30	23.91	30	21.14	30	22.41	30	25.61	30	24.45	30	22.01	30	21.61	
	2014	5	21.64	5	26.21	5	26.33	5	26.86	5	22.31	5	27.13	5	25.12	5	21.58	5	22.41	5	26.87	5	26.38	5	26.08	24.62
		10	21.32	10	26.18	10	26.12	10	26.13	10	22.26	10	26.93	10	25.34	10	21.72	10	21.03	10	25.96	10	25.82	10	25.34	
		15	21.73	15	26.38	15	25.98	15	25.97	15	22.38	15	27.06	15	25.86	15	21.13	15	21.12	15	26.12	15	26.07	15	26.12	
		20	21.52	20	26.13	20	26.24	20	26.23	20	22.23	20	27.13	20	25.91	20	21.26	20	21.10	20	25.83	20	26.21	20	25.83	
		25	21.83	25	21.32	25	26.03	25	25.91	25	22.34	25	27.13	25	26.78	25	21.08	25	21.06	25	25.92	25	25.92	25	25.56	
		30	21.61	29	25.92	30	26.18	30	26.41	30	22.35	30	27.41	30	26.86	30	21.42	30	21.02	30	26.23	30	25.73	30	25.94	
	2015	5	24.08	5	24.72	5	23.92	5	23.85	5	23.80	5	23.76	5	23.58	5	23.42	5	23.50	5	23.54	5	23.43	5	23.40	23.76
		10	24.16	10	24.70	10	23.86	10	23.84	10	23.78	10	23.71	10	23.55	10	23.43	10	23.48	10	23.55	10	23.42	10	23.41	
		15	24.32	15	24.87	15	24.18	15	23.85	15	23.79	15	23.73	15	23.50	15	23.46	15	23.52	15	23.56	15	23.45	15	23.44	
		20	24.53	20	24.82	20	23.88	20	23.84	20	23.81	20	23.65	20	23.49	20	23.47	20	23.52	20	23.51	20	23.46	20	23.43	
		25	24.71	25	24.80	25	23.87	25	23.82	25	23.82	25	23.61	25	23.46	25	23.50	25	23.55	25	23.48	25	23.41	25	23.40	
		30	24.86	28	23.97	30	23.87	30	23.81	30	23.79	30	23.61	30	23.48	30	23.52	30	23.56	30	23.41	30	23.40	30	23.38	
32	2011	6	25.02	6	25.39	2	24.30	6	24.03	6	24.23	6	24.01	6	23.99	6	23.97	6	24.04	6	21.90	6	21.68	6	21.90	23.61
		10	24.59	10	25.41	10	24.02	10	24.10	10	24.25	10	23.95	10	23.92	10	24.03	10	24.03	10	21.84	10	21.69	10	21.97	
		16	25.28	16	25.44	16	23.74	16	24.16	16	24.27	16	24.03	16	23.86	16	24.07	16	23.43	16	21.73	16	21.70	16	22.02	

续表

点号	年份	1月		2月		3月		4月		5月		6月		7月		8月		9月		10月		11月		12月		年平均
		日	水位	日	水位	日	水位	日	水位	日	水位	日	水位	日	水位	日	水位	日	水位	日	水位	日	水位	日	水位	
32	2011	20	25.32	20	25.16	20	24.32	20	24.17	20	24.09	20	24.13	20	23.78	20	24.12	20	22.91	20	21.63	20	21.71	20	22.09	23.61
		26	25.33	26	24.88	26	23.88	26	24.20	26	24.06	26	24.08	26	23.84	26	24.08	26	22.33	26	21.64	26	21.78	26	22.21	
		30	25.36	28	24.58	30	23.96	30	24.21	30	24.03	30	24.04	30	23.91	30	24.06	30	22.02	30	21.66	30	21.84	30	22.32	
	2012	6	22.49	6	22.01	6	21.15	6	21.33	6	21.27	6	22.42	6	22.52	6	23.29	6	22.79	6	23.30	6	22.79	6		22.00
		10	22.57	10	21.74	10	21.26	10	21.27	10	21.51	10	22.41	10	22.71	10	23.16	10	22.92	10	23.17	10	22.66	10		
		16	22.80	16	21.33	16	21.37	16	21.21	16	21.73	16	22.40	16	22.88	16	23.04	16	23.05	16	23.08	16	22.52	16		
		20	22.82	20	20.88	20	21.48	20	1.15	20	21.96	20	22.39	20	23.04	20	22.91	20	23.17	20	23.00	20	22.40	20		
		26	22.54	26	20.97	26	21.43	26	21.10	26	22.19	26	22.38	26	23.22	26	22.79	26	23.32	26	22.99	26	22.79	26		
		30	22.28	29	21.07	30	21.39	30	21.03	30	22.43	30	22.37	30	23.41	30	22.66	30	23.44	30	22.72	30	22.29	30		
	2013	6	24.12	6	24.08	6	23.82	6	23.73	6	23.45	6	23.92	6	23.65	6	23.65	6	23.72	6	24.36	6	22.53	6	23.53	23.73
		10	24.31	10	24.37	10	23.84	10	23.64	10	23.54	10	23.97	10	23.57	10	23.66	10	23.74	10	24.29	10	22.58	10	23.47	
		16	24.33	16	24.34	16	23.91	16	23.81	16	23.56	16	23.98	16	23.75	16	23.55	16	23.81	16	24.47	16	22.46	16	23.56	
		20	23.97	20	23.86	20	23.75	20	23.84	20	23.37	20	23.86	20	23.75	20	23.56	20	23.73	20	24.31	20	22.41	20	23.51	
		26	24.17	26	24.09	26	23.77	26	23.82	26	23.34	26	23.88	26	23.76	26	23.45	26	23.82	26	24.45	26	22.59	26	23.58	
		30	24.31	28	24.34	30	23.73	30	23.65	30	23.36	30	23.87	30	23.75	30	23.47	30	23.84	30	24.43	30	22.46	30	23.50	
	2014	6	23.57	6	22.62	6	23.83	6	23.12	6	23.56	6	23.64	6	24.06	6	24.13	6	23.87	6	23.28	6	23.38	6	23.50	23.53
		10	23.51	10	22.58	10	23.80	10	23.24	10	23.51	10	23.61	10	23.28	10	24.08	10	23.74	10	23.31	10	23.40	10	23.97	
		16	23.48	16	22.65	16	23.76	16	23.18	16	23.47	16	23.58	16	23.59	16	24.16	16	23.61	16	23.29	16	24.37	16	23.54	
		20	23.56	20	22.54	20	23.86	20	23.26	20	23.43	20	23.67	20	23.96	20	24.13	20	23.48	20	23.21	20	23.42	20	23.58	
		26	23.59	26	22.65	26	23.80	26	23.18	26	23.48	26	23.60	26	24.35	26	24.02	26	23.34	26	23.34	26	23.27	26	23.61	
		30	23.54	29	22.56	30	23.89	30	23.06	30	23.54	30	23.69	30	24.86	30	24.10	30	23.10	30	23.30	30		30	23.50	

续表

点号	年份	1月		2月		3月		4月		5月		6月		7月		8月		9月		10月		11月		12月		年平均
		日	水位	日	水位	日	水位	日	水位	日	水位	日	水位	日	水位	日	水位	日	水位	日	水位	日	水位	日	水位	
32	2015	6	23.68	6		6	23.27	6	22.64	6	22.27	6	22.74	6	23.15	6	24.02	6	23.91	6	22.89	6	22.95	6	24.02	23.37
		10	24.09	10	23.99	10	23.56	10	22.57	10	22.51	10	22.84	10	23.24	10	23.88	10	23.69	10	22.98	10	22.91	10	24.05	
		16	24.19	16	24.00	16	23.89	16	22.58	16	22.65	16	23.14	16	23.28	16	23.77	16	23.38	16	23.13	16	23.21	16	24.21	
		20	23.99	20	23.40	20	23.28	20	22.55	20	22.68	20	23.40	20	23.45	20	23.76	20	23.13	20	23.16	20	23.63	20	24.33	
		26	24.07	26	22.81	26	22.90	26	22.47	26	22.65	26	23.16	26	23.48	26	23.74	26	23.20	26	23.12	26	23.80	26	24.41	
		30	24.12	28		30	22.74	30	22.61	30	22.84	30	23.01	30	24.06	30	24.01	30	23.25	30	23.04	30	24.00	30	24.37	
X23	2011	4	20.65	4	20.51	4	19.79	4	19.65	4	19.88	4	20.04	4	20.81	4	21.06	4	20.78	4	19.66	4	19.41	4	19.47	20.11
		10	20.67	10	20.46	10	19.63	10	19.70	10	19.92	10	20.08	10	21.00	10	21.09	10	20.59	10	19.60	10	19.37	10	19.56	
		14	20.69	14	20.41	14	19.47	14	19.74	14	19.95	14	20.11	14	21.28	14	20.99	14	20.33	14	19.57	14	19.31	14	19.59	
		20	20.64	20	20.26	20	19.52	20	19.76	20	19.97	20	20.41	20	21.35	20	20.97	20	20.12	20	19.55	20	19.26	20	19.64	
		24	20.60	24	20.10	24	19.56	24	19.80	24	19.96	24	20.53	24	21.19	24	20.85	24	19.87	24	19.49	24	19.32	24	19.57	
		30	20.56	28	20.04	30	19.61	30	19.84	30	20.01	30	20.66	30	21.22	30	20.72	30	19.73	30	19.44	30	19.39	30	19.45	
	2012	4	19.36	4	18.92	4	19.23	4	19.97	4	20.50	4	20.88	4	20.99	4	21.62	4	21.87	4	21.04	4	21.71	4		20.54
		10	19.24	10	18.86	10	19.37	10	20.06	10	20.60	10	20.89	10	21.13	10	21.70	10	21.71	10	21.00	10	20.71	10		
		14	19.14	14	18.83	14	19.52	14	19.99	14	20.67	14	20.90	14	21.23	14	21.78	14	21.55	14	20.97	14	21.23	14		
		20	19.06	20	18.80	20	19.66	20	20.22	20	20.74	20	20.92	20	21.35	20	21.86	20	21.39	20	20.94	20	20.57	20		
		24	19.01	24	18.95	24	19.74	24	20.33	24	20.80	24	20.93	24	21.45	24	21.94	24	21.24	24	20.90	24	21.71	24		
		30	18.97	29	19.09	30	19.85	30	20.42	30	20.87	30	20.94	30	21.54	30	22.02	30	21.07	30	20.85	30	20.42	30		
	2013	4	24.86	4	24.82	4	22.13	4	22.93	4	23.54	4	23.06	4	22.52	4	23.86	4	22.52	4	22.13	4	21.63	4	22.38	23.04
		10	24.72	10	24.79	10	22.23	10	22.83	10	23.66	10	22.56	10	22.61	10	23.96	10	22.43	10	22.21	10	21.54	10	22.31	
		14	24.94	14	24.98	14	22.03	14	23.01	14	23.45	14	23.66	14	22.63	14	23.76	14	22.61	14	22.08	14	21.72	14	22.41	

续表

点号	年份	1月		2月		3月		4月		5月		6月		7月		8月		9月		10月		11月		12月		年平均
		日	水位	日	水位	日	水位	日	水位	日	水位	日	水位	日	水位	日	水位	日	水位	日	水位	日	水位	日	水位	
X23	2013	20	24.79	20	24.71	20	22.21	20	23.02	20	23.47	20	23.54	20	22.43	20	23.89	20	22.42	20	22.06	20	21.76	20	22.32	23.04
		24	24.81	24	24.92	24	22.21	24	22.89	24	23.64	24	22.49	24	22.47	24	23.75	24	22.51	24	22.19	24	21.68	24	22.41	
		30	24.89	28	24.78	30	22.06	30	22.91	30	23.46	30	23.57	30	22.60	30	23.94	30	22.62	30	22.04	30	21.59	30	22.39	
	2014	4	22.41	4	21.86	4	21.92	4	22.08	4	22.42	4	22.49	4	23.16	4	24.16	4	22.38	4	22.43	4	21.62	4	21.60	22.37
		10	22.45	10	21.72	10	21.96	10	21.96	10	22.38	10	22.46	10	23.38	10	24.10	10	22.12	10	22.38	10	21.58	10	21.65	
		14	22.38	14	21.83	14	21.86	14	22.03	14	22.34	14	22.52	14	23.76	14	24.03	14	21.93	14	22.47	14	21.68	14	21.57	
		20	22.42	20	21.88	20	21.90	20	22.13	20	22.47	20	22.43	20	23.98	20	23.98	20	21.87	20	22.40	20	21.49	20	21.56	
		24	22.37	24	21.81	24	21.93	24	21.98	24	22.49	24	22.54	24	24.08	24	23.95	24	21.78	24	22.35	24	21.53	24	21.68	
		30	22.46	29	21.74	30	21.98	30	22.05	30	22.46	30	22.51	30	24.16	30	23.97	30	21.69	30	22.46	30	21.60	30	21.62	
	2015	4	21.53	4	21.68	4	21.31	4	21.15	4	21.19	4	21.15	4	20.98	4	20.89	4	20.81	4	20.85	4	20.79	4	20.78	21.08
		10	21.49	10	21.63	10	21.27	10	21.17	10	21.21	10	21.11	10	20.97	10	20.85	10	20.84	10	20.84	10	20.79	10	20.79	
		14	21.58	14	21.72	14	21.24	14	21.15	14	21.23	14	21.08	14	20.99	14	20.86	14	20.81	14	20.86	14	20.77	14	20.86	
		20	21.59	20	21.65	20	21.20	20	21.13	20	21.18	20	21.06	20	20.95	20	20.84	20	20.80	20	20.83	20	20.79	20	20.84	
		24	21.52	24	21.74	24	21.18	24	21.16	24	21.16	24	21.00	24	20.92	24	20.80	24	20.78	24	20.81	24	20.76	24	20.84	
		30	21.64	28	21.58	30	21.16	30	21.17	30	21.16	30	21.02	30	20.90	30	20.78	30	20.77	30	20.81	30	20.79	30	20.88	
GQ25	2011	5	28.87	5	28.81	5	28.86	5	28.23	5	27.62	5	29.62	5	32.36	5	33.10	5	31.80	5	31.30	5	31.10	5	30.30	30.08
		10	28.81	10	28.75	10	28.77	10	28.07	10	27.56	10	29.93	10	31.20	10	32.80	10	33.38	10	30.80	10	30.70	10	30.40	
		15	28.69	15	28.71	15	28.71	15	27.94	15	27.44	15	30.86	15	31.30	15	33.30	15	33.38	15	30.70	15	30.30	15	30.20	
		20	28.74	20	28.83	20	28.66	20	27.82	20	27.25	20	31.34	20	31.50	20	32.20	20	33.30	20	31.30	20	30.10	20	30.10	
		25	28.82	25	28.76	25	28.73	25	27.78	25	27.23	25	29.36	25	31.20	25	32.00	25	32.80	25	31.80	25	30.40	25	30.00	
		30	28.86	28	28.79	30	28.69	30	27.62	30	28.53	30	30.20	30	31.30	30	32.00	30	32.60	30	31.80	30	30.50	30	30.25	

续表

点号	年份	1月		2月		3月		4月		5月		6月		7月		8月		9月		10月		11月		12月		年平均
		日	水位	日	水位	日	水位	日	水位	日	水位	日	水位	日	水位	日	水位	日	水位	日	水位	日	水位	日	水位	
GQ25	2012	5	30.20	5	30.10	5	29.80	5	31.50	5	27.80	5	28.30	5	29.10	5	29.00	5	29.10	5		5		5		29.38
		10	30.25	10	30.20	10	30.10	10		10	27.80	10	28.20	10	29.30	10	29.80	10	29.20	10		10		10		
		15	30.30	15	30.20	15	30.00	15		15	28.30	15	28.25	15	29.20	15	29.10	15	29.20	15		15		15		
		20	30.15	20	30.25	20	30.20	20		20	28.20	20	28.40	20	29.30	20	29.00	20	29.15	20		20		20		
		25	30.25	25	30.60	25	30.50	25		25	28.10	25	28.40	25	29.40	25	29.10	25	28.50	25		25		25		
		30	30.30	29	30.90	30	30.40	30		30	28.20	30	28.80	30	29.30	30	29.20	30	28.50	30		30		30		
	2013	5		5	28.12	5	27.30	5	28.20	5	28.10	5	28.30	5	29.80	5	28.70	5	28.80	5	28.60	5	28.10	5	28.00	28.30
		10		10	28.18	10	27.00	10	28.30	10	28.00	10	28.40	10	29.30	10	28.40	10	29.20	10	28.30	10	28.00	10	28.10	
		15		15	28.25	15	28.00	15	28.30	15	28.20	15	28.60	15	29.80	15	28.20	15	29.30	15	28.70	15	27.90	15	28.00	
		20		20	28.37	20	27.50	20	28.10	20	28.30	20	28.20	20	29.20	20	28.30	20	29.30	20	28.40	20	28.00	20	27.90	
		25		25	28.10	25	27.40	25	28.00	25	27.70	25	28.40	25	29.00	25	28.50	25	28.80	25	28.50	25	28.10	25	28.00	
		30		28	27.90	30	27.30	30	27.90	30	27.30	30	28.50	30	29.10	30	28.40	30	29.00	30	28.20	30	28.00	30	27.80	
	2014	5	28.30	5	28.60	5	28.40	5	28.11	5	28.10	5	28.15	5	28.60	5	28.60	5	28.35	5	28.40	5	28.40	5	28.30	28.40
		10	28.40	10	28.65	10	28.50	10	28.00	10	27.80	10	28.20	10	28.70	10	28.50	10	28.60	10	28.30	10	28.30	10	28.30	
		15	28.40	15	28.60	15	28.60	15	28.65	15	27.90	15	28.10	15	28.50	15	28.40	15	28.45	15	28.30	15	28.30	15	28.40	
		20	28.50	20	28.65	20	28.70	20	28.11	20	28.00	20	28.20	20	28.50	20	28.40	20	28.55	20	28.10	20	28.30	20	28.50	
		25	28.60	25	28.20	25	28.80	25	28.20	25	28.10	25	28.30	25	28.70	25	28.50	25	28.50	25	28.30	25	28.30	25	28.80	
		30	28.50	29	28.30	30	28.70	30	28.20	30	28.10	30	28.60	30	28.70	30	28.60	30	28.60	30	28.30	30	28.10	30	28.90	
	2015	5	28.95	5	28.79	5	28.75	5	28.63	5	28.62	5	28.55	5	28.45	5	28.40	5	28.38	5	28.33	5	28.27	5	28.21	28.50
		10	28.96	10	28.76	10	28.71	10	28.61	10	28.60	10	28.53	10	28.45	10	28.35	10	28.39	10	28.20	10	28.31	10	28.26	
		15	28.93	15	28.80	15	28.80	15	28.62	15	28.61	15	28.54	15	28.42	15	28.33	15	28.37	15	28.18	15	28.30	15	28.28	

续表

点号	年份	1月		2月		3月		4月		5月		6月		7月		8月		9月		10月		11月		12月		年平均
		日	水位	日	水位	日	水位	日	水位	日	水位	日	水位	日	水位	日	水位	日	水位	日	水位	日	水位	日	水位	
GQ25	2015	20	28.90	20	28.81	20	28.70	20	28.64	20	28.61	20	28.51	20	28.43	20	28.30	20	28.37	20	28.19	20	28.32	20	28.27	28.50
		25	28.84	25	28.77	25	28.65	25	28.61	25	28.60	25	28.49	25	28.41	25	28.30	25	28.35	25	28.21	25	28.31	25	28.25	
		30	28.82	28	28.79	30	28.61	30	28.61	30	28.58	30	28.47	30	28.45	30	28.34	30	28.36	30	28.17	30	28.29	30	28.23	
36	2011	7	24.02	7	24.25	7	23.64	7	23.52	7	23.77	7	23.95	7	23.86	7	23.60	7	23.16	7	21.86	7	20.94	7	20.35	23.02
		17	24.11	17	24.32	17	23.45	17	23.57	17	23.87	17	24.04	17	23.75	17	23.53	17	22.70	17	21.48	17	20.75	17	20.18	
		27	24.17	27	24.03	27	23.48	27	23.66	27	23.88	27	23.95	27	23.67	27	23.23	27	22.27	27	21.23	27	20.54	27	21.87	
	2012	7	21.80	7	20.28	7	20.73	7	21.33	7	21.62	7	21.98	7	22.26	7	22.85	7	22.84	7	22.47	7	22.15	7		21.85
		17	21.35	17	19.75	17	21.20	17	21.40	17	21.78	17	22.02	17	22.52	17	22.93	17	22.68	17	22.42	17	22.15	17		
		27	20.71	27	20.22	27	21.26	27	21.46	27	21.95	27	22.06	27	22.78	27	23.01	27	22.52	27	22.38	27	22.29	27		
	2013	7	23.42	7	23.49	7	23.42	7	23.43	7	23.40	7	23.48	7	23.17	7	23.23	7	23.48	7	22.92	7	22.42	7	23.26	23.31
		17	23.27	17	23.29	17	23.49	17	23.34	17	23.47	17	23.54	17	23.26	17	23.33	17	23.58	17	22.98	17	22.53	17	23.34	
		27	23.59	27	23.51	27	23.35	27	23.36	27	23.48	27	23.41	27	23.08	27	23.14	27	23.39	27	24.43	27	22.39	27	23.31	
	2014	7	23.29	7	23.76	7	23.86	7	23.58	7	23.41	7	23.45	7	23.59	7	24.38	7	23.31	7	22.91	7	23.08	7	23.46	23.53
		17	23.33	17	23.72	17	23.81	17	23.47	17	23.47	17	23.47	17	24.38	17	24.26	17	23.12	17	22.93	17	23.14	17	23.38	
		27	23.37	27	23.68	27	23.86	27	23.51	27	23.48	27	23.49	27	24.38	27	24.23	27	22.98	27	22.87	27	23.10	27	23.41	
	2015	7	23.09	7	23.18	7	23.51	7	23.42	7	23.40	7	23.30	7	23.20	7	23.18	7	23.14	7	23.08	7	23.08	7	23.15	23.22
		17	23.14	17	23.21	17	23.46	17	23.41	17	23.38	17	23.25	17	23.18	17	23.17	17	23.12	17	23.09	17	23.09	17	23.08	
		27	23.27	27	23.12	27	23.41	27	23.45	27	23.36	27	23.22	27	23.19	27	23.16	27	23.10	27	23.05	27	23.12	27	23.06	
51	2011	5	13.42	5	13.67	5	13.51	5	14.02	5	14.35	5	11.57	5	12.67	5	12.78	5	11.67	5	9.41	5	8.49	5	8.87	11.92
		15	13.58	15	13.71	15	13.42	15	14.28	15	14.39	15	10.95	15	13.58	15	12.83	15	10.98	15	8.73	15	8.41	15	9.09	
		25	13.62	25	13.62	25	13.71	25	14.32	25	12.16	25	11.77	25	12.72	25	11.85	25	10.38	25	8.61	25	8.64	25	9.27	

续表

点号	年份	1月		2月		3月		4月		5月		6月		7月		8月		9月		10月		11月		12月		年平均
		日	水位	日	水位	日	水位	日	水位	日	水位	日	水位	日	水位	日	水位	日	水位	日	水位	日	水位	日	水位	
51	2012	5	9.43	5	9.53	5	10.47	5	10.47	5	10.34	5	11.14	5	11.73	5	13.03	5	12.92	5	12.09	5	12.02	5		11.28
		15	9.61	15	9.50	15	10.95	15	10.23	15	10.70	15	11.25	15	12.32	15	13.14	15	12.59	15	11.97	15	11.95	15		
		25	9.57	25	9.96	25	10.71	25	9.96	25	11.06	25	11.33	25	12.91	25	13.25	25	12.22	25	11.85	25	12.02	25		
	2013	5	13.45	5	13.51	5	14.26	5	14.12	5	12.74	5	14.24	5	13.17	5	12.72	5	14.32	5	13.56	5	13.40	5	13.21	13.55
		15	13.27	15	13.25	15	14.57	15	14.36	15	12.43	15	14.35	15	13.28	15	12.82	15	14.42	15	13.67	15	13.41	15	13.28	
		25	13.64	25	13.65	25	13.98	25	13.84	25	13.01	25	14.14	25	13.09	25	12.62	25	14.23	25	13.42	25	13.28	25	13.16	
	2014	5	13.21	5	15.82	5	15.63	5	14.05	5	15.13	5	15.24	5	14.38	5	14.96	5	13.12	5	12.38	5	13.21	5	13.27	14.26
		15	13.08	15	15.06	15	15.74	15	14.13	15	15.06	15	18.31	15	14.79	15	15.08	15	12.83	15	12.46	15	13.27	15	13.12	
		25	13.17	25	15.64	25	15.68	25	13.96	25	15.16	25	15.06	25	15.38	25	14.87	25	12.26	25	12.41	25	13.16	25	13.38	
	2015	5	14.03	5	13.91	5	14.12	5	14.06	5	14.04	5	13.94	5	13.90	5	13.84	5	13.77	5	13.78	5	13.71	5	13.72	13.90
		15	13.98	15	13.98	15	14.09	15	14.08	15	14.00	15	13.91	15	13.86	15	13.80	15	13.77	15	13.76	15	13.75	15	13.68	
		25	14.08	25	14.08	25	14.08	25	14.05	25	14.02	25	13.92	25	13.85	25	13.75	25	13.78	25	13.72	25	13.77	25	13.69	
336	2011	4	16.96	4	17.15	4	17.21	4	17.56	4	17.45	4	17.37	4	18.23	4	17.77	4	17.74	4	17.17	4	16.75	4	16.59	17.31
		14	16.90	14	17.28	14	17.18	14	17.74	14	17.31	14	17.34	14	18.68	14	17.31	14	17.51	14	16.98	14	16.68	14	16.53	
		24	17.02	24	17.25	24	17.37	24	17.60	24	17.40	24	17.78	24	18.23	24	17.68	24	17.34	24	16.87	24	16.64	24	16.65	
	2012	4	16.77	4	16.81	4	16.48	4	16.29	4	16.30	4	16.45	4	16.51	4	16.78	4	16.98	4	16.56	4	16.70	4		16.60
		14	16.90	14	16.76	14	16.34	14	16.28	14	16.34	14	16.49	14	16.56	14	16.95	14	16.81	14	16.49	14	16.81	14		
		24	16.86	24	16.63	24	16.31	24	16.26	24	16.39	24	16.54	24	16.63	24	17.13	24	16.63	24	16.43	24	16.70	24		
	2013	4	17.49	4	17.49	4	16.83	4	17.67	4	17.83	4	17.63	4	17.29	4	17.63	4	17.43	4	17.62	4	17.18	4	17.63	17.50
		14	17.68	14	17.71	14	16.93	14	17.75	14	17.74	14	17.87	14	17.39	14	17.73	14	17.53	14	17.53	14	17.26	14	17.58	
		24	17.54	24	17.61	24	16.74	24	17.58	24	17.95	24	17.55	24	17.21	24	17.54	24	17.34	24	17.71	24	17.23	24	17.68	

续表

点号	年份	1月		2月		3月		4月		5月		6月		7月		8月		9月		10月		11月		12月		年平均
		日	水位	日	水位	日	水位	日	水位	日	水位	日	水位	日	水位	日	水位	日	水位	日	水位	日	水位	日	水位	
336	2014	4	17.68	4	17.52	4	17.41	4	17.45	4	17.45	4	17.52	4	17.63	4	18.45	4	17.89	4	17.56	4	17.51	4	17.58	17.60
		14	17.61	14	17.48	14	17.38	14	17.40	14	17.48	14	17.46	14	17.78	14	18.38	14	17.58	14	17.48	14	17.58	14	17.49	
		24	17.63	24	17.51	24	17.46	24	17.45	24	17.41	24	17.48	24	17.96	24	18.28	24	17.12	24	17.42	24	17.47	24	17.52	
	2015	4	17.64	4	17.74	4	17.73	4	17.62	4	17.60	4	17.58	4	17.45	4	17.42	4	17.45	4	17.34	4	17.35	4	17.42	17.53
		14	17.71	14	17.69	14	17.70	14	17.63	14	17.62	14	17.55	14	17.42	14	17.43	14	17.46	14	17.31	14	17.37	14	17.41	
		24	17.82	24	17.76	24	17.65	24	17.61	24	17.61	24	17.48	24	17.40	24	17.41	24	17.50	24	17.30	24	17.38	24	17.38	
522	2011	4	12.57	4	12.59	4	12.92	4	13.17	4	13.25	4	13.32	4	13.50	4	13.45	4	12.67	4	10.78	4	10.21	4	10.16	12.33
		14	12.45	14	12.67	14	13.05	14	13.22	14	13.26	14	13.46	14	13.52	14	13.41	14	11.98	14	10.21	14	10.21	14	10.14	
		24	12.52	24	12.80	24	13.12	24	13.24	24	13.29	24	14.48	24	13.48	24	12.86	24	11.26	24	10.20	24	10.18	24	10.31	
	2012	4	10.50	4	10.62	4	10.63	4	10.84	4	11.29	4	11.85	4	12.17	4	12.90	4	12.89	4	12.37	4	11.95	4		11.68
		14	10.67	14	10.59	14	10.59	14	10.95	14	11.51	14	11.95	14	12.38	14	13.02	14	12.65	14	12.32	14	11.54	14		
		24	10.65	24	10.61	24	10.71	24	11.08	24	11.72	24	12.06	24	12.79	24	13.12	24	12.43	24	12.28	24	11.82	24		
	2013	4	12.03	4	12.07	4	12.13	4	12.13	4	12.04	4	12.11	4	12.13	4	12.26	4	12.16	4	12.06	4	12.08	4	12.08	12.13
		14	12.11	14	12.16	14	12.17	14	12.24	14	12.07	14	12.04	14	12.24	14	12.36	14	12.06	14	12.14	14	12.16	14	12.13	
		24	12.14	24	12.21	24	12.23	24	12.04	24	12.08	24	12.17	24	12.03	24	12.17	24	12.26	24	11.98	24	12.13	24	12.16	
	2014	4	12.12	4	12.38	4	12.41	4	12.08	4	12.13	4	12.06	4	12.26	4	12.92	4	11.26	4	12.27	4	11.09	4	11.14	11.99
		14	12.08	14	12.27	14	12.36	14	11.97	14	12.08	14	12.11	14	12.56	14	12.86	14	11.05	14	12.13	14	11.16	14	11.06	
		24	12.13	24	12.23	24	12.43	24	12.03	24	12.15	24	12.14	24	13.08	24	12.78	24	10.83	24	12.08	24	10.98	24	11.10	
	2015	4	11.98	4	12.13	4	12.14	4	12.11	4	12.11	4	12.05	4	12.00	4	11.93	4	11.92	4	11.95	4	11.85	4	11.82	11.99
		14	12.06	14	12.08	14	12.10	14	12.14	14	12.08	14	12.03	14	11.98	14	11.91	14	11.90	14	11.91	14	11.87	14	11.79	
		24	12.14	24	12.16	24	12.08	24	12.12	24	12.07	24	12.04	24	11.95	24	11.90	24	11.96	24	11.88	24	11.87	24	11.79	

续表

点号	年份	1月		2月		3月		4月		5月		6月		7月		8月		9月		10月		11月		12月		年平均
		日	水位	日	水位	日	水位	日	水位	日	水位	日	水位	日	水位	日	水位	日	水位	日	水位	日	水位	日	水位	
A18	2011	7	13.19	7	13.36	7	13.41	7	12.83	7	12.63	7	9.76	7	10.68	7	12.04	7	12.08	7	9.71	7	8.68	7	8.26	11.24
		17	13.21	17	13.40	17	13.43	17	12.55	17	12.66	17	9.41	17	11.24	17	12.45	17	11.31	17	9.04	17	8.51	17	8.13	
		27	13.28	27	13.45	27	13.12	27	12.58	27	10.16	27	10.05	27	11.65	27	12.26	27	10.52	27	8.86	27	8.37	27	8.21	
	2012	7	8.34	7	8.34	7	7.80	7	7.62	7	8.05	7	8.86	7	9.18	7	9.55	7	9.63	7	9.38	7	9.26	7		8.77
		17	8.42	17	8.30	17	7.53	17	7.67	17	8.40	17	8.97	17	9.33	17	9.66	17	9.52	17	9.34	17	9.25	17		
		27	8.38	27	8.05	27	7.58	27	7.71	27	8.75	27	9.06	27	9.87	27	9.75	27	9.41	27	9.31	27	9.26	27		
	2013	7	11.63	7	11.66	7	11.48	7	11.41	7	11.51	7	11.78	7	11.69	7	11.73	7	11.46	7	12.06	7	12.36	7	11.32	11.60
		17	11.18	17	11.26	17	11.75	17	11.14	17	11.56	17	12.27	17	11.21	17	11.93	17	11.76	17	11.83	17	11.83	17	11.43	
		27	11.27	27	11.25	27	11.19	27	11.17	27	11.61	27	11.31	27	12.18	27	11.54	27	11.15	27	12.43	27	12.04	27	11.29	
	2014	7	11.43	7	12.28	7	12.56	7	11.57	7	11.24	7	11.31	7	12.18	7	12.86	7	11.26	7	11.28	7	11.16	7	11.32	11.65
		17	11.26	17	11.96	17	11.98	17	12.06	17	11.06	17	10.89	17	12.83	17	12.54	17	10.97	17	11.19	17	11.27	17	11.16	
		27	11.65	27	12.03	27	12.10	27	11.21	27	11.32	27	11.06	27	13.12	27	12.73	27	10.86	27	11.36	27	11.04	27	11.24	
	2015	7	11.31	7	11.34	7	11.42	7	11.29	7	11.31	7	11.29	7	11.20	7	11.17	7	11.18	7	11.18	7	11.12	7	11.05	11.23
		17	11.37	17	11.21	17	11.38	17	11.31	17	11.35	17	11.24	17	11.19	17	11.14	17	11.23	17	11.17	17	11.11	17	11.01	
		27	11.42	27	11.43	27	11.26	27	11.28	27	11.32	27	11.22	27	11.18	27	11.11	27	11.22	27	11.15	27	11.08	27	11.03	
A20	2011	5	54.98	5	55.13	5	54.23	5	53.91	5	54.00	5	55.18	5	55.58	5	54.39	5	54.53	5	55.52	5	55.41	5	54.89	54.82
		15	54.94	15	54.94	15	53.88	15	53.93	15	54.02	15	55.66	15	56.33	15	54.11	15	54.84	15	55.86	15	55.25	15	54.74	
		25	55.05	25	54.59	25	53.89	25	53.96	25	54.64	25	55.67	25	54.69	25	54.27	25	55.15	25	55.64	25	55.06	25	54.59	
	2012	5	54.45	5	54.09	5	54.24	5	54.51	5	54.81	5	55.19	5	55.20	5	55.46	5	55.73	5	55.23	5	55.25	5		54.93
		15	54.27	15	54.03	15	54.36	15	54.58	15	54.97	15	55.24	15	55.21	15	55.71	15	55.52	15	55.15	15	55.23	15		
		25	54.16	25	54.12	25	54.43	25	54.64	25	55.14	25	55.29	25	55.22	25	55.94	25	55.42	25	55.07	25	54.85	25		

续表

点号	年份	1月		2月		3月		4月		5月		6月		7月		8月		9月		10月		11月		12月		年平均
		日	水位	日	水位	日	水位	日	水位	日	水位	日	水位	日	水位	日	水位	日	水位	日	水位	日	水位	日	水位	
A20	2013	5	54.78	5	54.82	5	53.86	5	53.16	5	53.74	5	54.36	5	54.57	5	54.78	5	54.36	5	54.52	5	52.93	5	54.36	54.24
		15	54.91	15	54.88	15	53.95	15	53.24	15	53.65	15	54.44	15	54.68	15	54.89	15	55.85	15	54.38	15	52.78	15	54.31	
		25	54.67	25	54.73	25	53.76	25	53.08	25	53.88	25	54.29	25	54.49	25	54.68	25	54.87	25	54.63	25	52.86	25	54.43	
	2014	5	54.42	5	53.51	5	54.53	5	54.73	5	54.56	5	54.61	5	54.49	5	54.98	5	54.38	5	53.29	5	54.08	5	54.21	54.29
		15	54.53	15	53.38	15	54.46	15	54.61	15	54.43	15	54.56	15	54.87	15	54.86	15	54.07	15	53.39	15	54.34	15	54.32	
		25	54.29	25	53.47	25	54.49	25	54.49	25	54.48	25	54.43	25	55.23	25	54.73	25	53.68	25	53.37	25	53.95	25	54.27	
	2015	5	54.49	5	54.42	5	54.68	5	54.53	5	54.59	5	54.50	5	54.40	5	54.33	5	54.32	5	54.35	5	54.26	5	54.35	54.42
		15	54.58	15	54.40	15	54.55	15	54.56	15	54.56	15	54.46	15	54.38	15	54.32	15	54.36	15	54.31	15	54.28	15	54.33	
		25	54.63	25	54.38	25	54.51	25	54.57	25	54.52	25	54.42	25	54.36	25	54.30	25	54.41	25	54.22	25	54.33	25	54.30	
A67	2011	7	17.54	7	17.96	7	17.91	7	17.26	7	17.38	7	14.81	7	16.86	7	18.34	7	17.59	7	16.53	7	15.90	7	15.26	16.89
		17	17.87	17	18.02	17	17.84	17	17.05	17	17.54	17	14.28	17	18.20	17	18.43	17	17.22	17	16.24	17	15.73	17	15.02	
		27	17.91	27	17.96	27	17.56	27	17.21	27	15.31	27	15.59	27	18.27	27	17.92	27	16.88	27	16.02	27	15.49	27	15.00	
	2012	7	14.98	7	14.81	7	15.19	7	15.52	7	15.74	7	16.08	7	16.24	7	16.63	7	16.71	7	16.38	7		7		15.87
		17	14.93	17	14.77	17	15.42	17	15.55	17	15.88	17	16.13	17	16.39	17	16.73	17	16.59	17	16.32	17		17		
		27	14.86	27	14.98	27	15.47	27	15.59	27	16.04	27	16.18	27	16.52	27	16.85	27	16.45	27	16.24	27		27		
	2013	7	15.54	7	15.51	7	15.34	7	15.84	7	15.26	7	15.49	7	15.32	7	15.39	7	15.52	7	15.96	7	15.46	7	15.46	15.50
		17	15.09	17	15.11	17	15.41	17	15.76	17	15.24	17	15.43	17	15.23	17	15.49	17	15.63	17	15.84	17	15.58	17	15.51	
		27	15.97	27	15.61	27	15.27	27	15.74	27	15.24	27	15.61	27	15.41	27	15.28	27	15.42	27	16.12	27	15.51	27	15.49	
	2014	7	15.43	7	15.61	7	15.96	7	15.83	7	15.73	7	15.70	7	15.68	7	16.27	7	15.87	7	15.42	7	15.43	7	15.34	15.71
		17	15.46	17	15.58	17	15.83	17	15.71	17	15.68	17	15.75	17	16.27	17	16.14	17	15.53	17	15.38	17	15.49	17	15.26	
		27	15.46	27	15.53	27	15.92	27	15.68	27	15.70	27	15.78	27	17.42	27	16.18	27	15.38	27	15.51	27	15.39	27	15.40	

续表

点号	年份	1月		2月		3月		4月		5月		6月		7月		8月		9月		10月		11月		12月		年平均
		日	水位	日	水位	日	水位	日	水位	日	水位	日	水位	日	水位	日	水位	日	水位	日	水位	日	水位	日	水位	
		7	15.39	7	15.49	7	15.50	7	15.39	7	15.47	7	15.45	7	15.41	7	15.32	7	15.42	7	15.42	7	15.33	7	15.37	
A67	2015	17	15.40	17	15.47	17	15.45	17	15.42	17	15.50	17	15.42	17	15.40	17	15.30	17	15.43	17	15.40	17	15.31	17	15.35	15.41
		27	15.55	27	15.49	27	15.41	27	15.44	27	15.48	27	15.44	27	15.35	27	15.36	27	15.48	27	15.37	27	15.33	27	15.30	
		7	12.45	7	12.61	7	12.88	7	12.55	7	11.62	7	9.64	7	12.65	7	13.50	7	13.04	7	11.16	7	10.13	7	9.43	
	2011	17	12.53	17	12.64	17	13.01	17	12.36	17	11.75	17	9.38	17	14.22	17	13.12	17	12.36	17	10.58	17	9.87	17	9.24	11.74
		27	12.57	27	12.75	27	12.79	27	12.49	27	10.25	27	11.02	27	13.87	27	13.07	27	11.74	27	10.33	27	9.65	27	9.51	
		7	9.78	7	9.92	7	9.99	7	10.18	7	10.65	7	16.03	7	11.79	7	12.29	7	12.19	7	11.58	7	11.42	7		
	2012	17	10.05	17	9.88	17	10.05	17	10.26	17	10.98	17	16.11	17	11.99	17	12.37	17	11.92	17	11.54	17	11.34	17		11.35
		27	9.98	27	9.93	27	10.12	27	10.33	27	11.31	27	11.58	27	12.21	27	12.46	27	11.63	27	11.49	27	11.09	27		
		7	14.24	7	14.22	7	13.76	7	13.79	7	13.38	7	13.52	7	14.06	7	15.86	7	13.86	7	13.89	7	13.93	7	14.13	
X28	2013	17	14.77	17	14.82	17	13.87	17	13.68	17	13.46	17	13.59	17	14.16	17	16.16	17	13.97	17	13.71	17	13.86	17	14.16	14.06
		27	13.81	27	13.78	27	13.68	27	13.71	27	13.47	27	13.46	27	13.97	27	15.55	27	13.78	27	13.97	27	13.78	27	14.21	
		7	14.15	7	13.52	7	14.12	7	14.23	7	13.79	7	13.79	7	14.41	7	14.35	7	13.52	7	13.38	7	13.41	7	13.23	
	2014	17	14.12	17	13.48	17	14.06	17	14.16	17	13.67	17	13.73	17	14.92	17	14.16	17	13.29	17	13.47	17	13.34	17	13.34	13.81
		27	14.09	27	13.46	27	14.15	27	14.02	27	13.71	27	13.75	27	15.35	27	14.24	27	13.08	27	13.23	27	13.27	27	13.29	
		7	13.40	7	13.40	7	13.42	7	13.36	7	13.42	7	13.42	7	13.31	7	13.24	7	13.27	7	13.25	7	13.22	7	13.22	
	2015	17	13.43	17	13.35	17	13.38	17	13.39	17	13.41	17	13.37	17	13.30	17	13.21	17	13.25	17	13.17	17	13.25	17	13.21	13.32
		27	13.48	27	13.39	27	13.35	27	13.41	27	13.45	27	13.32	27	13.25	27	13.20	27	13.28	27	13.19	27	13.20	27	13.20	
		6	18.52	6	18.73	6	19.86	6	19.46	6	19.13	6	19.08	6	19.83	6	19.29	6	18.78	6	18.73	6	18.67	6	19.98	
26-1	2014	16	18.46	16	18.54	16	19.78	16	19.31	16	18.94	16	19.18	16	20.17	16	19.18	16	18.51	16	18.52	16	18.79	16	19.86	19.14
		26	18.58	26	18.62	26	19.83	26	19.23	26	19.02	26	19.21	26	20.75	26	19.08	26	18.21	26	18.61	26	18.71	26	19.74	

续表

点号	年份	1月 日	1月 水位	2月 日	2月 水位	3月 日	3月 水位	4月 日	4月 水位	5月 日	5月 水位	6月 日	6月 水位	7月 日	7月 水位	8月 日	8月 水位	9月 日	9月 水位	10月 日	10月 水位	11月 日	11月 水位	12月 日	12月 水位	年平均
26-1	2015	6	19.87	6	19.93	6	19.96	6	19.84	6	19.83	6	19.79	6	19.75	6	19.62	6	19.60	6	19.65	6	19.60	6	19.55	19.74
		16	19.93	16	20.08	16	19.90	16	19.81	16	19.81	16	19.76	16	19.70	16	19.60	16	19.61	16	19.60	16	19.58	16	19.51	
		26	20.17	26	19.82	26	19.82	26	19.86	26	19.84	26	19.77	26	19.65	26	19.55	26	19.67	26	19.61	26	19.55	26	19.53	
74-2	2014	5	17.01	5	17.45	5	17.00	5	16.00	5	15.86	5	15.56	5	15.48	5	16.45	5	16.12	5	16.52	5	16.34	5	16.41	16.44
		15	17.33	15	17.46	15	16.81	15	16.19	15	15.72	15	16.67	15	15.97	15	16.25	15	16.19	15	16.47	15	16.37	15	16.25	
		25	17.40	25	17.22	25	16.86	25	15.93	25	15.63	25	16.48	25	16.21	25	16.74	25	16.30	25	16.36	25	16.39	25	16.42	
	2015	5	16.42	5	16.49	5	16.43	5	16.42	5	16.47	5	16.38	5	16.25	5	16.21	5	16.27	5	16.21	5	16.23	5	16.18	16.32
		15	16.49	15	16.50	15	16.45	15	16.43	15	16.44	15	16.36	15	16.22	15	16.22	15	16.24	15	16.15	15	16.21	15	16.19	
		25	16.53	25	16.45	25	16.40	25	16.45	25	16.41	25	16.30	25	16.21	25	16.25	25	16.25	25	16.16	25	16.18	25	16.23	
116	2011	4	22.19	4	22.27	4	22.15	4	22.71	4	23.85	4	23.17	4	23.26	4	23.18	4	22.99	4	21.61	4	20.52	4	20.34	22.28
		14	22.16	14	22.33	14	22.21	14	22.97	14	23.08	14	23.24	14	23.29	14	23.14	14	22.47	14	21.35	14	20.27	14	20.39	
		24	22.21	24	22.24	24	22.48	24	22.83	24		24	23.25	24	23.24	24	22.94	24	21.99	24	20.74	24	20.30	24		
	2012	4		4		4		4	21.42	4	20.76	4	19.61	4	19.79	4	20.21	4	19.95	4	19.46	4	18.83	4		19.91
		14		14		14		14	21.39	14	20.13	14	19.67	14	19.98	14	20.27	14	19.68	14	19.41	14	18.38	14		
		24		24		24		24	21.37	24	19.52	24	19.77	24	20.16	24	20.33	24	19.52	24	19.37	24	18.92	24		
	2013	4	23.74	4	23.77	4	23.86	4	23.96	4	24.06	4	23.43	4	23.49	4	23.84	4	24.13	4	23.92	4	23.76	4	23.54	23.79
		14	23.53	14	23.59	14	23.96	14	24.03	14	23.95	14	23.35	14	23.56	14	23.76	14	24.04	14	23.83	14	23.69	14	23.47	
		24	23.81	24	23.94	24	23.76	24	23.88	24	24.15	24	23.51	24	23.56	24	23.95	24	24.23	24	23.98	24	23.82	24	23.42	
	2014	4	23.59	4	23.57	4	23.46	4	23.43	4	23.43	4	23.46	4	23.52	4	24.57	4	22.32	4	23.62	4	23.46	4	23.49	23.44
		14	23.52	14	23.43	14	23.38	14	23.31	14	23.38	14	23.41	14	23.79	14	24.43	14	21.83	14	23.54	14	23.41	14	23.43	
		24	23.51	24	23.53	24	23.43	24	23.54	24	23.47	24	23.39	24	23.94	24	24.37	24	21.69	24	23.48	24	23.38	24	23.45	

续表

点号	年份	1月		2月		3月		4月		5月		6月		7月		8月		9月		10月		11月		12月		年平均
		日	水位	日	水位	日	水位	日	水位	日	水位	日	水位	日	水位	日	水位	日	水位	日	水位	日	水位	日	水位	
116	2015	4	23.59	4	23.82	4	23.89	4	23.87	4	23.84	4	23.86	4	23.85	4	23.55	4	23.55	4	23.54	4	23.40	4	23.42	23.68
		14	23.62	14	23.73	14	23.92	14	23.88	14	23.87	14	23.82	14	23.88	14	23.54	14	23.62	14	23.51	14	23.44	14	23.44	
		24	23.78	24	23.78	24	23.84	24	23.85	24	23.89	24	23.79	24	23.60	24	23.51	24	23.59	24	23.45	24	23.48	24	23.48	
173	2011	7	18.75	7	19.12	7	18.79	7	18.34	7	18.37	5	15.44	5	17.49	5	19.38	5	18.52	5	17.42	5	16.61	5	15.81	17.75
		17	19.01	17	19.18	17	18.61	17	18.27	17	18.42	15	15.05	15	18.82	15	19.66	15	18.14	15	17.12	15	16.34	15	15.58	
		27	19.06	27	18.99	27	18.48	27	18.32	27	15.88	25	16.22	25	19.11	25	18.61	25	17.76	25	16.83	25	16.08	25	15.55	
	2012	7	15.51	7	15.33	7	15.73	7	16.02	7	16.48	5	17.26	5	17.40	5	17.72	5	22.70	5	17.46	5	17.07	5		17.05
		17	15.44	17	15.29	17	15.93	17	16.07	17	16.85	15	17.31	15	17.53	15	17.79	15	22.59	15	17.39	15	16.81	15		
		27	15.37	27	15.52	27	15.98	27	16.12	27	17.22	25	17.36	25	17.66	25	17.87	25	17.52	25	17.33	25	17.07	25		
	2013	7	18.72	7	18.74	7	18.16	7	18.56	7	18.09	5	18.83	5	18.12	5	18.65	5	18.76	5	18.53	5	18.13	5	18.16	18.46
		17	18.91	17	18.92	17	18.25	17	18.47	17	18.18	15	18.91	15	18.22	15	18.75	15	18.86	15	18.41	15	18.26	15	18.21	
		27	18.56	27	18.62	27	18.09	27	18.49	27	18.11	25	18.76	25	18.03	25	18.54	25	18.67	25	18.64	25	18.16	25	18.24	
	2014	7	18.21	7	18.73	7	18.56	7	18.46	7	18.46	5	18.48	5	19.16	5	18.97	5	18.96	5	18.13	5	18.21	5	18.31	18.56
		17	18.29	17	18.62	17	18.48	17	18.34	17	18.39	15	18.45	15	19.69	15	18.86	15	18.52	15	18.21	15	18.34	15	18.26	
		27	18.31	27	18.68	27	18.52	27	18.52	27	18.42	25	18.46	25	20.31	25	18.90	25	18.32	25	18.05	25	18.26	25	18.39	
	2015	7	18.63	7	18.69	7	18.69	7	18.51	7	18.47	5	18.49	5	18.40	5	18.35	5	18.32	5	18.31	5	18.29	5	18.32	18.45
		17	18.68	17	18.74	17	18.57	17	18.49	17	18.43	15	18.41	15	18.42	15	18.37	15	18.35	15	18.26	15	18.29	15	18.37	
		27	18.72	27	18.61	27	18.52	27	18.45	27	18.44	25	18.43	25	18.39	25	18.33	25	18.39	25	18.28	25	18.33	25	18.35	
457	2011	4	25.58	4	25.66	4	24.50	4	24.61	4	25.09	4	25.53	4	26.89	4	28.56	4	27.58	4	24.52	4	23.96	4	24.27	25.53
		14	25.50	14	25.74	14	23.88	14	24.97	14	25.16	14	25.86	14	27.47	14	29.11	14	26.51	14	23.54	14	24.18	14	24.31	
		24	25.58	24	25.12	24	24.26	24	25.03	24	26.22	24	26.24	24	28.01	24	28.00	24	25.50	24	23.73	24	24.23	24	24.22	

续表

点号	年份	1月		2月		3月		4月		5月		6月		7月		8月		9月		10月		11月		12月		年平均
		日	水位	日	水位	日	水位	日	水位	日	水位	日	水位	日	水位	日	水位	日	水位	日	水位	日	水位	日	水位	
457	2012	4	24.11	4	24.08	4	26.22	4	27.21	4	27.73	4	28.27	4	27.88	4	27.17	4	25.56	4	24.59	4	24.41	4		26.12
		14	24.03	14	24.82	14	26.93	14	27.36	14	27.96	14	28.33	14	27.47	14	26.63	14	25.48	14	24.55	14	24.22	14		
		24	23.96	24	25.53	24	27.07	24	27.51	24	28.19	24	28.41	24	27.06	24	25.84	24	24.64	24	24.49	24	24.41	24		
	2013	4	28.10	4	28.12	4	28.09	4	27.92	4	28.36	4	28.13	4	28.16	4	28.45	4	28.33	4	28.56	4	28.12	4	28.19	28.21
		14	28.54	14	28.55	14	28.59	14	28.37	14	28.27	14	28.62	14	28.67	14	28.94	14	28.84	14	28.13	14	27.96	14	28.06	
		24	27.65	24	27.71	24	27.63	24	27.44	24	28.45	24	27.64	24	27.66	24	27.96	24	27.84	24	28.92	24	28.36	24	28.28	
	2014	4	28.36	4	28.87	4	28.13	4	27.96	4	28.36	4	28.43	4	28.46	4	29.67	4	29.38	4	28.46	4	28.96	4	29.16	28.61
		14	28.13	14	28.62	14	28.05	14	28.12	14	27.96	14	28.27	14	28.89	14	29.45	14	28.92	14	28.93	14	29.12	14	28.75	
		24	28.42	24	28.92	24	28.20	24	28.03	24	28.12	24	28.31	24	29.16	24	29.28	24	28.39	24	28.12	24	28.13	24	29.48	
	2015	4	29.24	4	29.16	4	29.06	4	28.76	4	28.75	4	28.73	4	28.66	4	28.62	4	28.67	4	28.61	4	28.63	4	28.63	28.77
		14	28.72	14	29.38	14	28.93	14	28.77	14	28.76	14	28.71	14	28.65	14	28.61	14	28.66	14	28.55	14	28.59	14	28.66	
		24	29.39	24	28.98	24	28.79	24	28.73	24	28.72	24	28.68	24	28.63	24	28.65	24	28.69	24	28.51	24	28.62	24	28.65	
505	2011	8	18.71	8	18.74	8	18.72	8	18.60	8	18.60	8	18.53	8	18.53	8	18.43	8	18.22	8	16.89	8	16.29	8	15.74	17.89
		18	18.69	18	18.77	18	18.69	18	18.56	18	18.62	18	18.50	18	18.55	18	18.34	18	17.61	18	16.78	18	16.04	18	15.58	
		28	18.72	28	18.74	28	18.65	28	18.58	28	18.56	28	18.52	28	18.49	28	18.26	28	16.96	28	16.52	28	15.88	28	15.47	
	2012	8	15.34	8	15.06	8	15.91	8	16.31	8	16.72	8	17.29	8	17.89	8	18.42	8	18.34	8	17.90	8	17.78	8		17.07
		18	15.18	18	15.01	18	16.36	18	16.29	18	17.18	18	17.47	18	18.12	18	18.48	18	18.16	18	17.82	18	17.82	18		
		28	15.11	28	15.45	28	16.34	28	16.27	28	17.12	28	17.66	28	18.36	28	18.54	28	17.96	28	17.75	28	17.86	28		
	2013	8	13.09	8	13.11	8	12.95	8	13.23	8	12.86	8	13.28	8	13.21	8	13.43	8	14.06	8	13.73	8	13.07	8	13.14	13.29
		18	13.24	18	13.27	18	12.84	18	13.15	18	12.75	18	13.39	18	13.13	18	13.73	18	14.36	18	13.46	18	13.36	18	13.08	
		28	13.89	28	13.93	28	13.03	28	12.28	28	12.78	28	13.18	28	13.10	28	13.14	28	13.77	28	13.98	28	13.28	28	13.21	

续表

点号	年份	1月		2月		3月		4月		5月		6月		7月		8月		9月		10月		11月		12月		年平均
		日	水位	日	水位	日	水位	日	水位	日	水位	日	水位	日	水位	日	水位	日	水位	日	水位	日	水位	日	水位	
505	2014	8	13.41	8	13.51	8	13.61	8	13.86	8	14.38	8	14.41	8	14.51	8	14.26	8	13.41	8	13.37	8	12.92	8	13.79	13.74
		18	13.46	18	13.43	18	13.43	18	13.41	18	13.96	18	14.92	18	14.83	18	14.12	18	13.23	18	13.46	18	13.21	18	13.54	
		28	13.52	28	13.38	28	13.53	28	13.26	28	14.12	28	14.06	28	15.08	28	14.38	28	13.12	28	13.25	28	13.13	28	13.43	
	2015	8	13.54	8	13.72	8	13.86	8	13.57	8	13.56	8	13.48	8	13.55	8	13.50	8	13.52	8	13.58	8	13.48	8	13.49	13.54
		18	13.42	18	13.29	18	13.53	18	13.58	18	13.54	18	13.49	18	13.56	18	13.51	18	13.55	18	13.56	18	13.52	18	13.42	
		28	13.68	28	13.53	28	13.61	28	13.55	28	13.51	28	13.51	28	13.54	28	13.48	28	13.59	28	13.49	28	13.55	28	13.41	
557	2011	5	42.19	5	42.22	5	41.96	5	41.85	5	41.99	5	43.14	5	44.01	5	44.06	5	43.91	5	43.55	5	43.38	5	42.97	42.91
		15	42.14	15	42.26	15	41.81	15	41.84	15	41.77	15	43.69	15	44.17	15	44.10	15	43.78	15	43.46	15	43.35	15	42.80	
		25	42.18	25	42.11	25	41.86	25	41.82	25	42.43	25	43.84	25	43.03	25	43.97	25	43.66	25	43.41	25	43.16	25	42.73	
	2012	5	42.68	5	42.42	5	42.57	5	42.75	5	42.99	5	43.40	5	43.34	5	43.41	5	43.51	5	42.86	5	42.91	5		42.99
		15	42.64	15	42.37	15	42.68	15	42.80	15	43.16	15	43.49	15	43.28	15	43.62	15	43.23	15	42.81	15	42.99	15		
		25	42.53	25	42.46	25	42.71	25	42.84	25	43.31	25	43.58	25	43.22	25	43.81	25	42.91	25	42.77	25	42.51	25		
	2013	5	41.66	5	41.71	5	41.58	5	41.84	5	43.10	5	42.13	5	42.36	5	42.93	5	42.23	5	42.06	5	41.97	5	42.16	42.15
		15	41.54	15	41.53	15	41.69	15	41.93	15	42.98	15	42.08	15	42.47	15	42.83	15	42.33	15	42.18	15	42.08	15	42.12	
		25	41.79	25	41.85	25	41.51	25	41.75	25	43.21	25	42.19	25	42.28	25	43.03	25	42.14	25	41.97	25	42.03	25	42.21	
	2014	5	42.23	5	42.13	5	42.63	5	42.16	5	42.07	5	42.13	5	42.73	5	43.26	5	43.12	5	42.33	5	42.13	5	42.27	42.43
		15	42.18	15	42.26	15	42.54	15	42.28	15	41.96	15	41.97	15	42.96	15	43.13	15	42.92	15	42.27	15	42.26	15	42.18	
		25	42.31	25	42.26	25	42.68	25	42.03	25	42.13	25	42.05	25	43.68	25	43.08	25	42.58	25	42.39	25	42.06	25	42.21	
	2015	5	42.22	5	41.84	5	41.72	5	41.36	5	41.35	5	41.49	5	41.79	5	42.43	5	42.58	5	41.68	5	41.57	5	41.54	41.82
		15	42.41	15	41.77	15	42.03	15	41.44	15	41.45	15	42.18	15	42.04	15	42.43	15	41.94	15	41.68	15	41.59	15	41.58	
		25	42.25	25	41.61	25	41.51	25	41.48	25	41.63	25	42.05	25	42.29	25	42.56	25	41.75	25	41.57	25	41.53	25	41.45	

续表

点号	年份	1月		2月		3月		4月		5月		6月		7月		8月		9月		10月		11月		12月		年平均
		日	水位	日	水位	日	水位	日	水位	日	水位	日	水位	日	水位	日	水位	日	水位	日	水位	日	水位	日	水位	
X2	2011	7	18.15	7	18.37	7	18.39	7	18.32	7	18.45	7	15.64	7	17.60	7	19.02	7	18.87	7	18.14	7	17.38	7	17.03	17.95
		17	18.27	17	18.41	17	18.38	17	18.30	17	18.52	17	15.29	17	18.79	17	19.12	17	18.53	17	17.93	17	17.22	17	16.94	
		27	18.31	27	18.40	27	18.34	27	18.38	27	16.98	27	16.45	27	18.90	27	18.99	27	18.32	27	17.70	27	17.37	27	17.02	
	2012	7	17.12	7	17.08	7	16.60	7	16.43	7	16.75	7	17.45	7	17.78	7	18.28	7	18.24	7	11.55	7	17.52	7		17.00
		17	17.18	17	17.05	17	16.37	17	16.42	17	17.08	17	17.51	17	17.99	17	18.39	17	18.02	17	11.51	17	17.45	17		
		27	17.12	27	16.82	27	16.43	27	16.45	27	17.39	27	17.58	27	18.19	27	18.48	27	17.80	27	17.78	27	17.23	27		
	2013	7	18.56	7	18.59	7	18.42	7	18.89	7	18.14	7	18.73	7	18.37	7	18.57	7	18.59	7	18.92	7	18.61	7	18.47	18.57
		17	18.74	17	18.78	17	18.51	17	18.77	17	18.23	17	18.67	17	18.29	17	18.67	17	18.68	17	18.83	17	18.52	17	18.41	
		27	18.39	27	18.31	27	18.35	27	18.81	27	18.25	27	18.81	27	18.48	27	18.48	27	18.49	27	18.96	27	18.56	27	18.52	
	2014	7	18.51	7	18.67	7	18.93	7	18.56	7	18.79	7	18.79	7	18.67	7	19.23	7	18.67	7	18.76	7	18.43	7	18.40	18.68
		17	18.56	17	18.61	17	18.86	17	18.43	17	18.67	17	18.73	17	18.91	17	19.16	17	18.31	17	18.89	17	18.37	17	18.45	
		27	18.53	27	18.65	27	18.90	27	18.48	27	18.71	27	18.75	27	19.29	27	19.18	27	18.09	27	18.69	27	18.31	27	18.49	
	2015	7	18.47	7	18.45	7	18.42	7	18.37	7	18.35	7	18.31	7	18.25	7	18.20	7	18.22	7	18.19	7	18.22	7	18.22	18.30
		17	18.50	17	18.40	17	18.47	17	18.36	17	18.37	17	18.30	17	18.23	17	18.23	17	18.23	17	18.17	17	18.25	17	18.21	
		27	18.51	27	18.38	27	18.39	27	18.36	27	18.34	27	18.26	27	18.21	27	18.18	27	18.22	27	18.19	27	18.24	27	18.19	
13-1	2011	6	20.83	6	21.33	6	21.59	6	20.93	6	20.59	6	19.52	6	20.40	6	20.67	6	20.16	6	21.90	6	22.27	6	21.62	21.02
		16	20.97	16	21.51	16	21.63	16	20.51	16	20.64	16	19.19	16	20.94	16	20.54	16	20.81	16	22.51	16	22.14	16	21.45	
		26	21.15	26	21.55	26	21.22	26	20.55	26	19.86	26	19.79	26	20.81	26	20.30	26	21.46	26	22.36	26	21.87	26	21.29	
	2012	6	21.10	6	20.81	6	19.06	6	18.07	6	18.25	6	18.94	6	18.96	6	19.05	6	19.51	6	20.05	6	19.87	6		19.38
		16	20.93	16	20.87	16	18.17	16	18.01	16	18.56	16	19.00	16	18.93	16	19.14	16	19.82	16	20.00	16	19.79	16		
		26	20.85	26	19.79	26	18.12	26	18.06	26	18.89	26	18.98	26	18.95	26	19.22	26	20.11	26	19.94	26	19.87	26		

续表

点号	年份	1月		2月		3月		4月		5月		6月		7月		8月		9月		10月		11月		12月		年平均
		日	水位	日	水位	日	水位	日	水位	日	水位	日	水位	日	水位	日	水位	日	水位	日	水位	日	水位	日	水位	
13-1	2013	6	20.59	6	20.54	6	20.67	6	20.87	6	20.45	6	20.86	6	20.52	6	23.20	6	21.06	6	20.13	6	20.23	6	20.28	20.80
		16	20.72	16	20.71	16	20.96	16	21.18	16	20.74	16	20.78	16	20.63	16	23.39	16	21.35	16	20.26	16	20.18	16	20.23	
		26	20.41	26	20.39	26	20.39	26	21.15	26	20.18	26	20.95	26	20.44	26	23.01	26	20.76	26	20.04	26	20.31	26	20.32	
	2014	6	20.31	6	21.13	6	21.52	6	21.18	6	20.41	6	20.52	6	21.53	6	21.68	6	21.08	6	20.43	6	20.87	6	20.83	21.00
		16	20.18	16	21.16	16	21.43	16	21.06	16	20.59	16	20.48	16	21.93	16	21.54	16	20.92	16	20.36	16	20.96	16	20.92	
		26	20.37	26	21.12	26	21.68	26	21.24	26	21.13	26	20.47	26	22.42	26	21.60	26	20.82	26	20.48	26	20.90	26	20.81	
	2015	6	21.05	6	21.18	6	20.86	6	20.69	6	20.71	6	20.66	6	20.61	6	20.62	6	20.57	6	20.55	6	20.55	6	20.54	20.71
		16	21.16	16	21.12	16	20.72	16	20.67	16	20.68	16	20.60	16	20.62	16	20.60	16	20.59	16	20.61	16	20.53	16	20.55	
		26	21.22	26	21.18	26	20.63	26	20.69	26	20.66	26	20.62	26	20.60	26	20.58	26	20.62	26	20.56	26	20.57	26	20.51	
58	2011	5	28.56	5	28.70	5	28.56	5	28.04	5	27.89	5	28.22	5	28.19	5	28.30	5	28.20	5	24.19	5	22.61	5	21.99	26.79
		15	28.54	15	28.61	15	28.54	15	27.81	15	29.92	15	28.30	15	28.14	15	28.34	15	26.86	15	22.86	15	22.53	15	21.70	
		25	28.56	25	28.59	25	28.30	25	27.85	25	28.16	25	28.25	25	28.24	25	28.24	25	25.56	25	22.72	25	22.26	25	22.07	
	2012	5	22.43	5	22.72	5	22.91	5	23.09	5	23.43	5	24.12	5	24.19	5	24.56	5	16.20	5	24.25	5	24.23	5		23.24
		15	22.81	15	22.69	15	22.02	15	23.01	15	23.72	15	24.21	15	24.25	15	25.81	15	15.84	15	24.13	15	24.25	15		
		25	22.75	25	22.80	25	23.05	25	23.14	25	24.03	25	24.30	25	24.30	25	25.06	25	24.34	25	24.02	25	24.23	25		
	2013	5	22.06	5	22.02	5	22.36	5	23.12	5	23.11	5	23.23	5	22.32	5	21.78	5	23.38	5	21.93	5	23.05	5	22.23	22.52
		15	22.58	15	22.56	15	22.65	15	23.38	15	22.82	15	23.74	15	22.63	15	22.07	15	23.67	15	21.38	15	22.58	15	22.35	
		25	21.62	25	21.67	25	22.09	25	22.85	25	23.37	25	22.77	25	22.14	25	21.49	25	23.09	25	22.46	25	21.89	25	22.12	
	2014	5	22.27	5	23.46	5	22.23	5	23.73	5	23.62	5	23.18	5	23.47	5	24.38	5	22.29	5	22.32	5	23.18	5	23.26	22.95
		15	21.96	15	22.86	15	22.15	15	22.96	15	23.13	15	23.39	15	23.89	15	24.12	15	21.97	15	21.98	15	22.97	15	22.89	
		25	22.47	25	23.12	25	22.26	25	23.16	25	22.97	25	23.07	25	24.09	25	23.93	25	21.16	25	22.13	25	23.04	25	23.13	

续表

点号	年份	1月		2月		3月		4月		5月		6月		7月		8月		9月		10月		11月		12月		年平均
		日	水位	日	水位	日	水位	日	水位	日	水位	日	水位	日	水位	日	水位	日	水位	日	水位	日	水位	日	水位	
58	2015	5	22.57	5	22.92	5	22.10	5	21.96	5	21.96	5	21.91	5	21.88	5	21.76	5	21.68	5	21.60	5	21.55	5	21.64	21.96
		15	22.69	15	22.83	15	22.19	15	21.94	15	21.94	15	21.88	15	21.82	15	21.75	15	21.69	15	21.50	15	21.58	15	21.66	
		25	22.97	25	22.97	25	21.98	25	21.97	25	21.96	25	21.87	25	21.80	25	21.71	25	21.65	25	21.54	25	21.61	25	21.63	
84-1	2011	5	26.64	5		5	26.62	5	26.21	5	25.74	5	25.52	5	25.12	5	24.59	5	21.97	5	21.84	5	22.37	5	22.43	24.36
		15	26.68	15	24.01	15	26.26	15	25.89	15	25.66	15	25.70	15	23.70	15	24.21	15	22.24	15	21.97	15	21.85	15	22.36	
		25	26.66	25	26.44	25	26.13	25	26.02	25	25.83	25	25.48	25	24.07	25	23.98	25	22.01	25	22.21	25	22.07	25	22.19	
	2012	5	21.67	5	21.34	5	20.55	5	21.33	5	20.29	5	18.64	5	18.43	5	17.32	5	17.49	5		5		5		19.54
		15	21.45	15	21.22	15	20.73	15	21.07	15	19.55	15	19.05	15	18.34	15	17.51	15	17.80	15		15		15		
		25		25	21.53	25	21.17	25	20.64	25	19.31	25	18.53	25	18.40	25	17.28	25	17.50	25		25		25		
	2013	5	17.45	5	17.23	5	17.69	5	17.78	5	17.95	5	17.74	5	17.60	5	17.68	5	17.81	5	17.36	5	17.56	5	17.46	19.64
		15	17.50	15	17.71	15	17.76	15	17.81	15	17.89	15	17.53	15	17.46	15	17.70	15	17.89	15	17.50	15	17.49	15	17.40	
		25	17.76	25	17.95	25	17.55	25	17.84	25	18.12	25	17.39	25	17.52	25	17.77	25	17.44	25	17.61	25	17.53	25	17.51	
	2014	5	18.64	5	19.49	5	19.27	5	18.32	5	17.48	5	17.00	5	17.21	5	17.50	5	17.55	5	17.70	5	17.52	5	17.53	17.98
		15	19.07	15	19.51	15	19.63	15	18.45	15	17.39	15	17.25	15	17.12	15	17.39	15	17.59	15	17.63	15	17.55	15	17.50	
		25	19.32	25	19.48	25	19.91	25	17.48	25	17.44	25	17.46	25	17.25	25	17.45	25	17.49	25	17.44	25	17.57	25	17.54	
	2015	5	17.21	5	17.30	5	17.40	5	17.37	5	17.38	5	17.31	5	17.24	5	17.23	5	17.26	5	17.22	5	17.18	5	17.20	17.28
		15	17.24	15	17.39	15	17.38	15	17.34	15	17.36	15	17.28	15	17.22	15	17.25	15	17.29	15	17.18	15	17.19	15	17.28	
		25	17.25	25	17.45	25	17.35	25	17.35	25	17.36	25	17.26	25	17.19	25	17.25	25	17.31	25	17.15	25	17.22	25	17.20	
105-1	2011	5		5		5		5		5		5		5		5		5		5		5	20.90	5	21.60	21.03
		15		15		15		15		15		15		15		15		15		15	19.50	15	20.90	15	20.50	
		25		25		25		25		25		25		25		25		25		25	21.20	25	22.50	25	21.10	

续表

点号	年份	1月		2月		3月		4月		5月		6月		7月		8月		9月		10月		11月		12月		年平均
		日	水位	日	水位	日	水位	日	水位	日	水位	日	水位	日	水位	日	水位	日	水位	日	水位	日	水位	日	水位	
105-1	2012	5	20.92	5	21.20	5	22.40	5	21.63	5	20.91	5	28.71	5		5		5		5		5		5		22.87
		15	21.61	15	19.59	15	21.40	15	20.53	15	22.51	15	29.00	15		15		15		15		15		15		
		25		25	21.27	25	25.82	25	21.11	25	20.53	25	29.73	25		25		25		25		25		25		
	2013	5	20.80	5	26.80	5	26.70	5	25.10	5	26.50	5	25.60	5	25.60	5	26.40	5	26.20	5	24.80	5	26.20	5	25.30	25.31
		15	22.20	15	27.10	15	24.40	15	26.90	15	26.60	15	24.40	15	24.40	15	23.30	15	24.80	15	26.60	15	26.30	15	24.10	
		25	25.10	25	26.70	25	25.70	25	27.10	25	27.10	25	23.30	25	23.30	25	24.60	25	24.70	25	26.80	25	26.80	25	23.00	
	2014	5		5		5		5	19.52	5	23.10	5	24.10	5	25.11	5	27.12	5	26.74	5	26.54	5	26.47	5	26.43	25.26
		15		15		15		15	20.10	15	23.30	15	23.20	15	24.22	15	26.89	15	27.22	15	26.49	15	26.48	15	26.41	
		25		25		25		25	24.10	25	24.40	25	24.90	25	26.17	25	27.03	25	26.69	25	26.52	25	26.45	25	26.39	
	2015	5	26.74	5	26.79	5	26.71	5	26.64	5	26.65	5	26.60	5	26.55	5	26.51	5	26.55	5	26.52	5	26.38	5	26.42	26.59
		15	26.85	15	26.73	15	26.68	15	26.63	15	26.63	15	26.56	15	26.53	15	26.50	15	26.59	15	26.48	15	26.41	15	26.50	
		25	26.83	25	26.69	25	26.65	25	26.67	25	26.63	25	26.57	25	26.55	25	26.52	25	26.61	25	26.45	25	26.40	25	26.58	
448	2011	5	56.60	5	56.73	5	55.73	5	54.48	5	54.67	5	55.22	5	56.04	5	57.49	5	57.22	5	56.64	5	56.09	5	55.72	56.00
		15	56.53	15	56.73	15	55.26	15	54.07	15	54.48	15	55.49	15	56.29	15	58.27	15	56.97	15	56.53	15	55.88	15	55.67	
		25	56.62	25	56.34	25	54.87	25	53.88	25	54.97	25	55.73	25	56.90	25	57.34	25	56.75	25	56.31	25	55.89	25	55.48	
	2012	5	55.31	5	55.02	5	55.21	5	55.44	5	55.72	5	56.15	5	56.17	5	56.42	5	56.65	5	56.09	5	56.12	5		55.87
		15	55.13	15	54.97	15	55.33	15	55.48	15	55.90	15	56.22	15	56.20	15	56.63	15	56.44	15	56.05	15	56.15	15		
		25	55.08	25	55.08	25	55.38	25	55.53	25	56.09	25	56.28	25	56.23	25	56.84	25	56.15	25	56.00	25	56.12	25		
	2013	5	58.96	5	58.93	5	60.39	5	56.78	5	57.26	5	59.16	5	58.86	5	57.34	5	55.36	5	56.86	5	54.56	5	57.63	57.54
		15	57.58	15	57.51	15	60.84	15	57.18	15	56.78	15	59.67	15	58.39	15	56.33	15	55.86	15	56.13	15	55.38	15	57.89	
		25	59.03	25	59.11	25	59.88	25	56.27	25	57.74	25	58.69	25	56.83	25	56.33	25	54.86	25	57.16	25	55.79	25	58.12	

续表

点号	年份	1月		2月		3月		4月		5月		6月		7月		8月		9月		10月		11月		12月		年平均
		日	水位	日	水位	日	水位	日	水位	日	水位	日	水位	日	水位	日	水位	日	水位	日	水位	日	水位	日	水位	
448	2014	5	58.36	5	57.63	5	56.76	5	58.69	5	57.63	5	59.16	5	57.69	5	60.13	5	59.25	5	56.83	5	60.93	5	59.21	58.48
		15	59.12	15	58.12	15	57.12	15	58.13	15	58.36	15	58.64	15	59.06	15	59.95	15	58.19	15	57.12	15	58.86	15	58.79	
		25	57.96	25	57.16	25	56.92	25	57.92	25	56.93	25	58.92	25	62.80	25	60.54	25	57.13	25	56.09	25	59.37	25	59.83	
	2015	5	58.18	5	59.87	5	58.16	5	57.67	5	57.65	5	57.60	5	57.52	5	57.50	5	57.59	5	57.55	5	57.53	5	57.56	57.95
		15	59.93	15	60.26	15	57.39	15	57.64	15	57.63	15	57.58	15	57.50	15	57.53	15	57.61	15	57.59	15	57.55	15	57.52	
		25	60.26	25	60.12	25	57.68	25	57.62	25	57.66	25	57.55	25	57.52	25	57.55	25	57.60	25	57.54	25	57.58	25	57.50	
C4	2011	7	15.88	7	16.07	7	16.22	7	15.53	7	15.21	7	12.94	7	13.72	7	14.87	7	14.52	7	11.85	7	10.36	7	9.61	13.73
		17	15.90	17	16.15	17	16.26	17	15.17	17	15.23	17	12.35	17	14.42	17	15.08	17	13.61	17	11.37	17	10.04	17	9.86	
		27	15.98	27	16.18	27	15.90	27	15.19	27	13.51	27	13.01	27	14.64	27	14.67	27	12.73	27	10.91	27	9.85	27	9.49	
	2012	7	9.52	7	9.47	7	9.01	7	8.86	7	9.28	7	10.12	7	10.55	7	11.01	7	11.01	7	10.66	7	10.40	7		10.01
		17	9.55	17	9.43	17	8.57	17	8.90	17	9.64	17	10.23	17	10.74	17	11.10	17	10.86	17	10.62	17	10.23	17		
		27	9.51	27	9.22	27	8.81	27	8.94	27	10.01	27	10.34	27	10.95	27	11.17	27	10.72	27	10.57	27	10.40	27		
	2013	7	15.58	7	15.51	7	15.78	7	15.92	7	15.12	7	15.78	7	16.10	7	15.96	7	16.16	7	15.76	7	15.83	7	16.08	15.73
		17	15.24	17	15.31	17	16.01	17	15.64	17	15.43	17	16.27	17	16.61	17	16.26	17	15.86	17	15.21	17	14.96	17	15.93	
		27	16.14	27	16.07	27	15.47	27	15.67	27	15.41	27	15.29	27	15.62	27	15.66	27	15.56	27	15.92	27	15.12	27	16.13	
	2014	7	16.12	7	15.86	7	15.96	7	15.93	7	15.78	7	15.85	7	15.86	7	16.32	7	14.87	7	15.34	7	15.36	7	15.43	15.61
		17	16.27	17	15.72	17	15.13	17	15.21	17	15.12	17	15.12	17	16.12	17	15.98	17	14.51	17	15.92	17	15.01	17	15.72	
		27	16.38	27	15.96	27	15.52	27	16.12	27	15.53	27	15.34	27	16.68	27	16.03	27	14.32	27	14.63	27	15.57	27	15.32	
	2015	7	15.49	7	15.37	7	15.72	7	15.55	7	15.51	7	15.40	7	15.44	7	15.36	7	15.39	7	15.38	7	15.26	7	15.28	15.43
		17	15.61	17	15.72	17	15.68	17	15.52	17	15.47	17	15.41	17	15.40	17	15.37	17	15.41	17	15.36	17	15.28	17	15.22	
		27	15.67	27	15.13	27	15.57	27	15.53	27	15.44	27	15.43	27	15.38	27	15.35	27	15.41	27	15.30	27	15.31	27	15.21	

续表

点号	年份	1月		2月		3月		4月		5月		6月		7月		8月		9月		10月		11月		12月		年平均
		日	水位	日	水位	日	水位	日	水位	日	水位	日	水位	日	水位	日	水位	日	水位	日	水位	日	水位	日	水位	
20	2011	6	17.73	6	17.86	6	17.84	6	17.86	6	18.16	6	15.05	6	16.75	6	17.91	6	17.54	6	17.04	6	16.63	6	16.06	17.13
		16	17.72	16	17.93	16	17.80	16	17.88	16	18.31	16	14.67	16	17.80	16	17.98	16	17.35	16	16.87	16	16.52	16	15.83	
		26	17.18	26	17.88	26	17.82	26	18.01	26	15.51	26	15.70	26	17.85	26	17.66	26	17.14	26	16.75	26	16.28	26	15.92	
	2012	6	16.01	6	16.02	6		6		6	15.37	6	15.44	6	15.68	6	15.98	6	15.94	6	15.60	6	15.52	6		15.74
		16	16.12	16	15.98	16		16		16	15.36	16	15.55	16	15.75	16	16.06	16	15.79	16	15.55	16	15.44	16		
		26	16.06	26		26		26		26	15.66	26	15.63	26	15.91	26	16.12	26	15.65	26	15.51	26	15.52	26		
	2013	6	17.59	6	17.61	6	17.41	6	17.55	6	17.38	6	17.52	6	17.56	6	17.52	6	17.83	6	17.53	6	17.46	6	17.58	17.54
		16	17.37	16	17.32	16	17.49	16	17.64	16	17.49	16	17.62	16	17.67	16	17.62	16	17.93	16	17.64	16	17.52	16	17.49	
		26	17.74	26	17.45	26	17.34	26	17.66	26	17.27	26	17.43	26	17.48	26	17.42	26	17.74	26	17.42	26	17.53	26	17.53	
	2014	6	17.82	6	17.67	6	17.89	6	17.96	6	17.89	6	17.92	6	17.96	6	19.06	6	18.12	6	17.56	6	17.78	6	17.83	17.95
		16	17.47	16	17.52	16	17.78	16	17.72	16	17.73	16	17.83	16	18.62	16	18.97	16	17.89	16	17.68	16	17.86	16	17.92	
		26	17.58	26	17.68	26	17.83	26	17.81	26	17.81	26	17.86	26	19.34	26	19.02	26	17.86	26	17.61	26	17.74	26	17.78	
	2015	6	17.81	6	17.76	6	17.63	6	17.63	6	17.61	6	17.60	6	17.58	6	17.55	6	17.55	6	17.55	6	17.51	6	17.42	17.59
		16	17.89	16	17.68	16	17.68	16	17.66	16	17.63	16	17.58	16	17.59	16	17.51	16	17.52	16	17.51	16	17.50	16	17.40	
		26	17.85	26	17.60	26	17.62	26	17.62	26	17.66	26	17.59	26	17.56	26	17.52	26	17.58	26	17.48	26	17.46	26	17.43	
282-1	2014	16	15.86	16	15.91	16	15.96	16	15.92	16	15.92	16	16.34	16	16.58	16	16.12	16	15.42	16	15.36	16	15.46	16	15.93	15.90
	2015	16	15.93	16	14.19	16	15.93	16	15.90	16	15.87	16	15.81	16	15.75	16	15.69	16	15.71	16	15.62	16	15.57	16	15.55	15.63
98	2011	5	19.38	5		5	19.36	5	19.24	5	18.88	5	18.59	5	18.35	5	19.42	5	18.35	5	18.22	5	18.62	5	18.71	18.82
		15	19.42	15	17.88	15	19.28	15	19.04	15	18.85	15	18.84	15	18.67	15	19.16	15	18.61	15	18.45	15	18.15	15	18.60	
		25	19.51	25	19.36	25	19.22	25	19.29	25	18.97	25	18.52	25	19.02	25	18.96	25	18.44	25	18.50	25	18.31	25	18.43	
	2012	5	18.94	5	18.17	5	18.60	5	18.67	5	17.63	5	16.67	5	16.81	5	16.29	5	16.44	5		5		5		17.41

续表

点号	年份	1月		2月		3月		4月		5月		6月		7月		8月		9月		10月		11月		12月		年平均
		日	水位	日	水位	日	水位	日	水位	日	水位	日	水位	日	水位	日	水位	日	水位	日	水位	日	水位	日	水位	
98	2012	15	18.70	15	18.49	15	18.07	15	18.26	15	17.34	15	16.84	15	16.27	15	16.47	15	16.61	15		15		15		17.41
		25		25	18.21	25	18.38	25	17.86	25	17.05	25	16.41	25	16.81	25	16.27	25	16.34	25		25		25		
	2013	5	18.48	5	19.00	5	18.70	5	16.25	5	16.27	5	16.10	5	16.57	5	16.51	5	16.70	5	16.48	5	16.60	5	16.50	17.02
		15	18.67	15	18.67	15	18.60	15	16.20	15	16.20	15	16.02	15	16.38	15	16.54	15	16.82	15	16.67	15	16.66	15	16.57	
		25	18.88	25	18.82	25	18.58	25	16.10	25	16.41	25	15.99	25	16.44	25	16.63	25	16.63	25	16.73	25	16.56	25	16.69	
510	2011	18	13.82	18	13.91	18	13.73	18	13.93	18	14.17	18	13.95	18	13.74	18	13.84	18	13.47	18	12.61	18	12.28	18	11.19	13.39
	2012	18	10.47	18	10.26	18	10.84	18	11.65	18	12.74	18	12.68	18	11.86	18	12.02	18	11.47	15		15		15		11.55
	2013	18	12.26	18	12.29	18	12.62	18	12.78	18	13.13	18	12.82	18	12.73	18	12.51	18	12.06	18	12.68	18	12.76	18	12.87	12.63
	2014	18	12.86	18	13.23	18	13.32	18	12.47	18	13.41	18	13.45	18	13.09	18	13.12	18	12.75	15	12.49	15	12.45	15	12.58	12.94
	2015	18	12.87	18	12.76	18	12.23	18	13.18	18	13.15	18	13.08	18	13.05	18	13.00	18	13.04	18	12.94	18	12.97	18	12.90	12.93
515	2011	8	10.44	8	10.25	8	11.38	8	11.97	8	12.11	8	9.63	8	10.91	8	11.67	8	10.98	8	9.50	8	8.71	8	8.51	10.44
		18	10.21	18	10.68	18	11.75	18	12.08	18	12.13	18	9.34	18	11.76	18	11.54	18	10.46	18	8.96	18	8.58	18	8.49	
		28	10.23	28	11.03	28	11.87	28	12.09	28	9.90	28	10.08	28	11.72	28	11.02	28	10.03	28	8.83	28	8.54	28	8.48	
	2012	8	8.51	8	8.42	8	8.91	8	9.16	8	9.62	8	9.97	8	10.93	8	13.42	8	13.20	8	12.52	8	12.24	8		10.66
		18	8.52	18	8.84	18	8.96	18	9.25	18	9.90	18	9.78	18	12.19	18	13.46	18	12.89	18	12.45	18	12.09	18		
		28	8.46	28	8.87	28	9.05	28	9.34	28	10.19	28	9.53	28	13.37	28	13.51	28	12.60	28	12.39	28	9.36	28		
	2013	8	10.90	8	10.92	8	11.27	8	11.21	8	11.23	8	11.28	8	10.63	8	10.48	8	10.46	8	11.20	8	10.76	8	10.80	10.94
		18	10.74	18	10.92	18	11.27	18	11.14	18	11.33	18	11.28	18	10.64	18	10.49	18	10.56	18	11.13	18	10.68	18	10.73	
		28	11.03	28	11.11	28	11.36	28	11.29	28	11.41	28	11.31	28	10.54	28	10.47	28	10.36	28	11.26	28	10.63	28	10.86	
	2014	8	11.12	8	11.36	8	10.72	8	10.61	8	10.64	8	10.58	8	10.57	8	10.48	8	10.51	8	10.54	8	10.56	8	10.45	10.68
		18	11.21	18	11.40	18	10.69	18	10.63	18	10.63	18	10.53	18	10.54	18	10.45	18	10.55	18	10.55	18	10.49	18	10.42	

续表

点号	年份	1月		2月		3月		4月		5月		6月		7月		8月		9月		10月		11月		12月		年平均
		日	水位	日	水位	日	水位	日	水位	日	水位	日	水位	日	水位	日	水位	日	水位	日	水位	日	水位	日	水位	
515	2014	28	11.43	28	11.38	28	10.63	28	10.66	28	10.61	28	10.55	28	10.51	28	10.49	28	10.57	28	10.58	28	10.47	28	10.40	10.68
		8	13.74	8	13.85	8	14.15	8	14.78	8	14.63	8	14.54	8	14.39	8	14.19	8	13.81	8	13.18	8	11.52	8	11.22	
	2011	18	13.73	18	13.92	18	14.27	18	15.06	18	14.41	18	14.51	18	14.32	18	14.13	18	13.57	18	12.86	18	10.25	18	11.65	13.58
		28	13.79	28	14.03	28	14.52	28	14.85	28	14.57	28	14.46	28	14.27	28	13.95	28	13.37	28	12.05	28	10.67	28	11.57	
		8	11.52	8	11.32	8	11.37	8	11.49	8	11.92	8	12.51	8	12.01	8	11.91	8	11.85	8	11.48	8	11.47	8		
	2012	18	11.44	18	11.28	18	11.42	18	11.52	18	12.29	18	12.37	18	11.94	18	11.97	18	11.47	18	11.45	18	11.51	18		11.71
		28	11.39	28	11.32	28	11.45	28	11.56	28	12.65	28	12.24	28	11.85	28	12.03	28	11.52	28	11.43	28	11.54	28		
		8	11.82	8	11.85	8	12.56	8	12.49	8	12.97	8	12.53	8	12.87	8	12.72	8	12.16	8	12.23	8	12.13	8	12.91	
516-1	2013	18	11.57	18	11.64	18	12.64	18	12.41	18	12.84	18	12.59	18	12.96	18	12.82	18	12.07	18	12.14	18	12.24	18	12.87	12.44
		28	12.13	28	12.17	28	12.44	28	12.55	28	12.86	28	12.47	28	12.76	28	12.62	28	12.25	28	12.32	28	12.18	28	12.95	
		8	12.95	8	12.26	8	12.52	8	12.38	8	12.78	8	12.65	8	12.56	8	13.08	8	12.23	8	12.57	8	11.83	8	12.62	
	2014	18	12.89	18	12.32	18	12.46	18	12.31	18	12.67	18	12.86	18	13.78	18	12.91	18	11.97	18	12.78	18	11.72	18	12.54	12.57
		28	12.98	28	12.30	28	12.48	28	12.28	28	12.71	28	12.74	28	13.78	28	12.95	28	11.86	28	12.54	28	11.78	28	12.65	
		8	12.16	8	12.27	8	12.43	8	12.34	8	12.32	8	12.30	8	12.24	8	12.18	8	12.24	8	12.20	8	12.17	8	12.11	
	2015	18	12.23	18	12.19	18	12.38	18	12.32	18	12.33	18	12.24	18	12.21	18	12.22	18	12.26	18	12.18	18	12.15	18	12.18	12.25
		28	12.31	28	12.21	28	12.31	28	12.35	28	12.37	28	12.26	28	12.20	28	12.22	28	12.24	28	12.18	28	12.14	28	12.17	
	2011	14	10.62	14	10.73	14	10.73	14	10.89	14	10.86	14	10.98	14	10.87	14	10.86	14	10.24	14	8.36	14	7.84	14	9.78	10.23
	2012	14		14		14		14	15.66	14	15.78	14	15.84	14	16.01	14	16.42	14	15.95	14		14		14		15.94
X30	2013	14	15.56	14	15.59	14	15.72	14	15.54	14	15.63	14	15.52	14	16.45	14	15.52	14	15.56	14	15.76	14	15.82	14	15.55	15.69
	2014	14	15.62	14	15.63	14	15.52	14	15.43	14	15.53	14	15.48	14	16.06	14	16.13	14	15.18	14	15.57	14	15.63	14	15.68	15.62
	2015	14	15.86	14	15.89	14	15.64	14	15.62	14	15.57	14	15.51	14	15.48	14	15.44	15	15.49	14	15.40	14	15.36	14	15.46	15.56

续表

点号	年份	1月		2月		3月		4月		5月		6月		7月		8月		9月		10月		11月		12月		年平均
		日	水位	日	水位	日	水位	日	水位	日	水位	日	水位	日	水位	日	水位	日	水位	日	水位	日	水位	日	水位	
72-1	2011	5	22.00	5		5	21.81	5	21.82	5	22.51	5	21.00	5	20.68	5	20.41	5	19.56	5	18.81	5	18.84	5	19.46	20.60
		15	22.17	15	21.63	15	21.63	15	21.63	15	21.67	15	21.33	15	20.43	15	20.18	15	19.75	15	18.67	15	18.64	15	19.00	
		25	22.28	25	21.46	25	21.52	25	22.66	25	21.94	25	20.93	25	20.26	25	20.37	25	19.50	25	18.79	25	18.90	25	18.84	
	2012	5	18.68	5	18.51	5	18.32	5	18.85	5	20.00	5	20.00	5	19.52	5	20.33	5	20.22	5		5		5		19.44
		15	18.43	15	18.37	15	18.00	15	19.94	15	19.71	15	20.18	15	19.66	15	19.70	15	20.43	15		15		15		
		25		25	18.49	25	18.51	25	20.21	25	19.58	25	19.79	25	19.87	25	20.00	25	20.17	25		25		25		
	2013	5	18.48	5	19.00	5	18.70	5	18.64	5	18.83	5	18.81	5	19.00	5	19.37	5	19.78	5	18.71	5	18.77	5	18.70	18.88
		15	18.67	15	18.67	15	18.60	15	18.66	15	18.76	15	18.60	15	18.84	15	19.23	15	19.85	15	18.80	15	18.74	15	18.69	
		25	18.88	25	18.82	25	18.58	25	18.68	25	19.00	25	18.47	25	18.79	25	19.58	25	19.80	25	18.64	25	18.67	25	18.73	
	2014	5	19.78	5	20.85	5	20.53	5	19.11	5	18.72	5	18.40	5	18.51	5	18.55	5	18.49	5	18.74	5	18.69	5	18.80	19.13
		15	20.54	15	20.87	15	20.76	15	19.27	15	18.60	15	18.48	15	18.45	15	18.61	15	18.53	15	18.84	15	18.71	15	18.73	
		25	20.61	25	20.70	25	20.80	25	18.80	25	18.52	25	18.33	25	18.35	25	18.29	25	18.63	25	18.60	25	18.76	25	18.75	
	2015	5	18.55	5	18.61	5	18.63	5	18.53	5	18.55	5	18.50	5	18.45	5	18.40	5	18.52	5	18.81	5	18.84	5	19.46	18.62
		15	18.61	15	18.53	15	18.55	15	18.55	15	18.57	15	18.46	15	18.41	15	18.45	15	18.57	15	18.67	15	18.64	15	19.00	
		25	18.67	25	18.59	25	18.51	25	18.52	25	18.52	25	18.47	25	18.42	25	18.50	25	18.59	25	18.79	25	18.90	25	18.84	
78	2011	5	28.21	5		5	26.97	5	26.98	5	27.08	5	27.24	5	26.96	5	26.63	5	24.97	5	24.85	5	25.09	5	25.47	26.51
		15	28.29	15	26.63	15	26.80	15	27.36	15	27.63	15	27.54	15	26.74	15	26.86	15	25.36	15	25.06	15	26.49	15	24.73	
		25	28.10	25	26.40	25	26.63	25	27.54	25	27.95	25	27.28	25	25.91	25	27.08	25	25.12	25	25.27	25	25.16	25	25.53	
	2012	5	25.34	5	25.09	5	25.33	5	25.63	5	25.96	5	25.04	5	24.97	5	25.04	5	25.20	5		5		5		25.32
		15	25.13	15	25.24	15	24.84	15	26.03	15	25.63	15	24.87	15	25.22	15	25.25	15	25.45	15		15		15		
		25		25	25.18	25	25.46	25	26.26	25	25.50	25	25.20	25	25.40	25	24.97	25	25.04	25		25		25		

续表

点号	年份	1月		2月		3月		4月		5月		6月		7月		8月		9月		10月		11月		12月		年平均
		日	水位	日	水位	日	水位	日	水位	日	水位	日	水位	日	水位	日	水位	日	水位	日	水位	日	水位	日	水位	
209	2011	6	20.66	6	20.92	6	20.50	6	20.22	6	20.45	6	17.89	6	18.61	6	20.23	6	20.23	6	19.56	6	19.14	6	18.26	19.61
		16	20.41	16	20.99	16	19.89	16	20.21	16	20.21	16	17.01	16	19.42	16	20.33	16	20.10	16	19.41	16	18.78	16	17.65	
		26	20.84	26	20.75	26	20.24	26	20.32	26	18.42	26	18.02	26	19.80	26	20.31	26	19.96	26	19.50	26	18.50	26	18.05	
	2012	6	18.09	6	18.07	6	18.12	6	18.14	6	18.52	6	18.41	6		6		6		6		6		6		18.32
		16	18.14	16	18.04	16	18.17	16	18.16	16	18.90	16	18.52	16		16		16		16		16		16		
		26	18.11	26	18.08	26	18.16	26	18.15	26	19.27	26	18.64	26		26		26		26		26		26		
	2013	6	19.92	6	19.89	6	20.21	6	18.46	6	18.52	6	19.93	6	18.32	6	19.83	6	20.32	6	19.02	6	19.78	6	18.47	19.39
		16	19.83	16	19.81	16	20.28	16	18.57	16	18.61	16	19.98	16	18.43	16	20.03	16	20.02	16	18.98	16	19.83	16	18.41	
		26	19.94	26	19.89	26	20.07	26	18.54	26	18.43	26	19.88	26	18.24	26	19.64	26	20.61	26	19.03	26	19.86	26	18.52	
B5	2011	5		5		5		5		5		5		5		5		5		5		5		5		11.59
		17	13.16	17	13.39	17	13.48	17	12.59	17	12.63	17	10.36	17	12.46	17	12.86	17	10.96	17	9.48	17	9.03	17	8.69	
		25		25		25		25		25		25		25		25		25		25		25		25		
	2012	7	8.44	7	8.91	7	8.61	7	8.56	7	8.95	7	9.63	7	9.76	7	9.97	7	10.09	7	9.76	7	9.71	7		9.37
		17	8.99	17	8.88	17	8.48	17	8.61	17	9.26	17	9.68	17	9.81	17	10.11	17	9.95	17	9.74	17	9.68	17		
		27	8.95	27	8.75	27	8.52	27	8.66	27	9.57	27	9.73	27	9.84	27	10.25	27	9.79	27	9.73	27	9.71	27		
	2013	7	15.32	7	15.30	7	15.43	7	15.82	7	15.62	7	14.93	7	15.63	7	15.48	7	15.72	7	15.53	7	15.53	7	15.72	15.52
		17	15.79	17	15.84	17	15.71	17	15.28	17	15.93	17	15.43	17	16.14	17	15.98	17	16.02	17	15.78	17	14.86	17	15.13	
		27	15.91	27	15.84	27	15.76	27	15.24	27	15.94	27	14.44	27	15.14	27	14.98	27	15.43	27	15.21	27	15.12	27	15.86	
	2014	7	15.86	7	15.23	7	16.06	7	16.13	7	15.96	7	16.12	7	15.16	7	17.08	7	14.12	7	14.69	7	14.53	7	15.08	15.42
		17	15.23	17	15.52	17	15.92	17	15.31	17	15.08	17	15.38	17	16.38	17	16.83	17	13.57	17	13.96	17	15.27	17	14.86	
		27	15.71	27	15.34	27	16.23	27	15.83	27	16.21	27	15.69	27	17.12	27	16.92	27	13.12	27	14.17	27	13.98	27	15.43	

续表

点号	年份	1月		2月		3月		4月		5月		6月		7月		8月		9月		10月		11月		12月		年平均
		日	水位	日	水位	日	水位	日	水位	日	水位	日	水位	日	水位	日	水位	日	水位	日	水位	日	水位	日	水位	
B5	2015	7	15.12	7	15.60	7	15.38	7	15.35	7	15.35	7	15.36	7	15.32	7	15.23	7	15.29	7	15.45	7	15.62	7	15.60	15.39
		17	15.57	17	15.12	17	15.13	17	15.37	17	15.36	17	15.32	17	15.25	17	15.20	17	15.30	17	15.49	17	15.61	17	15.54	
		27	15.89	27	14.93	27	15.87	27	15.34	27	15.38	27	15.30	27	15.22	27	15.22	27	15.39	27	15.55	27	15.65	27	15.49	
X6	2011	18	20.06	18	20.19	18	18.98	18	19.51	18	19.59	18	19.54	18	19.56	18	19.49	18	19.03	18	18.13	18	17.84	18	17.36	19.11
	2012	18	17.22	18	17.03	18	17.35	18	17.56	18	18.06	18	17.99	18	18.73	18	18.88	18	18.51	18	18.43	18	18.51	18		19.10
	2013	18	19.33	18	19.36	18	19.36	18	19.68	18	19.43	18	19.83	18	19.56	18	19.40	18	19.52	18	19.53	18	19.72	18	19.63	19.53
	2014	18	19.73	18	19.62	18	19.83	18	19.78	18	19.92	18	19.71	18	20.12	18	19.13	18	18.91	18	19.63	18	19.27	18	19.34	19.58
	2015	18	19.62	18	19.41	18	19.65	18	19.58	18	19.55	18	19.48	18	19.40	18	19.35	18	19.41	18	19.55	18	19.49	18	19.40	19.49

四、地下水质资料

咸阳市地下水质资料表

点号	年份	pH	色(度)	浑浊度(度)	臭和味	肉眼可见物	阳离子(mg/L)								阴离子(mg/L)					
							钾	钠	钙	镁	氨氮	三价铁	二价铁	锰	氯化物	硫酸盐	重碳酸盐	碳酸盐	硝酸盐	亚硝酸盐
36	2011	7.99					2.17	202	31.2	47.8	0.14	<0.03			105	192	423	0	31.4	<0.002
	2012	8.3					1.5	190	22	40	0.06	<0.030		<0.010	62	128	490	6.2	24.1	0.02
	2013	8.15					1.89	213	29.1	47.7	0.17	<0.030		<0.010	103	195	489	0	35.2	0.02
	2014	8.66					1.5	206	23	42.5	0.11	<0.03		0.01	63	117	471	27.3	34	0.03
	2015	8.58					2.25	166	32.1	21.9	54.3	<0.030		0.21	95	170	380	11.5	41	0.03
41	2011	8.21					1.91	168	51.3	75	0.053	1.41			104	208	586	0	0.098	<0.002
	2012	8.31					2	181	46	78	0.03	0.4		0.16	96	180	572	6.2	373	1.8
	2013	8.12					1.68	177	45.9	75.8	0.23	<0.030		0.07	112	210	566	0	6.06	<0.002
	2014	8.71					1.77	171	43.5	81.2	0.11	0.13		0.21	98	170	604	18.2	11.7	<0.001
	2015	8.49					1.64	139	49	81.3	0.05	0.16		0.14	108	173	561	2.9	0.6	<0.001
51	2011	8.19					1.38	118	34.8	47.3	0.049	0.21		0.1	72.2	101	408	0	0.52	0.011
	2012	8.32					1.64	109	39	58.3	0.024	0.06		0.12	60	99	497	6.2	0.9	0.01
	2013	8.2					1.68	117	40.5	57.6	0.1	<0.030		0.1	78.5	124	458	2.98	3.3	0.01
	2014	8.46					2.1	97.6	46.4	37.3	0.66	0.177		0.17	55	81	350	6.1	5.79	0.35
	2015	8.12					1.6	107	43.6	62.2	0.08	0.14		0.06	81	119	444	0	1.75	0.01
336	2011	8.23					7.06	355	84.5	126	0.053	0.01			279	366	899	0	102	0.004
	2012	8					4.1	343	73	122	0.02	<0.030		<0.010	228	320	836	0	52	0.03
	2013	7.66					4.87	375	68.9	120	0.02	<0.030		0.04	278	400	860	0	68.7	0.01
	2014	8.55					1.16	155	35	36.9	0.13	0.045		0.04	86	138	351	6.1	9.9	<0.001
	2015	8.48					1.12	150	35.6	36.1	0.06	0.05		<0.01	94	144	351	5.8	0.7	<0.001
GQ18	2011	7.66					0.53	86	53.4	132	<0.02	<0.03		<0.010	158	91.9	473	0	215	0.83
	2012	8.32					4.02	146	22.1	169	<0.02	<0.03		<0.010	138	212	559	9.28	269	17.3
	2013	8.13					1.79	138	51.6	101	0.14	<0.030		<0.010	115	104	422	5.98	322	0.02
	2014	8.51					1.09	132	54.1	114	0.098	<0.03		<0.010	114	90.4	416	15.1	270	0.035
	2015	8.56					0.79	109	35.4	83	0.06	<0.03		<0.01	70.9	83	473	25.9	64.5	0.03
GQ20	2011	7.49					8.88	76.3	53.4	21.8	0.35	<0.030			31.5	83.3	286	0	15	0.048
	2012	7.93					5.4	211	46.3	52	0.18	<0.030		<0.010	116	155	575	0	14.1	0.02
	2013	8.28					0.91	365	23.2	86.6	0.08	<0.030		<0.010	240	293	711	0	41.9	0.01
	2014	8.7					1.87	310	29	70.9	0.14	<0.03		<0.010	168	201	567	27.3	37.6	0.012
	2015	8.53					0.77	376	25.1	101	0.07	<0.03		0.06	232	357	724	2.9	36.6	0.01
46	2011	8.24					1.54	2.86	32.1	4.6	0.14	<0.03			5.28	18.8	86.3	0	5.46	<0.002
	2012	8.03					1.7	10	26	3.5	<0.02	<0.03		<0.010	6.3	22	85	0	4	0.01
	2013	8.33					2.46	262	35.6	53.5	0.34	<0.030		<0.010	130	305	471	23.9	6.38	<0.002
	2014	8.66					2.1	246	33.7	51.5	0.14	0.21		0.01	106	229	453	24.2	11.2	<0.001
	2015	8.15					1.07	2.09	25.2	3.2	0.06	0.03		0.11	7	12	70	0	5.96	<0.001

溶解性总固体(mg/L)	COD(mg/L)	可溶性 SiO_2(mg/L)	硬度(以碳酸钙计,mg/L)			其他指标(mg/L)								取样时间
			总硬	暂硬	永硬	挥发酚	氰化物	氟离子	砷	六价铬	铅	镉	汞	
845	0.57	13.6	275	275	0	<0.002	<0.002	1.02	0.0007	0.081	<0.002	<0.0002	<0.000 04	2011.10.25
757	0.63	16.1	219	219	0			1.5						
836	0.8	16	269	269	0	<0.002	<0.002	0.14	0.003	0.08	<0.002	<0.0002	<0.000 04	2013.09.30
721	0.31	17	233	233	0	<0.002	<0.002	1.04	0.0025	0.12	<0.002	<0.0002	<0.000 04	2014.08.28
833	0.36	16.4	304	304	0	<0.002	<0.002	1.18	0.004	0.1	<0.002	<0.0002	<0.000 04	2015.08.27
896	1.24	12.7	437	437	0	<0.002	<0.002	0.85	<0.0004	<0.010	<0.002	<0.0002	<0.000 04	2011.11.25
911	0.96	13	436	434	0			0.7						
893	1.12	12.9	427	427	0	<0.002	<0.002	1.22	0.0007	<0.01	<0.002	<0.0002	<0.000 04	2013.09.30
866	0.71	13.7	443	443	0	<0.002	<0.002	0.92	<0.0004	<0.01	<0.002	<0.0002	<0.000 04	2014.08.28
839	0.59	13.3	457	457	0	<0.002	<0.002	0.87	0.002	<0.01	<0.002	<0.0002	<0.000 04	2015.08.27
575	2.18	13.9	282	282	0	<0.002	<0.002	1.06	<0.0004	<0.010	<0.002	<0.0002	<0.000 04	2011.11.25
638	1.73	15	337	337	0	<0.002	<0.002	0.85	0.0014	<0.01	<0.002	<0.0002	<0.000 04	2012.08.29
647	1.12	13.4	338	338	0	<0.002	<0.002	0.85	0.0006	<0.01	<0.002	<0.0002	<0.000 04	2013.09.30
500	1.18	17.1	269	269	0	<0.002	<0.002	0.56	<0.0004	<0.01	<0.002	<0.0002	<0.000 04	2014.08.28
638	1	13.2	365	364	1	<0.002	<0.002	0.91	0.0008	<0.01	<0.002	<0.0002	<0.000 04	2015.08.27
1873	0.85	20.9	730	730	0	<0.002	<0.002	0.56	0.0023	<0.01	<0.002	<0.0002	<0.000 04	2011.11.25
1570	0.78	20	685	684				0.6						
1764	0.8	19.3	666	666	0	<0.002	<0.002	1.21	0.006	0.03	<0.002	<0.0002	<0.000 04	2013.09.30
633	0.82	15.3	239	239	0	<0.002	<0.002	0.85	<0.0004	<0.01	<0.002	<0.0002	<0.000 04	2014.08.28
622	0.79	14.4	238	238	0	<0.002	<0.002	0.98	0.004	<0.01	<0.002	<0.0002	<0.000 04	2015.08.27
996	0.89	13.2	677	388	289	<0.002	<0.002	1.63	<0.0004	0.027	<0.002	<0.0002	<0.000 04	2011.10.25
1236	13	5.2	750	474	276	<0.002	<0.002	1.45	<0.001	<0.01	<0.002	<0.0002	<0.000 04	2012.08.31
1059	0.48	14.9	545	349	196	<0.002	<0.002	1.52	0.002	0.01	<0.002	<0.0002	<0.000 04	2013.09.30
1055	0.78	15.5	605	354	251	<0.002	<0.002	1.36	0.0011	<0.01	<0.002	<0.0002	<0.000 04	2014.08.28
694	0.28	16.4	460	409	51	<0.002	<0.002	1.53	0.002	0.04	<0.002	<0.0002	<0.000 04	2015.08.27
461	5.58	20.1	223	223	0	<0.002	<0.002	1	0.006	<0.01	<0.002	<0.0002	<0.000 04	2011.10.25
936	5.84	17	330	330	0			1.8						
1405	0.56	11.8	414	414	0	<0.002	<0.002	2.72	0.004	0.01	<0.002	<0.0002	<0.000 04	2013.09.30
1126	1.06	11.6	364	364	0	<0.002	<0.002	1.95	0.003	0.081	<0.002	<0.0002	<0.000 04	2014.08.28
1458	0.47	11.2	478	478	0	<0.002	<0.002	2.36	0.003	0.1	<0.002	<0.0002	<0.000 04	2015.08.27
112	1.79	7.6	99	71	28	<0.002	<0.002	0.09	<0.0004	<0.01	<0.002	<0.0002	<0.000 04	2011.11.25
114	1.8	6	79	70	8			0.1						
1008	0.56	12.5	309	309	0	<0.002	<0.002	1.45	0.003	<0.01	<0.002	<0.0002	<0.000 04	2013.09.30
904	0.39	13.7	296	296	0	<0.002	<0.002	1	0.0018	<0.01	<0.002	<0.0002	<0.000 04	2014.08.28
96	1.5	5.3	76	58	19	<0.002	<0.002	0.1	0.0007	<0.01	<0.002	<0.0002	<0.000 04	2015.08.27

续表

点号	年份	pH	色(度)	浑浊度(度)	臭和味	肉眼可见物	阳离子(mg/L)								阴离子(mg/L)						矿
							钾	钠	钙	镁	氨氮	三价铁	二价铁	锰	氯化物	硫酸盐	重碳酸盐	碳酸盐	硝酸盐	亚硝酸盐	
A6	2011	8.67					0.81	74.6	31.7	11.4	0.14	0.11			24.6	37.9	256	5.85	0.028	<0.002	
	2012	8.5					0.9	81	31	9.3	<0.02	0.04		0.11	25	39	247	7.74	0.42	0.32	
	2013	8.39					1.57	91.9	37.9	36	0.13	0.04		0.04	49.6	77.6	352	14.9	2	<0.18	
	2014	8.7					1.32	91.8	36.3	21.9	0.15	0.05		0.08	35	60	314	15.1	3.69	<0.001	5
	2015	8.65					1.15	95.4	48.5	22.3	0.03	0.06		<0.010	41	68	339	5.8	0.23	<0.001	6
505	2011	8.29					1.18	73.7	38.5	17.2	0.049	0.37			21.9	39.7	324	0	0.2	<0.002	
	2012	8.08					1.21	77	37.4	18.2	0.05	0.11		0.25	20	56.8	329	0	0.2	<0.002	
	2013	7.7					2.55	186	83	53.1	0.18	<0.030		0.65	101	277	510	0	6.15	0.17	
	2014	7.84					2.49	184	96.7	57.8	0.22	0.21		0.14	98	281	517	0	9.9	0.097	13
	2015	7.76					2.51	155	126	62.8	0.07	0.08		0.10	116	345	529	0	0.63	0.09	13
19-2	2013	8.21					1.27	158	40.1	47.4	0.16	<0.030		0.035	57.5	140	538	2.98	3.05	<0.002	
	2014	8.68					1.2	131	31.9	34.9	0.2	0.16		0.10	35	86	400	21.2	5.14	<0.001	7
	2015	8.56					1.17	122	40.2	38.2	0.05	0.07		0.16	44	105	441	11.5	0.44	<0.001	8
C4	2011	8.46					1.31	82.9	45.2	20.3	0.12	0.14			30.7	54	327	5.85	0.25	0.01	
	2012	8.2					1.2	96	44	17	<0.02	0.12		0.02	34	144	256	0	0.75	<0.002	
	2013	8.25					0.81	80.7	32.6	9.2	0.05	<0.030		0.03	28.2	45.9	246	8.96	0.9	<0.002	
	2014	8.67					1.07	92.8	36	18.9	0.13	0.11		0.10	38	65	296	6.1	4.27	<0.001	5
	2015	8.55					1.25	86.5	44.6	22.6	0.06	0.04		0.04	37	60	14.4	324	0.27	<0.001	5
26	2011	8.21					0.96	139	31.3	24	0.064	0.06			73.8	106	327	0	0.12	<0.002	
	2012	8.3					1.2	154	30	26.4	0.021	0.2		0.07	75	102	333	6.2	1.8	0.027	
	2013	8.41					1.4	149	47.3	43.3	0.12	<0.030		<0.010	63.5	134	474	20.9	3.1	0.01	
	2014	8.6					1.39	142	37.4	38.3	0.065	0.052		0.06	48	108	443	12.1	8.22	<0.001	8
	2015	8.4					1.31	127	42.9	39	0.05	<0.030		0.19	49	111	444	17.2	0.66	<0.001	8
84-1	2011	8.48					1.31	88.6	45.2	33.5	0.17	0.32			42.8	66.2	384	2.93	0.47	0.006	
	2012	8.07					1.64	8.1	25	4.4	0.02	0.04		0.07	6.73	20.7	85	0	3.43	0.01	
	2013	8.25					0.81	80.2	31.9	8.5	0.05	<0.030		0.1	28.8	45.2	246	5.98	0.7	<0.002	
	2014	8.69					1.38	95.8	41.2	35.3	0.14	0.17		0.05	40	71	370	12.1	5.4	<0.001	6
	2015	8.57					2.17	88.6	46.5	28.6	0.04	0.08		0.20	45	73	351	11.5	1.26	<0.001	65
49	2011	8.3					1.86	78.3	48.3	38.9	0.59	0.39			48.2	70.8	390	0	0.27	<0.002	
	2012	8.07					1.2	98	44	27.3	0.02	0.06		0.03	35	83.2	380	0	0.04	<0.002	
	2013	7.96					1.34	105	41.5	28.7	0.15	<0.030		0.10	48.4	88.6	377	0	2.6	<0.002	
	2014	8.66					3.41	93.8	50.8	37.9	0.44	0.27		0.09	87	90	289	15.1	4.37	0.013	68
	2015	8.4					1.14	90.9	45.1	30	0.07	0.05		<0.01	43	79	365	8.6	0.3	0.18	6
173	2011	8.08					1.65	160	33.6	47.3	0.14	<0.03		<0.010	45.2	136	466	0	11.9	<0.002	
	2012	8.14					1.66	186	35.6	56	0.03	0.01		<0.010	49.2	124	562	12.4	9.45	<0.002	
	2013	8.33					1.37	178	36.3	52.7	0.2	<0.030		<0.010	58.5	150	586	0	17	0.002	

溶解性总固体(mg/L)	COD(mg/L)	可溶性 SiO_2(mg/L)	硬度(以碳酸钙计,mg/L)			其他指标(mg/L)								取样时间
			总硬	暂硬	永硬	挥发酚	氰化物	氟离子	砷	六价铬	铅	镉	汞	
309	0.54	15.8	126	126	0	<0.002	<0.002	0.42	0.0076	0.052	<0.002	<0.0002	<0.000 04	2011.11.25
327	0.72	16	116	116	0									2012.11
462	1.12	16	243	243	0	<0.002	<0.002	0.96	0.001	<0.01	<0.002	<0.0002	<0.000 04	2013.09.30
423	0.78	19.4	181	181	0	<0.002	<0.002	0.38	<0.0004	<0.01	<0.002	<0.0002	<0.000 04	2014.08.28
470	0.32	17.3	213	213	0	<0.002	0.4	0.008	0.0009	<0.01	<0.002	<0.0002	<0.000 04	2015.08.27
349	0.62	17.3	167	167	0	<0.002	<0.002	0.46	<0.0004	<0.01	<0.002	<0.0002	<0.000 04	2011.11.25
383	0.71	17.5	168	168	0			0.32						
1001	0.56	15.2	426	419	0	<0.002	<0.002	0.71	0.0007	<0.01	<0.002	<0.0002	<0.000 04	2013.09.30
1048	0.98	15.7	480	424	56	<0.002	<0.002	0.32	<0.0004	<0.01	<0.002	<0.0002	<0.000 04	2014.08.28
1128	0.71	15	572	434	138	<0.002	<0.002	0.36	0.0008	<0.01	<0.002	<0.0002	<0.000 04	2015.08.27
695	0.64		295	295	0	<0.002	<0.002	1.2	0.0006	<0.01	<0.002	<0.0002	<0.000 04	2013.09.30
553	0.39	17.3	223	223	0	<0.002	<0.002	0.79	<0.0004	<0.01	<0.002	<0.0002	<0.000 04	2014.08.28
584	0.32	16.7	258	258	0	<0.002	<0.002	0.85	0.0005	<0.01	<0.002	<0.0002	<0.000 04	2015.08.27
397	0.54	18.2	196	196	0	<0.002	<0.002	0.37	<0.0004	<0.01	<0.002	<0.0002	<0.000 04	2011.11.25
486	0.72	17	180	178	0			0.33						
314	0.48	16.2	119	119	0	<0.002	<0.002	0.42	0.009	<0.01	<0.002	<0.0002	<0.000 04	2013.09.30
423	0.39	18.1	168	168	0	<0.002	<0.002	0.35	0.0098	<0.01	<0.002	<0.0002	<0.000 04	2014.08.28
425	0.47	18.4	204	204	0	<0.002	<0.002	0.45	0.0009	<0.01	<0.002	<0.0002	<0.000 04	2015.08.27
538	0.54	15.2	177	177	0	<0.002	<0.002	0.63	0.002	<0.01	<0.002	<0.0002	<0.000 04	2011.11.25
587	0.72	14	184	184	0			0.8						
669	0.48	16.1	296	296	0	<0.002	<0.002	1.9	0.0004	<0.010	<0.002	<0.0002	<0.000 04	2013.09.30
607	0.39	17.7	251	251	0	<0.002	<0.002	0.7	<0.0004	<0.01	<0.002	<0.0002	<0.000 04	2014.08.28
609	0.32	16.6	268	268	0	<0.002	<0.002	0.83	0.001	<0.01	<0.002	<0.0002	<0.000 04	2015.08.27
485	0.7	16.1	251	251	0	<0.002	<0.002	0.94	0.0027	<0.01	<0.002	<0.0002	<0.000 04	2011.11.25
117	1.96	5.8	70.3	63	10.3			0.13						
315	0.56	15.9	115	115	0	<0.002	<0.002	0.4	0.01	<0.01	<0.002	<0.0002	<0.000 04	2013.09.30
475	1.02	17.2	248	248	0	<0.002	<0.002	0.83	<0.0004	<0.01	<0.002	<0.0002	<0.000 04	2014.08.28
475	0.79	16.8	234	234	0	<0.002	0.4	0.47	0.008	<0.01	<0.002	<0.0002	<0.000 04	2015.08.27
477	1.48	16.6	281	281	0	<0.002	<0.002	0.52	<0.0004	<0.01	<0.002	<0.0002	<0.000 04	2011.11.25
484	0.94	18	222	221	0			0.5						
479	0.64	17.9	222	222	0	<0.002	<0.002	0.64	0.0005	<0.01	<0.002	<0.0002	<0.000 04	2013.09.30
538	1.49	13.8	283	250	33	<0.002	<0.002	0.9	<0.0004	<0.01	<0.002	<0.0002	<0.000 04	2014.08.28
454	0.59	17.7	236	236	0	<0.002	<0.002	0.62	<0.0004	<0.01	<0.002	<0.0002	<0.000 04	2015.08.27
701	0.48	10.9	279	279	0	<0.002	<0.002	0.98	0.001	0.016	<0.002	<0.0002	<0.000 04	2011.10.25
760	0.63	17	320	320	0	<0.002	<0.002	1.4	0.005	0.022	<0.002	<0.0002	<0.000 04	2012.08.29
769	0.56	15.2	307	307	0	<0.002	<0.002	1.2	0.003	0.02	<0.002	<0.0002	<0.000 04	2013.09.30

续表

点号	年份	pH	色(度)	浑浊度(度)	臭和味	肉眼可见物	阳离子(mg/L)								阴离子(mg/L)						矿化度
							钾	钠	钙	镁	氨氮	三价铁	二价铁	锰	氯化物	硫酸盐	重碳酸盐	碳酸盐	硝酸盐	亚硝酸盐	
173	2014	8.56					1.5	186	36.5	57.2	0.093	<0.03		<0.01	55	136	530	21.2	23.2	0.015	10
	2015	8.43					1.49	173	39.4	63	0.05	<0.03		0.09	68	164	572	14.4	21.7	0.01	11
457	2011	8.64					1.06	324	19.9	21.4	0.072	0.11			256	249	298	5.85	1.2	<0.002	
	2012	8.35					0.92	296	18.2	20	0.05	0.06		<0.010	220	202	286	9.28	0.12	0.09	
	2013	8.21					1.08	344	18	20.5	0.14	<0.030		0.02	271	240	309	2.98	6.2	0.004	
	2014	8.61					0.97	340	19.4	21.9	0.083	0.035		<0.010	256	238	277	9.1	7.6	<0.001	11
	2015	8.51					1.02	339	19.9	23.8	0.06	0.04		0.13	279	266	298	11.5	0.72	<0.001	12
X23	2011	8.18					1.25	127	38.6	39.8	0.11	0.17			75.5	115	387	0	0.34	0.005	
	2012	8.5					1.42	133	35	37	0.024	0.06		<0.01	69	105	346	9.28	2	0.003	
	2013	8.37					1.09	314	16.7	21.1	0.09	0.04		0.02	234	236	289	14.9	6.28	0.04	
	2015	8.62					0.97	292	17	22.1	0.07	0.03		0.23	239	249	234	5.8	1	<0.001	10
GQ26	2011	7.91					1.71	90.4	41.5	30.4	0.053	<0.03		<0.010	30.2	55.1	389	0	13.5	0.005	
	2012	8.39					1.52	95.8	25.6	30.8	<0.02	0.002		<0.010	27.2	42.2	333	12.4	10.3	0.031	
	2013	8.09					0.89	72.5	46.9	29.7	0.11	<0.030		<0.010	31.9	46.8	362	0	26.7	0.01	
	2014	8.72					1.1	101	29.2	20.6	0.037	<0.03		<0.010	54.9	62	265	15.1	2.14	0.009	54
	2015	8.74					1.15	110	11.3	31.2	0.06	<0.03		0.08	60	80.9	244	14.4	7	0.01	53
32	2011	8.65					1.19	177	20.2	24.8	0.08	0.2		<0.010	84.3	115	387	2.93	8.6	0.17	
	2012	8.3					1.3	184	19.4	26	0.07	<0.030		0.03	81	115	370	9.3	7	0.01	
	2013	8.23					1.15	134	35.1	28.9	0.11	0.12		0.06	63	110	352	2.98	3.1	0.002	
	2014	8.77					1.26	137	34.5	27.3	0.2	0.22		0.12	62	97	339	27.3	4.46	0.003	73
	2015	8.45					1.13	114	40.1	28.3	0.06	0.75		<0.01	59	99	327	11.5	0.43	0.003	65
GQ25	2011	7.91					0.95	115	49.8	35.7	<0.02	<0.03			52.5	85.1	395	0	5.11	0.11	
	2012	8.15					1.17	123	30.1	26.3	0.03	0.033		<0.010	47.6	76.1	336	15.5	8.75	<0.002	
	2013	8.37					1.25	114	32.5	26.4	0.11	<0.030		<0.010	45.3	69.1	352	11.9	11.9	<0.002	
	2014	8.56					1.17	102	44.1	31.4	0.064	<0.03		<0.010	36	61	400	15.1	4.62	0.011	68
	2015	8.67					1.08	124	24.6	26.4	0.06	0.03			54	83	333	11.5	9.76	0.01	68

溶解性总固体(mg/L)	COD(mg/L)	可溶性SiO_2(mg/L)	硬度(以碳酸钙计,mg/L)			其他指标(mg/L)								取样时间
			总硬	暂硬	永硬	挥发酚	氰化物	氟离子	砷	六价铬	铅	镉	汞	
768	0.55	16.1	327	327	0	<0.002	<0.002	1	0.0038	0.027	<0.002	<0.0002	<0.000 04	2014.08.28
826	0.28	14.4	358	358	0	<0.002	<0.002	1	0.005	0.02	<0.002	<0.0002	<0.000 04	2015.08.27
1008	0.62	11.1	138	138	0	<0.002	<0.002	1.65	0.011	<0.01	<0.002	<0.0002	<0.000 04	2011.11.25
950	0.63	11.1	129	129				1.98						
1008	0.8	11.1	129	129	0	<0.002	<0.002	1.88	0.02	<0.01	<0.002	<0.0002	<0.000 04	2013.09.30
1002	0.55	11.4	138	138	0	<0.002	<0.002	1.55	<0.0004	<0.01	<0.002	<0.0002	<0.000 04	2014.08.28
1100	0.55	11.1	148	148	0	<0.002	<0.002	1.73	0.02	0.1	<0.002	<0.0002	<0.000 04	2015.08.27
605	1.32	14.6	260	260	0	<0.002	<0.002	0.75	<0.0004	<0.01	<0.002	<0.0002	<0.000 04	2011.11.25
589	1.12	14	299	238	0			0.7						
989	0.64		129	129	0	<0.002	<0.002	2.04	0.01	<0.010	<0.002	<0.0002	<0.000 04	2013.09.30
895	0.55	11.7	133	133	0	<0.002	<0.002	1.95	0.02	<0.01	<0.002	<0.0002	<0.000 04	2015.08.27
460	0.48	16.2	229	229	0	<0.002	<0.002	0.62	0.001	0.041	<0.002	<0.0002	<0.000 04	2011.10.25
420	0.63	16.4	191	191	0	<0.002	<0.002	1.1	0.004	0.044	<0.002	<0.0002	<0.000 04	2012.08.29
449	0.32	18.9	239	239	0	<0.002	<0.002	0.7	0.002	0.04	<0.002	<0.0002	<0.000 04	2013.09.30
407	0.31	18	158	158	0	<0.002	<0.002	0.51	0.0081	0.017	<0.002	<0.0002	<0.000 04	2014.08.28
417	0.28	17.7	157	157	0	<0.002	<0.002	0.55	0.007	0.01	<0.002	<0.0002	<0.000 04	2015.08.27
633	0.54	12.7	153	153	0	<0.002	<0.002	0.96	0.011	0.016	<0.002	<0.0002	<0.000 04	2011.11.25
651	0.86	14.1	155	155	0	<0.002	<0.002	1.5	0.008	0.02	<0.002	0.0003	<0.000 04	2012.08.31
543	0.48	16.6	207	207	0	<0.002	<0.002	1.05	0.0003	<0.01	<0.002	<0.0002	<0.000 04	2013.09.30
560	0.35	16	199	199	0	<0.002	<0.002	0.77	<0.0004	<0.01	<0.002	<0.0002	<0.000 04	2014.08.28
490	0.55	14.9	217	217	0	<0.002	<0.002	0.79	0.0009	<0.01	<0.002	<0.0002	<0.000 04	2015.08.27
563	0.57	15.4	271	271	0	<0.002	<0.002	0.78	0.005	<0.01	<0.002	<0.0002	<0.000 04	2011.10.25
490	0.55	18.8	183	183	0			0.75						
463	0.24	18.4	190	190	0	<0.002	<0.002	0.67	0.004	0.02	<0.002	<0.0002	<0.000 04	2013.09.30
488	0.35	19.9	240	240	0	<0.002	<0.002	0.6	0.00087	<0.01	<0.002	<0.0002	<0.000 04	2014.08.28
516	0.32	17.2	170	170	0	<0.002	<0.002	0.8	0.01	0.03	<0.002	<0.0002	<0.000 04	2015.08.27

第三章　宝　鸡　市

一、监测点基本情况

宝鸡市位于关中平原西部，是陕西省第二大工业城市。地下水是城市供水的主要水源之一。

宝鸡市地下水动态监测工作始于 1975 年，监测点主要分布在渭河两岸的高、低漫滩。控制面积 76.56km²。本年鉴收录 2011—2015 年监测数据，其中水位监测点 19 个，水质监测点 17 个。

二、监测点基本信息表

（一）地下水位监测点基本信息表

地下水位监测点基本信息表

序号	点号	位置	地面高程(m)	孔深(m)	地下水类型	地貌单元	页码
1	东方红	东方饭店南	578.6	120	浅层承压水	漫滩	124
2	Z1	凤翔彪角郝家三队	713.2	43.00	潜水	黄土塬	124
3	GQ16	眉县齐镇村	0	13.51	潜水	洪积扇	125
4	111	铁一中	578.07	149	浅层承压水	漫滩	126
5	73	红旗路东	587.07	140	浅层承压水	漫滩	126
6	169	小五金厂	583.53	130	浅层承压水	漫滩	128
7	266	71＃转运站	560.41	162	浅层承压水	漫滩	129
8	267	应用化工厂	558.24	150	浅层承压水	漫滩	130
9	大 50	卧龙寺木材一级站北	560.4	7.0	潜水	漫滩	131
10	87	1003 仓库	576.46	150	浅层承压水	漫滩	131
11	110	铁二中	579.58	150	浅层承压水	漫滩	132
12	15	电厂	590.98	151.10	浅层承压水	漫滩	133
13	181	自来水公司	579.22	121.70	浅层承压水	漫滩	134
14	140	万坝河派出所	584.31	113.37	浅层承压水	漫滩	135
15	261	48＃信箱	602.62	148.40	浅层承压水	洪积扇	136
16	B9	二公司仓库	586.21	169.22	浅层承压水	漫滩	136
17	232	自来水公司	570.23	143.90	浅层承压水	漫滩	138
18	79	下马营昊家崖	592.74	97.52	浅层承压水	一级阶地	139
19	48	氮肥厂	594.89	122.40	浅层承压水	漫滩	140

(二)地下水质监测点基本信息表

地下水质监测点基本信息表

序号	点号	位置	地下水类型	页码
1	Z1	凤翔彪角郝家三队	潜水	142
2	GQ16	眉县齐镇村	潜水	142
3	111	铁一中	浅层承压水	142
4	大 50	卧龙寺木村一级站北	潜水	142
5	B9	二公司仓库	浅层承压水	142
6	232	自来水公司	浅层承压水	142
7	48(214)	宝鸡市园林处	浅层承压水	142
8	277	金台区油毡厂	浅层承压水	142
9	169	小五金厂	浅层承压水	144
10	261	48#信箱	浅层承压水	144
11	15	电厂	浅层承压水	144
12	80	渭滨区下马营扑西村	浅层承压水	144
13	267	应用化工厂	浅层承压水	144
14	266	71#转运站	浅层承压水	144
15	73	红旗路东	浅层承压水	144
16	A	渭滨区相家庄一组	浅层承压水	146
17	B	渭滨区相家庄三组	混合水	146

三、地下水位资料

宝鸡市地下水位资料表

水位单位:m

点号	年份	1月		2月		3月		4月		5月		6月		7月		8月		9月		10月		11月		12月		年平均
		日	水位	日	水位	日	水位	日	水位	日	水位	日	水位	日	水位	日	水位	日	水位	日	水位	日	水位	日	水位	
东方红	2011	7	5.23	7	5.13	7	5.11	7	5.21	7	5.29	7	5.21	7	5.26	7	5.02	7	4.95	7	3.91	7	4.01	7	4.16	4.83
		17	5.13	17	5.14	17	5.10	17	5.29	17	5.33	17	5.29	17	5.28	17	5.00	17	3.91	17	3.81	17	4.06	17	4.31	
		27	5.08	27	5.21	27	5.21	27	5.40	27	5.21	27	5.40	27	5.01	27	4.96	27	3.92	27	3.92	27	4.10	27	4.34	
	2012	7	4.40	7	5.45	7	6.51	7	6.54	7	6.41	7	4.29	7	4.22	7	4.28	7	4.30	7	4.57	7	5.21	7	5.37	5.16
		17	4.46	17	5.74	17	6.52	17	6.56	17	6.21	17	4.27	17	4.25	17	4.26	17	4.33	17	4.77	17	5.31	17	5.39	
		27	4.56	27	5,81	27	6.53	27	6.58	27	6.31	27	4.25	27	4.27	27	4.22	27	4.37	27	5.07	27	5.36	27	5.40	
	2013	7	5.41	7	5.43	7	5.36	7	5.38	7	6.08	7	6.35	7	5.41	7	5.99	7	6.00	7	5.90	7	5.08	7	5.01	5.61
		17	5.43	17	5.41	17	5.34	17	5.41	17	6.46	17	6.33	17	5.66	17	6.00	17	5.98	17	5.16	17	5.04	17	4.99	
		27	5.45	27	5.40	27	5.32	27	5.46	27	6.41	27	6.30	27	5.94	27	6.02	27	5.94	27	5.11	27	5.02	27	4.97	
	2014	7	5.17	7	5.57	7	5.41	7	5.06	7	4.86	7	4.71	7	4.57	7	4.56	7	4.36	7	4.21	7	4.45	7	4.58	4.77
		17	5.33	17	5.54	17	5.36	17	4.99	17	4.81	17	4.66	17	4.59	17	4.48	17	4.11	17	4.41	17	4.47	17	4.61	
		27	5.54	27	5.46	27	5.21	27	4.90	27	4.76	27	4.61	27	4.62	27	4.14	27	4.14	27	4.43	27	4.51	27	4.66	
	2015	7	4.70	7	4.96	7	5.22	7	5.21	7	5.01	7	5.00	7	5.09	7	5.16	7	5.26	7	5.26	7	5.19	7	5.10	5.11
		17	4.79	17	5.07	17	5.30	17	5.13	17	4.99	17	5.03	17	5.11	17	5.19	17	5.35	17	5.24	17	5.15	17	5.05	
		27	4.75	27	5.14	27	5.37	27	5.05	27	4.97	27	5.07	27	5.14	27	5.21	27	5.38	27	5.21	27	5.12	27	5.01	
Z1	2011	5	45.82	5	45.90	5	46.01	5	46.03	5	46.02	5	46.00	5	46.00	5	46.02	5	46.07	5	46.07	5	46.06	5	46.05	46.02
		15	45.90	15	45.95	15	46.02	15	46.01	15	46.00	15	46.02	15	46.03	15	46.08	15	46.10	15	46.06	15	46.07	15	46.07	
		25	45.91	25	46.00	25	46.01	25	46.00	25	45.98	25	46.01	25	46.00	25	46.05	25	46.08	25	46.08	25	46.05	25	46.05	
	2012	5	46.06	5	46.07	5	46.13	5	46.15	5	46.13	5	46.20	5	46.19	5	46.19	5	46.18	5	46.21	5	46.20	5	46.22	46.16
		15	46.08	15	46.10	15	46.11	15	46.12	15	46.15	15	46.21	15	46.19	15	46.21	15	46.20	15	46.23	15	46.22	15	46.23	
		25	46.05	25	46.11	25	46.13	25	46.13	25	46.17	25	46.20	25	46.11	25	46.20	25	46.22	25	46.21	25	46.21	25	46.21	
	2013	5	46.28	5	46.37	5	46.30	5	46.68	5	46.80	5	47.10	5	47.11	5	47.15	5	47.17	5	47.20	5	47.25	5	47.30	46.94
		15	46.33	15	46.50	15	46.63	15	46.73	15	46.86	15	47.13	15	47.08	15	47.12	15	47.20	15	47.17	15	47.30	15	47.32	
		25	46.35	25	46.55	25	46.65	25	46.79	25	46.89	25	47.09	25	47.13	25	47.17	25	47.18	25	47.21	25	47.28	25	47.35	

续表

点号	年份	1月		2月		3月		4月		5月		6月		7月		8月		9月		10月		11月		12月		年平均
		日	水位	日	水位	日	水位	日	水位	日	水位	日	水位	日	水位	日	水位	日	水位	日	水位	日	水位	日	水位	
Z1	2014	5	47.38	5	47.49	5	47.53	5	47.63	5	47.53	5	47.59	5	47.70	5	47.83	5	47.84	5	47.89	5	47.99	5	47.92	47.71
		15	47.40	15	47.50	15	47.51	15	47.55	15	47.57	15	47.60	15	47.74	15	47.85	15	47.82	15	47.91	15	47.92	15	47.96	
		25	47.48	25	47.50	25	47.55	25	47.59	25	47.55	25	47.64	25	47.80	25	47.83	25	47.85	25	48.02	25	47.93	25	47.96	
	2015	5	48.07	5	48.15	5	48.36	5	48.30	5	48.30	5	48.35	5	48.45	5	48.45	5	48.55	5	48.55	5	48.55	5	48.57	48.41
		15	48.03	15	48.40	15	48.32	15	48.32	15	48.32	15	48.37	15	48.43	15	48.53	15	48.57	15	48.57	15	48.59	15	48.59	
		25	48.11	25	48.35	25	48.34	25	48.33	25	48.37	25	48.40	25	48.41	25	48.57	25	48.52	25	48.58	25	48.60	25	48.61	
GQ16	2011	5	10.30	5	9.92	5	10.11	5	10.96	5	11.92	5	12.41	5	11.92	5	11.14	5	10.41	5	9.97	5	9.61	5	9.46	10.66
		15	10.13	15	9.84	15	10.24	15	11.71	15	12.11	15	12.40	15	11.61	15	10.61	15	10.52	15	9.76	15	9.46	15	9.31	
		25	10.11	25	9.93	25	10.82	25	11.73	25	12.35	25	12.27	25	11.35	25	10.63	25	10.38	25	9.73	25	9.28	25	9.46	
	2012	5	9.90	5	9.65	5	10.12	5	11.18	5	11.73	5	11.76	5	11.75	5	11.61	5	11.13	5	11.70	5	11.20	5	11.31	11.09
		15	9.32	15	9.81	15	10.37	15	11.31	15	11.80	15	11.72	15	11.84	15	11.22	15	11.10	15	11.15	15	11.18	15	11.35	
		25	9.71	25	10.00	25	10.92	25	11.56	25	11.81	25	11.83	25	11.80	25	11.21	25	11.40	25	11.14	25	11.23	25	11.36	
	2013	5	11.16	5	11.36	5	11.71	5	13.01	5	13.32	5	13.43	5	13.37	5	12.61	5	12.00	5	11.76	5	11.86	5	12.30	12.41
		15	11.11	15	11.59	15	12.63	15	13.18	15	13.49	15	13.63	15	12.96	15	12.45	15	11.89	15	11.81	15	12.14	15	12.61	
		25	11.21	25	11.58	25	12.81	25	13.30	25	13.36	25	13.39	25	12.93	25	12.19	25	11.71	25	11.90	25	12.21	25	12.77	
	2014	5	12.74	5	13.38	5	13.54	5	13.72	5	13.95	5	13.89	5	13.61	5	12.93	5	11.33	5	11.07	5	11.60	5	11.32	12.69
		15	13.08	15	13.45	15	13.61	15	13.95	15	13.91	15	13.80	15	13.00	15	11.71	15	11.13	15	11.08	15	11.74	15	11.43	
		25	13.21	25	13.57	25	13.82	25	13.92	25	13.93	25	13.64	25	13.20	25	11.52	25	11.03	25	11.11	25	11.30	25	11.51	
	2015	5	11.68	5	12.24	5	12.72	5	13.03	5	13.74	5	13.65	5	13.10	5	12.75	5	12.68	5	12.66	5	12.53	5	12.07	12.75
		15	11.86	15	12.39	15	12.83	15	13.26	15	13.79	15	13.37	15	12.26	15	12.75	15	12.71	15	12.62	15	12.57	15	12.43	
		25	11.98	25	12.64	25	12.81	25	13.53	25	13.73	25	13.06	25	12.76	25	12.73	25	12.66	25	12.59	25	12.44	25	12.58	

续表

点号	年份	1月		2月		3月		4月		5月		6月		7月		8月		9月		10月		11月		12月		年平均
		日	水位	日	水位	日	水位	日	水位	日	水位	日	水位	日	水位	日	水位	日	水位	日	水位	日	水位	日	水位	
111	2011	4	9.20	4	9.87	4	10.12	4	9.13	4	2.93	4	9.01	4	8.79	4	7.95	4	7.91	4	6.64	4	6.78	4	6.77	8.15
		14	9.23	14	9.88	14	9.83	14	8.94	14	8.90	14	9.04	14	8.81	14	7.96	14	7.00	14	6.63	14	6.79	14	6.87	
		24	9.27	24	9.82	24	9.87	24	8.92	24	9.01	24	8.70	24	7.79	24	7.90	24	7.03	24	6.60	24	6.75	24	6.89	
	2012	4	6.94	4	7.20	4	〈12.60〉	4	〈12.60〉	4	〈13.11〉	4	〈12.92〉	4	〈12.94〉	4	9.00	4	9.03	4	〈12.09〉	4	〈12.33〉	4	〈13.05〉	8.09
		14	7.09	14	7.22	14	〈12.58〉	14	〈12.65〉	14	〈13.00〉	14	〈12.94〉	14	〈12.947〉	14	9.03	14	9.06	14	〈12.07〉	14	〈12.38〉	14	〈13.09〉	
		24	7.11	24	7.24	24	〈12.59〉	24	〈12.68〉	24	〈12.90〉	24	〈12.89〉	24	〈12.98〉	24	9.05	24	9.08	24	〈12.05〉	24	〈12.44〉	24	〈13.13〉	
	2013	4	〈13.14〉	4	〈13.18〉	4	〈13.00〉	4	〈12.75〉	4	〈12.99〉	4	〈13.32〉	4	〈12.86〉	4	〈12.95〉	4	〈12.45〉	4	〈12.54〉	4	〈12.40〉	4	〈12.36〉	12.79
		14	〈13.15〉	14	〈13.17〉	14	〈12.90〉	14	〈12.85〉	14	〈12.85〉	14	〈13.15〉	14	〈12.89〉	14	〈12.98〉	14	〈12.58〉	14	〈12.52〉	14	〈12.38〉	14	〈12.38〉	
		24	〈13.17〉	24	〈13.16〉	24	〈12.85〉	24	〈12.90〉	24	〈12.60〉	24	〈12.28〉	24	〈12.91〉	24	〈12.99〉	24	〈12.56〉	24	〈12.49〉	24	〈12.35〉	24	〈12.40〉	
	2014	4	〈14.09〉	4	10.09	4	9.90	4	9.37	4	〈13.03〉	4	〈13.15〉	4	〈13.10〉	4	〈12.58〉	4	〈12.60〉	4	〈12.77〉	4	〈12.60〉	4	〈12.53〉	12.93
		14	10.02	14	10.07	14	9.70	14	〈13.01〉	14	〈13.06〉	14	〈13.22〉	14	〈12.70〉	14	〈12.7〉	14	〈12.70〉	14	〈12.70〉	14	〈12.57〉	14	〈12.50〉	
		24	10.11	24	10.00	24	9.57	24	〈13.05〉	24	〈13.04〉	24	〈13.29〉	24	〈12.28〉	24	〈12.85〉	24	〈12.85〉	24	〈12.66〉	24	〈12.55〉	24	〈12.48〉	
	2015	4	〈12.49〉	4	〈12.56〉	4	〈12.61〉	4	〈12.57〉	4	〈12.25〉	4	〈12.19〉	4	〈12.35〉	4	〈12.49〉	4	〈12.64〉	4	〈12.70〉	4	〈12.08〉	4	〈11.82〉	12.39
		14	〈12.51〉	14	〈12.57〉	14	〈12.63〉	14	〈12.40〉	14	〈12.21〉	14	〈12.24〉	14	〈12.40〉	14	〈12.52〉	14	〈12.73〉	14	〈12.55〉	14	〈12.03〉	14	〈11.87〉	
		24	〈12.54〉	24	〈12.59〉	24	〈12.67〉	24	〈12.30〉	24	〈12.17〉	24	〈12.27〉	24	〈12.45〉	24	〈12.54〉	24	〈12.80〉	24	〈12.49〉	24	〈11.95〉	24	〈11.75〉	
73	2011	6	9.45	6	9.38	6	9.43	6	8.65	6	8.94	6	8.84	6	8.41	6	8.19	6	8.14	6	8.34	6	8.52	6	8.62	8.71
		10	9.47	10	9.36	10	9.44	10	8.82	10	8.92	10	8.85	10	8.42	10	8.18	10	7.32	10	8.36	10	8.56	10	8.74	
		16	9.42	16	9.35	16	9.46	16	8.83	16	8.91	16	8.87	16	8.44	16	8.17	16	7.31	16	8.38	16	8.58	16	8.75	
		20	9.38	20	9.42	20	9.44	20	8.86	20	8.88	20	8.90	20	8.43	20	8.14	20	7.29	20	8.41	20	8.61	20	8.76	
		26	9.37	26	9.45	26	9.47	26	8.92	26	8.86	26	8.45	26	8.43	26	8.14	26	7.30	26	8.42	26	9.53	26	8.78	
		30	9.35	30	9.47	30	9.49	30	8.93	30	8.85	30	8.41	30	8.20	30	8.13	30	7.33	30	8.43	30	8.55	30	8.82	

续表

点号	年份	1月		2月		3月		4月		5月		6月		7月		8月		9月		10月		11月		12月		年平均
		日	水位	日	水位	日	水位	日	水位	日	水位	日	水位	日	水位	日	水位	日	水位	日	水位	日	水位	日	水位	
73	2012	6	7.84	6	7.91	6	8.49	6	8.55	6	8.28	6	8.11	6	8.03	6	8.16	6	8.01	6	7.94	6	8.08	6	8.21	8.15
		10	7.88	10	7.89	10	8.50	10	8.57	10	8.30	10	8.09	10	8.04	10	8.18	10	8.00	10	7.99	10	8.10	10	8.24	
		16	7.98	16	7.88	16	8.52	16	8.59	16	8.31	16	8.08	16	8.08	16	8.08	16	7.99	16	8.00	16	8.11	16	8.26	
		20	7.98	20	7.90	20	8.52	20	8.62	20	8.32	20	8.07	20	8.10	20	8.06	20	7.97	20	8.00	20	8.12	20	8.28	
		26	8.02	26	7.92	26	8.53	26	8.58	26	8.14	26	8.06	26	8.12	26	8.04	26	7.96	26	8.02	26	8.13	26	8.32	
		30	8.08	30	7.93	30	8.55	30	8.60	30	8.12	30	8.05	30	8.14	30	8.03	30	7.93	30	8.04	30	8.15	30	8.36	
	2013	6	8.33	6	8.26	6	8.17	6	8.10	6	8.25	6	8.35	6	8.03	6	8.48	6	8.36	6	7.61	6	7.49	6	7.43	8.03
		10	8.32	10	8.28	10	8.15	10	8.12	10	8.27	10	8.37	10	7.83	10	8.46	10	8.35	10	7.60	10	7.47	10	7.45	
		16	8.30	16	8.30	16	8.14	16	8.14	16	8.30	16	8.39	16	7.73	16	8.43	16	8.33	16	7.58	16	7.45	16	7.46	
		20	8.28	20	8.31	20	8.13	20	8.16	20	8.23	20	8.33	20	7.56	20	8.42	20	8.32	20	7.56	20	7.43	20	7.48	
		26	8.27	26	8.28	26	8.10	26	8.20	26	8.18	26	8.28	26	7.53	26	8.40	26	8.30	26	7.54	26	7.44	26	7.50	
		30	8.25	30	8.24	30	8.08	30	8.24	30	8.13	30	8.23	30	7.50	30	8.38	30	8.28	30	7.52	30	7.42	30	7.51	
	2014	6	8.63	6	8.73	6	8.54	6	8.53	6	8.28	6	7.91	6	7.61	6	7.45	6	7.30	6	6.88	6	6.72	6	6.84	7.72
		10	8.64	10	8.60	10	8.56	10	8.48	10	8.17	10	7.83	10	7.60	10	7.28	10	7.28	10	6.83	10	6.74	10	6.86	
		16	8.66	16	8.59	16	8.57	16	8.44	16	8.13	16	7.79	16	7.58	16	7.25	16	7.25	16	6.80	16	6.76	16	6.87	
		20	8.68	20	8.59	20	8.59	20	8.40	20	8.09	20	7.74	20	7.57	20	7.23	20	7.23	20	6.76	20	6.77	20	6.89	
		26	8.70	26	8.58	26	8.59	26	8.35	26	8.04	26	7.68	26	7.54	26	7.21	26	7.21	26	6.73	26	6.79	26	6.91	
		30	8.71	30	8.53	30	8.60	30	8.27	30	7.98	30	7.63	30	7.43	30	7.18	30	7.17	30	6.70	30	6.81	30	6.92	
	2015	6	7.03	6	7.43	6	7.71	6	7.73	6	7.62	6	7.49	6	7.42	6	7.56	6	7.49	6	7.31	6	7.17	6	6.94	7.40
		10	7.11	10	7.48	10	7.74	10	7.71	10	7.60	10	7.47	10	7.44	10	7.58	10	7.46	10	7.28	10	7.13	10	6.88	
		16	7.20	16	7.50	16	7.77	16	7.69	16	7.58	16	7.44	16	7.46	16	7.60	16	7.43	16	7.27	16	7.11	16	6.84	

续表

点号	年份	1月		2月		3月		4月		5月		6月		7月		8月		9月		10月		11月		12月		年平均
		日	水位	日	水位	日	水位	日	水位	日	水位	日	水位	日	水位	日	水位	日	水位	日	水位	日	水位	日	水位	
73	2015	20	7.26	20	7.57	20	7.79	20	7.68	20	7.55	20	7.43	20	7.49	20	7.61	20	7.40	20	7.25	20	7.06	20	6.80	7.40
		26	7.33	26	7.62	26	7.80	26	7.66	26	7.53	26	7.41	26	7.51	26	7.53	26	7.36	26	7.24	26	7.03	26	6.71	
		30	7.37	30	7.68	30	7.82	30	7.64	30	7.52	30	7.39	30	7.54	30	7.51	30	7.33	30	7.20	30	6.98	30	6.68	
169	2011	5	14.30	5	14.29	5	15.38	5	22.00	5	15.56	5	15.66	5	15.22	5	14.47	5	14.89	5	13.70	5	13.08	5	13.27	14.49
		10	14.32	10	14.27	10	15.39	10	15.44	10	15.53	10	15.68	10	15.23	10	14.86	10	14.87	10	13.47	10	13.10	10	13.35	
		15	14.32	15	14.27	15	15.37	15	15.49	15	15.54	15	15.65	15	15.25	15	14.85	15	13.70	15	12.87	15	13.14	15	13.37	
		20	14.35	20	14.26	20	15.35	20	15.50	20	15.57	20	15.50	20	15.27	20	14.83	20	13.69	20	12.85	20	13.19	20	13.38	
		25	14.35	25	14.28	25	15.40	25	15.53	25	15.30	25	15.45	25	15.19	25	14.84	25	13.66	25	12.83	25	13.21	25	13.41	
		30	14.36	30	14.29	30	15.41	30	15.55	30	15.32	30	15.20	30	14.48	30	14.85	30	13.28	30	12.82	30	13.25	30	13.43	
	2012	5	13.47	5	13.67	5	16.02	5	16.09	5	16.21	5	16.02	5	15.97	5	15.95	5	15.79	5	15.36	5	15.49	5	15.62	15.50
		10	13.48	10	13.69	10	16.04	10	16.01	10	16.23	10	16.04	10	15.98	10	15.94	10	15.65	10	15.38	10	15.51	10	15.65	
		15	13.51	15	13.75	15	16.05	15	16.13	15	16.25	15	16.05	15	16.00	15	15.94	15	15.58	15	15.39	15	15.52	15	15.68	
		20	13.53	20	14.30	20	16.07	20	16.15	20	16.15	20	16.07	20	16.02	20	15.98	20	15.40	20	15.41	20	15.54	20	15.70	
		25	13.60	25	14.32	25	16.08	25	16.10	25	16.10	25	16.01	25	16.04	25	16.00	25	15.36	25	15.43	25	15.56	25	15.73	
		30	13.62	30	14.34	30	16.09	30	16.00	30	16.00	30	15.99	30	16.09	30	16.01	30	15.32	30	15.45	30	15.59	30	15.75	
	2013	5	15.76	5	15.85	5	15.89	5	15.88	5	16.00	5	16.12	5	16.07	5	16.18	5	16.15	5	15.78	5	15.63	5	15.53	15.90
		10	15.77	10	15.87	10	15.91	10	15.91	10	16.03	10	16.14	10	16.09	10	16.19	10	16.13	10	15.75	10	15.61	10	15.51	
		15	15.79	15	15.88	15	15.93	15	15.94	15	16.05	15	16.13	15	16.10	15	16.21	15	16.14	15	15.73	15	15.60	15	15.50	
		20	15.80	20	15.90	20	15.97	20	15.95	20	15.93	20	16.10	20	16.13	20	16.24	20	16.12	20	15.70	20	15.58	20	15.48	
		25	15.81	25	15.89	25	15.90	25	15.97	25	15.90	25	16.08	25	16.15	25	16.27	25	16.11	25	15.68	25	15.56	25	15.46	
		30	15.83	30	15.87	30	15.87	30	15.99	30	15.87	30	16.06	30	16.17	30	16.29	30	16.10	30	15.67	30	15.54	30	15.43	

续表

点号	年份	1月		2月		3月		4月		5月		6月		7月		8月		9月		10月		11月		12月		年平均
		日	水位	日	水位	日	水位	日	水位	日	水位	日	水位	日	水位	日	水位	日	水位	日	水位	日	水位	日	水位	
169	2014	5	16.75	5	16.68	5	16.80	5	16.85	5	16.75	5	16.64	5	17.05	5	17.49	5	16.80	5	17.40	5	16.79	5	16.66	16.88
		10	16.74	10	16.69	10	16.83	10	16.86	10	16.73	10	16.62	10	17.15	10	17.55	10	16.69	10	17.38	10	16.77	10	16.64	
		15	16.72	15	16.72	15	16.84	15	16.84	15	16.71	15	16.60	15	17.23	15	17.59	15	16.60	15	17.30	15	16.75	15	16.63	
		20	16.70	20	16.75	20	16.85	20	16.82	20	16.69	20	16.57	20	17.29	20	17.80	20	16.55	20	17.23	20	16.73	20	16.60	
		25	16.69	25	16.77	25	16.85	25	16.81	25	16.68	25	16.55	25	17.35	25	17.90	25	16.50	25	17.17	25	16.71	25	16.60	
		30	16.67	30	16.79	30	16.87	30	16.80	30	16.66	30	16.53	30	17.41	30	18.03	30	16.48	30	17.10	30	16.68	30	16.58	
	2015	5	16.62	5	16.85	5	17.10	5	17.10	5	16.97	5	16.78	5	16.70	5	16.80	5	16.89	5	16.88	5	16.55	5	16.32	16.78
		10	16.69	10	16.89	10	17.12	10	17.07	10	16.96	10	16.75	10	16.72	10	16.81	10	16.91	10	16.80	10	16.52	10	16.25	
		15	16.74	15	16.93	15	17.15	15	17.05	15	16.94	15	16.73	15	16.73	15	16.83	15	16.93	15	16.72	15	16.45	15	16.21	
		20	16.78	20	16.99	20	17.16	20	17.03	20	16.91	20	16.70	20	16.75	20	16.84	20	16.98	20	16.70	20	16.41	20	16.18	
		25	16.81	25	17.03	25	17.18	25	17.00	25	16.89	25	16.69	25	16.77	25	16.85	25	17.01	25	16.64	25	16.33	25	16.11	
		30	16.83	30	17.08	30	17.20	30	16.99	30	16.86	30	16.65	30	16.79	30	16.87	30	17.03	30	16.61	30	16.30	30	16.07	
266	2011	5	12.14	5	12.09	5	13.73	5	12.43	5	13.96	5	13.53	5	11.31	5	14.27	5	13.27	5	12.98	5	12.81	5	12.84	12.89
		15	12.15	15	11.17	15	13.74	15	13.91	15	14.23	15	13.56	15	11.32	15	14.30	15	12.97	15	11.31	15	12.87	15	12.92	
		25	12.18	25	12.04	25	13.71	25	13.94	25	13.51	25	13.21	25	11.34	25	14.29	25	12.96	25	11.34	25	12.87	25	12.94	
	2012	5	13.00	5	13.24	5	12.99	5	13.03	5	13.08	5	12.93	5	12.93	5	13.86	5	14.26	5	14.87	5	14.87	5	14.91	13.71
		15	13.11	15	13.24	15	13.00	15	13.07	15	13.10	15	12.96	15	12.95	15	13.91	15	14.81	15	14.85	15	14.88	15	14.94	
		25	13.22	25	13.27	25	13.02	25	13.06	25	12.91	25	12.91	25	12.99	25	13.96	25	14.89	25	14.83	25	14.89	25	14.96	
	2013	5	14.97	5	15.01	5	14.59	5	14.08	5	14.16	5	14.11	5	14.77	5	16.19	5	16.16	5	14.91	5	11.61	5	11.58	14.25
		15	14.98	15	15.02	15	14.39	15	14.10	15	14.18	15	14.09	15	15.41	15	16.21	15	16.14	15	13.01	15	11.58	15	11.59	
		25	15.00	25	14.98	25	14.18	25	14.14	25	14.11	25	14.01	25	16.17	25	16.24	25	16.13	25	12.16	25	11.56	25	11.61	

续表

点号	年份	1月		2月		3月		4月		5月		6月		7月		8月		9月		10月		11月		12月		年平均
		日	水位	日	水位	日	水位	日	水位	日	水位	日	水位	日	水位	日	水位	日	水位	日	水位	日	水位	日	水位	
266	2014	5	11.91	5	13.21	5	13.38	5	13.50	5	13.76	5	14.03	5	14.23	5	14.26	5	14.01	5	13.69	5	13.43	5	13.16	13.57
		15	12.20	15	13.29	15	13.40	15	13.56	15	13.81	15	14.10	15	14.30	15	14.21	15	13.91	15	13.57	15	13.38	15	13.09	
		25	12.31	25	13.36	25	13.46	25	13.61	25	13.87	25	14.16	25	14.36	25	14.18	25	13.89	25	13.51	25	13.31	25	12.98	
	2015	5	12.86	5	12.60	5	12.26	5	11.96	5	11.61	5	11.39	5	11.36	5	11.46	5	11.42	5	11.02	5	10.91	5	10.81	11.58
		15	12.77	15	12.52	15	12.14	15	11.87	15	11.56	15	11.36	15	11.40	15	11.48	15	11.36	15	11.07	15	10.86	15	10.79	
		25	12.68	25	12.42	25	12.06	25	11.74	25	11.41	25	11.34	25	11.43	25	11.51	25	11.31	25	11.00	25	10.84	25	10.75	
267	2011	5	1.98	5	11.89	5	12.76	5	11.26	5	12.89	5	12.70	5	12.95	5	12.98	5	12.92	5	12.64	5	11.84	5	11.88	12.14
		15	11.97	15	11.91	15	12.81	15	12.87	15	12.86	15	12.72	15	12.97	15	12.99	15	12.64	15	11.94	15	11.89	15	12.03	
		25	11.99	25	11.87	25	12.79	25	12.89	25	12.71	25	12.70	25	13.05	25	13.03	25	12.71	25	11.05	25	11.92	25	12.10	
	2012	5	12.09	5	12.35	5	12.84	5	12.86	5	12.93	5	12.84	5	12.75	5	13.54	5	13.64	5	13.91	5	13.90	5	13.99	13.18
		15	12.14	15	12.37	15	12.86	15	12.88	15	12.94	15	12.86	15	13.03	15	13.58	15	13.74	15	13.83	15	13.92	15	14.01	
		25	12.29	25	12.40	25	12.90	25	12.91	25	12.83	25	12.74	25	13.43	25	13.61	25	13.78	25	13.88	25	13.95	25	14.03	
	2013	5	14.04	5	14.00	5	13.97	5	14.00	5	14.09	5	14.17	5	14.53	5	15.02	5	14.98	5	14.64	5	12.21	5	11.18	13.82
		15	14.06	15	13.98	15	13.98	15	14.03	15	14.04	15	14.07	15	14.92	15	15.04	15	14.96	15	14.34	15	11.19	15	11.19	
		25	13.99	25	13.96	25	13.99	25	14.05	25	13.80	25	14.04	25	15.00	25	15.07	25	14.93	25	13.59	25	11.16	25	11.21	
	2014	5	11.54	5	12.89	5	13.04	5	13.40	5	13.64	5	〈20.16〉	5	〈20.38〉	5	〈20.39〉	5	〈19.67〉	5	〈19.04〉	5	〈18.53〉	5	〈18.24〉	13.06
		15	11.84	15	12.94	15	13.17	15	13.45	15	13.66	15	〈20.24〉	15	〈20.44〉	15	〈19.79〉	15	〈19.57〉	15	〈18.84〉	15	〈18.44〉	15	〈18.21〉	
		25	12.64	25	13.10	25	13.27	25	13.56	25	13.70	25	〈20.32〉	25	〈20.54〉	25	〈19.53〉	25	〈19.53〉	25	〈18.68〉	25	〈18.29〉	25	〈18.14〉	
	2015	5	12.79	5	12.91	5	12.87	5	12.59	5	12.32	5	12.14	5	12.07	5	12.14	5	12.09	5	11.77	5	11.54	5	11.31	12.17
		15	12.84	15	12.95	15	12.98	15	12.49	15	12.24	15	12.09	15	12.09	15	12.16	15	12.00	15	11.69	15	11.47	15	11.22	
		25	12.87	25	13.00	25	12.70	25	12.37	25	12.22	25	12.04	25	12.12	25	12.19	25	11.90	25	11.64	25	11.39	25	11.09	

续表

点号	年份	1月		2月		3月		4月		5月		6月		7月		8月		9月		10月		11月		12月		年平均
		日	水位	日	水位	日	水位	日	水位	日	水位	日	水位	日	水位	日	水位	日	水位	日	水位	日	水位	日	水位	
大50	2011	5	6.13	5	6.12	5		5		5		5	6.54	5	6.53	5	6.01	5	5.74	5	4.59	5	4.74	5	4.90	5.65
		15	6.10	15	6.11	15		15		15	6.61	15	6.59	15	6.38	15	6.07	15	4.56	15	4.55	15	4.86	15	5.00	
		25	6.06	25	6.03	25		25		25	6.54	25	6.39	25	6.08	25	6.06	25	4.59	25	4.06	25	4.88	25	5.03	
	2012	5	5.05	5	5.34	5	5.56	5	5.76	5	5.80	5	5.46	5	5.44	5	5.50	5	5.58	5	5.69	5	5.74	5	5.84	5.58
		15	5.13	15	5.37	15	5.62	15	5.78	15	5.70	15	5.49	15	5.47	15	5.51	15	5.64	15	5.71	15	5.77	15	5.87	
		25	5.24	25	5.41	25	5.74	25	5.79	25	5.44	25	5.29	25	5.49	25	5.53	25	5.67	25	5.73	25	5.78	25	5.91	
	2013	5	5.92	5	5.97	5	6.19	5	6.89	5	6.99	5	6.64	5	6.41	5	6.47	5	6.34	5	6.39	5	6.55	5	6.51	6.45
		15	5.93	15	5.99	15	6.39	15	6.94	15	6.84	15	6.49	15	6.43	15	6.51	15	6.33	15	6.47	15	6.52	15	6.53	
		25	5.95	25	5.96	25	6.69	25	6.97	25	6.73	25	6.39	25	6.45	25	6.53	25	6.29	25	6.54	25	6.50	25	6.55	
	2014	5	6.82	5	7.08	5	7.23	5	7.29	5	7.35	5	7.27	5	7.10	5	6.98	5	6.64	5	6.29	5	6.09	5	5.95	6.79
		15	6.89	15	7.14	15	7.24	15	7.31	15	7.36	15	7.19	15	7.04	15	6.57	15	6.47	15	6.24	15	6.04	15	5.87	
		25	7.00	25	7.19	25	7.27	25	7.34	25	7.37	25	7.14	25	7.00	25	6.43	25	6.36	25	6.15	25	6.00	25	5.79	
	2015	5	5.64	5	5.39	5	5.86	5	6.22	5	6.24	5	6.12	5	6.07	5	6.19	5	6.26	5	6.39	5	6.57	5	6.79	6.17
		15	5.55	15	5.34	15	5.99	15	6.29	15	6.21	15	6.09	15	6.11	15	6.21	15	6.29	15	6.45	15	6.64	15	6.85	
		25	5.47	25	5.27	25	6.10	25	6.50	25	6.14	25	6.04	25	6.14	25	6.23	25	6.33	25	6.53	25	6.73	25	6.96	
87	2011	4	7.78	4	7.98	4	8.45	4	8.31	4	8.52	4	8.56	4	8.72	4	8.65	4	8.62	4	7.42	4	7.45	4	7.46	8.13
		14	7.82	14	7.96	14	8.46	14	8.47	14	8.49	14	9.05	14	8.67	14	8.64	14	7.37	14	7.13	14	7.47	14	7.58	
		24	7.83	24	8.02	24	8.33	24	8.51	24	8.56	24	9.32	24	8.66	24	8.60	24	7.41	24	7.14	24	7.48	24	7.63	
	2012	4	7.73	4	8.04	4	8.20	4	8.15	4	8.62	4	8.45	4	8.58	4	9.16	4	8.73	4	8.53	4	8.63	4	9.00	8.51
		14	7.92	14	8.06	14	8.19	14	8.17	14	8.43	14	8.47	14	8.89	14	8.98	14	8.63	14	8.54	14	8.78	14	9.04	
		24	7.94	24	8.08	24	8.14	24	8.19	24	8.41	24	8.36	24	9.15	24	8.97	24	8.53	24	8.56	24	8.93	24	9.12	

续表

点号	年份	1月 日	1月 水位	2月 日	2月 水位	3月 日	3月 水位	4月 日	4月 水位	5月 日	5月 水位	6月 日	6月 水位	7月 日	7月 水位	8月 日	8月 水位	9月 日	9月 水位	10月 日	10月 水位	11月 日	11月 水位	12月 日	12月 水位	年平均
87	2013	4	9.13	4	9.19	4	9.02	4	8.36	4	8.63	4	8.64	4	8.60	4	8.51	4	8.31	4	8.13	4	7.94	4	7.91	8.51
		14	9.15	14	9.20	14	8.76	14	8.51	14	8.69	14	8.61	14	8.62	14	8.36	14	8.29	14	8.08	14	7.92	14	7.93	
		24	9.18	24	9.16	24	8.62	24	8.60	24	8.70	24	8.58	24	8.63	24	8.34	24	8.26	24	8.03	24	7.89	24	7.96	
	2014	4	9.13	4	9.48	4	9.76	4	9.82	4	10.01	4	10.22	4	10.61	4	10.75	4	10.56	4	10.20	4	10.08	4	9.94	10.06
		14	9.20	14	9.78	14	9.74	14	9.88	14	10.11	14	10.25	14	10.68	14	10.93	14	10.46	14	10.17	14	10.03	14	9.90	
		24	9.22	24	9.81	24	9.73	24	9.95	24	10.21	24	10.28	24	10.73	24	10.33	24	10.33	24	10.13	24	9.99	24	9.85	
	2015	4	9.82	4	9.73	4	9.64	4	9.49	4	9.13	4	9.00	4	9.12	4	9.26	4	9.41	4	9.41	4	9.22	4	9.04	9.33
		14	9.80	14	9.71	14	9.61	14	9.33	14	9.04	14	9.02	14	9.16	14	9.31	14	9.46	14	9.33	14	9.18	14	9.02	
		24	9.75	24	9.66	24	9.59	24	9.23	24	8.98	24	9.05	24	9.22	24	9.34	24	9.52	24	9.26	24	9.12	24	9.00	
110	2011	4	3.15	4	3.27	4	3.28	4	3.60	4	3.87	4	3.84	4	3.64	4	3.62	4	3.59	4	2.98	4	3.00	4	3.07	3.37
		14	3.19	14	3.29	14	3.30	14	3.77	14	3.84	14	3.86	14	3.63	14	3.60	14	2.95	14	2.78	14	3.01	14	3.16	
		24	3.20	24	3.20	24	3.27	24	3.85	24	3.75	24	3.45	24	3.61	24	3.58	24	2.98	24	2.75	24	3.03	24	3.18	
	2012	4	3.24	4	3.66	4	4.30	4	4.34	4	4.20	4	4.04	4	4.10	4	4.05	4	4.03	4	4.04	4	3.93	4	3.82	3.99
		14	3.34	14	3.68	14	4.32	14	4.36	14	4.22	14	4.06	14	4.14	14	4.04	14	4.04	14	4.03	14	3.81	14	3.84	
		24	3.55	24	3.70	24	4.33	24	4.35	24	4.02	24	4.03	24	4.12	24	4.01	24	4.06	24	4.01	24	3.84	24	3.85	
	2013	4	3.86	4	3.90	4	4.01	4	4.18	4	4.33	4	4.52	4	4.50	4	4.45	4	4.75	4	5.05	4	4.70	4	4.66	4.44
		14	3.87	14	3.89	14	4.11	14	4.20	14	4.35	14	4.50	14	4.52	14	4.42	14	5.30	14	4.90	14	4.67	14	4.68	
		24	3.82	24	3.88	24	4.12	24	4.26	24	4.44	24	4.48	24	4.53	24	4.38	24	5.29	24	4.80	24	4.65	24	4.71	
	2014	4	4.72	4	4.53	4	4.73	4	5.07	4	5.22	4	5.32	4	5.44	4	6.10	4	6.20	4	5.75	4	5.55	4	5.30	5.32
		14	4.65	14	4.50	14	4.85	14	5.15	14	5.25	14	5.33	14	5.85	14	5.98	14	5.98	14	5.70	14	5.46	14	5.25	
		24	4.60	24	4.45	24	4.95	24	5.18	24	5.30	24	5.35	24	6.00	24	5.84	24	5.84	24	5.65	24	5.41	24	5.18	

续表

点号	年份	1月		2月		3月		4月		5月		6月		7月		8月		9月		10月		11月		12月		年平均
		日	水位	日	水位	日	水位	日	水位	日	水位	日	水位	日	水位	日	水位	日	水位	日	水位	日	水位	日	水位	
110	2015	4	5.08	4	4.85	4	4.65	4	4.43	4	4.05	4	4.08	4	4.20	4	4.36	4	4.65	4	4.65	4	4.45	4	4.23	4.43
		14	5.01	14	4.79	14	4.57	14	4.23	14	3.99	14	4.12	14	4.25	14	4.43	14	4.73	14	4.55	14	4.35	14	4.00	
		24	4.92	24	4.71	24	4.53	24	4.14	24	4.04	24	4.15	24	4.30	24	4.46	24	4.82	24	4.46	24	4.36	24	3.90	
15	2011	7	5.79	7	5.83	7	5.84	7	4.89	7	5.15	7	5.33	7	6.21	7	5.81	7	5.36	7	4.32	7	4.63	7	4.81	5.26
		10	5.77	10	5.86	10	5.86	10	5.02	10	5.13	10	5.37	10	6.22	10	5.80	10	5.38	10	4.22	10	4.64	10	4.92	
		17	5.13	17	5.88	17	5.85	17	5.05	17	5.14	17	5.12	17	6.24	17	5.78	17	4.33	17	4.08	17	4.65	17	5.19	
		20	5.80	20	5.92	20	5.88	20	5.07	20	5.16	20	6.21	20	6.26	20	5.63	20	4.32	20	4.07	20	4.67	20	5.21	
		27	5.75	27	5.91	27	5.90	27	5.12	27	4.83	27	5.20	27	5.83	27	5.33	27	4.31	27	4.05	27	4.69	27	5.22	
		30	5.74	30	5.43	30	5.92	30	5.15	30	4.84	30	5.15	30	5.81	30	5.35	30	4.30	30	4.03	30	4.68	30	5.23	
	2012	7	5.32	7	5.31	7	5.73	7	5.68	7	5.59	7	5.56	7	6.33	7	6.40	7	6.17	7	6.06	7	6.18	7	6.18	5.88
		10	5.34	10	5.30	10	5.77	10	5.66	10	5.60	10	5.60	10	6.36	10	6.38	10	6.15	10	6.08	10	6.19	10	6.08	
		17	5.35	17	5.29	17	5.78	17	5.65	17	5.61	17	5.63	17	6.38	17	6.33	17	6.13	17	6.10	17	6.21	17	5.93	
		20	5.37	20	5.26	20	5.80	20	5.63	20	5.62	20	5.83	20	6.40	20	6.26	20	6.12	20	6.11	20	6.22	20	5.83	
		27	5.39	27	5.26	27	5.82	27	5.62	27	5.45	27	6.38	27	6.41	27	6.23	27	6.11	27	6.13	27	6.24	27	5.68	
		30	5.43	30	5.24	30	5.87	30	5.61	30	5.44	30	6.39	30	6.42	30	6.18	30	6.08	30	6.16	30	6.27	30	5.70	
	2013	7	5.71	7	5.82	7	5.86	7	6.03	7	6.29	7	6.38	7	6.32	7	6.38	7	6.39	7	5.90	7	5.67	7	5.59	6.03
		10	5.72	10	5.83	10	5.88	10	6.11	10	6.32	10	6.36	10	6.34	10	6.36	10	6.37	10	5.86	10	5.65	10	5.58	
		17	5.73	17	5.87	17	5.90	17	6.18	17	6.34	17	6.33	17	6.36	17	6.33	17	6.35	17	5.76	17	5.63	17	5.54	
		20	5.76	20	5.89	20	5.91	20	6.23	20	6.35	20	6.32	20	6.38	20	6.32	20	6.33	20	5.73	20	5.63	20	5.54	
		27	5.78	27	5.88	27	5.93	27	6.25	27	6.37	27	6.30	27	6.39	27	6.31	27	6.32	27	5.71	27	5.61	27	5.53	
		30	5.61	30	5.88	30	5.95	30	6.27	30	6.40	30	6.28	30	6.40	30	6.28	30	6.31	30	5.68	30	5.60	30	5.52	

续表

点号	年份	1月		2月		3月		4月		5月		6月		7月		8月		9月		10月		11月		12月		年平均
		日	水位	日	水位	日	水位	日	水位	日	水位	日	水位	日	水位	日	水位	日	水位	日	水位	日	水位	日	水位	
15	2014	7	5.61	7	5.92	7	6.08	7	6.19	7	5.98	7	5.92	7	5.91	7	6.71	7	6.03	7	5.94	7	5.84	7	5.71	5.99
		10	5.68	10	5.93	10	6.09	10	6.16	10	5.96	10	5.90	10	5.98	10	6.63	10	6.01	10	5.91	10	5.82	10	5.70	
		17	5.73	17	5.96	17	6.11	17	6.13	17	5.95	17	5.88	17	6.02	17	6.54	17	5.98	17	5.90	17	5.79	17	5.67	
		20	5.84	20	5.98	20	6.13	20	6.13	20	5.95	20	5.86	20	6.43	20	6.32	20	5.94	20	5.88	20	5.78	20	5.64	
		27	5.91	27	6.03	27	6.18	27	6.03	27	5.94	27	5.84	27	6.68	27	6.22	27	5.93	27	5.87	27	5.76	27	5.63	
		30	5.91	30	6.06	30	6.22	30	6.00	30	5.93	30	5.80	30	6.78	30	6.13	30	5.90	30	5.86	30	5.74	30	5.60	
	2015	7	5.63	7	5.45	7	5.61	7	5.73	7	5.62	7	5.49	7	5.46	7	5.59	7	5.78	7	5.95	7	5.83	7	5.60	5.63
		10	5.56	10	5.48	10	5.64	10	5.71	10	5.60	10	5.47	10	5.48	10	5.62	10	5.80	10	5.94	10	5.74	10	5.56	
		17	5.51	17	5.48	17	5.72	17	5.69	17	5.57	17	5.46	17	5.51	17	5.64	17	5.81	17	5.93	17	5.72	17	5.54	
		20	5.46	20	5.50	20	5.75	20	5.68	20	5.55	20	5.46	20	5.52	20	5.67	20	5.88	20	5.91	20	5.69	20	5.52	
		27	5.44	27	5.52	27	5.78	27	5.66	27	5.53	27	5.44	27	5.55	27	5.70	27	5.92	27	5.88	27	5.67	27	5.45	
		30	5.43	30	5.55	30	5.81	30	5.63	30	5.50	30	5.43	30	5.57	30	5.73	30	5.97	30	5.85	30	5.63	30	5.40	
181	2011	6	7.88	6	7.17	6	7.17	6	〈14.56〉	6	8.98	6	7.54	6	8.88	6	8.68	6	3.48	6	2.22	6	2.48	6	3.01	6.28
		16	7.86	16	7.15	16	7.19	16	8.95	16	8.94	16	8.07	16	8.90	16	8.65	16	2.78	16	2.25	16	2.50	16	3.03	
		26	7.87	26	7.18	26	7.23	26	8.97	26	7.54	26	9.24	26	8.68	26	8.63	26	2.71	26	2.27	26	2.52	26	3.08	
	2012	6	3.15	6	3.08	6	3.93	6	3.94	6	3.64	6	3.20	6	3.18	6	3.08	6	3.24	6	3.30	6	3.37	6	3.44	3.37
		16	3.16	16	3.02	16	3.93	16	3.74	16	3.62	16	3.36	16	3.21	16	3.07	16	3.26	16	3.33	16	3.40	16	3.48	
		26	3.18	26	2.89	26	3.92	26	3.68	26	3.39	26	3.34	26	3.23	26	2.87	26	3.28	26	3.36	26	3.67	26	3.51	
	2013	6	3.45	6	3.42	6	3.43	6	3.50	6	3.59	6	3.58	6	4.13	6	4.72	6	4.68	6	3.68	6	3.75	6	3.69	3.84
		16	3.42	16	3.44	16	3.47	16	3.53	16	3.63	16	3.53	16	4.58	16	4.75	16	4.67	16	3.73	16	3.71	16	3.71	
		26	3.41	26	3.41	26	3.48	26	3.56	26	3.67	26	3.48	26	4.70	26	4.76	26	4.65	26	3.78	26	3.68	26	3.72	

续表

点号	年份	1月		2月		3月		4月		5月		6月		7月		8月		9月		10月		11月		12月		年平均
		日	水位	日	水位	日	水位	日	水位	日	水位	日	水位	日	水位	日	水位	日	水位	日	水位	日	水位	日	水位	
181	2014	6	4.08	6	4.11	6	4.33	6	4.53	6	4.65	6	4.48	6	4.56	6	5.18	6	6.26	6	5.03	6	4.78	6	4.55	4.75
		16	4.11	16	4.08	16	4.37	16	4.59	16	4.67	16	4.40	16	4.68	16	6.00	16	6.18	16	4.93	16	4.71	16	4.46	
		26	4.13	26	4.06	26	4.43	26	4.61	26	4.69	26	4.33	26	4.93	26	6.24	26	6.03	26	4.84	26	4.63	26	4.38	
	2015	6	4.33	6	4.06	6	3.89	6	3.81	6	3.84	6	3.80	6	3.88	6	4.02	6	4.31	6	4.20	6	3.98	6	3.77	3.97
		16	4.18	16	4.04	16	3.85	16	3.83	16	3.81	16	3.82	16	3.90	16	4.16	16	4.35	16	4.11	16	3.91	16	3.68	
		26	4.07	26	3.98	26	3.75	26	3.86	26	3.78	26	3.85	26	3.92	26	4.25	26	4.39	26	4.07	26	3.83	26	3.61	
140	2011	6	4.36	6	4.49	6	4.61	6	〈8.45〉	6	5.07	6	4.38	6	4.33	6	3.94	6	3.57	6	2.94	6	2.83	6	3.13	4.00
		16	4.20	16	4.51	16	4.63	16	5.07	16	5.04	16	4.38	16	3.94	16	4.31	16	3.39	16	2.74	16	2.92	16	3.19	
		26	4.44	26	4.54	26	4.64	26	5.09	26	4.38	26	4.64	26	3.99	26	4.34	26	2.94	26	2.75	26	2.93	26	3.21	
	2012	6	3.23	6	3.37	6	3.84	6	4.24	6	4.32	6	4.24	6	4.94	6	4.99	6	4.65	6	3.54	6	3.63	6	3.71	4.10
		16	3.29	16	3.35	16	3.91	16	4.26	16	4.33	16	4.95	16	4.96	16	4.94	16	4.54	16	3.57	16	3.65	16	3.79	
		26	3.39	26	3.79	26	4.01	26	4.28	26	4.02	26	4.94	26	4.97	26	4.84	26	4.11	26	3.60	26	3.67	26	3.81	
	2013	6	3.82	6	3.80	6	3.76	6	3.82	6	3.89	6	3.94	6	4.34	6	4.67	6	4.60	6	4.04	6	3.97	6	3.93	4.06
		16	3.81	16	3.78	16	3.79	16	3.84	16	3.94	16	3.91	16	4.61	16	4.64	16	4.59	16	4.02	16	3.95	16	3.95	
		26	3.79	26	3.75	26	3.80	26	3.86	26	3.97	26	3.84	26	4.69	26	4.62	26	4.57	26	3.99	26	3.91	26	3.97	
	2014	6	4.33	6	4.72	6	4.74	6	4.94	6	5.04	6	4.94	6	5.09	6	5.64	6	5.89	6	5.44	6	5.10	6	4.79	5.06
		16	4.50	16	4.74	16	4.83	16	5.01	16	4.99	16	4.92	16	5.24	16	5.79	16	5.79	16	5.26	16	5.03	16	4.74	
		26	4.70	26	4.77	26	4.89	26	5.09	26	4.96	26	4.89	26	5.42	26	5.71	26	5.61	26	5.15	26	4.87	26	4.69	
	2015	6	4.64	6	4.39	6	4.25	6	4.04	6	3.92	6	3.92	6	3.99	6	5.21	6	5.23	6	4.93	6	4.65	6	4.45	4.42
		16	4.56	16	4.36	16	4.18	16	3.99	16	3.84	16	3.94	16	4.02	16	5.24	16	5.14	16	4.82	16	4.63	16	4.36	
		26	4.44	26	4.34	26	4.07	26	3.94	26	3.82	26	3.97	26	4.05	26	5.29	26	5.02	26	4.74	26	4.53	26	4.27	

续表

点号	年份	1月		2月		3月		4月		5月		6月		7月		8月		9月		10月		11月		12月		年平均
		日	水位	日	水位	日	水位	日	水位	日	水位	日	水位	日	水位	日	水位	日	水位	日	水位	日	水位	日	水位	
261	2011	6	15.24	6	15.19	6	〈19.37〉	6	〈18.37〉	6	17.26	6	〈19.57〉	6	〈19.62〉	6	15.61	6	15.65	6	14.58	6	14.93	6	15.17	15.42
		16	15.26	16	15.21	16	〈19.36〉	16	17.26	16	17.23	16	〈19.62〉	16	〈19.69〉	16	15.64	16	14.66	16	14.61	16	14.96	16	15.20	
		26	15.34	26	14.23	26	〈19.48〉	26	17.28	26	〈19.52〉	26	〈19.53〉	26	〈19.39〉	26	15.62	26	14.59	26	14.63	26	15.02	26	15.22	
	2012	6	15.25	6	15.40	6	15.02	6	15.06	6	15.11	6	14.84	6	〈17.02〉	6	〈17.20〉	6	15.28	6	15.35	6	15.35	6	15.41	15.21
		16	15.31	16	15.30	16	15.03	16	15.08	16	15.01	16	14.80	16	〈17.13〉	16	〈17.02〉	16	15.31	16	15.36	16	15.38	16	15.43	
		26	15.42	26	15.42	26	15.05	26	15.10	26	14.84	26	14.78	26	〈17.15〉	26	〈17.01〉	26	15.32	26	15.37	26	15.39	26	15.45	
	2013	6	〈16.45〉	6	〈16.47〉	6	〈16.44〉	6	〈16.51〉	6	〈15.59〉	6	〈15.60〉	6	〈15.82〉	6	〈16.10〉	6	〈16.13〉	6	〈15.72〉	6	〈15.62〉	6	11.58	11.59
		16	〈16.47〉	16	〈16.45〉	16	〈16.47〉	16	〈15.54〉	16	〈15.61〉	16	〈15.57〉	16	〈15.93〉	16	〈16.13〉	16	〈16.11〉	16	〈15.65〉	16	〈15.60〉	16	11.59	
		26	〈16.49〉	26	〈16.42〉	26	〈16.49〉	26	〈15.56〉	26	〈15.62〉	26	〈15.52〉	26	〈16.08〉	26	〈16.15〉	26	〈16.09〉	26	〈15.64〉	26	〈15.56〉	26	11.61	
	2014	6	15.52	6	15.58	6	15.71	6	15.85	6	15.92	6	15.92	6	16.17	6	16.40	6	17.42	6	17.02	6	16.77	6	16.62	16.24
		16	15.54	16	15.60	16	15.75	16	15.88	16	15.95	16	15.94	16	16.35	16	16.37	16	17.37	16	16.93	16	16.72	16	16.57	
		26	15.57	26	15.61	26	15.82	26	15.90	26	15.98	26	15.97	26	16.57	26	16.27	26	17.27	26	16.87	26	16.67	26	16.32	
	2015	6	16.23	6	15.94	6	15.81	6	15.52	6	15.30	6	15.15	6	15.13	6	15.40	6	15.61	6	15.70	6	15.42	6	15.18	15.50
		16	16.11	16	15.87	16	15.77	16	15.47	16	15.28	16	15.12	16	15.20	16	15.50	16	15.70	16	15.59	16	15.37	16	15.05	
		26	16.02	26	15.79	26	15.67	26	15.32	26	15.25	26	15.09	26	15.28	26	15.57	26	15.77	26	15.50	26	15.25	26	15.00	
B9	2011	6	4.31	6	4.40	6	4.20	6	4.25	6	4.29	6	3.95	6	4.30	6	3.90	6	3.30	6	2.78	6	3.20	6	3.42	3.87
		10	4.32	10	4.43	10	4.21	10	4.27	10	4.26	10	3.96	10	4.28	10	3.92	10	3.31	10	2.77	10	3.21	10	3.44	
		16	4.34	16	4.44	16	4.23	16	4.29	16	4.24	16	3.97	16	4.29	16	3.91	16	3.29	16	2.76	16	3.22	16	3.46	
		20	4.45	20	4.46	20	4.25	20	4.31	20	3.95	20	4.30	20	4.27	20	3.90	20	3.28	20	2.79	20	3.24	20	3.48	
		26	4.43	26	4.47	26	4.22	26	4.35	26	3.94	26	4.32	26	4.25	26	3.93	26	2.81	26	2.87	26	3.30	26	3.50	
		30	4.49	30	4.51	30	4.19	30	4.39	30	3.93	30	4.35	30	4.00	30	3.95	30	2.79	30	3.05	30	3.31	30	3.53	

续表

点号	年份	1月		2月		3月		4月		5月		6月		7月		8月		9月		10月		11月		12月		年平均
		日	水位	日	水位	日	水位	日	水位	日	水位	日	水位	日	水位	日	水位	日	水位	日	水位	日	水位	日	水位	
B9	2012	6	3.57	6	3.81	6	4.30	6	4.41	6	4.64	6	4.58	6	4.50	6	4.59	6	3.59	6	3.54	6	3.53	6	3.60	4.08
		10	3.59	10	3.83	10	4.35	10	4.42	10	4.65	10	4.57	10	4.51	10	4.57	10	3.58	10	3.55	10	3.55	10	3.62	
		16	3.60	16	3.85	16	4.40	16	4.44	16	4.67	16	4.56	16	4.53	16	4.40	16	3.57	16	3.57	16	3.57	16	3.70	
		20	3.80	20	3.86	20	4.41	20	4.45	20	4.69	20	4.54	20	4.55	20	4.39	20	3.55	20	3.49	20	3.58	20	3.73	
		26	3.85	26	3.88	26	4.42	26	4.47	26	4.65	26	4.53	26	4.54	26	4.38	26	3.53	26	3.50	26	3.59	26	3.75	
		30	3.83	30	3.90	30	4.40	30	4.49	30	4.62	30	4.52	30	4.57	30	4.33	30	3.53	30	3.52	30	3.59	30	3.80	
	2013	6	3.77	6	3.59	6	3.52	6	4.00	6	4.12	6	4.23	6	4.40	6	5.23	6	5.10	6	4.45	6	4.30	6	4.24	4.26
		10	3.73	10	3.57	10	3.54	10	4.02	10	4.14	10	4.25	10	4.47	10	5.21	10	5.08	10	4.43	10	4.28	10	4.25	
		16	3.70	16	3.56	16	3.55	16	4.05	16	4.16	16	4.24	16	4.77	16	5.18	16	5.07	16	4.41	16	4.26	16	4.27	
		20	3.67	20	3.56	20	3.57	20	4.07	20	4.08	20	4.20	20	4.95	20	5.16	20	5.06	20	4.39	20	4.24	20	4.29	
		26	3.65	26	3.53	26	3.58	26	4.09	26	4.06	26	4.17	26	5.15	26	5.15	26	5.04	26	4.36	26	4.25	26	4.30	
		30	3.60	30	3.50	30	3.59	30	4.10	30	4.04	30	4.10	30	5.25	30	5.13	30	5.02	30	4.33	30	4.23	30	4.31	
	2014	6	5.04	6	5.12	6	5.18	6	5.22	6	5.23	6	5.16	6	5.77	6	5.95	6	5.63	6	5.10	6	4.90	6	4.73	5.24
		10	5.06	10	5.14	10	5.17	10	5.23	10	5.21	10	5.17	10	5.79	10	5.98	10	5.55	10	5.08	10	4.87	10	4.70	
		16	5.09	16	5.15	16	5.15	16	5.23	16	5.19	16	5.19	16	5.81	16	6.02	16	5.45	16	5.06	16	4.85	16	4.69	
		20	5.10	20	5.15	20	5.14	20	5.24	20	5.17	20	5.20	20	5.83	20	6.05	20	5.40	20	5.03	20	4.80	20	4.68	
		26	5.11	26	5.17	26	5.18	26	5.25	26	5.16	26	5.23	26	5.89	26	6.09	26	5.35	26	5.00	26	4.77	26	4.66	
		30	5.12	30	5.19	30	5.20	30	5.27	30	5.15	30	5.25	30	5.93	30	6.10	30	5.31	30	4.95	30	4.75	30	4.64	
	2015	6	4.59	6	4.28	6	4.23	6	4.40	6	4.18	6	4.01	6	3.98	6	4.21	6	4.30	6	4.11	6	3.90	6	3.70	4.12
		10	4.57	10	4.27	10	4.28	10	4.35	10	4.14	10	4.00	10	4.01	10	4.23	10	4.28	10	4.08	10	3.88	10	3.63	
		16	4.55	16	4.25	16	4.35	16	4.33	16	4.11	16	3.98	16	4.05	16	4.25	16	4.23	16	4.06	16	3.85	16	3.58	

续表

点号	年份	1月		2月		3月		4月		5月		6月		7月		8月		9月		10月		11月		12月		年平均
		日	水位	日	水位	日	水位	日	水位	日	水位	日	水位	日	水位	日	水位	日	水位	日	水位	日	水位	日	水位	
B9	2015	20	4.40	20	4.23	20	4.39	20	4.32	20	4.08	20	3.96	20	4.09	20	4.29	20	4.23	20	4.03	20	3.81	20	3.45	4.12
		26	4.38	26	4.21	26	4.40	26	4.30	26	4.05	26	3.95	26	4.14	26	4.32	26	4.18	26	4.00	26	3.79	26	3.40	
		30	4.31	30	4.20	30	4.44	30	4.21	30	4.03	30	3.93	30	4.19	30	4.35	30	4.14	30	3.95	30	3.75	30	3.32	
232	2011	4	12.59	4	12.52	4	12.92	4	12.42	4	14.10	4	14.33	4	13.62	4	13.48	4	13.41	4	12.73	4	12.97	4	13.13	13.28
		10	12.60	10	12.55	10	12.93	10	14.10	10	14.06	10	14.36	10	13.64	10	13.47	10	12.87	10	12.75	10	12.99	10	13.20	
		14	12.60	14	12.55	14	12.94	14	14.08	14	14.04	14	14.37	14	13.65	14	13.46	14	12.73	14	12.79	14	13.01	14	13.21	
		20	12.58	20	12.52	20	12.96	20	14.07	20	14.52	20	14.35	20	13.68	20	13.44	20	12.72	20	12.80	20	13.03	20	13.25	
		24	12.57	24	12.51	24	12.95	24	14.06	24	14.33	24	14.30	24	13.71	24	13.42	24	12.75	24	12.77	24	13.05	24	13.27	
		30	12.62	30	12.47	30	12.97	30	14.11	30	14.39	30	14.12	30	13.49	30	13.40	30	12.71	30	12.81	30	13.07	30	13.29	
	2012	4	13.33	4	13.62	4	14.25	4	15.07	4	15.08	4	14.83	4	14.63	4	14.44	4	14.36	4	14.37	4	14.30	4	14.41	14.40
		10	13.37	10	13.64	10	14.27	10	15.09	10	15.10	10	14.85	10	14.65	10	14.45	10	14.32	10	14.35	10	14.30	10	14.43	
		14	13.41	14	13.67	14	14.29	14	15.10	14	15.11	14	14.88	14	14.67	14	14.45	14	14.35	14	14.32	14	14.33	14	14.47	
		20	13.46	20	13.69	20	14.30	20	15.11	20	15.00	20	14.90	20	14.51	20	14.40	20	14.37	20	14.31	20	14.35	20	14.51	
		24	13.49	24	13.70	24	14.31	24	15.08	24	14.92	24	14.82	24	14.47	24	14.38	24	14.38	24	14.29	24	14.37	24	14.53	
		30	13.52	30	13.72	30	14.35	30	15.07	30	14.82	30	14.62	30	14.43	30	14.37	30	14.39	30	14.27	30	14.39	30	14.57	
	2013	4	14.58	4	14.70	4	14.80	4	15.22	4	15.32	4	15.38	4	15.24	4	15.36	4	15.32	4	14.65	4	12.53	4	12.47	14.55
		10	14.61	10	14.72	10	14.87	10	15.24	10	15.33	10	15.37	10	15.27	10	15.38	10	15.34	10	13.63	10	12.52	10	12.49	
		14	14.62	14	14.73	14	14.90	14	15.25	14	15.37	14	15.32	14	15.29	14	15.39	14	15.35	14	13.52	14	12.50	14	12.50	
		20	14.64	20	14.74	20	14.92	20	15.27	20	15.40	20	15.27	20	15.30	20	15.41	20	15.37	20	13.42	20	12.48	20	12.51	
		24	14.67	24	14.72	24	14.97	24	15.29	24	15.30	24	15.24	24	15.32	24	15.42	24	15.39	24	12.57	24	12.47	24	12.53	
		30	14.69	30	14.70	30	15.08	30	15.31	30	15.28	30	15.22	30	15.34	30	15.45	30	15.41	30	12.55	30	12.45	30	12.55	

续表

点号	年份	1月		2月		3月		4月		5月		6月		7月		8月		9月		10月		11月		12月		年平均
		日	水位	日	水位	日	水位	日	水位	日	水位	日	水位	日	水位	日	水位	日	水位	日	水位	日	水位	日	水位	
232	2014	4	15.02	4	15.11	4	14.84	4	14.65	4	14.53	4	14.52	4	15.12	4	15.55	4	15.59	4	14.42	4	13.62	4	13.27	14.64
		10	15.05	10	15.11	10	14.80	10	14.64	10	14.51	10	14.54	10	15.22	10	15.53	10	15.53	10	13.57	10	13.57	10	13.20	
		14	15.07	14	15.07	14	14.75	14	14.62	14	14.49	14	14.58	14	12.27	14	15.42	14	15.47	14	13.97	14	13.52	14	13.18	
		20	15.08	20	15.02	20	14.75	20	14.57	20	14.49	20	14.60	20	15.37	20	15.39	20	15.42	20	14.15	20	13.43	20	13.16	
		24	15.09	24	14.97	24	14.69	24	14.55	24	14.47	24	14.63	24	15.43	24	15.38	24	15.39	24	14.87	24	13.39	24	13.14	
		30	15.12	30	14.91	30	14.66	30	14.55	30	14.45	30	14.67	30	15.49	30	15.35	30	15.35	30	14.79	30	13.35	30	13.01	
	2015	4	12.91	4	12.42	4	12.01	4	11.54	4	11.40	4	11.31	4	11.51	4	11.68	4	11.84	4	〈13.02〉	4	〈13.03〉	4	11.97	11.84
		10	12.77	10	12.37	10	11.92	10	11.53	10	11.38	10	11.33	10	11.53	10	11.70	10	11.87	10	〈13.05〉	10	〈12.99〉	10	11.99	
		14	12.73	14	12.32	14	11.84	14	11.51	14	11.35	14	11.37	14	11.54	14	11.72	14	11.93	14	〈13.07〉	14	〈12.95〉	14	12.00	
		20	12.66	20	12.25	20	11.80	20	11.49	20	11.32	20	11.42	20	11.57	20	11.78	20	11.97	20	〈13.07〉	20	〈12.92〉	20	12.02	
		24	12.66	24	12.17	24	11.62	24	11.48	24	11.29	24	11.45	24	11.59	24	11.80	24	11.99	24	11.82	24	11.93	24	12.06	
		30	12.52	30	12.09	30	11.57	30	11.46	30	11.25	30	11.48	30	11.62	30	11.83	30	12.02	30	11.88	30	11.95	30	12.08	
79	2011	4	〈35.40〉	4	〈35.30〉	4	〈35.27〉	4	〈34.56〉	4	〈34.06〉	4	〈33.63〉	4	〈34.07〉	4	〈33.83〉	4	〈33.61〉	4	〈33.12〉	4	〈33.14〉	4	〈33.28〉	〈34.04〉
		14	〈35.41〉	14	〈35.34〉	14	〈34.80〉	14	〈34.00〉	14	〈34.08〉	14	〈33.65〉	14	〈34.15〉	14	〈33.81〉	14	〈33.12〉	14	〈32.82〉	14	〈33.16〉	14	〈33.35〉	
		24	〈35.30〉	24	〈35.48〉	24	〈34.87〉	24	〈34.05〉	24	〈34.63〉	24	〈34.05〉	24	〈33.85〉	24	〈33.80〉	24	〈33.14〉	24	〈32.84〉	24	〈33.18〉	24	〈33.37〉	
	2012	4	〈33.67〉	4	〈33.80〉	4	〈34.25〉	4	〈34.00〉	4	〈34.06〉	4	〈33.81〉	4	〈34.61〉	4	〈35.81〉	4	〈35.65〉	4	〈35.61〉	4	〈35.70〉	4	〈35.80〉	〈34.78〉
		14	〈33.69〉	14	〈33.81〉	14	〈34.27〉	14	〈34.07〉	14	〈33.96〉	14	〈33.83〉	14	〈34.88〉	14	〈35.69〉	14	〈35.63〉	14	〈35.63〉	14	〈35.72〉	14	〈35.90〉	
		24	〈33.70〉	24	〈33.83〉	24	〈34.30〉	24	〈34.08〉	24	〈33.90〉	24	〈33.80〉	24	〈35.80〉	24	〈35.67〉	24	〈35.60〉	24	〈35.65〉	24	〈35.76〉	24	〈35.98〉	

续表

点号	年份	1月		2月		3月		4月		5月		6月		7月		8月		9月		10月		11月		12月		年平均
		日	水位	日	水位	日	水位	日	水位	日	水位	日	水位	日	水位	日	水位	日	水位	日	水位	日	水位	日	水位	
79	2013	4	〈35.99〉	4	〈36.04〉	4	〈36.07〉	4	〈36.11〉	4	〈36.19〉	4	〈36.19〉	4	〈36.13〉	4	〈36.19〉	4	〈36.14〉	4	〈34.50〉	4	〈34.45〉	4	〈34.43〉	〈35.65〉
		14	〈36.01〉	14	〈36.04〉	14	〈36.09〉	14	〈36.15〉	14	〈35.21〉	14	〈36.17〉	14	〈36.15〉	14	〈36.21〉	14	〈36.12〉	14	〈34.48〉	14	〈34.43〉	14	〈34.45〉	
		24	〈36.03〉	24	〈36.05〉	24	〈36.10〉	24	〈36.17〉	24	〈35.00〉	24	〈36.10〉	24	〈36.17〉	24	〈36.25〉	24	〈36.10〉	24	〈34.47〉	24	〈34.42〉	24	〈34.47〉	
	2014	4	〈36.41〉	4	〈38.69〉	4	〈39.85〉	4	〈40.55〉	4	〈40.35〉	4	〈39.95〉	4	〈38.20〉	4	〈39.81〉	4	〈39.95〉	4	〈39.40〉	4	〈37.70〉	4	〈37.40〉	〈38.99〉
		14	〈36.89〉	14	〈39.60〉	14	〈40.63〉	14	〈40.53〉	14	〈40.15〉	14	〈39.80〉	14	〈38.50〉	14	〈39.70〉	14	〈39.80〉	14	〈38.40〉	14	〈37.55〉	14	〈37.20〉	
		24	〈36.60〉	24	〈39.80〉	24	〈40.60〉	24	〈40.50〉	24	〈40.05〉	24	〈39.60〉	24	〈38.35〉	24	〈39.60〉	24	〈39.60〉	24	〈37.80〉	24	〈37.25〉	24	〈36.80〉	
	2015	4	〈36.60〉	4	〈36.09	4	〈35.65〉	4	〈35.2〉	4	〈34.60〉	4	〈33.78〉	4	〈33.57〉	4	〈33.21〉	4	〈32.85〉	4	〈31.15〉	4	〈30.88〉	4	〈30.62〉	〈33.32〉
		14	〈36.45〉	14	〈34.95〉	14	〈35.45〉	14	〈34.8〉	14	〈34.51〉	14	〈33.70〉	14	〈33.50〉	14	〈33.15〉	14	〈32.75〉	14	〈31.00〉	14	〈30.80〉	14	〈30.55〉	
		24	〈36.40〉	24	〈35.82〉	24	〈35.29〉	24	〈34.7〉	24	〈33.95〉	24	〈33.63〉	24	〈33.39〉	24	〈31.23〉	24	〈31.23〉	24	〈30.93〉	24	〈30.70〉	24	〈30.48〉	
48	2011	7	6.54	7	6.46	7	7.46	7	6.34	7	7.48	7	7.83	7	7.28	7	6.80	7	6.36	7	5.35	7	5.93	7	6.10	6.68
		17	6.61	17	7.44	17	7.49	17	6.94	17	7.36	17	7.41	17	7.30	17	6.82	17	5.35	17	5.26	17	5.94	17	6.12	
		27	6.59	27	7.42	27	7.50	27	7.48	27	7.83	27	7.28	27	6.90	27	6.79	27	5.34	27	5.28	27	5.98	27	6.13	
	2012	7	6.15	7	6.32	7	6.64	7	6.68	7	6.76	7	5.56	7	6.46	7	6.52	7	6.75	7	6.11	7	6.17	7	6.55	6.48
		17	6.21	17	6.30	17	6.65	17	6.71	17	6.84	17	6.55	17	6.49	17	6.49	17	6.81	17	6.14	17	6.19	17	6.95	
		27	6.36	27	6.28	27	6.63	27	6.72	27	6.59	27	6.53	27	6.51	27	6.46	27	6.96	27	6.15	27	6.24	27	6.96	
	2013	7	6.97	7	7.03	7	6.94	7	7.35	7	7.96	7	7.96	7	7.92	7	7.96	7	7.89	7		7		7		7.57
		17	7.00	17	7.02	17	6.92	17	7.71	17	7.87	17	7.93	17	7.95	17	7.94	17	7.86	17		17		17		
		27	7.01	27	6.98	27	6.90	27	7.94	27	7.80	27	7.88	27	7.96	27	7.91	27	7.84	27		27		27		

续表

点号	年份	1月		2月		3月		4月		5月		6月		7月		8月		9月		10月		11月		12月		年平均
		日	水位	日	水位	日	水位	日	水位	日	水位	日	水位	日	水位	日	水位	日	水位	日	水位	日	水位	日	水位	
48	2014	7		7		7		7	7.90	7	7.58	7	7.31	7	7.80	7	〈9.65〉	7	7.79	7	7.00	7	6.59	7	6.53	7.30
		17		17		17		17	7.77	17	7.50	17	7.26	17	7.85	17	7.75	17	7.75	17	6.85	17	6.54	17	6.58	
		24		24		24	7.97	24	7.68	24	7.42	24	7.20	24	〈9.60〉	24	7.72	24	7.72	24	6.67	24	6.50	24	6.62	
	2015	7	6.57	7	6.41	7	6.57	7	〈7.78〉	7	6.70	7	6.70	7	6.95	7	7.15	7	5.58	7	〈11.68〉	7	7.52	7	7.65	6.86
		17	6.48	17	6.45	17	6.64	17	〈7.70〉	17	6.68	17	6.74	17	7.05	17	7.18	17	5.64	17	〈11.71〉	17	7.56	17	7.72	
		24	6.39	24	6.49	24	〈7.90〉	24	6.74	24	6.65	24	6.81	24	〈11.40〉	24	7.20	24	〈11.60〉	24	7.41	24	7.59	24	7.80	

四、地下水质资料

宝鸡市地下水质资料表

点号	年份	pH	色(度)	浑浊度(度)	臭和味	肉眼可见物	阳离子(mg/L)								阴离子(mg/L)						矿度
							钾	钠	钙	镁	氨氮	三价铁	二价铁	锰	氯化物	硫酸盐	重碳酸盐	碳酸盐	硝酸盐	亚硝酸盐	
Z1	2011	7.8	<5.0	<1.0	无	无	55.5		53.1	18.2	<0.03	<0.08		<0.05	10.6	16.8	344.8	0	16.37	<0.003	534
	2012	7.96	<5.0	<1.0	无	少量沉淀	50.2		137.3	49.8	<0.03	<0.08		<0.05	86.9	57.6	372.2	0	209.93	0.008	950
	2013	7.77	<5.0	<1.0	无	无	43.7		58.1	20.7	<0.03	<0.08		<0.05	7.1	9.6	360	0	12.53	<0.003	54
	2014	8.02	<5.0	<1.0	无	无	56.5		54.1	19.4	<0.03	0.099		0.06	7.1	24	353.9	0	16.32	0.06	53
	2015	8.18	<5.0	<1.0	无	无	53.2		52.1	16	<0.03	<0.08		<0.05	14.2	19.2	317.3	0	14.36	<0.003	514
GQ16	2011	7.4	<5.0	<1.0	无	无	22.6		110.2	15.2	<0.03	<0.08		<0.05	23	64.8	222.7	0	129.29	0.011	645
	2012	7.8	<5.0	<1.0	无	无	18.7		132.3	6.1	<0.03	<0.08		<0.05	23	55.2	250.2	0	124.82	0.009	633
	2013	7.69	<5.0	<1.0	无	无	23		112.2	12.2	<0.03	<0.08		<0.05	14.2	67.2	234.9	0	120.83	0.007	609
	2014	7.41	<5.0	<1.0	无	无	15.1		120.2	18.2	<0.03	<0.08		0.07	21.3	52.8	244.1	0	152.28	<0.003	646
	2015	7.3	<5.0	<1.0	无	无	36.3		115.4	14.8	<0.03	<0.08		<0.05	21.3	95.1	225.8	0	141.35	<0.003	664
111	2011	7.5	<5.0	<1.0	无	无	73		95.2	24.9	<0.03	<0.08		<0.05	62	110.5	299	0	63.7	<0.003	741
	2012	7.98	<5.0	<1.0	无	无	63.8		112.2	10.3	<0.03	<0.08		<0.05	53.2	93.7	329.5	0	23.33	0.003	672
	2013	8.26	<5.0	<1.0	无	无	79.6		114.2	17.6	<0.03	<0.08		<0.05	65.6	108.1	363.1	0	34.97	0.004	819
	2014	7.97	<5.0	<1.0	无	微量沉淀	95.4		110.2	22.5	<0.03	<0.08		<0.05	65.6	124.9	357	0	74.34	<0.003	854
	2015	7.3	<5.0	<1.0	无	无	87.5		104.2	22.9	<0.03	<0.08		<0.05	67.4	107.6	341.7	0	70.98	<0.003	806
大 50	2011	7.6	<5.0	<1.0	无	无	75		88.2	43.8	0.04	0.084		<0.05	62	148.9	271.5	0	122.14	<0.003	815
	2012	8.05	<5.0	<1.0	无	无	80.6		126.3	35.9	<0.03	<0.08		<0.05	62	158.5	387.5	0	84.11	<0.003	937
	2013	8.02	<5.0	<1.0	无	无	85		204.4	45	<0.03	<0.08		<0.05	118.8	211.3	387.5	0	216.83	<0.003	130
	2014	7.89	<5.0	<1.0	无	无	65.2		140.3	49.8	<0.03	<0.08		<0.05	93.9	189.7	335.6	0	114	<0.003	103
	2015	7.78	<5.0	<1.0	无	无	31.1		78.2	17	<0.03	<0.08		<0.05	14.2	28.8	329.5	0	15.76	<0.003	540
B9	2011	7.8	<5.0	<1.0	无	无	17.8		52.1	7.3	0.07	<0.08		<0.05	12.4	52.8	143.4	0	11.18	<0.003	293
	2012	8.31	<5.0	<1.0	无	无	38.8		120.2	23.1	<0.03	<0.08		<0.05	54.9	108.1	265.4	3	82.98	0.023	704
	2013	8.2	<5.0	<1.0	无	无	46.9		116.2	26.7	<0.03	<0.08		<0.05	47.9	96.1	268.5	0	142.15	<0.003	768
	2014	7.83	<5.0	<1.0	无	无	46.1		116.2	25.5	<0.03	<0.08		<0.05	47.9	96.1	271.5	0	130.55	0.004	775.
232	2011	7.7	<5.0	<1.0	无	无	22.6		95.2	18.2	<0.03	<0.08		<0.02	10.6	60	302	0	45.33	<0.003	58
	2012	8.16	<5.0	<1.0	无	无	19		98.2	17.6	<0.03	<0.08		<0.05	12.4	48	317.3	0	38.86	<0.003	550.
	2013	7.93	<5.0	<1.0	无	无	43.2		86.2	2.4	<0.03	<0.08		<0.05	7.1	2.4	326.4	0	48.17	<0.003	553.
	2014	7.87	<5.0	<1.0	无	无	34.4		97.2	22.5	<0.03	<0.08		<0.05	12.4	86.5	332.5	0	36.87	<0.003	618.
	2015	7.88	<5.0	<1.0	无	无	29.5		98.2	21.6	<0.03	<0.08		<0.05	14.2	77.8	317.3	0	45.95	<0.003	622.
48 (214)	2011	7.6	6	<1.0	无	无	7.3		36.1	3	2.06	<0.08		<0.05	14.2	33.6	64.1	0	19.94	0.424	196.
	2012	8.15	<5.0	<1.0	无	无	33.1		136.3	20.1	<0.03	<0.08		<0.05	41.8	129.7	326.4	0	40.85	0.004	755.
	2013	8.14	<5.0	<1.0	无	无	24.5		136.3	25.5	<0.03	<0.08		<0.05	37.2	117.7	326	0	69.12	<0.003	765.
277	2011	7.8	<5.0	<1.0	无	无	17.1		48.1	9.1	0.07	<0.08		<0.05	12.4	48	143.4	0	12.21	<0.003	293.
	2012	8.32	<5.0	<1.0	无	无	15.7		55.1	5.5	<0.03	0.13		<0.05	16	28.8	158.6	3	8.72	<0.003	291.

溶解性总固体(mg/L)	COD(mg/L)	可溶性SiO_2(mg/L)	硬度(以碳酸钙计,mg/L)			其他指标(mg/L)								取样时间
			总硬	暂硬	永硬	挥发酚	氰化物	氟离子	砷	六价铬	铅	镉	汞	
362	0.5	17.6	207.7	207.7	0	<0.001	0.001	0.55	0.001	0.016	<0.001	<0.0005	<0.000 05	2011.10.20
764	1	14.2	480	305.3	242.7	<0.001	<0.0008	0.17	<0.001	0.03	<0.001	<0.0005	0.000 05	2012.11.16
360	0.7	21.2	230.2	230.2	0	<0.001	<0.0008	0.47	<0.001	0.039	<0.001	<0.0005	<0.000 05	2013.11.13
360	1.8	23	215.2	215.2	0	<0.001	<0.0008	0.33	<0.001	<0.0005	<0.001	<0.0005	0.000 06	2014.11.10
356	0.9	24.1	196.2	196.2	0	<0.001	<0.0008	0.4	0.001	0.055	<0.001	<0.0005	<0.000 05	2015.11.12
534	0.7	12.6	337.8	182.7	155.1	<0.001	0.001	0.34	0.002	<0.005	<0.001	<0.0005	<0.000 05	2011.10.20
508	1	11	355.3	205.2	150.1	<0.001	<0.0008	0.17	<0.001	<0.005	<0.001	<0.0005	<0.000 05	2012.11.16
492	0.8	15.3	330.3	192.7	137.6	<0.001	<0.0008	0.19	<0.001	<0.005	<0.001	<0.0005	<0.000 05	2013.11.13
524	1.4	13.6	375.3	200.2	175.1	<0.001	<0.0008	0.18	<0.001	<0.005	<0.001	<0.0005	<0.000 05	2014.11.10
552	0.8	15.7	349.3	185.2	164.1	<0.001	<0.0008	0.19	<0.001	<0.005	<0.001	<0.0005	<0.000 05	2015.11.12
592	0.7	6.2	340.3	245.2	95.1	<0.001	<0.0008	0.69	<0.001	<0.005	<0.001	<0.0005	<0.000 05	2011.10.20
508	1	12.9	322.8	270.2	52.6	<0.001	<0.0008	0.35	<0.001	<0.005	<0.001	<0.0005	<0.000 05	2012.11.16
638	0.6	19.8	357.8	297.8	60.1	<0.001	<0.0008	0.85	<0.001	<0.005	<0.001	<0.0005	<0.000 05	2013.11.13
676	0.9	18.9	367.8	292.8	75	<0.001	<0.0008	0.69	<0.001	<0.005	<0.001	<0.0005	<0.000 05	2014.11.10
636	0.8	20.4	354.3	280.3	74	<0.001	<0.0008	0.81	<0.001	<0.005	<0.001	<0.0005	<0.000 05	2015.11.12
680	1	5.7	400.4	222.7	177.7	<0.001	<0.0008	0.41	<0.001	<0.005	<0.001	<0.0005	<0.000 05	2011.10.20
744	0.8	17.6	462.9	317.8	145.1	<0.001	<0.0008	0.33	<0.001	0.016	<0.001	<0.0005	<0.000 05	2012.11.16
1114	0.6	24	695.6	317.8	377.8	<0.001	<0.0008	0.41	<0.001	0.007	<0.001	<0.0005	<0.000 05	2013.11.13
868	1	21.1	555.5	275.2	280.3	<0.001	<0.0008	0.3	<0.001	<0.005	<0.001	<0.0005	<0.000 05	2014.11.10
376	0.8	23.4	265.2	265.2	0	<0.001	<0.0008	0.41	0.001	0.022	<0.001	<0.0005	<0.000 05	2015.11.12
222	2.1	5.4	160.1	117.6	42.5	<0.001	<0.0008	0.48	<0.001	<0.005	<0.001	<0.0005	<0.000 05	2011.10.20
572	1.1	20.1	395.4	217.7	177.7	<0.001	<0.0008	0.31	<0.001	<0.005	<0.001	<0.0005	<0.000 05	2012.11.16
634	0.6	25.9	400.4	220.2	180.2	<0.001	<0.0008	0.34	<0.001	<0.005	<0.001	<0.0005	<0.000 05	2013.11.13
640	0.8	24.8	395.4	222.7	172.7	<0.001	<0.0008	0.28	<0.001	<0.005	<0.001	<0.0005	<0.000 05	2014.11.10
432	0.6	13.6	312.8	247.7	65.1	<0.001	<0.0008	0.87	<0.001	0.035	<0.001	<0.0005	<0.000 05	2011.10.20
392	0.8	13.1	317.8	260.2	57.6	<0.001	<0.0008	0.69	<0.001	0.016	<0.001	<0.0005	<0.000 05	2012.11.16
390	0.7	18.6	225.2	225.2	0	<0.001	<0.0008	0.74	<0.001	0.011	<0.001	<0.0005	<0.000 05	2013.11.13
452	0.9	18.3	335.3	272.7	62.6	<0.001	<0.0008	0.56	<0.001	0.01	<0.001	<0.0005	<0.000 05	2014.11.10
464	0.8	18.9	334.3	260.2	74.1	<0.001	<0.0008	0.71	<0.001	0.016	<0.001	<0.0005	<0.000 05	2015.11.12
164	2.4	6	102.6	52.5	50.1	<0.001	<0.0008	0.49	<0.001	<0.005	<0.001	<0.0005	<0.000 05	2011.10.20
592	1	13.5	422.9	267.7	155.2	<0.001	<0.0008	0.43	<0.001	<0.005	0.001	<0.0005	<0.000 05	2012.11.16
602	0.7	18.6	445.4	267.7	177.7	<0.001	<0.0008	0.5	0.002	<0.005	<0.001	<0.0005	<0.000 05	2013.11.13
222	2.1	12.3	157.6	117.6	40	<0.001	<0.0008	0.48	<0.001	<0.005	<0.001	<0.0005	<0.000 05	2011.10.20
212	1	4.2	160.1	130.1	30	<0.001	<0.0008	0.34	<0.001	<0.005	<0.001	<0.0005	<0.000 05	2012.11.16

续表

点号	年份	pH	色(度)	浑浊度(度)	臭和味	肉眼可见物	阳离子(mg/L)								阴离子(mg/L)						矿化度
							钾	钠	钙	镁	氨氮	三价铁	二价铁	锰	氯化物	硫酸盐	重碳酸盐	碳酸盐	硝酸盐	亚硝酸盐	
277	2013	8.2	<5.0	<1.0	无	无	11.1		52.1	7.9	<0.03	0.089		<0.05	8.9	33.6	158.6	0	11.64	0.003	291
	2014	8.2	<5.0	<1.0	无	无	26.2		51.1	12.8	<0.03	<0.08		<0.05	12.4	67.2	170.9	0	11.63	<0.003	345
	2015	8.37	<5.0	<1.0	无	无	16.4		46.1	12.2	<0.03	0.121		<0.05	14.2	43.2	158.6	0	7.41	<0.003	299
169	2011	7.5	<5.0	<1.0	无	无	91.9		126.3	31	<0.03	<0.08		<0.05	79.8	139.3	350.9	0	120.84	<0.003	961
	2012	8.04	<5.0	<1.0	无	无	96.3		121.2	24.9	<0.03	0.09		<0.05	76.2	124.9	375.3	0	86.38	0.024	895
	2013	8.02	<5.0	<1.0	无	无	77		134	23.1	<0.03	<0.08		<0.05	70.9	103.3	381.4	0	96	0.006	898
	2014	7.86	<5.0	<1.0	无	无	82		128.3	32.2	<0.03	<0.08		<0.05	70.9	136.9	387.5	0	87.79	0.004	973
	2015	8.13	<5.0	<1.0	无	无	91		124.2	31.1	<0.03	<0.08		<0.05	70.9	150.8	366.1	0	98	<0.003	935
261	2011	8	<5.0	<1.0	无	无	48.3		171.3	37.1	<0.03	<0.08		<0.05	83.3	117.7	396.6	0	148.77	<0.003	1068
	2012	8.3	<5.0	<1.0	无	无	53		160.3	26.7	0.05	<0.08		<0.05	7	103.3	369.2	3	124.47	<0.003	932
	2013	8.03	<5.0	<1.0	无	无	12		42.1	8.5	<0.03	<0.08		<0.05	8.9	33.6	134.2	0	10.74	<0.003	269
	2014	8.1	<5.0	<1.0	无	无	17.8		39.1	10.9	<0.03	<0.08		<0.05	12.4	45.6	131.2	0	10.8	<0.003	269
15	2011	7.6	<5.0	<1.0	无	无	34.4		104.2	19.4	<0.03	<0.08		<0.05	46.1	115.3	192.2	0	89.68	<0.003	636.
	2012	8.24	<5.0	<1.0	无	微量沉淀	34.8		90.2	10.9	<0.03	<0.08		0.11	39	79.2	222.7	0	31.7	0.141	519.
	2013	7.95	<5.0	<1.0	无	无	27.4		80.2	19.4	<0.03	0.094		<0.05	28.4	52.8	262.4	0	37.02	<0.003	541.
	2014	7.85	<5.0	<1.0	无	微量沉淀	35		115.2	27.3	<0.03	<0.08		<0.05	62	136.9	213.6	0	88.14	0.009	730.
80	2011	7.7	<5.0	<1.0	无	无	17.5		66.1	14	0.07	<0.08		<0.05	8.9	50.4	213.6	0	25.66	<0.003	404.
	2012	8.13	<5.0	<1.0	无	无	30.8		82.2	9.1	<0.03	<0.08		<0.05	12.4	57.6	256.3	0	27.23	<0.003	472.
	2013	7.79	5	<1.0	无	无	14.6		92.2	6.7	<0.03	<0.08		<0.05	8.9	24	283.7	0	24.01	<0.003	483.
	2014	7.95	<5.0	<1.0	无	无	12.2		83.2	18.8	<0.03	<0.08		<0.05	8.9	48	280.7	0	23.49	0.004	508.
	2015	7.72	<5.0	<1.0	无	无	20.3		86.2	16.3	<0.03	<0.08		<0.05	14.2	81.7	256.3	0	13.91	<0.003	508.
267	2011	7.6	<5.0	<1.0	无	无	39.9		72.1	19.4	<0.03	<0.08		<0.05	33.7	50.7	286.8	0	14.62	<0.003	525.
	2012	8.22	5	<1.0	无	无	42		94.2	1.8	<0.03	<0.08		<0.05	33.7	38.4	292.9	0	7.8	<0.003	518.
	2013	7.86	<5.0	<1.0	无	无	37.8		78.2	17	<0.03	<0.08		<0.05	30.1	40.8	305.1	0	15.1	<0.003	544.
	2014	8.01	<5.0	<1.0	无	无	43.7		74.1	17	<0.03	<0.08		<0.05	30.1	45.6	305.1	0	11.7	<0.003	538.
	2015	8.35	<5.0	<1.0	无	无	35.7		74.1	17.3	<0.03	<0.08		<0.05	28.4	49	280.7	0	15.56	<0.003	504.
266	2011	7.6	<5.0	<1.0	无	无	67.9		76.2	18.8	<0.03	<0.08		<0.05	51.4	91.3	280.7	0	21.82	0.005	628.
	2012	8.24	<5.0	<1.0	无	无	67.9		92.2	17.6	<0.03	<0.08		<0.05	49.6	91.3	329.5	0	18.86	<0.003	668.
	2013	8.02	<5.0	<1.0	无	无	57		88.2	19.4	<0.03	<0.08		<0.05	51.4	98.5	295.9	0	8.11	0.003	64
	2014	7.91	<5.0	<1.0	无	无	60.5		100.2	15.8	<0.03	<0.08		<0.05	46.1	96.1	326.4	0	17.56	<0.003	673.
	2015	8.37	<5.0	<1.0	无	无	61.5		86.2	23.8	<0.03	<0.08		<0.05	42.5	89.3	329.5	0	29.33	<0.003	672.
73	2011	7.8	<5.0	<1.0	无	无	19.5		47.1	10.9	<0.03	<0.08		<0.05	17.7	48	146.4	0	12.34	<0.003	319.
	2012	8.2	<5.0	<1.0	无	无	31.7		55.1	7.9	<0.03	<0.08		<0.05	16	64.8	170.9	0	11.21	<0.003	349.
	2013	8.03	<5.0	<1.0	无	无	15.4		50.1	8.5	<0.03	<0.08		<0.05	10.6	38.4	158.6	0	10.48	<0.003	297.
	2014	8.1	<5.0	<1.0	无	无	26.7		42.1	19.4	<0.03	<0.08		<0.05	17.7	67.2	170.9	0	9.9	<0.003	353.
	2015	8.26	<5.0	<1.0	无	无	28.6		46.1	11.4	<0.03	<0.08		<0.05	21.3	50.9	164.7	0	7.61	<0.003	334.

溶解性总固体(mg/L)	COD(mg/L)	可溶性SiO_2(mg/L)	硬度(以碳酸钙计,mg/L)			其他指标(mg/L)								取样时间
			总硬	暂硬	永硬	挥发酚	氰化物	氟离子	砷	六价铬	铅	镉	汞	
212	0.7	6.6	162.6	130.1	32.5	<0.001	<0.0008	0.39	<0.001	<0.005	<0.001	<0.0005	<0.000 05	2013.11.13
260	2.1	6.6	180.2	140.1	40.1	<0.001	<0.0008	0.31	<0.001	<0.005	<0.001	<0.0005	<0.000 05	2014.11.10
220	0.9	8	165.1	130.1	35	<0.001	<0.0008	0.37	0.001	<0.005	<0.001	<0.0005	<0.000 05	2015.11.12
786	0.8	15.5	442.9	287.8	155.1	<0.001	<0.0008	0.5	0.001	<0.005	<0.001	<0.0005	<0.000 05	2011.10.20
708	1.2	10.9	405.4	307.8	97.6	<0.001	<0.0008	0.33	0.001	<0.005	<0.001	<0.0005	<0.000 05	2012.11.16
708	0.7	17	430.4	312.8	117.6	<0.001	<0.0008	0.38	<0.001	<0.005	<0.001	<0.0005	<0.000 05	2013.11.13
780	0.9	15.9	452.9	317.8	135.1	<0.001	<0.0008	0.32	<0.001	<0.005	<0.001	<0.0005	<0.000 05	2014.11.10
752	0.8	17	438.4	300.3	138.1	<0.001	<0.0008	0.35	<0.001	<0.005	<0.001	<0.0005	<0.000 05	2015.11.12
870	0.7	16.8	580.5	325.3	255.2	<0.001	0.0008	0.47	<0.001	0.067	0.002	<0.0005	<0.000 05	2011.10.20
748	0.8	17	510.5	302.8	207.7	<0.001	<0.0008	0.32	<0.001	0.097	<0.001	<0.0005	<0.000 05	2012.11.16
202	0.6	7.2	140.1	110.1	30	<0.001	<0.0008	0.37	<0.001	<0.005	<0.001	<0.0005	0.000 08	2013.11.13
204	2.4	6.4	142.6	107.6	35	<0.001	<0.0008	0.34	0.001	<0.005	<0.001	<0.005	<0.000 05	2014.11.10
540	0.6	15.3	340.3	157.6	182.7	<0.001	<0.0008	0.56	<0.001	<0.005	<0.001	<0.0005	<0.000 05	2011.10.20
408	1.1	12.5	270.2	182.7	87.5	<0.001	<0.0008	0.33	<0.001	<0.005	<0.001	<0.0005	0.000 09	2012.11.16
410	0.6	21.8	280.3	215.2	65.1	<0.001	<0.0008	0.42	<0.001	<0.005	<0.001	<0.0005	<0.000 05	2013.11.13
624	0.9	17.8	400.4	175.2	225.2	<0.001	<0.0008	0.37	<0.001	<0.005	<0.001	<0.0005	0.000 07	2014.10.10
298	0.6	14.5	222.7	175.2	47.5	<0.001	<0.0008	1.07	<0.001	<0.005	<0.001	<0.005	<0.000 05	2011.10.20
344	0.8	14	242.7	210.2	32.5	<0.001	<0.0008	0.76	<0.001	<0.005	0.001	<0.0005	0.000 19	2012.11.16
342	0.8	20.2	257.7	232.7	25	<0.001	<0.0008	0.83	<0.001	0.007	<0.001	<0.0005	<0.000 05	2013.11.13
368	0.8	17.9	285.3	230.2	55.1	<0.001	<0.0008	0.65	<0.001	0.01	<0.001	<0.0005	<0.000 05	2014.11.10
380	0.8	19.8	282.3	210.2	72.1	<0.001	<0.0008	0.81	<0.001	0.02	<0.001	<0.0005	<0.000 05	2015.11.12
382	0.6	14.8	260.2	235.2	25	<0.001	<0.0008	0.68	<0.001	<0.005	<0.001	<0.0005	<0.000 05	2011.10.20
372	0.9	14	242.7	240.2	2.5	<0.001	<0.0008	0.5	0.001	0.009	<0.001	<0.0005	<0.000 05	2012.11.16
392	0.7	19.6	265.2	250.2	15	<0.001	<0.0008	0.58	<0.001	<0.005	<0.001	<0.0005	<0.000 05	2013.11.13
386	0.7	17.5	255.2	250.2	5	<0.001	<0.0008	0.43	<0.001	<0.005	<0.001	<0.0005	<0.000 05	2014.11.10
360.4	0.8	20	256.2	230.2	26	<0.001	<0.0008	0.54	0.001	<0.005	<0.001	<0.0005	<0.000 05	2015.11.12
488	0.6	14.1	267.7	230.2	37.5	<0.001	0.001	0.63	<0.001	<0.005	<0.001	<0.0005	<0.000 05	2011.10.20
504	0.9	12.8	302.8	270.2	32.6	<0.001	<0.0008	0.54	<0.001	<0.005	<0.001	<0.0005	0.000 05	2012.11.16
498	0.6	17.2	300.3	242.7	57.6	<0.001	<0.0008	0.6	<0.001	<0.005	<0.001	<0.0005	<0.000 05	2013.11.13
510	0.9	15.5	315.3	267.7	47.6	<0.001	<0.0008	0.45	<0.001	<0.005	<0.001	<0.0005	0.000 09	2014.11.10
508	0.9	20.3	313.3	270.2	43.1	<0.001	<0.0008	0.52	<0.001	<0.005	<0.001	<0.0005	<0.000 05	2015.11.12
246	2.2	5.6	162.6	120.1	42.5	<0.001	<0.0008	0.49	<0.001	<0.005	<0.001	<0.0005	<0.000 05	2011.10.20
264	0.8	4	170.2	140.1	30.1	<0.001	<0.0008	0.4	<0.001	<0.005	<0.001	<0.0005	0.0002	2012.11.16
218	0.7	6.2	160.1	130.1	30	<0.001	<0.0008	0.4	<0.001	<0.005	<0.001	<0.0005	0.000 18	2013.11.13
268	2.9	6.8	185.2	140.1	45.1	<0.001	<0.0008	0.35	<0.001	<0.005	<0.001	<0.0005	0.000 05	2014.11.10
252	0.9	8	162.1	135.1	27	<0.001	<0.0008	0.38	<0.001	<0.005	<0.001	<0.0005	<0.000 05	2015.11.12

续表

点号	年份	pH	色(度)	浑浊度(度)	臭和味	肉眼可见物	阳离子(mg/L)								阴离子(mg/L)						[illegible]
							钾	钠	钙	镁	氨氮	三价铁	二价铁	锰	氯化物	硫酸盐	重碳酸盐	碳酸盐	硝酸盐	亚硝酸盐	
A	2011	7.6	<5.0	<1.0	无	无	58.8		70.1	13.4	0.04	<0.08		<0.05	19.5	28.8	335.6	0	31.56	<0.003	58
	2012	8.34	<5.0	<1.0	无	无	77.7		80.2	5.5	<0.03	<0.08		<0.05	24.8	38.4	344.8	3	35.82	0.03	62
	2013	7.86	<5.0	<1.0	无	无	65.3		70.1	12.2	<0.03	<0.08		<0.05	17.7	28.8	344.8	0	36.64	0.026	6
	2014	7.96	<5.0	<1.0	无	微量沉淀	68		64.1	18.2	<0.03	<0.08		<0.05	23	52.8	338.6	0	22.11	<0.003	62
B	2011	7.5	<5.0	<1.0	无	无	46.8		161.3	41.3	<0.03	<0.08		<0.05	58.5	84.1	460.7	0	157.21	<0.003	10
	2012	8.01	<5.0	<1.0	无	无	37.7		178.4	35.9	<0.03	<0.08		<0.05	60.3	91.3	472.9	0	132.62	0.013	10
	2013	7.92	<5.0	<1.0	无	无	54.4		186.4	35.9	<0.03	<0.08		<0.05	60.3	132.1	457.6	0	165.28	0.004	11
	2014	7.85	<5.0	<1.0	无	无	55.1		178.4	47.4	<0.03	<0.08		<0.05	65.6	129.7	466.8	0	185.72	<0.003	11
	2015	8.06	<5.0	<1.0	无	无	46.7		172.3	18.2	<0.03	<0.08		<0.05	67.4	23	414.9	0	183.1	0.006	9

溶解性总固体(mg/L)	COD(mg/L)	可溶性SiO_2(mg/L)	硬度(以碳酸钙计,mg/L)			其他指标(mg/L)								取样时间
			总硬	暂硬	永硬	挥发酚	氰化物	氟离子	砷	六价铬	铅	镉	汞	
422	0.5	23.7	230.2	230.2	0	<0.001	<0.0008	2.19	<0.001	<0.005	<0.001	<0.0005	<0.000 05	2011.10.20
452	1	22.2	222.7	222.7	0	<0.001	<0.0008	1.82	<0.001	0.009	0.001	<0.0005	<0.000 05	2012.11.16
442	0.6	29.6	225.2	225.2	0	<0.001	<0.0008	1.99	<0.001	0.006	<0.001	<0.0005	<0.000 05	2013.11.13
542	0.8	28.4	235.2	235.2	0	<0.001	<0.0008	0.13	0.001	0.011	<0.001	<0.0005	0.000 05	2014.11.10
846	0.6	19.7	573	377.8	195.2	<0.001	0.0008	0.46	<0.001	0.02	<0.001	<0.0005	<0.000 05	2011.10.20
768	1	17.4	593	387.8	205.2	<0.001	<0.0008	0.34	<0.001	0.021	<0.001	<0.0005	<0.000 05	2012.11.16
898	0.6	22	613.1	375.3	237.7	<0.001	<0.0008	0.37	<0.001	0.015	<0.001	<0.0005	<0.000 05	2013.11.13
882	0.8	23	640.6	382.8	257.8	<0.001	<0.0008	0.32	<0.001	0.011	<0.001	<0.0005	<0.000 05	2014.11.10
756	0.9	25.1	505.5	340.3	165.2	<0.001	<0.0008	0.34	<0.001	0.021	<0.001	<0.0005	<0.000 05	2015.11.12

第四章　渭　南　市

一、监测点基本情况

渭南市位于关中平原东部，因临近渭河而得名，其城市生活、工农业用水主要取自地下水，以集中开采为主。主要集中供水水源地有城区自备井水源地、白杨水源地、罗刘水源地等 8 个。开采深度一般为 10.56～300m，主要为第四系孔隙潜水与承压水混合开采。在一些开采强度大的地段已引起区域地下水位下降，形成区域性降落漏斗。

渭南市地下水动态监测工作始于 20 世纪 50 年代初，监测范围以渭南市临渭区为主，华阴、华县也布置有少量监测点。本年鉴收录 2011—2015 年监测数据，其中水位监测点 28 个，水质监测点 17 个。

二、监测点基本信息表

（一）地下水位监测点基本信息表

地下水位监测点基本信息表

序号	点号	位置	地面高程(m)	孔深(m)	地下水类型	地貌单元	页码
1	B24	开发物资公司	356.9	36	潜水	一级阶地	150
2	B557	前进路供电局西	351.92	18.9	潜水	一级阶地	151
3	W32	白杨乡张仪村	350.54	301	承压水	一级阶地	152
4	W32-2	白杨乡张仪村	350.69	109	潜水	一级阶地	153
5	W15	双王乡罗刘村西	346.09	46.67	承压水	一级阶地	153
6	W15-1	双王乡罗刘村西	345.97	184.7	承压水	一级阶地	154
7	W15-2	双王乡罗刘村西	345.94	12.15	潜水	一级阶地	154
8	W6	双王乡新丰七队	346.16	23.1	承压水	一级阶地	155
9	W6-1	双王乡新丰七队	346.27	32.1	潜水	一级阶地	156
10	W23	良田乡弋张村西	365.67	284	承压水	一级阶地	156
11	W25-1	临潼区零口何家村	360.69	159.5	承压水	一级阶地	157
12	W25-2	临潼区零口何家村	360.69	159.5	潜水	一级阶地	157
13	W19	白杨村木屯村	348.49	292.6	承压水	一级阶地	158
14	W12	双王乡朱王村	344.75	295	承压水	一级阶地	158
15	B561	华县下庙水文站内	338.77	18.42	潜水	一级阶地	158
16	B531	华阴夫水焦镇	333.81	17.7	潜水	一级阶地	160
17	B236	华阴康旗村	369.09	17.15	潜水	一级阶地	161

续表

序号	点号	位置	地面高程(m)	孔深(m)	地下水类型	地貌单元	页码
18	B546	华阴北社乡	330.59	28.09	潜水	一级阶地	161
19	B562	华县下庙滨坝村	337.76	19.06	潜水	一级阶地	162
20	B21	华县古城村	365.73	56.86	潜水	一级阶地	162
21	B20	华县真王斜东	339.22	10.56	潜水	一级阶地	163
22	H3-2	华阴北社乡东栅村	330.12	48.39	潜水	一级阶地	164
23	B523	华阴岳庙北防洪堤北	332.51	19.85	潜水	一级阶地	164
24	B44	华县古城村	372.4	25.68	潜水	一级阶地	165
25	H3-1	华阴北社东栅村	330.61	142.6	承压水	一级阶地	165
26	GQ19	富平县华朱乡水管	475.64	100	混合水	黄土台塬	166
27	H2-1	华县下庙乡滨坝村北	338.91	126.1	承压水	一级阶地	167
28	H2	华县下庙水文站东	338.98	201.7	承压水	一级阶地	168

(二)地下水质监测点基本信息表

地下水质监测点基本信息表

序号	点号	位置	地下水类型	页码
1	H2	华县下庙水文站东	承压水	170
2	H32	白杨乡张仪村	承压水	170
3	H3-1	华阴北社东栅村	承压水	170
4	W15	双王乡罗刘村西	承压水	170
5	W15-1	双王乡罗刘村西	承压水	170
6	W23	良田乡弋张村西	承压水	170
7	W25-1	零口何家村	承压水	170
8	W32	白杨乡张仪村	潜水	170
9	W32-1	白杨乡张仪村	潜水	170
10	W6	双王乡新丰七队	承压水	170
11	W6-1	双王乡新丰七队	潜水	170
12	B24	开发物资公司	潜水	172
13	B531	华阴夫水焦镇	潜水	172
14	B561	华县下庙水文站内	潜水	172
15	B557	前进路供电局西	潜水	172
16	GQ19	富平县华朱乡水管	混合水	172
17	H12	华县水文站	承压水	172

三、地下水位资料

渭南市地下水位资料表

水位单位:m

点号	年份	1月		2月		3月		4月		5月		6月		7月		8月		9月		10月		11月		12月		年平均
		日	水位	日	水位	日	水位	日	水位	日	水位	日	水位	日	水位	日	水位	日	水位	日	水位	日	水位	日	水位	
B24	2011	5	21.95	5	22.07	5	21.79	5	21.48	5	21.09	5	20.65	5	20.53	5	20.52	5	20.77	5	20.38	5	20.18	5	20.43	20.94
		10	21.98	10	22.05	10	21.75	10	21.44	10	21.01	10	20.61	10	20.57	10	20.59	10	20.72	10	20.32	10	20.23	10	20.37	
		15	21.93	15	22.09	15	21.66	15	21.37	15	20.93	15	20.58	15	20.61	15	20.65	15	20.65	15	20.28	15	20.27	15	20.42	
		20	21.96	20	22.01	20	21.61	20	21.31	20	20.85	20	20.51	20	20.58	20	20.69	20	20.57	20	20.21	20	20.32	20	20.56	
		25	21.81	25	21.93	25	21.56	25	21.24	25	20.76	25	20.56	25	20.51	25	20.75	25	20.51	25	20.16	25	20.43	25	20.64	
		30	22.03	28	21.85	30	21.53	30	21.16	30	20.69	30	20.47	30	20.45	30	20.80	30	20.44	30	20.13	30	20.39	30	20.71	
	2012	5	20.76	5	20.99	5	21.04	5	20.90	5	20.51	5	20.12	5	19.79	5	19.88	5	20.16	5	20.31	5	20.57	5	20.83	20.48
		10	20.82	10	20.99	10	21.09	10	20.83	10	20.44	10	20.05	10	19.71	10	19.95	10	20.23	10	20.35	10	20.61	10	20.86	
		15	20.79	15	20.96	15	21.13	15	20.77	15	20.39	15	20.01	15	19.74	15	19.99	15	20.25	15	20.38	15	20.66	15	20.78	
		20	20.83	20	20.90	20	21.07	20	20.69	20	20.32	20	19.94	20	19.69	20	20.03	20	20.29	20	20.43	20	20.72	20	20.74	
		25	20.87	25	20.95	25	21.02	25	20.62	25	20.25	25	19.89	25	19.76	25	20.09	25	20.23	25	20.46	25	20.75	25	20.79	
		30	20.90	28	21.01	30	20.97	30	20.58	30	20.18	30	19.85	30	19.82	30	20.12	30	20.27	30	20.54	30	20.79	30	20.84	
	2013	5	20.91	5	21.10	5	21.21	5	21.34	5	21.17	5	20.93	5	20.95	5	20.87	5	20.70	5	21.65	5	21.71	5	21.91	21.22
		10	20.98	10	21.12	10	21.17	10	21.36	10	21.13	10	20.97	10	20.97	10	20.83	10	20.68	10	21.69	10	21.75	10	21.92	
		15	21.03	15	21.15	15	21.20	15	21.33	15	21.08	15	21.02	15	20.94	15	20.81	15	20.67	15	21.72	15	21.79	15	21.96	
		20	21.05	20	21.16	20	21.23	20	21.28	20	21.05	20	20.99	20	20.91	20	20.78	20	20.64	20	21.77	20	21.83	20	21.99	
		25	21.09	25	21.19	25	21.27	25	21.24	25	21.03	25	20.94	25	20.93	25	20.76	25	20.67	25	21.73	25	21.86	25	22.03	
		30	21.06	28	21.30	30	21.29	30	21.20	30	20.95	30	20.90	30	20.89	30	20.74	30	20.62	30	21.68	30	21.88	30	21.98	
	2014	5	22.01	5	21.86	5	21.72	5	21.64	5	21.56	5	21.45	5	21.35	5	21.37	5	21.61	5	21.61	5	21.71	5	21.67	21.62
		10	22.03	10	21.81	10	21.68	10	21.65	10	21.52	10	21.47	10	21.33	10	21.41	10	21.64	10	21.63	10	21.75	10	21.65	
		15	22.00	15	21.85	15	21.66	15	21.67	15	21.50	15	21.49	15	21.29	15	21.43	15	21.59	15	21.66	15	21.77	15	21.69	

续表

点号	年份	1月		2月		3月		4月		5月		6月		7月		8月		9月		10月		11月		12月		年平均
		日	水位	日	水位	日	水位	日	水位	日	水位	日	水位	日	水位	日	水位	日	水位	日	水位	日	水位	日	水位	
B24	2014	20	21.97	20	21.82	20	21.63	20	21.64	20	21.46	20	21.45	20	21.25	20	21.48	20	21.55	20	21.68	20	21.78	20	21.73	21.62
		25	21.93	25	21.79	25	21.65	25	21.61	25	21.43	25	21.42	25	21.28	25	21.53	25	21.51	25	21.64	25	21.74	25	21.76	
		30	21.90	28	21.75	30	21.61	30	21.59	30	21.41	30	21.38	30	21.32	30	21.56	30	21.57	30	21.69	30	21.70	30	21.81	
	2015	5	21.83	5	22.00	5	22.02	5	21.84	5	21.78	5	21.70	5	21.76	5	21.87	5	21.90	5	21.65	5	21.69	5	21.86	21.84
		10	21.87	10	21.99	10	21.99	10	21.82	10	21.80	10	21.67	10	21.78	10	21.89	10	21.87	10	21.82	10	21.73	10	21.90	
		15	21.89	15	21.97	15	21.97	15	21.78	15	21.83	15	21.65	15	21.79	15	21.90	15	21.84	15	21.69	15	21.75	15	21.92	
		20	21.93	20	22.01	20	22.01	20	21.75	20	21.79	20	21.69	20	21.82	20	21.91	20	21.81	20	21.68	20	21.79	20	21.95	
		25	21.95	25	22.05	25	22.05	25	21.73	25	21.77	25	21.72	25	21.86	25	21.91	25	21.80	25	21.65	25	21.81	25	21.97	
		30	21.98	28	22.08	30	22.08	30	21.76	30	21.71	30	21.75	30	21.84	30	21.92	30	21.77	30	21.66	30	21.83	30	22.00	
B557	2011	5	18.55	5	18.66	5	18.56	5	18.22	5	17.89	5	17.90	5	18.12	5	17.93	5	17.79	5	17.35	5	17.25	5	17.37	17.93
		10	18.58	10	18.69	10	18.50	10	18.17	10	17.82	10	17.95	10	18.08	10	17.89	10	17.71	10	17.29	10	17.31	10	17.41	
		15	18.53	15	18.63	15	18.43	15	18.13	15	17.77	15	18.01	15	18.06	15	17.95	15	17.62	15	17.27	15	17.35	15	17.47	
		20	18.51	20	18.67	20	18.39	20	18.08	20	17.69	20	18.06	20	18.10	20	17.90	20	17.55	20	17.21	20	17.30	20	17.52	
		25	18.57	25	18.71	25	18.35	25	18.02	25	17.78	25	18.13	25	18.04	25	17.82	25	17.48	25	17.13	25	17.26	25	17.56	
		30	18.61	28	18.64	30	18.29	30	17.96	30	17.84	30	18.20	30	17.99	30	17.87	30	17.43	30	17.19	30	17.31	30	17.50	
	2012	5	17.54	5	17.59	5	17.75	5	17.64	5	17.40	5	17.12	5	17.39	5	17.71	5	17.87	5	17.67	5	17.77	5	17.81	17.61
		10	17.52	10	17.62	10	17.71	10	17.58	10	17.37	10	17.17	10	17.47	10	17.76	10	17.85	10	17.72	10	17.82	10	17.75	
		15	17.51	15	17.68	15	17.66	15	17.55	15	17.32	15	17.21	15	17.54	15	17.72	15	17.81	15	17.75	15	17.84	15	17.70	
		20	17.44	20	17.71	20	17.70	20	17.53	20	17.29	20	17.26	20	17.57	20	17.75	20	17.76	20	17.81	20	17.89	20	17.66	
		25	17.49	25	17.77	25	17.75	25	17.49	25	17.24	25	17.29	25	17.62	25	17.79	25	17.69	25	17.76	25	17.93	25	17.60	
		30	17.53	28	17.82	30	17.69	30	17.44	30	17.19	30	17.34	30	17.68	30	17.84	30	17.63	30	17.70	30	17.87	30	17.55	

续表

点号	年份	1月		2月		3月		4月		5月		6月		7月		8月		9月		10月		11月		12月		年平均
		日	水位	日	水位	日	水位	日	水位	日	水位	日	水位	日	水位	日	水位	日	水位	日	水位	日	水位	日	水位	
B557	2013	5	17.49	5	17.22	5	17.54	5	17.83	5	17.92	5	17.65	5	17.48	5	17.61	5	17.70	5	17.74	5	17.78	5	18.04	17.70
		10	17.42	10	17.28	10	17.59	10	17.85	10	17.88	10	17.59	10	17.52	10	17.57	10	17.73	10	17.79	10	17.83	10	18.09	
		15	17.37	15	17.33	15	17.63	15	17.89	15	17.84	15	17.54	15	17.53	15	17.60	15	17.75	15	17.82	15	17.86	15	18.12	
		20	17.41	20	17.40	20	17.71	20	17.95	20	17.79	20	17.50	20	17.56	20	17.65	20	17.73	20	17.86	20	17.91	20	18.15	
		25	17.35	25	17.47	25	17.73	25	17.99	25	17.73	25	17.47	25	17.58	25	17.69	25	17.69	25	17.81	25	17.97	25	18.10	
		30	17.29	28	17.47	30	17.77	30	17.97	30	17.68	30	17.44	30	17.59	30	17.66	30	17.67	30	17.75	30	18.01	30	18.13	
	2014	5	18.07	5	18.00	5	17.56	5	17.42	5	17.48	5	17.59	5	17.67	5	17.75	5	17.67	5	17.67	5	17.81	5	17.50	17.65
		10	18.03	10	17.85	10	17.53	10	17.38	10	17.50	10	17.61	10	17.71	10	17.77	10	17.64	10	17.71	10	17.77	10	17.47	
		15	18.01	15	17.78	15	17.49	15	17.41	15	17.49	15	17.63	15	17.73	15	17.74	15	17.62	15	17.76	15	17.70	15	17.43	
		20	17.94	20	17.74	20	17.54	20	17.45	20	17.53	20	17.58	20	17.69	20	17.78	20	17.58	20	17.83	20	17.65	20	17.38	
		25	17.89	25	17.69	25	17.48	25	17.47	25	17.55	25	17.60	25	17.72	25	17.75	25	17.56	25	17.89	25	17.61	25	17.42	
		30	18.04	28	17.62	30	17.45	30	17.44	30	17.56	30	17.64	30	17.74	30	17.71	30	17.60	30	17.86	30	17.56	30	17.45	
	2015	5	17.49	5	17.70	5	17.75	5	17.62	5	17.56	5	17.54	5	17.48	5	17.59	5	17.65	5	17.48	5	17.43	5	17.60	17.58
		10	17.55	10	17.71	10	17.79	10	17.58	10	17.52	10	17.52	10	17.46	10	17.58	10	17.62	10	17.46	10	17.45	10	17.62	
		15	17.58	15	17.75	15	17.77	15	17.55	15	17.48	15	17.49	15	17.50	15	17.56	15	17.60	15	17.42	15	17.48	15	17.65	
		20	17.60	20	17.78	20	17.72	20	17.57	20	17.51	20	17.53	20	17.51	20	17.59	20	17.57	20	17.45	20	17.52	20	17.67	
		25	17.63	25	17.74	25	17.68	25	17.59	25	17.53	25	17.56	25	17.54	25	17.56	25	17.55	25	17.43	25	17.54	25	17.68	
		30	17.67	28	17.73	30	17.64	30	17.60	30	17.55	30	17.51	30	17.56	30	17.62	30	17.52	30	17.39	30	17.57	30	17.71	
W32	2011	5	15.23	5	15.35	5	15.35	5	15.86	5	15.95	5	16.01	5	17.21	5	17.34	5	17.36	5	17.30	5	17.30	5	17.30	16.49
		10	15.30	10	15.36	10	15.37	10	15.87	10	15.96	10	15.97	10	17.23	10	17.37	10	17.35	10	17.30	10	17.30	10	17.30	
		15	15.31	15	15.38	15	15.39	15	15.90	15	15.95	15	16.01	15	17.27	15	17.40	15	17.38	15	17.30	15	17.30	15	17.30	

续表

点号	年份	1月		2月		3月		4月		5月		6月		7月		8月		9月		10月		11月		12月		年平均
		日	水位	日	水位	日	水位	日	水位	日	水位	日	水位	日	水位	日	水位	日	水位	日	水位	日	水位	日	水位	
W32	2011	20	15.34	20	15.37	20	15.40	20	15.92	20	15.96	20	16.03	20	17.31	20	17.37	20	17.41	20	17.30	20	17.30	20	17.30	16.49
		25	15.37	25	15.35	25	15.42	25	15.94	25	15.97	25	16.04	25	17.34	25	17.36	25	17.44	25	17.30	25	17.30	25	17.30	
		30	15.36	28	15.31	30	15.44	30	15.90	30	15.99	30	15.99	30	17.31	30	17.40	30	17.41	30	17.30	30	17.30	30	17.30	
W32-2	2011	5	12.30	5	12.31	5	12.38	5	12.37	5	12.39	5	12.41	5	12.30	5	12.30	5	12.30	5	10.95	5	11.01	5	11.02	12.01
		15	12.29	15	12.32	15	12.41	15	12.35	15	12.38	15	12.42	15	12.30	15	12.30	15	12.30	15	10.97	15	11.02	15	11.04	
		25	12.30	25	12.34	25	12.46	25	12.37	25	12.39	25	12.44	25	12.30	25	12.30	25	12.30	25	11.00	25	11.01	25	11.06	
	2012	5	10.82	5	10.83	5	10.85	5	10.90	5	11.26	5	11.60	5	11.60	5	11.57	5	11.91	5	11.58	5	11.59	5	11.57	11.34
		15	10.85	15	10.80	15	10.87	15	10.91	15	11.28	15	11.62	15	11.61	15	11.58	15	11.92	15	11.56	15	11.60	15	11.59	
		25	10.82	25	10.82	25	10.83	25	10.90	25	11.26	25	11.60	25	11.62	25	11.59	25	11.90	25	11.58	25	11.61	25	11.56	
W15	2011	5	10.49	5	10.73	5	10.59	5	10.36	5	10.16	5	10.26	5	10.51	5	10.72	5	10.79	5	10.27	5	10.00	5	10.13	10.41
		15	10.55	15	10.77	15	10.51	15	10.29	15	10.12	15	10.31	15	10.59	15	10.80	15	10.65	15	10.15	15	9.97	15	10.20	
		25	10.66	25	10.66	25	10.43	25	10.22	25	10.15	25	10.40	25	10.67	25	10.85	25	10.42	25	10.08	25	10.04	25	10.39	
	2012	5	10.51	5	10.62	5	10.74	5	10.79	5	10.56	5	10.30	5	10.21	5	10.41	5	10.63	5	10.44	5	10.56	5	10.63	10.53
		15	10.60	15	10.54	15	10.81	15	10.74	15	10.47	15	10.23	15	10.27	15	10.49	15	10.67	15	10.39	15	10.65	15	10.51	
		25	10.68	25	10.63	25	10.87	25	10.65	25	10.40	25	10.15	25	10.33	25	10.55	25	10.56	25	10.50	25	10.76	25	10.39	
	2013	5	10.31	5	10.43	5	10.53	5	10.40	5	10.65	5	10.61	5	10.47	5	10.54	5	10.75	5	10.59	5	10.77	5	10.96	10.60
		15	10.23	15	10.51	15	10.44	15	10.49	15	10.76	15	10.51	15	10.55	15	10.62	15	10.69	15	10.66	15	10.84	15	10.89	
		25	10.34	25	10.59	25	10.31	25	10.58	25	10.69	25	10.42	25	10.50	25	10.71	25	10.64	25	10.73	25	10.91	25	10.94	
	2014	5	10.98	5	10.85	5	10.69	5	10.65	5	10.60	5	10.54	5	10.65	5	10.77	5	10.79	5	10.61	5	10.53	5	10.72	10.70
		15	10.93	15	10.79	15	10.64	15	10.73	15	10.55	15	10.58	15	10.69	15	10.80	15	10.74	15	10.54	15	10.59	15	10.79	
		25	10.89	25	10.76	25	10.59	25	10.67	25	10.51	25	10.63	25	10.72	25	10.85	25	10.68	25	10.50	25	10.66	25	10.84	

续表

点号	年份	1月		2月		3月		4月		5月		6月		7月		8月		9月		10月		11月		12月		年平均
		日	水位	日	水位	日	水位	日	水位	日	水位	日	水位	日	水位	日	水位	日	水位	日	水位	日	水位	日	水位	
W15	2015	5	10.90	5	11.02	5	11.11	5	11.19	5	11.15	5	10.98	5	10.97	5	10.95	5	10.83	5	10.72	5	10.54	5	10.51	10.90
		15	10.93	15	11.09	15	11.06	15	11.24	15	11.09	15	11.05	15	10.93	15	10.91	15	10.79	15	10.67	15	10.49	15	10.57	
		25	10.98	25	11.16	25	11.13	25	11.20	25	11.03	25	10.99	25	10.89	25	10.86	25	10.76	25	10.60	25	10.47	25	10.65	
W15-1	2011	5	9.63	5	9.81	5	10.01	5	10.12	5	9.93	5	10.03	5	10.18	5	10.43	5	10.64	5	10.10	5	9.87	5	9.59	10.04
		15	9.69	15	9.85	15	10.08	15	10.06	15	9.89	15	10.12	15	10.26	15	10.52	15	10.51	15	9.98	15	9.76	15	9.66	
		25	9.74	25	9.93	25	10.16	25	9.97	25	9.96	25	10.24	25	10.34	25	10.59	25	10.30	25	9.93	25	9.70	25	9.75	
	2012	5	9.81	5	9.70	5	9.93	5	9.79	5	9.58	5	9.38	5	9.23	5	9.47	5	9.67	5	9.91	5	10.15	5	9.92	9.72
		15	9.87	15	9.77	15	9.99	15	9.73	15	9.52	15	9.33	15	9.31	15	9.55	15	9.74	15	9.96	15	10.10	15	9.85	
		25	9.79	25	9.85	25	9.90	25	9.65	25	9.44	25	9.29	25	9.39	25	9.61	25	9.82	25	10.08	25	10.01	25	9.75	
	2013	5	9.68	5	9.49	5	9.64	5	9.82	5	10.03	5	9.94	5	9.73	5	9.54	5	9.38	5	9.47	5	9.53	5	9.58	9.66
		15	9.61	15	9.55	15	9.70	15	9.88	15	10.08	15	9.86	15	9.67	15	9.49	15	9.45	15	9.54	15	9.46	15	9.66	
		25	9.57	25	9.60	25	9.75	25	9.96	25	10.01	25	9.79	25	9.60	25	9.43	25	9.41	25	9.60	25	9.51	25	9.71	
	2014	5	9.77	5	9.91	5	9.94	5	9.91	5	10.04	5	10.19	5	10.18	5	10.01	5	9.87	5	9.71	5	9.54	5	9.47	9.87
		15	9.83	15	9.96	15	9.90	15	9.96	15	10.10	15	10.16	15	10.13	15	9.96	15	9.83	15	9.63	15	9.48	15	9.51	
		25	9.86	25	10.00	25	9.83	25	9.99	25	10.14	25	10.11	25	10.06	25	9.92	25	9.76	25	9.58	25	9.42	25	9.58	
	2015	5	9.63	5	9.81	5	9.85	5	9.87	5	9.94	5	9.76	5	9.69	5	9.82	5	9.77	5	9.63	5	9.49	5	9.44	9.72
		15	9.70	15	9.88	15	9.77	15	9.91	15	9.89	15	9.71	15	9.74	15	9.85	15	9.74	15	9.57	15	9.45	15	9.50	
		25	9.75	25	9.92	25	9.83	25	9.98	25	9.83	25	9.65	25	9.78	25	9.81	25	9.70	25	9.52	25	9.40	25	9.47	
W15-2	2011	5	6.33	5	6.52	5	6.66	5	6.87	5	6.89	5	7.15	5	7.38	5	7.42	5	7.06	5	6.82	5	6.48	5	6.21	6.80
		15	6.39	15	6.47	15	6.74	15	6.90	15	6.97	15	7.25	15	7.44	15	7.33	15	6.90	15	6.71	15	6.39	15	6.14	
		25	6.45	25	6.55	25	6.81	25	6.85	25	7.06	25	7.31	25	7.36	25	7.22	25	6.73	25	6.56	25	6.31	25	6.08	

续表

点号	年份	1月		2月		3月		4月		5月		6月		7月		8月		9月		10月		11月		12月		年平均
		日	水位	日	水位	日	水位	日	水位	日	水位	日	水位	日	水位	日	水位	日	水位	日	水位	日	水位	日	水位	
W15-2	2012	5	6.16	5	6.21	5	6.27	5	6.31	5	6.17	5	5.99	5	6.06	5	6.27	5	6.52	5	6.61	5	6.48	5	6.25	6.28
		15	6.23	15	6.14	15	6.33	15	6.25	15	6.12	15	5.95	15	6.13	15	6.33	15	6.59	15	6.69	15	6.42	15	6.18	
		25	6.29	25	6.19	25	6.38	25	6.21	25	6.05	25	6.01	25	6.19	25	6.41	25	6.50	25	6.56	25	6.34	25	6.27	
	2013	5	6.33	5	6.48	5	6.30	5	6.23	5	6.41	5	6.25	5	6.04	5	6.10	5	6.27	5	6.42	5	6.40	5	6.61	6.32
		15	6.37	15	6.42	15	6.24	15	6.29	15	6.37	15	6.19	15	5.98	15	6.18	15	6.30	15	6.37	15	6.47	15	6.67	
		25	6.43	25	6.35	25	6.16	25	6.35	25	6.32	25	6.11	25	6.03	25	6.23	25	6.35	25	6.32	25	6.55	25	6.59	
	2014	5	6.52	5	6.34	5	6.17	5	6.15	5	6.20	5	6.05	5	6.01	5	5.95	5	6.13	5	6.27	5	6.41	5	6.36	6.21
		15	6.47	15	6.38	15	6.12	15	6.21	15	6.14	15	6.00	15	6.04	15	6.01	15	6.20	15	6.33	15	6.47	15	6.28	
		25	6.40	25	6.23	25	6.08	25	6.27	25	6.12	25	5.96	25	5.99	25	6.07	25	6.24	25	6.38	25	6.42	25	6.22	
	2015	5	6.16	5	6.35	5	6.48	5	6.33	5	6.16	5	6.00	5	5.97	5	6.01	5	6.09	5	6.10	5	6.04	5	6.18	6.16
		15	6.24	15	6.38	15	6.44	15	6.27	15	6.12	15	6.06	15	5.93	15	6.04	15	6.11	15	6.05	15	6.08	15	6.21	
		25	6.30	25	6.43	25	6.39	25	6.21	25	6.05	25	6.02	25	5.98	25	6.06	25	6.15	25	6.02	25	6.13	25	6.25	
W6	2011	5	17.23	5	17.31	5	17.20	5	17.02	5	16.85	5	16.66	5	16.64	5	16.70	5	16.45	5	16.11	5	16.05	5	15.71	16.62
		15	17.28	15	17.37	15	17.14	15	16.98	15	16.80	15	16.63	15	16.72	15	16.64	15	16.36	15	16.02	15	15.92	15	15.63	
		25	17.35	25	17.31	25	17.08	25	16.91	25	16.73	25	16.57	25	16.66	25	16.57	25	16.20	25	16.13	25	15.83	25	15.55	
	2012	5	15.48	5	15.69	5	15.85	5	15.78	5	15.65	5	15.46	5	15.50	5	15.82	5	16.12	5	16.37	5	16.48	5	16.35	15.90
		15	15.57	15	15.74	15	15.90	15	15.74	15	15.60	15	15.42	15	15.61	15	15.91	15	16.24	15	16.29	15	16.61	15	16.24	
		25	15.63	25	15.81	25	15.83	25	15.69	25	15.53	25	15.37	25	15.73	25	16.01	25	16.45	25	16.40	25	16.43	25	16.14	
	2014	5	16.23	5	16.07	5	15.95	5	15.99	5	15.92	5	15.90	5	15.83	5	16.00	5	16.07	5	16.24	5	16.36	5	16.38	16.07
		15	16.17	15	16.04	15	15.91	15	16.04	15	15.87	15	15.82	15	15.88	15	16.04	15	16.13	15	16.27	15	16.39	15	16.33	
		25	16.13	25	15.99	25	15.93	25	15.98	25	15.84	25	15.79	25	15.94	25	15.99	25	16.17	25	16.32	25	16.45	25	16.26	

续表

点号	年份	1月		2月		3月		4月		5月		6月		7月		8月		9月		10月		11月		12月		年平均
		日	水位	日	水位	日	水位	日	水位	日	水位	日	水位	日	水位	日	水位	日	水位	日	水位	日	水位	日	水位	
W6	2015	5	16.21	5	16.25	5	16.27	5	16.12	5	16.03	5	16.15	5	16.10	5	16.05	5	15.97	5	16.07	5	16.03	5	15.92	16.09
		15	16.17	15	16.29	15	16.21	15	16.09	15	16.07	15	16.17	15	16.07	15	16.01	15	16.00	15	16.09	15	15.99	15	15.96	
		25	16.22	25	16.32	25	16.16	25	16.07	25	16.12	25	16.13	25	16.02	25	15.99	25	16.03	25	16.06	25	15.95	25	16.01	
W6-1	2011	5	10.50	5	10.52	5	10.44	5	10.29	5	10.14	5	9.99	5	9.93	5	10.13	5	9.98	5	9.85	5	9.50	5	9.40	10.03
		15	10.54	15	10.59	15	10.41	15	10.22	15	10.09	15	9.95	15	10.00	15	10.08	15	9.87	15	9.72	15	9.42	15	9.48	
		25	10.57	25	10.51	25	10.35	25	10.18	25	10.03	25	9.86	25	10.07	25	10.09	25	9.73	25	9.59	25	9.33	25	9.63	
	2012	5	9.75	5	9.54	5	9.81	5	10.10	5	9.94	5	9.57	5	9.64	5	10.05	5	10.25	5	9.95	5	9.76	5	10.10	9.88
		15	9.66	15	9.51	15	9.96	15	10.01	15	9.76	15	9.49	15	9.72	15	10.22	15	10.17	15	9.89	15	9.89	15	10.23	
		25	9.58	25	9.68	25	9.94	25	9.92	25	9.68	25	9.55	25	9.88	25	10.39	25	10.09	25	9.87	25	10.01	25	10.29	
	2013	5	10.17	5	10.01	5	10.03	5	9.96	5	10.10	5	9.87	5	9.77	5	10.01	5	10.18	5	10.34	5	10.29	5	10.43	10.08
		15	10.17	15	9.93	15	9.95	15	10.00	15	10.03	15	9.79	15	9.84	15	10.10	15	10.25	15	10.30	15	10.29	15	10.34	
		25	10.08	25	9.98	25	9.88	25	10.05	25	9.95	25	9.72	25	9.85	25	10.14	25	10.31	25	10.25	25	10.36	25	10.32	
	2014	5	10.24	5	10.10	5	10.02	5	9.91	5	10.10	5	10.23	5	9.97	5	9.79	5	9.75	5	10.03	5	10.28	5	10.37	10.06
		15	10.17	15	10.04	15	10.06	15	9.96	15	10.14	15	10.15	15	9.96	15	9.74	15	9.83	15	10.10	15	10.36	15	10.24	
		25	10.14	25	9.97	25	9.99	25	10.03	25	10.17	25	10.09	25	9.87	25	9.68	25	9.91	25	10.20	25	10.44	25	10.16	
	2015	5	10.24	5	10.39	5	10.41	5	10.25	5	10.28	5	10.10	5	10.08	5	10.04	5	9.87	5	10.04	5	10.17	5	10.30	10.18
		15	10.30	15	10.43	15	10.34	15	10.20	15	10.24	15	10.17	15	10.06	15	10.01	15	9.94	15	10.06	15	10.23	15	10.24	
		25	10.34	25	10.48	25	10.32	25	10.22	25	10.17	25	10.13	25	10.04	25	9.95	25	9.99	25	10.11	25	10.26	25	10.23	
W23	2011	5	29.29	5	29.31	5	29.35	5	29.26	5	29.27	5	29.24	5	29.50	5	29.52	5	29.59	5	29.44	5	29.44	5	29.49	29.41
		15	29.30	15	29.32	15	29.37	15	29.23	15	29.28	15	29.28	15	29.52	15	29.56	15	29.60	15	29.46	15	29.48	15	29.50	
		25	29.34	25	29.34	25	29.39	25	29.26	25	29.22	25	29.29	25	29.50	25	29.58	25	29.62	25	29.48	25	29.50	25	29.52	

续表

点号	年份	1月		2月		3月		4月		5月		6月		7月		8月		9月		10月		11月		12月		年平均
		日	水位	日	水位	日	水位	日	水位	日	水位	日	水位	日	水位	日	水位	日	水位	日	水位	日	水位	日	水位	
W23	2012	5	29.52	5	29.50	5	29.52	5	28.98	5	29.09	5	29.02	5	28.81	5	28.79	5	28.70	5	28.83	5	28.80	5	28.82	29.04
		15	29.55	15	29.48	15	29.56	15	28.96	15	29.10	15	29.04	15	28.80	15	28.80	15	28.72	15	28.85	15	28.81	15	28.82	
		25	29.60	25	29.50	25	29.53	25	28.98	25	29.09	25	29.06	25	28.82	25	28.81	25	28.71	25	28.86	25	28.82	25	28.81	
W25-1	2011	5	24.39	5	24.42	5	24.43	5	24.72	5	24.73	5	24.78	5	25.62	5	25.60	5	25.58	5	23.87	5	23.87	5	23.91	24.66
		15	24.43	15	24.40	15	24.43	15	24.70	15	24.75	15	24.75	15	25.61	15	25.59	15	25.56	15	23.89	15	23.89	15	23.92	
		25	24.41	25	24.20	25	24.44	25	24.72	25	24.76	25	24.76	25	25.59	25	25.61	25	25.62	25	23.90	25	23.90	25	23.91	
	2012	5	23.40	5	23.25	5	23.28	5	23.45	5	23.80	5	24.02	5	24.62	5	24.75	5	25.70	5	24.60	5	24.32	5	24.30	24.14
		15	23.42	15	23.28	15	23.36	15	23.42	15	23.81	15	24.05	15	24.65	15	24.77	15	26.00	15	24.61	15	24.33	15	24.32	
		25	23.40	25	23.32	25	23.38	25	23.40	25	23.82	25	24.03	25	24.67	25	24.75	25	25.50	25	24.62	25	24.36	25	24.33	
	2013	5	24.30	5	23.89	5	23.93	5	24.27	5	24.31	5	24.39	5	24.41	5	24.35	5	24.90	5	24.93	5	25.50	5	25.55	24.57
		15	24.32	15	23.90	15	23.95	15	24.29	15	24.33	15	24.32	15	24.38	15	24.37	15	24.92	15	24.95	15	25.52	15	25.58	
		25	24.33	25	23.91	25	23.96	25	24.32	25	24.36	25	24.46	25	24.35	25	24.38	25	24.95	25	24.96	25	25.55	25	25.59	
	2014	5	25.62	5	25.74	5	25.78	5	24.31	5	24.39	5	24.47	5	24.52	5	24.60	5	24.66	5	24.70	5	24.62	5	24.58	24.84
		15	25.67	15	25.72	15	25.80	15	24.33	15	24.41	15	24.49	15	24.55	15	24.63	15	24.65	15	24.67	15	24.61	15	24.56	
		25	25.70	25	25.78	25	25.82	25	24.36	25	24.46	25	24.50	25	24.59	25	24.64	25	24.60	25	24.64	25	24.60	25	24.53	
W25-2	2011	5	22.60	5	22.63	5	22.62	5	22.78	5	22.79	5	22.74	5	22.70	5	22.76	5	22.76	5	22.83	5	22.82	5	22.88	22.74
		15	22.63	15	22.60	15	22.64	15	22.76	15	22.76	15	22.78	15	22.72	15	22.72	15	22.71	15	22.82	15	22.86	15	22.88	
		25	22.62	25	22.61	25	22.65	25	22.78	25	22.73	25	22.79	25	22.74	25	22.74	25	22.70	25	22.86	25	22.89	25	22.89	
	2012	5	22.13	5	22.01	5	22.10	5	22.06	5	21.80	5	21.92	5	21.98	5	21.88	5	21.89	5	21.89	5	21.78	5	21.76	21.93
		15	22.12	15	22.00	15	22.12	15	22.02	15	21.81	15	21.95	15	21.99	15	21.89	15	21.88	15	21.88	15	21.79	15	21.73	
		25	22.13	25	22.02	25	22.14	25	22.01	25	21.82	25	21.97	25	21.98	25	21.90	25	21.89	25	21.86	25	21.78	25	21.75	

续表

点号	年份	1月		2月		3月		4月		5月		6月		7月		8月		9月		10月		11月		12月		年平均
		日	水位	日	水位	日	水位	日	水位	日	水位	日	水位	日	水位	日	水位	日	水位	日	水位	日	水位	日	水位	
W25-2	2013	5	21.73	5	21.80	5	21.89	5	21.90	5	21.94	5	21.93	5	21.98	5	21.96	5	22.29	5	22.30	5	22.22	5	22.21	22.03
		15	21.75	15	21.86	15	21.91	15	21.91	15	21.93	15	21.96	15	21.97	15	21.97	15	22.30	15	22.31	15	22.23	15	22.22	
		25	21.76	25	21.88	25	21.92	25	21.93	25	21.96	25	21.99	25	21.95	25	21.98	25	22.31	25	22.32	25	22.22	25	22.23	
	2014	5	22.30	5	22.29	5	22.32	5	22.32	5	22.29	5	22.31	5	22.34	5	22.40	5	22.42	5	22.45	5	22.41	5	22.37	22.36
		15	22.32	15	22.30	15	22.33	15	22.34	15	22.30	15	22.32	15	22.37	15	22.42	15	22.40	15	22.44	15	22.40	15	22.36	
		25	22.33	25	22.31	25	22.36	25	22.36	25	22.31	25	22.33	25	22.39	25	22.43	25	22.30	25	22.42	25	22.38	25	22.34	
	2015	5	22.33	5	22.35	5	22.82	5	22.88	5	22.92	5	22.92	5	22.96	5	23.01	5	23.02	5	22.98	5	23.01	5	23.01	22.86
		15	22.31	15	22.38	15	22.83	15	22.86	15	22.91	15	22.94	15	22.98	15	23.02	15	23.03	15	22.99	15	23.02	15	23.02	
		25	22.30	25	22.40	25	22.85	25	22.89	25	22.90	25	22.95	25	23.00	25	23.01	25	23.06	25	23.00	25	23.04	25	23.03	
W19	2011	15	13.32	15	13.56	15	13.27	15	13.01	15	12.88	15	12.97	15	12.90	15	13.01	15	12.87	15	12.74	15	12.66	15	12.55	6.50
	2012	15	12.42	15	12.34	15	12.26	15	12.01	15	11.87	15	11.73	15	11.61	15	11.79	15	11.64	15	11.83	15	11.97	15	12.11	6.50
W12	2011	15	11.50	15	11.63	15	11.48	15	11.23	15	11.14	15	11.36	15	11.22	15	11.07	15	10.43	15	10.75	15	11.11	15	11.32	11.19
	2012	15	11.43	15	11.35	15	11.26	15	11.11	15	11.03	15	10.89	15	13.11	15	12.23	15	10.92	15	10.46	15	10.61	15	10.77	11.26
	2014	15	11.30	15	11.17	15	11.01	15	11.27	15	11.40	15	11.52	15	11.60	15	11.55	15	11.47	15	11.31	15	11.15	15	11.27	11.34
	2015	15	11.13	15	11.02	15	10.89	15	10.71	15	10.63	15	10.55	15	10.65	15	10.71	15	10.77	15	10.85	15	10.92	15	10.99	10.82
B561	2011	5	4.20	5	4.70	5	4.93	5	5.00	5	4.94	5	4.94	5	5.17	5	5.10	5	4.50	5	1.45	5	2.10	5	3.00	4.22
		10	4.30	10	4.80	10	4.95	10	4.99	10	4.92	10	4.98	10	5.18	10	5.05	10	4.10	10	1.48	10	2.40	10	3.05	
		15	4.42	15	4.85	15	4.98	15	4.98	15	4.91	15	5.00	15	5.17	15	4.98	15	3.90	15	1.50	15	2.60	15	3.08	
		20	4.50	20	4.86	20	5.00	20	4.98	20	4.90	20	5.05	20	5.16	20	4.88	20	3.90	20	1.70	20	2.70	20	3.13	
		25	4.58	25	4.88	25	5.00	25	4.96	25	4.90	25	5.10	25	5.15	25	4.80	25	3.90	25	1.90	25	2.80	25	3.20	
		30	4.65	28	4.88	30	5.01	30	4.94	30	4.92	30	5.16	30	5.14	30	4.70	30	3.90	30	2.00	30	2.88	30	3.25	

续表

点号	年份	1月		2月		3月		4月		5月		6月		7月		8月		9月		10月		11月		12月		年平均
		日	水位	日	水位	日	水位	日	水位	日	水位	日	水位	日	水位	日	水位	日	水位	日	水位	日	水位	日	水位	
B561	2012	5	3.30	5	3.58	5	3.72	5	3.80	5	4.13	5	4.80	5	6.25	5	4.95	5	5.13	5	4.90	5	4.73	5	4.75	4.57
		10	3.35	10	3.60	10	3.73	10	3.85	10	4.12	10	5.40	10	6.10	10	5.00	10	5.12	10	4.88	10	4.72	10	4.80	
		15	3.42	15	3.65	15	3.73	15	3.90	15	4.10	15	5.70	15	5.90	15	5.03	15	5.10	15	4.84	15	4.72	15	4.85	
		20	3.46	20	3.68	20	3.74	20	4.00	20	4.10	20	5.90	20	5.70	20	5.08	20	5.05	20	4.80	20	4.68	20	4.87	
		25	3.50	25	3.70	25	3.74	25	4.08	25	4.08	25	6.20	25	5.40	25	5.12	25	5.00	25	4.78	25	4.67	25	4.89	
		30	3.54	28	3.70	30	3.75	30	4.15	30	4.06	30	6.35	30	4.90	30	5.15	30	4.95	30	4.75	30	4.65	30	4.90	
	2013	5	4.93	5	5.21	5	5.25	5	5.50	5	6.35	5	6.05	5	6.30	5	6.10	5	6.35	5	6.30	5	6.28	5	6.23	5.90
		10	5.00	10	5.22	10	5.26	10	5.60	10	6.25	10	5.95	10	6.25	10	6.15	10	6.30	10	6.33	10	6.27	10	6.25	
		15	5.05	15	5.24	15	5.28	15	5.70	15	6.15	15	5.85	15	6.30	15	6.15	15	6.30	15	6.34	15	6.25	15	6.27	
		20	5.12	20	5.25	20	5.30	20	5.90	20	6.10	20	6.30	20	6.30	20	6.20	20	6.25	20	6.35	20	6.25	20	6.25	
		25	5.18	25	5.25	25	5.40	25	6.15	25	5.65	25	5.35	25	6.15	25	6.25	25	6.30	25	6.30	25	6.22	25	6.24	
		30	5.20	28	5.25	30	5.45	30	6.40	30	5.40	30	5.10	30	6.10	30	6.35	30	6.25	30	6.30	30	6.20	30	6.22	
	2014	5	6.22	5	6.32	5	6.30	5	6.33	5	6.30	5	6.31	5	6.36	5	6.35	5	6.43	5	6.22	5	6.00	5	5.82	6.25
		10	6.25	10	6.30	10	6.31	10	6.33	10	6.36	10	6.32	10	6.36	10	6.36	10	6.42	10	6.19	10	5.98	10	5.80	
		15	6.25	15	6.33	15	6.31	15	6.36	15	6.34	15	6.35	15	6.38	15	6.40	15	6.40	15	6.15	15	5.92	15	5.78	
		20	6.30	20	6.35	20	6.30	20	6.36	20	6.31	20	6.36	20	6.38	20	6.41	20	6.40	20	6.12	20	5.90	20	5.76	
		25	6.32	25	6.35	25	6.32	25	6.38	25	6.31	25	6.36	25	6.37	25	6.43	25	6.38	25	6.10	25	5.90	25	5.76	
		30	6.35	28	6.32	30	6.35	30	6.38	30	6.32	30	6.38	30	6.39	30	6.44	30	6.26	30	6.02	30	5.85	30	5.75	
	2015	5	5.73	5	5.88	5	6.06	5	6.10	5	5.90	5	5.88	5	6.13	5	6.30	5	6.70	5	6.31	5	6.45	5	6.15	6.14
		10	5.78	10	5.95	10	6.09	10	6.05	10	5.87	10	5.93	10	6.18	10	6.41	10	6.62	10	6.30	10	6.40	10	6.13	
		15	5.78	15	6.00	15	6.10	15	6.00	15	5.85	15	6.01	15	6.19	15	6.53	15	6.59	15	6.21	15	6.31	15	6.10	

续表

点号	年份	1月		2月		3月		4月		5月		6月		7月		8月		9月		10月		11月		12月		年平均
		日	水位	日	水位	日	水位	日	水位	日	水位	日	水位	日	水位	日	水位	日	水位	日	水位	日	水位	日	水位	
B561	2015	20	5.80	20	6.02	20	6.12	20	5.98	20	5.83	20	6.04	20	6.20	20	6.59	20	6.51	20	6.20	20	6.28	20	6.08	6.14
		25	5.82	25	6.03	25	6.13	25	5.92	25	5.83	25	6.09	25	6.20	25	6.68	25	6.43	25	6.19	25	6.20	25	6.07	
		30	5.85	28	6.05	30	6.14	30	5.91	30	5.80	30	6.11	30	6.21	30	6.74	30	6.40	30	6.15	30	6.15	30	6.05	
B531	2011	5	5.65	5	4.05	5	4.30	5	4.61	5	6.67	5	5.05	5	6.82	5	6.38	5	6.77	5	3.46	5	3.14	5	2.85	4.84
		10	5.64	10	4.44	10	4.22	10	4.51	10	6.24	10	5.03	10	5.25	10	6.60	10	5.77	10	3.21	10	3.11	10	2.81	
		15	5.74	15	4.47	15	4.19	15	4.70	15	6.15	15	6.21	15	5.94	15	6.91	15	5.30	15	3.22	15	3.29	15	2.82	
		20	5.11	20	4.41	20	4.20	20	5.65	20	5.67	20	6.92	20	5.82	20	7.25	20	4.47	20	3.16	20	3.13	20	2.81	
		25	4.65	25	4.54	25	4.33	25	6.86	25	5.05	25	7.05	25	5.83	25	7.15	25	3.63	25	3.24	25	3.21	25	2.86	
		30	3.46	28	4.42	30	4.37	30	6.87	30	4.05	30	7.11	30	6.45	30	6.57	30	3.43	30	3.18	30	3.01	30	2.98	
	2012	5	2.88	5	2.95	5	3.97	5	4.18	5	5.63	5	5.15	5	7.71	5	8.20	5	6.72	5	5.65	5	5.58	5	5.84	5.58
		10	2.92	10	2.93	10	3.98	10	4.35	10	5.75	10	6.65	10	7.07	10	8.48	10	6.40	10	5.51	10	5.62	10	5.95	
		15	2.88	15	3.06	15	4.05	15	4.23	15	6.12	15	7.80	15	6.58	15	8.72	15	6.25	15	5.48	15	5.71	15	6.09	
		20	2.85	20	3.51	20	4.11	20	4.69	20	5.60	20	7.88	20	6.49	20	8.08	20	6.07	20	5.48	20	5.64	20	7.09	
		25	2.95	25	3.89	25	3.91	25	5.18	25	5.08	25	8.98	25	6.40	25	7.69	25	5.84	25	5.49	25	5.71	25	7.23	
		30	2.90	28	3.95	30	4.13	30	5.50	30	5.11	30	8.49	30	6.91	30	7.51	30	5.71	30	5.52	30	5.77	30	7.37	
	2013	5	7.84	5	6.63	5	6.15	5	9.33	5	9.28	5	7.35	5	8.83	5	7.30	5	9.24	5	8.24	5	6.20	5	6.93	7.76
		10	8.08	10	6.25	10	6.41	10	9.08	10	9.30	10	7.20	10	8.60	10	7.80	10	8.76	10	8.40	10	7.25	10	6.92	
		15	7.90	15	6.11	15	6.54	15	9.68	15	9.21	15	6.89	15	8.10	15	8.16	15	8.79	15	8.87	15	7.53	15	6.91	
		20	7.55	20	6.05	20	6.74	20	9.65	20	8.75	20	7.11	20	7.99	20	8.65	20	8.63	20	6.97	20	7.25	20	6.85	
		25	7.00	25	6.01	25	7.01	25	8.99	25	8.08	25	8.49	25	7.41	25	9.79	25	8.17	25	6.69	25	7.12	25	7.85	
		30	6.85	28	6.05	30	7.35	30	9.13	30	7.74	30	7.98	30	7.25	30	10.02	30	8.25	30	6.50	30	6.08	30	8.35	

续表

点号	年份	1月		2月		3月		4月		5月		6月		7月		8月		9月		10月		11月		12月		年平均
		日	水位	日	水位	日	水位	日	水位	日	水位	日	水位	日	水位	日	水位	日	水位	日	水位	日	水位	日	水位	
B531	2014	5	8.21	5	6.61	5	7.00	5	8.27	5	6.84	5	6.30	5	8.40	5	10.84	5	9.29	5	6.67	5	5.48	5	5.30	7.38
		10	8.46	10	6.48	10	7.05	10	8.35	10	6.51	10	6.55	10	8.75	10	10.87	10	8.77	10	6.45	10	5.58	10	5.35	
		15	8.47	15	6.35	15	7.10	15	8.09	15	6.48	15	7.25	15	8.45	15	10.61	15	8.12	15	6.25	15	6.10	15	5.30	
		20	8.08	20	6.33	20	7.43	20	7.59	20	6.35	20	8.45	20	8.92	20	10.19	20	8.01	20	5.85	20	5.88	20	5.35	
		25	7.60	25	6.78	25	7.48	25	7.35	25	6.25	25	8.95	25	9.51	25	9.80	25	7.54	25	5.76	25	5.69	25	5.43	
		30	7.05	28	6.87	30	7.45	30	7.05	30	6.19	30	9.13	30	10.35	30	9.79	30	7.12	30	5.63	30	5.52	30	5.69	
	2015	5	6.02	5	5.65	5	5.61	5	5.83	5	4.68	5	5.01	5	6.67	5	6.51	5	7.07	5	5.50	5	5.17	5	4.60	5.79
		10	5.95	10	6.02	10	5.90	10	5.40	10	4.60	10	5.65	10	6.35	10	6.80	10	6.65	10	5.35	10	5.10	10	4.54	
		15	5.99	15	5.95	15	6.35	15	5.17	15	4.60	15	7.02	15	6.40	15	7.70	15	6.35	15	5.44	15	4.87	15	4.54	
		20	5.79	20	6.00	20	6.67	20	5.03	20	4.54	20	7.58	20	6.35	20	8.21	20	6.05	20	5.12	20	4.73	20	4.51	
		25	5.75	25	5.73	25	6.45	25	4.85	25	4.70	25	7.68	25	6.15	25	8.15	25	5.87	25	5.25	25	4.72	25	4.54	
		30	5.73	28	5.64	30	6.21	30	4.77	30	4.82	30	7.25	30	7.17	30	7.53	30	5.85	30	5.19	30	4.72	30	4.64	
B236	2011	5	6.22	5	6.64	5	7.04	5	7.35	5	7.94	5	8.14	5	8.64	5	8.95	5	9.06	5	7.71	5	7.13	5	6.83	7.64
		15	6.26	15	6.77	15	7.11	15	7.47	15	8.08	15	8.40	15	8.73	15	9.10	15	8.69	15	7.53	15	7.07	15	6.64	
		25	6.40	25	6.92	25	7.24	25	7.71	25	8.03	25	8.54	25	8.89	25	9.24	25	7.98	25	7.29	25	6.94	25	6.53	
B546	2011	5	4.41	5	1.81	5	2.11	5	2.70	5	4.37	5	3.26	5	5.72	5	6.94	5	3.79	5	4.26	5	4.26	5	4.26	4.12
		15	2.98	15	1.89	15	2.60	15	4.33	15	3.31	15	3.44	15	5.33	15	9.93	15	3.15	15	4.26	15	4.26	15	4.26	
		25	2.48	25	2.71	25	2.68	25	4.44	25	4.13	25	4.44	25	8.49	25	5.38	25	3.15	25	4.26	25	4.26	25	4.26	
	2014	5	5.26	5	5.05	5	6.33	5	8.07	5	4.27	5	7.76	5	9.07	5	7.72	5	6.44	5	4.69	5	4.78	5	3.43	5.93
		15	5.27	15	5.16	15	6.64	15	5.81	15	4.20	15	10.87	15	5.93	15	7.40	15	6.43	15	4.29	15	4.01	15	3.63	
		25	4.98	25	6.21	25	7.52	25	4.65	25	4.38	25	11.22	25	6.44	25	6.97	25	5.43	25	4.44	25	3.30	25	5.30	

续表

点号	年份	1月		2月		3月		4月		5月		6月		7月		8月		9月		10月		11月		12月		年平均
		日	水位	日	水位	日	水位	日	水位	日	水位	日	水位	日	水位	日	水位	日	水位	日	水位	日	水位	日	水位	
B546	2015	5	4.58	5	3.73	5	5.55	5	3.78	5	3.11	5	7.18	5	5.89	5	6.44	5	5.94	5	4.51	5	3.81	5	3.42	4.69
		15	4.30	15	3.87	15	7.19	15	3.25	15	2.95	15	6.44	15	6.44	15	6.34	15	5.74	15	4.20	15	3.62	15	3.26	
		25	3.62	25	4.54	25	4.13	25	3.15	25	3.72	25	5.53	25	6.54	25	6.24	25	4.95	25	3.96	25	3.50	25	3.52	
B562	2011	5	3.10	5	3.46	5	3.65	5	3.48	5	3.20	5	3.28	5	3.50	5	3.60	5	3.10	5	1.30	5	1.45	5	1.60	2.92
		15	3.25	15	3.60	15	3.60	15	3.40	15	3.18	15	3.30	15	3.60	15	3.56	15	3.10	15	1.40	15	1.46	15	1.70	
		25	3.38	25	3.70	25	3.50	25	3.30	25	3.23	25	3.40	25	3.68	25	3.46	25	3.10	25	1.42	25	1.50	25	1.75	
	2012	5	1.78	5	2.00	5	2.33	5	2.60	5	3.38	5	3.90	5	4.70	5	3.60	5	3.73	5	3.67	5	3.58	5	3.70	3.31
		15	1.80	15	2.18	15	2.35	15	2.90	15	3.45	15	4.50	15	4.20	15	3.70	15	3.70	15	3.63	15	3.57	15	3.85	
		25	1.85	25	2.30	25	2.37	25	3.30	25	3.50	25	5.00	25	3.55	25	3.75	25	3.70	25	3.60	25	3.56	25	3.90	
	2014	5	4.70	5	4.76	5	4.68	5	4.70	5	4.75	5	4.70	5	4.74	5	4.80	5	4.83	5	4.62	5	4.48	5	4.58	4.70
		15	4.75	15	4.75	15	4.70	15	4.73	15	4.73	15	4.73	15	4.77	15	4.84	15	4.80	15	4.59	15	4.53	15	4.51	
		25	4.75	25	4.70	25	4.73	25	4.75	25	4.70	25	4.78	25	4.80	25	4.86	25	4.69	25	4.47	25	4.59	25	4.50	
	2015	5	4.53	5	4.68	5	4.76	5	4.77	5	4.60	5	4.80	5	5.39	5	5.69	5	5.80	5	5.53	5	5.30	5	5.08	5.08
		15	4.58	15	4.73	15	4.79	15	4.70	15	4.53	15	5.08	15	5.39	15	5.80	15	5.78	15	5.37	15	5.20	15	5.03	
		25	4.62	25	4.75	25	4.82	25	4.62	25	4.51	25	5.37	25	5.44	25	5.91	25	5.61	25	5.31	25	5.10	25	4.98	
B21	2011	5	16.86	5	17.11	5	17.41	5	17.31	5	16.86	5	16.89	5	16.94	5	16.81	5	16.55	5	16.31	5	16.29	5	17.01	16.81
		15	16.97	15	17.36	15	17.41	15	14.26	15	16.87	15	16.91	15	16.97	15	16.70	15	16.46	15	16.26	15	16.36	15	17.21	
		25	17.01	25	17.39	25	17.39	25	17.11	25	16.88	25	16.96	25	16.99	25	16.62	25	16.31	25	16.27	25	16.71	25	17.36	
	2012	5	17.41	5	17.61	5	17.61	5	17.41	5	17.04	5	17.11	5	17.19	5	17.12	5	17.18	5	17.21	5	17.17	5	17.26	17.28
		15	17.51	15	17.64	15	17.51	15	17.26	15	17.05	15	17.17	15	17.16	15	17.13	15	17.20	15	17.19	15	17.18	15	17.31	
		25	17.59	25	17.66	25	17.53	25	17.01	25	17.07	25	17.21	25	17.11	25	17.16	25	17.23	25	17.16	25	17.20	25	17.34	

续表

点号	年份	1月		2月		3月		4月		5月		6月		7月		8月		9月		10月		11月		12月		年平均
		日	水位	日	水位	日	水位	日	水位	日	水位	日	水位	日	水位	日	水位	日	水位	日	水位	日	水位	日	水位	
B21	2013	5	17.41	5	17.62	5	17.63	5	17.71	5	17.56	5	17.26	5	17.61	5	17.61	5	17.66	5	17.61	5	17.63	5	17.63	17.55
		15	17.56	15	17.62	15	17.66	15	17.74	15	17.36	15	17.16	15	17.66	15	17.66	15	17.61	15	17.66	15	17.64	15	17.61	
		25	17.64	25	17.61	25	17.68	25	17.76	25	16.76	25	16.66	25	17.59	25	17.66	25	17.61	25	17.59	25	17.66	25	17.61	
	2014	5	17.61	5	17.62	5	17.61	5	17.61	5	17.64	5	17.63	5	17.64	5	17.69	5	17.76	5	17.61	5	17.42	5	17.53	17.62
		15	17.63	15	17.64	15	17.62	15	17.64	15	17.61	15	17.66	15	17.67	15	17.76	15	17.71	15	17.52	15	17.47	15	17.51	
		25	17.66	25	17.62	25	17.63	25	17.66	25	17.63	25	17.66	25	17.69	25	17.79	25	17.66	25	17.41	25	17.53	25	17.46	
	2015	5	17.47	5	17.71	5	17.76	5	17.71	5	17.56	5	17.81	5	18.21	5	18.40	5	18.52	5	18.43	5	18.14	5	18.06	18.00
		15	17.51	15	17.74	15	17.78	15	17.66	15	17.54	15	18.11	15	18.25	15	18.55	15	18.49	15	18.39	15	18.11	15	18.02	
		25	17.51	25	17.76	25	17.79	25	17.61	25	17.51	25	18.20	25	18.28	25	18.69	25	18.40	25	18.16	25	18.06	25	17.93	
B20	2011	5	4.82	5	5.07	5	5.27	5	5.01	5	4.77	5	4.82	5	5.02	5	5.32	5	5.82	5	4.60	5	4.53	5	4.70	4.99
		15	4.92	15	5.12	15	5.27	15	4.96	15	4.77	15	4.90	15	5.07	15	5.62	15	5.32	15	4.54	15	4.54	15	4.82	
		25	5.00	25	5.22	25	5.25	25	4.82	25	4.80	25	5.02	25	5.12	25	5.77	25	4.67	25	4.52	25	4.62	25	5.12	
	2012	5	5.17	5	5.31	5	5.33	5	5.12	5	3.82	5	3.92	5	4.15	5	4.12	5	4.44	5	4.52	5	4.62	5	4.65	4.59
		15	5.24	15	5.32	15	5.35	15	4.72	15	3.80	15	4.07	15	4.07	15	4.22	15	4.46	15	4.58	15	4.60	15	4.74	
		25	5.30	25	5.32	25	5.35	25	3.92	25	3.77	25	4.17	25	4.02	25	4.42	25	4.47	25	4.64	25	4.57	25	4.82	
	2013	5	4.92	5	5.25	5	5.32	5	5.52	5	5.52	5	4.72	5	5.12	5	4.47	5	4.42	5	5.12	5	4.47	5	4.57	4.87
		15	5.07	15	5.26	15	5.40	15	5.62	15	5.22	15	4.62	15	4.62	15	4.52	15	4.47	15	4.62	15	4.44	15	4.45	
		25	5.22	25	5.28	25	5.47	25	5.72	25	4.72	25	4.42	25	4.42	25	4.62	25	4.52	25	4.42	25	4.44	25	4.42	
	2014	5	4.42	5	4.45	5	4.47	5	4.53	5	4.55	5	4.52	5	4.53	5	4.56	5	4.62	5	4.44	5	4.20	5	4.27	4.46
		15	4.44	15	4.47	15	4.49	15	4.55	15	4.52	15	4.55	15	4.57	15	4.60	15	4.60	15	4.34	15	4.24	15	4.24	
		25	4.47	25	4.50	25	4.53	25	4.55	25	4.53	25	4.56	25	4.58	25	4.65	25	4.47	25	4.20	25	4.30	25	4.22	

续表

点号	年份	1月		2月		3月		4月		5月		6月		7月		8月		9月		10月		11月		12月		年平均
		日	水位	日	水位	日	水位	日	水位	日	水位	日	水位	日	水位	日	水位	日	水位	日	水位	日	水位	日	水位	
B20	2015	5	4.24	5	4.39	5	4.48	5	4.47	5	4.32	5	4.37	5	5.24	5	5.41	5	5.73	5	5.44	5	5.13	5	4.82	4.86
		15	4.30	15	4.42	15	4.51	15	4.42	15	4.27	15	4.84	15	5.26	15	5.55	15	5.63	15	5.33	15	4.92	15	4.79	
		25	4.37	25	4.47	25	4.52	25	4.33	25	4.24	25	5.23	25	5.30	25	5.80	25	5.52	25	5.25	25	4.84	25	4.75	
H3-2	2011	5	1.76	5	1.90	5	1.96	5	1.76	5	1.76	5	2.02	5	4.03	5	4.55	5	4.60	5	1.22	5	0.49	5	0.37	2.11
		15	1.49	15	1.91	15	1.98	15	1.49	15	1.49	15	2.03	15	4.08	15	4.82	15	3.95	15	0.82	15	0.44	15	0.31	
		25	1.88	25	1.93	25	1.97	25	1.88	25	1.88	25	2.29	25	4.20	25	5.06	25	2.37	25	0.58	25	0.40	25	0.30	
	2012	5	0.37	5	0.39	5	0.53	5	0.74	5	1.02	5	1.37	5	2.40	5	2.47	5	2.56	5	2.57	5	2.58	5	2.63	1.71
		15	0.34	15	0.46	15	0.65	15	0.83	15	1.19	15	1.59	15	2.47	15	2.51	15	2.58	15	2.57	15	2.61	15	2.64	
		25	0.36	25	0.50	25	0.68	25	0.95	25	1.30	25	2.24	25	2.45	25	2.55	25	2.56	25	2.56	25	2.62	25	2.62	
	2013	5	2.63	5	2.66	5	2.71	5	2.93	5	3.37	5	3.77	5	3.83	5	3.84	5	4.16	5	4.20	5	4.35	5	4.34	3.62
		15	2.65	15	2.66	15	2.76	15	3.08	15	3.64	15	3.77	15	3.84	15	3.85	15	4.19	15	4.25	15	4.37	15	4.35	
		25	2.66	25	2.67	25	2.80	25	3.34	25	3.76	25	3.79	25	3.85	25	4.01	25	4.20	25	4.34	25	4.36	25	4.36	
	2014	5	2.63	5	4.37	5	4.39	5	4.48	5	4.50	5	4.51	5	4.64	5	4.86	5	4.93	5	4.61	5	3.91	5	3.66	4.35
		15	4.36	15	4.37	15	4.42	15	4.50	15	4.50	15	4.51	15	4.66	15	4.93	15	4.92	15	4.27	15	3.73	15	3.59	
		25	4.37	25	4.37	25	4.44	25	4.51	25	4.51	25	4.61	25	4.70	25	4.96	25	4.91	25	3.73	25	3.72	25	3.57	
	2015	5	3.58	5	3.52	5	3.50	5	3.64	5	3.59	5	3.61	5	3.70	5	3.82	5	3.90	5	3.90	5	3.89	5	3.86	3.72
		15	3.59	15	3.56	15	3.62	15	3.63	15	3.58	15	3.63	15	3.75	15	3.86	15	3.91	15	3.90	15	3.88	15	3.85	
		25	3.47	25	3.43	25	3.66	25	3.60	25	3.59	25	3.67	25	3.79	25	3.89	25	3.90	25	3.89	25	3.87	25	3.85	
B523	2011	5	5.05	5	3.90	5	4.27	5	4.73	5	6.71	5	4.74	5	6.22	5	7.54	5	5.77	5	4.39	5	4.39	5	4.39	5.07
		15	4.65	15	4.56	15	4.50	15	5.41	15	5.31	15	5.06	15	6.09	15	8.09	15	3.41	15	4.39	15	4.39	15	4.39	
		25	4.30	25	4.54	25	5.10	25	6.48	25	3.68	25	6.06	25	7.39	25	6.09	25	3.41	25	4.39	25	4.39	25	4.39	

续表

点号	年份	1月		2月		3月		4月		5月		6月		7月		8月		9月		10月		11月		12月		年平均
		日	水位	日	水位	日	水位	日	水位	日	水位	日	水位	日	水位	日	水位	日	水位	日	水位	日	水位	日	水位	
B44	2011	5	15.35	5	15.52	5	15.60	5	15.57	5	15.50	5	15.52	5	15.58	5	15.52	5	15.02	5	14.45	5	14.54	5	14.67	15.22
		15	15.40	15	15.57	15	15.60	15	15.56	15	15.49	15	15.53	15	15.60	15	15.42	15	14.82	15	14.46	15	14.55	15	14.72	
		25	15.47	25	15.59	25	15.58	25	15.55	25	15.50	25	15.56	25	15.62	25	15.22	25	14.42	25	14.52	25	14.62	25	14.77	
	2012	5	14.82	5	14.88	5	14.90	5	14.87	5	14.80	5	14.79	5	15.02	5	15.25	5	15.31	5	15.40	5	15.44	5	15.42	15.09
		15	14.85	15	14.89	15	14.91	15	14.82	15	14.78	15	14.81	15	15.12	15	15.28	15	15.35	15	15.42	15	15.46	15	15.40	
		25	14.87	25	14.89	25	14.91	25	14.80	25	14.78	25	14.87	25	15.22	25	15.30	25	15.37	25	15.42	25	15.47	25	15.39	
	2013	5	15.41	5	15.48	5	15.52	5	15.58	5	15.52	5	16.67	5	15.27	5	15.12	5	15.12	5	15.17	5	15.14	5	15.17	15.29
		15	15.45	15	15.49	15	15.52	15	15.67	15	15.22	15	14.57	15	15.22	15	15.12	15	15.17	15	15.22	15	15.15	15	15.14	
		25	15.48	25	15.50	25	15.54	25	15.77	25	14.77	25	14.42	25	15.12	25	15.12	25	15.17	25	15.12	25	15.17	25	15.12	
	2014	5	15.12	5	15.14	5	15.12	5	15.13	5	15.14	5	15.12	5	15.15	5	15.20	5	15.24	5	15.04	5	14.81	5	14.90	15.09
		15	15.14	15	15.15	15	15.13	15	15.17	15	15.12	15	15.14	15	15.17	15	15.25	15	15.22	15	14.92	15	14.85	15	14.84	
		25	15.17	25	15.14	25	15.15	25	15.17	25	15.15	25	15.17	25	15.20	25	15.27	25	15.10	25	14.80	25	14.91	25	14.82	
	2015	5	14.84	5	14.99	5	15.05	5	15.03	5	14.90	5	15.12	5	15.54	5	15.72	5	15.83	5	15.73	5	15.56	5	15.42	15.32
		15	14.88	15	15.02	15	15.10	15	14.99	15	14.88	15	15.33	15	15.58	15	15.85	15	15.74	15	15.65	15	15.52	15	15.38	
		25	14.97	25	15.05	25	15.12	25	14.94	25	14.85	25	15.53	25	15.61	25	16.01	25	15.72	25	15.57	25	15.44	25	14.91	
H3-1	2011	5	3.43	5	2.07	5	2.66	5	2.76	5	4.66	5	3.15	5	5.45	5	6.01	5	4.72	5	0.72	5	0.80	5	0.76	3.25
		15	2.93	15	2.30	15	3.87	15	4.07	15	3.34	15	5.56	15	5.13	15	8.35	15	2.38	15	0.71	15	0.75	15	0.72	
		25	2.55	25	2.98	25	2.67	25	6.19	25	2.96	25	7.52	25	6.40	25	5.09	25	0.85	25	0.77	25	0.78	25	0.78	
	2012	5	0.87	5	1.08	5	1.60	5	1.87	5	3.04	5	4.42	5	3.67	5	3.84	5	3.16	5	2.71	5	2.93	5	3.28	2.97
		15	1.01	15	1.47	15	3.87	15	2.32	15	3.68	15	6.78	15	2.89	15	4.35	15	2.73	15	2.72	15	3.84	15	3.73	
		25	1.03	25	1.50	25	1.60	25	2.62	25	2.99	25	6.59	25	3.06	25	3.54	25	2.72	25	2.69	25	3.06	25	3.51	

续表

点号	年份	1月		2月		3月		4月		5月		6月		7月		8月		9月		10月		11月		12月		年平均
		日	水位	日	水位	日	水位	日	水位	日	水位	日	水位	日	水位	日	水位	日	水位	日	水位	日	水位	日	水位	
H3-1	2013	5	3.46	5	2.99	5	4.96	5	4.28	5	4.24	5	4.50	5	5.42	5	4.07	5	6.62	5	5.65	5	5.41	5	4.42	4.64
		15	3.21	15	3.05	15	3.87	15	4.43	15	4.10	15	4.56	15	4.21	15	6.01	15	5.16	15	5.80	15	4.78	15	4.47	
		25	2.94	25	3.10	25	4.62	25	4.57	25	4.82	25	5.39	25	3.68	25	8.72	25	4.42	25	6.09	25	4.39	25	4.75	
	2014	5	4.81	5	4.68	5	5.74	5	6.58	5	4.36	5	6.15	5	8.37	5	10.19	5	5.98	5	3.16	5	4.03	5	3.28	5.22
		15	4.90	15	4.54	15	3.87	15	5.60	15	4.22	15	6.25	15	5.76	15	7.12	15	4.06	15	3.01	15	4.17	15	3.29	
		25	4.78	25	5.66	25	6.29	25	4.59	25	4.22	25	6.50	25	9.83	25	6.67	25	3.69	25	3.95	25	3.28	25	4.41	
GQ19	2011	5	48.30	5	48.52	5	48.60	5	48.76	5	48.99	5	49.40	5	49.61	5	49.62	5	49.62	5	49.14	5	49.08	5	48.90	49.06
		10	48.38	10	48.50	10	48.66	10	48.76	10	48.98	10	49.56	10	49.60	10	49.62	10	49.58	10	49.10	10	48.80	10	48.92	
		15	48.48	15	48.52	15	48.72	15	48.80	15	48.93	15	49.65	15	49.60	15	49.79	15	49.46	15	49.04	15	48.82	15	48.92	
		20	48.57	20	48.54	20	48.76	20	48.88	20	48.93	20	49.68	20	49.61	20	49.74	20	49.38	20	49.04	20	48.82	20	48.86	
		25	48.52	25	48.58	25	48.80	25	49.00	25	48.86	25	49.65	25	49.64	25	49.72	25	49.29	25	49.04	25	48.84	25	48.80	
		30	48.50	28	48.58	30	48.74	30	49.02	30	49.10	30	49.61	30	49.62	30	49.65	30	49.14	30	49.04	30	48.85	30	48.86	
	2012	5	48.79	5	48.57	5	48.20	5	48.36	5	48.62	5	48.54	5	48.68	5	48.92	5	49.16	5	49.10	5	48.80	5	48.65	48.66
		10	48.70	10	48.34	10	48.23	10	48.29	10	48.45	10	48.50	10	48.80	10	49.00	10	49.18	10	49.02	10	48.78	10	48.56	
		15	48.70	15	48.18	15	48.26	15	48.45	15	48.40	15	48.58	15	48.85	15	49.08	15	49.16	15	49.04	15	48.70	15	48.58	
		20	48.57	20	48.08	20	48.28	20	48.60	20	48.42	20	48.58	20	48.85	20	49.14	20	49.12	20	48.88	20	48.68	20	48.55	
		25	48.62	25	48.09	25	48.28	25	48.45	25	48.46	25	48.65	25	48.90	25	49.16	25	49.14	25	48.88	25	48.65	25	48.54	
		30	48.57	28	48.11	30	48.26	30	48.45	30	48.50	30	48.63	30	48.92	30	49.14	30	49.16	30	48.80	30	48.65	30	48.56	
	2013	5	48.54	5	48.32	5	49.04	5	49.04	5	49.10	5	49.08	5	49.20	5	48.98	5	49.40	5	49.12	5	49.10	5	48.85	48.95
		10	48.56	10	48.32	10	49.08	10	49.02	10	49.09	10	49.09	10	49.36	10	48.83	10	49.42	10	49.25	10	49.08	10	48.76	
		15	48.50	15	48.38	15	48.99	15	49.06	15	49.15	15	49.12	15	49.31	15	49.12	15	49.30	15	49.18	15	49.00	15	48.68	

续表

点号	年份	1月		2月		3月		4月		5月		6月		7月		8月		9月		10月		11月		12月		年平均
		日	水位	日	水位	日	水位	日	水位	日	水位	日	水位	日	水位	日	水位	日	水位	日	水位	日	水位	日	水位	
GQ19	2013	20	48.42	20	48.36	20	48.99	20	49.05	20	49.14	20	49.10	20	49.24	20	49.30	20	49.12	20	49.25	20	49.00	20	48.70	48.95
		25	48.40	25	48.36	25	48.92	25	49.06	25	49.10	25	49.08	25	49.00	25	49.38	25	49.02	25	49.12	25	48.85	25	48.66	
		30	48.34	28	47.71	30	49.10	30	49.04	30	49.12	30	49.12	30	48.98	30	49.38	30	49.08	30	49.10	30	48.85	30	48.66	
	2014	5	48.54	5	48.16	5	48.00	5	48.46	5	48.22	5	48.00	5	47.86	5	48.00	5	47.70	5	47.12	5	46.73	5	46.80	47.72
		10	48.46	10	48.18	10	48.02	10	48.40	10	48.22	10	48.02	10	47.85	10	48.00	10	47.58	10	47.10	10	46.73	10	46.82	
		15	48.42	15	48.04	15	48.02	15	48.28	15	48.14	15	47.98	15	47.92	15	48.02	15	47.38	15	46.98	15	46.71	15	46.86	
		20	48.30	20	47.90	20	48.07	20	48.34	20	48.10	20	47.94	20	47.96	20	48.00	20	47.14	20	46.96	20	46.78	20	46.87	
		25	48.30	25	47.92	25	48.06	25	48.30	25	48.04	25	47.90	25	47.92	25	47.97	25	47.14	25	46.96	25	46.78	25	46.89	
		30	48.24	28	47.90	30	48.09	30	48.26	30	47.95	30	47.90	30	47.98	30	47.70	30	47.16	30	46.80	30	46.80	30	46.86	
	2015	5	46.80	5	46.30	5	46.08	5	45.68	5	46.00	5	46.08	5	46.24	5	46.55	5	46.68	5	46.20	5	45.90	5	45.78	46.14
		10	46.74	10	46.22	10	46.00	10	45.78	10	46.02	10	46.08	10	46.32	10	46.58	10	46.68	10	46.34	10	45.85	10	45.66	
		15	46.52	15	46.22	15	45.88	15	45.85	15	46.08	15	46.12	15	46.38	15	46.60	15	46.56	15	46.24	15	45.80	15	45.60	
		20	46.52	20	46.14	20	45.82	20	45.85	20	46.02	20	46.15	20	46.40	20	46.70	20	46.45	20	46.18	20	45.80	20	45.50	
		25	46.50	25	46.10	25	45.82	25	45.90	25	46.08	25	46.14	25	46.40	25	46.70	25	46.28	25	46.12	25	45.78	25	45.50	
		30	46.34	28	46.14	30	45.75	30	45.92	30	46.05	30	46.20	30	46.42	30	46.78	30	46.16	30	46.04	30	45.72	30	45.50	
H2-1	2011	5	4.14	5	4.59	5	4.82	5	4.95	5	4.84	5	4.74	5	5.04	5	5.09	5	4.74	5	1.24	5	1.94	5	2.54	4.10
		15	4.34	15	4.64	15	4.89	15	4.92	15	4.82	15	4.89	15	5.07	15	5.07	15	3.89	15	1.29	15	2.39	15	2.74	
		25	4.52	25	4.74	25	4.94	25	4.90	25	4.64	25	5.04	25	5.10	25	5.04	25	3.89	25	1.74	25	2.44	25	3.04	
	2012	5	3.24	5	3.58	5	3.65	5	3.84	5	4.04	5	4.74	5	5.74	5	5.14	5	4.84	5	4.68	5	4.57	5	4.59	4.43
		15	3.42	15	3.62	15	3.67	15	3.94	15	3.99	15	5.54	15	5.24	15	5.09	15	4.79	15	4.64	15	4.54	15	4.70	
		25	3.54	25	3.64	25	3.69	25	4.14	25	3.89	25	6.19	25	4.94	25	4.94	25	4.74	25	4.59	25	4.52	25	4.73	

续表

点号	年份	1月		2月		3月		4月		5月		6月		7月		8月		9月		10月		11月		12月		年平均
		日	水位	日	水位	日	水位	日	水位	日	水位	日	水位	日	水位	日	水位	日	水位	日	水位	日	水位	日	水位	
H2-1	2013	5	4.79	5	5.06	5	5.14	5	5.74	5	6.09	5	5.14	5	5.89	5	5.94	5	6.04	5	6.09	5	6.02	5	5.98	5.68
		15	4.92	15	5.07	15	5.19	15	6.09	15	5.74	15	4.94	15	6.04	15	5.99	15	6.09	15	6.34	15	5.99	15	5.96	
		25	5.04	25	5.09	25	5.26	25	6.39	25	5.24	25	4.74	25	5.89	25	6.09	25	6.09	25	6.34	25	5.94	25	5.94	
	2014	5	5.94	5	5.97	5	5.98	5	6.02	5	6.09	5	6.01	5	6.06	5	6.12	5	6.17	5	6.02	5	5.84	5	5.44	5.95
		15	5.96	15	5.99	15	6.00	15	6.05	15	6.04	15	6.06	15	6.12	15	6.15	15	6.15	15	5.94	15	5.63	15	5.36	
		25	5.99	25	6.02	25	6.02	25	6.09	25	6.02	25	6.09	25	6.12	25	6.20	25	6.04	25	5.86	25	5.44	25	5.33	
	2015	5	5.34	5	5.44	5	5.53	5	5.47	5	5.34	5	5.52	5	6.04	5	6.23	5	6.37	5	6.19	5	5.84	5	5.64	5.76
		15	5.35	15	5.49	15	5.56	15	5.44	15	5.32	15	5.77	15	6.07	15	6.32	15	6.35	15	6.12	15	5.76	15	5.56	
		25	5.42	25	5.52	25	5.57	25	5.39	25	5.27	25	6.03	25	6.12	25	6.53	25	6.28	25	6.05	25	5.64	25	5.53	
H2	2011	5	5.33	5	5.39	5	5.35	5	5.23	5	5.15	5	5.13	5	5.15	5	5.13	5	4.71	5	0.65	5	0.75	5	1.00	4.07
		15	5.35	15	5.42	15	5.30	15	5.22	15	5.17	15	5.15	15	5.23	15	5.05	15	4.20	15	0.70	15	0.79	15	1.10	
		25	5.37	25	5.72	25	5.25	25	5.21	25	5.13	25	5.16	25	5.15	25	4.85	25	4.20	25	0.72	25	0.90	25	1.35	
	2012	5	1.55	5	1.85	5	1.88	5	1.93	5	2.03	5	2.03	5	2.15	5	2.27	5	2.37	5	2.50	5	2.72	5	2.85	2.23
		15	1.73	15	1.86	15	1.89	15	2.00	15	2.01	15	2.06	15	2.19	15	2.30	15	2.35	15	2.61	15	2.75	15	3.01	
		25	1.84	25	1.89	25	1.89	25	2.05	25	2.00	25	2.10	25	2.25	25	2.35	25	2.33	25	2.70	25	2.79	25	3.05	
	2013	5	3.08	5	3.17	5	3.23	5	3.25	5	3.27	5	3.15	5	4.10	5	4.35	5	4.55	5	4.60	5	4.57	5	4.50	3.83
		15	3.11	15	3.18	15	3.25	15	3.26	15	3.25	15	3.05	15	4.35	15	4.50	15	4.55	15	4.57	15	4.55	15	4.46	
		25	3.15	25	3.20	25	3.27	25	3.25	25	3.17	25	3.00	25	4.25	25	4.60	25	4.60	25	4.55	25	4.53	25	4.45	
	2014	5	4.45	5	4.48	5	4.45	5	4.47	5	4.50	5	4.45	5	4.48	5	4.54	5	4.55	5	4.37	5	4.23	5	4.34	4.45
		15	4.47	15	4.47	15	4.45	15	4.50	15	4.48	15	4.48	15	4.51	15	4.58	15	4.58	15	4.33	15	4.28	15	4.26	
		25	4.50	25	4.50	25	4.48	25	4.53	25	4.45	25	4.53	25	4.54	25	4.60	25	4.44	25	4.22	25	4.34	25	4.25	

续表

点号	年份	1月		2月		3月		4月		5月		6月		7月		8月		9月		10月		11月		12月		年平均
		日	水位	日	水位	日	水位	日	水位	日	水位	日	水位	日	水位	日	水位	日	水位	日	水位	日	水位	日	水位	
H2	2015	5	4.28	5	4.43	5	4.51	5	4.52	5	4.35	5	4.56	5	5.14	5	5.44	5	5.55	5	5.28	5	4.98	5	4.83	4.83
		15	4.31	15	4.48	15	4.54	15	4.45	15	4.28	15	4.81	15	5.14	15	5.55	15	5.53	15	5.12	15	4.93	15	4.78	
		25	4.37	25	4.50	25	4.57	25	4.37	25	4.25	25	5.12	25	5.19	25	5.66	25	5.36	25	5.06	25	4.87	25	4.73	

四、地下水质资料

渭南市地下水质资料表

点号	年份	pH	色(度)	浑浊度(度)	臭和味	肉眼可见物	阳离子(mg/L)								阴离子(mg/L)						矿化度
							钾	钠	钙	镁	氨氮	三价铁	二价铁	锰	氯化物	硫酸盐	重碳酸盐	碳酸盐	硝酸盐	亚硝酸盐	
H2	2011	7.8	<5.0	<1.0	无	微量沉淀	43.7		36.1	8.5	<0.03	<0.08		0.27	17.7	45.6	180	0	<2.5	<0.003	32
	2012	8.24	25	<1.0	无	微量沉淀	45.7		25.1	14	0.19	0.084		0.26	24.8	24	195.3	0	<2.5	0.08	341
	2013	8.32	6	2	无	少量沉淀	114.5		74.1	42.5	0.93	<0.08		0.92	92.2	127.3	421	0	4.88	0.17	906
	2014	8.09	30	>30.0	无	大量沉淀	23.9		44.1	12.2	1.34	0.7		0.65	19.5	38.4	183.1	0	<2.5	0.122	315
H32	2011	8	12	<1.0	无	微量沉淀	127.5		23	6.7	<0.03	0.07		0.153	53.2	84.1	244.1	0	<2.5	0.262	526
H3-1	2012	8.38	<5.0	<1.0	无	微量沉淀	135.5		14	13.4	<0.03	0.096		<0.05	56.7	88.9	253.2	3	<2.5	0.044	582
	2013	8.49	5	<1.0	无	微量沉淀	143.7		18	7.9	<0.03	<0.08		<0.05	42.5	112.9	253.2	3	<2.5	0.004	574
	2014	8.59	6	<1.0	无	微量沉淀	140.1		13	13.4	<0.03	0.144		<0.05	46.1	105.7	247.1	9	<2.5	0.023	565
W15	2011	8.1	7	<1.0	无	微量沉淀	215		17	14	<0.03	<0.08		<0.05	147.1	134.5	262.4	3	<2.5	<0.003	765
	2012	8.79	25	<1.0	无	微量沉淀	211.4		13	17.6	0.09	<0.08		<0.05	152.4	122.5	247.1	12	<2.5	0.023	779
	2013	8.72	6	1	无	少量沉淀	201.2		12	18.2	<0.03	<0.08		0.27	141.8	120.1	253.2	6	<2.5	0.007	736
	2014	8.4	12	1	无	大量沉淀	198.7		15	22.5	<0.03	0.224		<0.05	143.6	129.7	262.4	6	<2.5	0.132	769
	2015	8.86	<5.0	<1.0	无	微量沉淀	198		28.1	35	0.06	0.13		0.12	142	191	262	118	<2.5	0.057	847
W15-1	2011	7.7	<5.0	<1.0	无	无	137.3		205.4	50.4	<0.03	<0.08		0.93	106.4	31.4	555.3	0	84.57	0.267	1483
	2012	8.94	25	<1.0	无	微量沉淀	133.3		9	17	<0.03	<0.08		0.06	70.9	12.5	292.9	18	<2.5	0.012	542
	2013	8.83	<5.0	<1.0	无	少量沉淀	128.7		12	15.8	<0.03	<0.08		<0.05	65.6	19.2	295.9	12	<2.5	<0.003	54
	2014	8.48	<5.0	<1.0	无	少量沉淀	127.4		13	16.4	<0.03	0.186		<0.05	69.1	14.4	299	12	<2.5	0.026	563
	2015	8.57	<5.0	<1.0	无	微量沉淀	134		10	18.5	<0.03	<0.08		<0.05	81.5	39.4	262	12.1	3	0.031	543
W23	2012	8.25	20	<1.0	无	无	150.8		47.1	23.7	<0.03	0.05		0.764	81.5	141.7	344.8	0	<2.5	0.047	804
	2014	8.13	6	<1.0	无	微量沉淀	140		51.1	26.1	0.47	0.62		<0.05	78	139.3	350.9	0	<2.5	0.007	803
	2015	8.44	<5.0	<1.0	无	微量沉淀	137		60.1	17.3	<0.03	0.56		0.05	78	140	311	6	<2.5	0.059	751
W25-1	2014	8.05	25	<1.0	无	少量沉淀	243.1		56.1	28	<0.03	1.415		0.11	157.8	151.3	497.3	0	<2.5	0.011	1182
W32	2011	7.8	7	<1.0	无	无	159.6		90.2	37.7	0.13	<0.08		0.49	92.2	220.9	448.5	0	<2.5	<0.003	1078
W32-1	2011	8	<5.0	<1.0	无	无	134.1		55.1	14.6	0.32	<0.08		<0.05	79.8	100.9	332.5	0	<2.5	0.017	742
	2012	8.28	<5.0	<1.0	无	微量沉淀	80.9		25.1	17.6	0.59	<0.08		0.4	85.1	12	219.7	0	<2.5	0.031	429
	2013	8.39	<5.0	<1.0	无	微量沉淀	137.9		34.1	27.3	0.03	<0.08		<0.05	72.7	127.3	320.3	0	<2.5	0.038	720
W6	2011	8.1	6	<1.0	无	微量沉淀	130		22	12.2	<0.03	<0.08		<0.05	72.7	26.4	308.1	3	<2.5	0.177	554
	2012	7.65	<5.0	<1.0	无	无	103.7		139.3	45.6	0.3	0.432		1.25	74.4	252.2	482	0	<2.5	0.021	113
	2013	8.05	<5.0	<1.0	无	微量沉淀	195.9		186.4	65.6	<0.03	<0.08		2.61	150.7	422.7	491.2	0	131.24	0.299	1683
	2014	7.55	7	1	无	微量沉淀	177.4		191.4	66.9	<0.03	0.877		0.99	175.5	285.8	710.9	0	16.39	0.043	1683
	2015	8.54	<5.0	<1.0	无	无	147		40.1	24.3	0.33	0.12		<0.05	85.1	96.1	354	6	<2.5	<0.003	74
W6-1	2011	7.5	15	1	无	微量沉淀	147.7		157.4	58.3	<0.03	<0.08		1.73	129.4	410.7	546.1	0	<2.5	<0.003	1489
	2012	8.31	<5.0	<1.0	无	无	184.9		32.1	20.7	0.48	0.584		0.11	113.4	96.1	378.3	0	<2.5	0.061	873
	2013	7.94	5	<1.0	无	微量沉淀	169.8		184.4	53.5	<0.03	<0.08		2.01	140	389	411.9	0	135.25	0.15	152

溶解性总固体(mg/L)	COD(mg/L)	可溶性SiO_2(mg/L)	硬度(以碳酸钙计,mg/L)			其他指标(mg/L)								取样时间
			总硬	暂硬	永硬	挥发酚	氰化物	氟离子	砷	六价铬	铅	镉	汞	
230	1.3	0	125.1	125.1	0	0.009	<0.0008	0.35	0.001	<0.005	<0.001	<0.0005	<0.000 05	2011.11.17
244	2.2	0.6	120.1	120.1	0	<0.001	<0.0008	0.29	<0.001	<0.005	<0.001	<0.0005	<0.000 05	2012.12.18
696	2.2	15.5	360.3	345.2	15	<0.001	<0.0008	0.71	0.001	<0.005	<0.001	<0.0005	<0.000 05	2013.11.13
224	4.6	5	160.1	150.1	10	0.004	<0.0008	0.35	0.002	<0.005	0.002	<0.0005	<0.0005	2014.11.11
404	1.5	7.1	85.1	85.1	0	<0.001	<0.0008	0.87	0.002	<0.005	0.003	<0.0005	<0.000 05	2011.11.17
456	2.1	2.4	90.1	90.1	0	<0.001	<0.0008	0.76	<0.001	<0.005	<0.001	<0.0005	<0.000 05	2012.12.18
448	1.1	7.5	77.6	77.6	0	<0.001	<0.0008	0.89	<0.001	<0.005	<0.001	<0.0005	<0.000 05	2013.11.13
442	1.6	0	87.6	87.6	0	<0.001	<0.0008	0.63	<0.001	<0.005	<0.001	<0.0005	<0.000 05	2014.11.11
634	0.8	0	100.1	100.1	0	0.001	<0.0008	0.46	<0.001	<0.005	<0.001	<0.0005	<0.000 05	2011.11.17
656	2.2	0.3	105.1	105.1	0	<0.001	<0.0008	0.51	<0.001	<0.005	<0.001	<0.0005	<0.000 05	2012.12.18
610	1.2	1.8	105.1	105.1	0	<0.001	<0.0008	0.49	<0.001	<0.005	<0.001	<0.0005	<0.000 05	2013.11.13
638	1.7	0	130.1	130.1	0	<0.001	<0.0008	0.44	0.001	<0.005	<0.001	<0.0005	<0.000 05	2014.11.11
716	0.9	0	214.2	214.2	0	<0.001	<0.0008	0.59	0.001	<0.005	<0.001	<0.0005	0.000 09	2015.11.05
1206	1.4	14	720.6	455.4	265.2	<0.001	<0.0008	0.38	0.001	<0.005	<0.001	<0.0005	<0.000 05	2011.11.17
396	1.2	2.1	92.6	92.6	0	<0.001	<0.0008	0.54	<0.001	<0.005	<0.001	<0.0005	<0.000 05	2012.12.18
394	0.9	4	95.1	95.1	0	<0.001	<0.0008	0.52	<0.001	<0.005	<0.001	<0.0005	<0.000 05	2013.11.13
414	1.8	0	100.1	100.1	0	<0.001	<0.0008	0.48	0.001	<0.005	<0.001	<0.0005	<0.000 05	2014.11.11
412	1.2	0	101.1	101.1	0	<0.001	<0.0008	0.56	<0.001	<0.005	<0.001	<0.0005	0.000 07	2015.11.05
632	1.9	8.5	215.2	215.2	0	<0.001	<0.0008	0.79	<0.001	<0.005	<0.001	<0.0005	<0.000 05	2012.12.18
628	1.3	9.9	235.2	235.2	0	<0.001	<0.0008	0.68	<0.001	<0.005	<0.001	<0.0005	<0.000 05	2014.11.11
596	1.1	10.8	221.2	221.2	0	<0.001	<0.0008	0.95	0.001	<0.005	<0.001	<0.0005	0.000 12	2015.11.05
934	1.7	10.5	255.2	255.2	0	<0.001	<0.0008	1.1	0.001	<0.005	<0.001	<0.0005	0.000 09	2014.11.11
854	1.1	9	380.3	367.8	12.5	<0.001	<0.0008	0.62	0.004	<0.005	0.008	<0.0005	<0.000 05	2011.11.17
576	1.6	7.5	197.7	197.7	0	<0.001	<0.0008	0.81	0.001	<0.005	<0.001	<0.0005	<0.000 05	2011.11.18
320	2.8	1	135.1	135.1	0	<0.001	<0.0008	0.22	<0.001	<0.005	<0.001	<0.0005	<0.000 05	2012.12.18
560	0.9	9.5	197.7	197.7	0	<0.001	<0.0008	0.74	<0.001	<0.005	<0.001	<0.0005	<0.000 05	2013.11.13
400	1.9	1.4	105.1	105.1	0	<0.001	<0.0008	0.52	0.001	<0.005	<0.001	<0.0005	<0.000 05	2011.11.17
892	1.4	6.4	535.5	395.4	140.1	<0.001	<0.0008	0.41	<0.001	<0.005	<0.001	<0.0005	0.000 23	2012.12.18
1438	0.9	12.3	735.7	402.9	332.8	<0.001	<0.0008	0.26	0.001	<0.005	<0.001	<0.0005	<0.000 05	2013.11.13
1328	1.5	8.6	753.2	583	170.2	<0.001	<0.0008	0.27	0.001	<0.005	<0.001	<0.0005	<0.000 05	2014.11.11
568	1.3	11.8	200.2	200.2	0	<0.001	<0.0008	0.91	0.001	<0.005	<0.001	<0.0005	0.000 07	2015.11.05
1216	0.6	8.7	678.1	447.9	230.2	0.001	<0.0008	0.3	0.002	<0.005	<0.001	<0.0005	<0.000 05	2011.11.17
684	2.3	7.9	165.1	165.1	0	<0.001	<0.0008	0.98	<0.001	<0.005	<0.001	<0.0005	0.000 05	2012.12.18
1316	0.8	9	680.6	337.8	342.8	<0.001	<0.0008	0.27	<0.001	<0.005	<0.001	<0.0005	<0.000 05	2013.11.13

续表

点号	年份	pH	色(度)	浑浊度(度)	臭和味	肉眼可见物	阳离子(mg/L)								阴离子(mg/L)						矿化度
							钾	钠	钙	镁	氨氮	三价铁	二价铁	锰	氯化物	硫酸盐	重碳酸盐	碳酸盐	硝酸盐	亚硝酸盐	
W6-1	2014	7.63	<5.0	<1.0	无	无	110.5			161.3	47.4	<0.03		0.14	0.56	90.4	290.6	475.9	0	22.72	0.(
	2015	7.9	<5.0	<1.0	无	无	111			178	68.1	<0.03		<0.08	0.24	135	394	403	0	46.2	0.0
B24	2011	7.9	<5.0	<1.0	无	无	169.1		66.1	54.1	<0.03	<0.08		0.17	54.9	220.9	543.1	0	3.56	0.015	1087
	2012	7.9	8	<1.0	无	无	170.6		72.1	62	<0.03	0.572		0.22	60.3	228.1	591.9	0	<2.5	0.006	11
	2013	8.37	<5.0	1	无	少量沉淀	162.1		72.1	64.4	<0.03	<0.08		0.19	53.2	235.3	582.7	0	<2.5	0.043	1173
	2014	7.94	8	<1.0	无	无	173.7		83.2	66.2	<0.03	0.83		0.18	60.3	259.4	616.3	0	<2.5	0.009	1264
	2015	8.12	<5.0	<1.0	无	无	148		86.2	70	<0.03	0.28		0.05	60.3	270	561	0	<2.5	0.008	1176
B531	2011	7.7	5	<1.0	无	微量沉淀	142		15	1.8	0.77	<0.08		0.44	131.2	14.4	186.1	0	2.97	1.015	481
	2012	8.48	20	<1.0	无	微量沉淀	269.2		8	15.2	1.65	0.096		<0.05	251.7	12	360	6	<2.5	0.165	94
	2013	9	7	1	无	少量沉淀	270.1		14	11.5	15.59	<0.08		0.19	248.2	12	421	3	<2.5	0.608	974
	2014	8.5	16	<1.0	无	大量沉淀	213.9		7	16.4	22.99	0.338		1.26	219.8	9.6	326.4	12	4.06	3.677	833
	2015	8.76	<5.0	2	无	微量沉淀	278		12	8.5	1.91	0.16		0.54	227	19.2	372	18	<2.5	0.01	91
B561	2011	7.2	35	25	异味	大量沉淀	143		90.2	35.2	0.12	1.443		1.67	81.5	139.3	500.3	0	18.3	0.512	1062
	2012	8.02	<5.0	<1.0	无	微量沉淀	287.5		99.2	83.3	0.09	0.084		0.25	234	441.9	436.3	0	84.27	0.382	1694
	2013	8.31	6	1	无	少量沉淀	189.4		50.1	93.6	0.04	<0.08		0.87	161.3	331.4	393.6	0	32.85	0.565	1268
	2014	7.84	<5.0	<1.0	无	少量沉淀	233.6		142.3	84.5	<0.03	0.136		0.25	207.4	384.2	488.1	0	145.67	0.863	1720
	2015	8.1	<5.0	<1.0	无	微量沉淀	216		116	101	<0.03	0.094		0.49	199	428	421	0	131	0.007	1598
B557	2011	7.4	<5.0	<1.0	无	无	7.1		33.1	1.8	<0.03	<0.08		<0.05	8.9	48	42.7	0	9.88	<0.003	161.
	2012	8.28	<5.0	<1.0	无	无	13.6		29.1	2.4	<0.03	0.132		<0.05	10.6	50.4	48.8	0	6.16	0.007	172.
	2013	8.06	<5.0	<1.0	无	无	12.9		30.1	2.4	<0.03	0.622		<0.05	5.3	43.2	54.9	0	21.21	<0.003	167.
	2014	7.45	<5.0	<1.0	无	无	9.8		28.1	4.3	<0.03	<0.08		<0.05	10.6	45.6	39.7	0	17.23	<0.003	161.
	2015	8.3	<5.0	<1.0	无	无	18.6		28.1	1.2	<0.03	<0.08		<0.05	14.2	48	36.6	0	19.3	<0.003	170.
GQ19	2011	8	10	<1.0	无	微量沉淀	256.9		29.1	24.9	<0.03	<0.08		<0.05	16	189.7	613.2	0	13.81	<0.003	1154
	2012	8.24	<5.0	<1.0	无	微量沉淀	314.3		26.1	49.2	<0.03	<0.08		<0.05	39	425.1	540	0	13.66	0.008	147
	2013	8.43	<5.0	<1.0	无	无	268.6		20	28.6	<0.03	<0.08		<0.05	12.4	211.3	604.1	3	17.66	0.004	1188
	2014	8.26	<5.0	<1.0	无	无	302.2		27.1	46.2	<0.03	<0.08		<0.05	40.8	348.2	588.8	0	15.33	<0.003	1412
	2015	8.21	<5.0	<1.0	无	无	271		26.1	37.7	<0.03	<0.08		<0.05	31.9	283	561	0	13	<0.003	1248
H12	2015	7.93	<5.0	<1.0	无	微量沉淀	35.8		76.2	13.9	0.81	0.178		0.57	56.7	98	177	0	<2.5	0.629	476.

溶解性总固体(mg/L)	COD(mg/L)	可溶性SiO_2(mg/L)	硬度(以碳酸钙计,mg/L)			其他指标(mg/L)								取样时间
			总硬	暂硬	永硬	挥发酚	氰化物	氟离子	砷	六价铬	铅	镉	汞	
1026	1.1	10	598	390.4	207.6	＜0.001	＜0.0008	0.34	0.001	＜0.005	＜0.001	＜0.0005	＜0.000 05	2014.11.11
1116	1	8.8	725.7	330.3	395.4	＜0.001	＜0.0008	0.41	0.001	＜0.005	＜0.001	＜0.0005	0.0002	2015.11.05
816	0.7	12.7	387.8	387.8	0	＜0.001	＜0.0008	0.68	＜0.001	＜0.005	＜0.001	＜0.0005	＜0.000 05	2011.11.17
880	1.1	9.9	435.4	435.4	0	＜0.001	＜0.0008	0.69	0.001	＜0.005	＜0.001	＜0.0005	0.000 15	2012.12.18
882	0.9	15.4	445.4	445.4	0	＜0.001	＜0.0008	0.65	＜0.001	＜0.005	＜0.001	＜0.0005	＜0.000 05	2013.11.13
956	1.1	12.3	480.4	480.4	0	＜0.001	＜0.0008	0.56	0.001	＜0.005	＜0.001	＜0.0005	＜0.000 05	2014.11.11
896	0.8	13.3	503.5	460.4	43.1	＜0.001	＜0.0008	0.66	＜0.001	＜0.005	＜0.001	＜0.0005	0.000 12	2015.11.05
388	2.8	0	45	45	0	0.003	＜0.0008	0.13	0.001	＜0.005	0.001	＜0.0005	＜0.000 05	2011.11.17
760	5	0.1	82.6	82.6	0	＜0.001	＜0.0008	0.15	0.001	＜0.005	＜0.001	＜0.0005	＜0.000 05	2012.12.18
764	3.8	1.6	82.6	82.6	0	＜0.001	＜0.0008	0.19	＜0.001	＜0.005	＜0.001	＜0.0005	＜0.000 05	2013.11.13
670	4.9	0	85.1	85.1	0	0.003	＜0.0008	0.16	＜0.001	＜0.005	＜0.001	＜0.0005	＜0.000 05	2014.11.11
728	6.2	0	65.1	65.1	0	＜0.001	＜0.0008	0.22	＜0.001	＜0.005	＜0.001	＜0.0005	0.000 05	2015.11.05
812	11.3	8.9	370.3	370.3	0	0.138	＜0.0008	0.42	0.001	0.006	＜0.001	＜0.001	＜0.001	2011.11.17
1476	2.9	5.1	590.5	357.8	232.7	＜0.001	＜0.0008	0.35	＜0.001	＜0.005	＜0.001	＜0.0005	＜0.000 05	2012.12.18
1072	2.2	10	510.5	322.8	187.7	＜0.001	＜0.0008	0.46	0.001	＜0.005	＜0.001	＜0.0005	0.000 07	2013.11.13
1476	2.7	9.9	703.1	400.4	302.7	＜0.001	＜0.0008	0.58	0.001	＜0.005	＜0.001	＜0.0005	0.0001	2014.11.11
1388	2.7	8.8	705.6	345.3	360.3	＜0.001	＜0.0008	0.65	＜0.001	＜0.005	＜0.001	＜0.0005	0.000 13	2015.11.05
140	3	5.8	90.1	35	55.1	＜0.001	＜0.0008	0.24	0.023	＜0.005	＜0.001	＜0.0005	＜0.000 05	2011.11.17
148	1.1	5	82.6	40	42.5	＜0.001	＜0.0008	0.24	＜0.001	＜0.005	＜0.001	＜0.0005	＜0.000 05	2012.12.18
140	0.8	7.6	85.1	45	40	＜0.001	＜0.0008	0.32	＜0.001	＜0.005	＜0.001	＜0.0005	＜0.000 05	2013.11.13
142	3.4	7	87.6	32.5	55.1	＜0.001	＜0.001	0.25	＜0.001	＜0.005	＜0.001	＜0.0005	＜0.000 05	2014.11.11
152	0.8	5.9	75.1	30	45.1	＜0.001	＜0.0008	0.27	0.001	＜0.005	＜0.001	＜0.0005	0.000 17	2015.11.05
848	0.6	12.2	175.2	175.2	0	＜0.001	＜0.0008	1.95	0.005	0.2	＜0.001	＜0.0005	0.000 07	2011.11.17
1208	1.2	10.4	267.7	267.7	0	＜0.001	＜0.0008	1.7	＜0.001	0.241	＜0.001	＜0.0005	＜0.000 05	2012.12.18
886	1	14.8	167.7	167.7	0	＜0.001	＜0.0008	1.9	0.002	0.225	＜0.001	＜0.0005	＜0.000 05	2013.11.13
1118	0.7	11.4	257.7	257.7	0	＜0.001	＜0.0008	1.48	0.003	＜0.005	＜0.001	＜0.0005	0.000 05	2014.11.11
968	0.9	15.4	220.2	220.2	0	＜0.001	＜0.0008	1.62	0.002	0.274	＜0.001	＜0.0005	＜0.000 05	2015.11.05
388	3.7	11	247.2	145.1	102.1	＜0.001	＜0.0008	0.5	0.005	＜0.005	0.04	＜0.0005	0.000 11	2015.11.05

第五章 汉 中 市

一、监测点基本情况

汉中市是陕西秦岭南部最大的工业城市，北靠秦岭，南依巴山，中为汉江盆地。地下水是城市主要的供水水源之一。主要开采汉江河谷区第四系孔隙潜水与承压水，在开采强度大的地段已引起区域地下水位下降，形成区域性降落漏斗。

汉中市地下水动态监测始于1980年，监测区位于汉中盆地中部汉江北岸，总体地形南北高，中间低，形成“两山夹一川”的地貌景观，地貌单元属河漫滩和一级阶地。本年鉴收录2011—2015年监测数据，其中水位监测点26个，水质监测点14个。

二、监测点基本信息表

（一）地下水位监测点基本信息表

地下水位监测点基本信息表

序号	点号	位置	地面高程(m)	孔深(m)	地下水类型	地貌单元	页码
1	1	汉台区种子公司	506.4	10.2	潜水	一级阶地	176
2	9	自来水公司一水厂10号井	513.2	100.93	混合水	一级阶地	176
3	13	通用机械厂	515.5	73	潜水	一级阶地	177
4	24	啤酒厂	509.28	149.5	混合水	一级阶地	177
5	观1	陈家营东刘家桥路南	509.27	60	潜水	一级阶地	178
6	观2	汉台区叶家营	501.25	50	潜水	一级阶地	178
7	观5	金华乡湛家井村南	502.8	160	承压水	一级阶地	179
8	观6	地质大队院内	510.2	77.95	潜水	一级阶地	179
9	201-1	自来水公司二水厂1号井观测孔	508.29	160	承压水	一级阶地	180
10	203-1	自来水公司二水厂3号井观测孔	507.62	80	潜水	一级阶地	181
11	210	自来水公司二水厂10号井	505.1	159	混合水	一级阶地	181
12	215-1	自来水公司二水厂15号井观测孔	503.9	160	承压水	一级阶地	181
13	216	自来水公司二水厂16号井	506	160	混合水	一级阶地	181
14	6	制革厂	507.6	83	潜水	一级阶地	182
15	8	朝阳机械厂	511	148	混合水	一级阶地	182
16	10	自来水公司一水厂17号井	512.5	149.12	混合水	一级阶地	182
17	12	碳素厂	514.2	73.23	潜水	一级阶地	182

续表

序号	点号	位置	地面高程(m)	孔深(m)	地下水类型	地貌单元	页码
18	14	安中机械厂	526.56	97	混合水	一级阶地	183
19	20	自来水公司一水厂20号井	512	148.05	混合水	一级阶地	183
20	21	汉江制药厂	518.5	98	混合水	一级阶地	183
21	29	民航站	502.2	70	潜水	一级阶地	183
22	52	水泥与制品厂	506.1	10.8	潜水	高漫滩	183
23	205	七里乡许家塘二水厂5号井	507.4	129.7	混合水	一级阶地	183
24	民21	红星机械厂	508.3	22	潜水	一级阶地	183
25	民56	金华乡湛家井	502.8	9.05	潜水	一级阶地	183
26	民58	金华乡文家庙	497.5	10	潜水	高漫滩	183

(二)地下水质监测点基本信息表

地下水质监测点基本信息表

序号	点号	位置	地下水类型	页码
1	1	汉台区种子公司	潜水	184
2	9	自来水公司一水厂10号井	混合水	184
3	13	通用机械厂	潜水	184
4	20	自来水公司一水厂20号井	混合水	184
5	21	汉江制药厂	混合水	184
6	24	啤酒厂	混合水	184
7	52	水泥与制品厂	潜水	184
8	201	自来水公司二水厂1号井观测孔	承压水	184
9	210	自来水公司二水厂10号井	混合水	186
10	215	自来水公司二水厂15号井观测孔	承压水	186
11	216	自来水公司二水厂16号井	混合水	186
12	6	制革厂	潜水	186
13	10	自来水公司一水厂17号井	混合水	186
14	观6	地质大队院内	潜水	186

三、地下水位资料

汉中市地下水位资料表

水位单位:m

点号	年份	1月		2月		3月		4月		5月		6月		7月		8月		9月		10月		11月		12月		年平均
		日	水位	日	水位	日	水位	日	水位	日	水位	日	水位	日	水位	日	水位	日	水位	日	水位	日	水位	日	水位	
1	2012	5	5.91	5	6.11	5	6.17	5	6.20	5	6.22	5	5.87	5	5.95	5	5.92	5	5.96	5	6.00	5	5.96	5	5.94	6.02
		15	5.93	15	6.33	15	6.20	15	6.14	15	6.30	15	5.90	15	5.92	15	5.93	15	6.00	15	5.93	15	5.90	15	5.94	
		25	5.90	25	6.29	25	5.90	25	6.21	25	6.31	25	5.94	25	5.90	25	5.90	25	6.01	25	5.90	25	5.93	25	5.96	
	2013	5	5.92	5	5.98	5	6.17	5	6.55	5	6.40	5	6.20	5	6.63	5	6.46	5	5.97	5	7.13	5	6.73	5	7.50	6.34
		15	5.95	15	6.02	15	6.20	15	6.55	15	6.40	15	5.90	15	6.40	15	5.93	15	6.00	15	6.93	15	6.70	15	7.70	
		25	6.00	25	2.29	25	5.94	25	6.50	25	6.60	25	7.10	25	5.90	25	5.90	25	6.01	25	6.90	25	7.13	25	7.53	
	2014	5	7.29	5	7.33	5	7.25	5	7.83	5	8.00	5	7.22	5	6.63	5	7.32	5	7.32	5	7.13	5	6.73	5	7.50	7.21
		15	7.39	15	6.99	15	7.24	15	7.02	15	7.95	15	7.75	15	7.19	15	6.86	15	7.48	15	6.11	15	6.92	15	7.77	
		25	7.27	25	7.27	25	7.20	25	7.32	25	7.32	25	7.13	25	7.88	25	6.07	25	6.29	25	7.08	25	7.13	25	7.29	
	2015	5	5.96	5	5.95	5	6.63	5	6.30	5	6.12	5	5.32	5	5.75	5	5.65	5	5.24	5	5.23	5	6.13	5	5.65	5.77
		15	6.00	15	6.02	15	6.35	15	6.00	15	6.03	15	5.50	15	6.00	15	5.34	15	5.97	15	5.65	15	5.93	15	5.15	
		25	6.02	25	5.93	25	6.44	25	5.59	25	6.12	25	5.40	25	5.73	25	5.12	25	5.58	25	5.23	25	5.35	25	5.33	
9	2012	5	〈22.45〉	5	〈21.63〉	5	〈20.56〉	5	〈21.46〉	5	〈21.50〉	5	〈20.42〉	5	〈23.13〉	5	〈20.74〉	5	〈21.56〉	5	〈21.52〉	5	〈21.34〉	5	〈21.32〉	〈21.29〉
		15	〈22.66〉	15	〈21.60〉	15	〈19.26〉	15	〈21.53〉	15	〈21.48〉	15	〈20.66〉	15	〈20.74〉	15	〈20.77〉	15	〈21.49〉	15	〈21.46〉	15	〈21.38〉	15	〈21.33〉	
		25	〈22.55〉	25	〈21.40〉	25	〈19.76〉	25	〈21.49〉	25	〈20.62〉	25	〈20.88〉	25	〈20.76〉	25	〈21.53〉	25	〈21.48〉	25	〈21.43〉	25	〈21.35〉	25	〈21.37〉	
	2013	5	〈22.46〉	5	〈22.30〉	5	〈20.62〉	5	〈22.96〉	5	〈22.46〉	5	〈20.66〉	5	〈23.22〉	5	〈22.90〉	5	〈21.56〉	5	〈22.30〉	5	〈21.28〉	5	〈20.49〉	〈21.67〉
		15	〈22.77〉	15	〈21.97〉	15	〈18.82〉	15	〈22.67〉	15	〈22.46〉	15	〈20.66〉	15	〈21.68〉	15	〈20.79〉	15	〈21.51〉	15	〈22.30〉	15	〈21.48〉	15	〈21.60〉	
		25	〈21.40〉	25	〈21.45〉	25	〈19.78〉	25	〈22.66〉	25	〈22.46〉	25	〈22.66〉	25	〈21.38〉	25	〈21.55〉	25	〈21.50〉	25	〈21.54〉	25	〈21.02〉	25	〈20.66〉	
	2014	5	〈21.32〉	5	〈22.02〉	5	〈23.69〉	5	〈26.59〉	5	〈26.35〉	5	〈26.22〉	5	〈26.32〉	5	〈26.35〉	5	28.12〉	5	〈30.25〉	5	〈29.01〉	5	〈28.39〉	〈26.61〉
		15	〈22.02〉	15	〈23.53〉	15	〈24.16〉	15	〈27.11〉	15	〈27.33〉	15	〈27.31〉	15	〈27.52〉	15	〈27.32〉	15	〈28.98〉	15	〈32.07〉	15	〈28.07〉	15	〈27.89〉	
		25	〈20.31〉	25	〈23.03〉	25	〈26.16〉	25	〈27.28〉	25	〈27.81〉	25	〈27.22〉	25	〈27.83〉	25	〈27.35〉	25	〈29.22〉	25	〈27.99〉	25	〈27.86〉	25	〈28.12〉	

续表

点号	年份	1月		2月		3月		4月		5月		6月		7月		8月		9月		10月		11月		12月		年平均
		日	水位	日	水位	日	水位	日	水位	日	水位	日	水位	日	水位	日	水位	日	水位	日	水位	日	水位	日	水位	
9	2015	5	〈21.23〉	5	〈21.77〉	5	〈20.91〉	5	〈21.43〉	5	〈20.12〉	5	〈18.13〉	5	〈18.85〉	5	〈17.12〉	5	〈17.11〉	5	〈17.32〉	5	〈17.63〉	5	〈17.55〉	〈18.95〉
		15	〈21.24〉	15	〈21.97〉	15	〈21.34〉	15	〈21.15〉	15	〈19.35〉	15	〈17.68〉	15	〈18.25〉	15	〈17.00〉	15	〈17.39〉	15	〈17.88〉	15	〈17.32〉	15	〈18.35〉	
		25	〈21.24〉	25	〈21.22〉	25	〈20.04〉	25	〈20.00〉	25	〈18.67〉	25	〈17.20〉	25	〈16.80〉	25	〈17.66〉	25	〈17.35〉	25	〈17.67〉	25	〈17.32〉	25	〈18.98〉	
13	2012	5	6.42	5	6.20	5	6.74	5	7.20	5	7.24	5	7.20	5	8.30	5	7.16	5	7.30	5	7.24	5	7.40	5	7.24	7.18
		15	6.67	15	6.90	15	6.70	15	7.26	15	7.26	15	7.18	15	7.16	15	7.27	15	7.32	15	7.29	15	7.36	15	7.69	
		25	6.60	25	6.86	25	7.04	25	7.23	25	7.20	25	7.25	25	7.20	25	7.24	25	7.30	25	7.30	25	7.67	25	7.77	
	2013	5	6.40	5	7.81	5	6.74	5	7.00	5	7.70	5	7.60	5	8.12	5	8.24	5	7.90	5	7.80	5	7.93	5	8.55	7.59
		15	6.60	15	7.82	15	6.72	15	7.70	15	7.60	15	7.18	15	7.16	15	7.27	15	7.32	15	7.80	15	7.97	15	9.17	
		25	7.70	25	6.86	25	7.01	25	7.20	25	7.90	25	7.00	25	7.40	25	7.24	25	7.60	25	7.50	25	8.06	25	9.52	
	2014	5	9.83	5	9.92	5	10.60	5	9.36	5	9.26	5	8.22	5	8.12	5	9.32	5	10.88	5	9.23	5	8.77	5	8.38	9.18
		15	9.07	15	10.04	15	10.18	15	8.53	15	8.24	15	7.25	15	8.04	15	10.25	15	11.13	15	8.30	15	8.06	15	9.21	
		25	9.67	25	10.45	25	10.43	25	8.75	25	8.64	25	7.63	25	8.15	25	9.58	25	10.12	25	8.73	25	8.55	25	9.64	
	2015	5	7.40	5	7.40	5	10.13	5	9.35	5	10.10	5	9.12	5	9.67	5	8.12	5	8.64	5	8.00	5	8.35	5	8.09	8.83
		15	7.93	15	8.62	15	9.85	15	9.22	15	9.36	15	8.67	15	8.95	15	8.54	15	8.17	15	8.65	15	8.21	15	8.35	
		25	9.11	25	8.92	25	10.07	25	9.87	25	9.76	25	9.88	25	8.54	25	9.35	25	8.33	25	8.12	25	8.31	25	8.79	
24	2012	5	7.91	5	8.14	5	8.67	5	8.70	5	8.86	5	9.30	5	9.30	5	9.26	5	9.20	5	9.20	5	8.96	5	9.24	8.92
		15	8.23	15	8.11	15	8.66	15	8.70	15	8.87	15	9.30	15	9.31	15	9.28	15	9.27	15	9.07	15	8.89	15	9.24	
		25	8.21	25	8.09	25	8.77	25	8.82	25	9.53	25	9.23	25	9.27	25	9.18	25	9.08	25	8.99	25	9.00	25	9.36	
	2013	5	7.95	5	9.54	5	8.67	5	8.40	5	7.70	5	8.00	5	8.26	5	10.42	5	9.73	5	9.53	5	8.04	5	8.88	8.85
		15	8.21	15	9.51	15	8.70	15	7.70	15	8.10	15	9.30	15	9.31	15	9.28	15	9.17	15	9.50	15	8.33	15	8.88	
		25	9.42	25	8.09	25	8.82	25	8.40	25	9.50	25	8.20	25	9.27	25	9.18	25	9.24	25	9.70	25	8.38	25	9.12	

续表

点号	年份	1月		2月		3月		4月		5月		6月		7月		8月		9月		10月		11月		12月		年平均
		日	水位	日	水位	日	水位	日	水位	日	水位	日	水位	日	水位	日	水位	日	水位	日	水位	日	水位	日	水位	
24	2014	5	9.48	5	9.42	5	9.38	5	9.58	5	10.25	5	9.32	5	9.58	5	10.74	5	10.74	5	9.83	5	9.25	5	9.18	9.70
		15	9.48	15	10.03	15	10.09	15	9.55	15	9.22	15	9.07	15	10.24	15	11.25	15	11.37	15	9.65	15	8.63	15	9.42	
		25	9.58	25	9.43	25	9.73	25	9.68	25	9.55	25	8.44	25	10.58	25	9.45	25	9.72	25	10.00	25	8.68	25	9.48	
	2015	5	8.96	5	8.21	5	10.61	5	10.56	5	10.25	5	9.76	5	9.02	5	10.25	5	10.10	5	10.35	5	9.45	5	9.35	9.88
		15	8.21	15	9.51	15	10.12	15	10.79	15	10.65	15	9.65	15	9.35	15	10.38	15	10.79	15	9.78	15	9.68	15	10.45	
		25	9.05	25	9.80	25	10.03	25	10.13	25	10.33	25	10.12	25	10.66	25	10.78	25	10.35	25	9.12	25	10.11	25	9.12	
观 1	2012	5	8.17	5	8.29	5	8.70	5	9.10	5	9.20	5	9.60	5	8.90	5	9.54	5	9.62	5	8.35	5	9.37	5	9.24	9.17
		15	8.42	15	8.34	15	8.80	15	9.06	15	9.30	15	9.70	15	9.77	15	9.61	15	9.59	15	9.46	15	9.24	15	9.39	
		25	8.39	25	8.27	25	9.04	25	9.17	25	9.80	25	9.67	25	9.72	25	9.59	25	9.56	25	9.37	25	9.31	25	9.41	
	2013	5	8.20	5	9.60	5	8.70	5	9.80	5	9.60	5	9.50	5	10.54	5	11.43	5	9.62	5	10.53	5	9.30	5	9.00	9.54
		15	8.44	15	9.56	15	9.94	15	9.80	15	10.05	15	9.70	15	9.67	15	9.68	15	9.59	15	10.23	15	8.80	15	8.99	
		25	9.50	25	8.27	25	9.06	25	9.60	25	9.50	25	9.80	25	9.12	25	9.59	25	10.01	25	10.36	25	9.12	25	9.12	
	2014	5	9.32	5	9.42	5	10.72	5	9.38	5	10.25	5	9.32	5	10.74	5	11.32	5	11.34	5	10.73	5	9.50	5	9.20	9.96
		15	9.77	15	10.03	15	10.65	15	9.55	15	9.22	15	9.42	15	10.37	15	9.25	15	11.73	15	9.89	15	9.04	15	9.32	
		25	9.20	25	10.34	25	10.34	25	9.68	25	9.55	25	10.02	25	10.72	25	9.79	25	10.21	25	10.56	25	9.32	25	9.32	
	2015	5	9.37	5	8.44	5	9.92	5	9.82	5	8.75	5	9.46	5	8.68	5	10.35	5	9.75	5	9.55	5	9.85	5	9.50	9.50
		15	8.21	15	9.56	15	9.32	15	9.21	15	8.68	15	9.67	15	9.65	15	9.78	15	10.44	15	9.75	15	9.32	15	10.11	
		25	9.70	25	9.14	25	9.28	25	9.13	25	9.08	25	9.11	25	10.66	25	9.65	25	9.35	25	10.35	25	10.35	25	9.12	
观 2	2012	5	10.65	5	9.42	5	10.38	5	10.38	5	10.68	5	11.24	5	11.62	5	11.35	5	11.80	5	10.04	5	10.95	5	11.36	10.81
		15	9.68	15	9.41	15	11.37	15	10.38	15	11.05	15	11.17	15	11.15	15	11.80	15	11.08	15	11.08	15	10.89	15	11.45	
		25	9.65	25	9.68	25	10.40	25	10.43	25	11.09	25	11.55	25	11.09	25	11.02	25	10.08	25	11.08	25	11.32	25	11.47	

续表

点号	年份	1月		2月		3月		4月		5月		6月		7月		8月		9月		10月		11月		12月		年平均
		日	水位	日	水位	日	水位	日	水位	日	水位	日	水位	日	水位	日	水位	日	水位	日	水位	日	水位	日	水位	
观2	2013	5	9.68	5	11.52	5	10.38	5	11.38	5	11.78	5	11.48	5	11.42	5	13.03	5	11.36	5	11.19	5	10.66	5	10.61	11.10
		15	9.68	15	11.54	15	11.34	15	10.98	15	11.78	15	11.17	15	11.15	15	11.08	15	11.08	15	11.33	15	10.36	15	10.65	
		25	11.46	25	9.68	25	11.42	25	11.78	25	11.58	25	11.88	25	10.89	25	11.02	25	10.80	25	11.05	25	10.56	25	11.00	
	2015	5	10.95	5	9.68	5	11.41	5	12.65	5	11.38	5	11.35	5	11.52	5	13.42	5	13.00	5	13.25	5	13.25	5	12.85	12.32
		15	10.05	15	11.03	15	11.05	15	12.35	15	12.21	15	13.52	15	12.11	15	13.22	15	13.09	15	13.45	15	13.22	15	13.25	
		25	10.95	25	11.03	25	11.24	25	12.75	25	11.22	25	12.85	25	13.26	25	13.65	25	13.18	25	13.36	25	13.15	25	13.52	
观5	2012	5	8.95	5	9.90	5	10.86	5	10.82	5	10.82	5	10.59	5	10.46	5	10.43	5	10.43	5	10.35	5	10.51	5	10.29	10.37
		15	9.89	15	9.67	15	10.20	15	10.60	15	10.86	15	10.30	15	10.54	15	10.46	15	10.56	15	10.48	15	10.40	15	10.29	
		25	9.86	25	9.86	25	10.86	25	10.84	25	10.59	25	10.52	25	10.51	25	10.13	25	10.38	25	10.46	25	10.33	25	10.26	
	2013	5	8.94	5	13.37	5	10.86	5	12.86	5	13.16	5	12.90	5	13.98	5	14.07	5	10.43	5	11.48	5	10.19	5	11.26	11.77
		15	9.92	15	13.43	15	10.48	15	12.86	15	13.16	15	10.30	15	9.94	15	10.46	15	10.56	15	11.60	15	10.16	15	11.50	
		25	13.22	25	11.98	25	10.86	25	12.86	25	12.60	25	14.16	25	14.48	25	11.43	25	10.38	25	11.29	25	10.56	25	11.18	
	2014	5	12.20	5	12.20	5	11.18	5	11.67	5	12.11	5	13.22	5	13.98	5	13.18	5	13.18	5	11.48	5	10.19	5	11.26	12.08
		15	11.76	15	11.90	15	12.10	15	12.38	15	12.96	15	13.85	15	12.75	15	12.91	15	12.91	15	11.16	15	10.16	15	11.18	
		25	11.87	25	11.86	25	11.52	25	12.32	25	13.25	25	13.25	25	12.93	25	11.43	25	10.38	25	11.29	25	10.56	25	12.20	
	2015	5	10.51	5	9.92	5	10.59	5	11.25	5	12.68	5	12.75	5	10.32	5	12.95	5	12.63	5	12.88	5	12.35	5	12.33	11.74
		15	10.21	15	10.18	15	10.22	15	11.68	15	12.23	15	12.68	15	11.21	15	12.52	15	12.90	15	12.35	15	11.12	15	11.15	
		25	10.51	25	10.29	25	10.14	25	12.01	25	11.21	25	13.12	25	13.45	25	12.12	25	12.36	25	12.75	25	12.54	25	12.58	
观6	2012	5	8.78	5	7.99	5	7.98	5	8.78	5	9.25	5	9.78	5	8.62	5	9.57	5	9.59	5	8.31	5	9.68	5	9.92	9.12
		15	8.28	15	7.75	15	7.78	15	8.88	15	9.29	15	9.67	15	9.63	15	9.59	15	9.62	15	9.59	15	9.39	15	9.74	
		25	8.25	25	7.88	25	7.98	25	9.22	25	9.78	25	9.67	25	9.59	25	9.57	25	9.50	25	9.70	25	9.78	25	9.78	

续表

点号	年份	1月		2月		3月		4月		5月		6月		7月		8月		9月		10月		11月		12月		年平均
		日	水位	日	水位	日	水位	日	水位	日	水位	日	水位	日	水位	日	水位	日	水位	日	水位	日	水位	日	水位	
观6	2013	5	7.88	5	10.40	5	7.98	5	9.58	5		5	10.28	5	10.00	5	9.20	5	9.71	5	9.78	5	9.43	5	9.01	9.37
		15	8.28	15	10.51	15	7.88	15	9.66	15	10.08	15		15	9.63	15	9.59	15	9.62	15	10.10	15	9.12	15	9.28	
		25	9.89	25	7.86	25	7.98	25	8.00	25	10.28	25	10.58	25	9.59	25	9.57	25	9.51	25	10.11	25	9.31	25	9.00	
	2014	5	10.37	5	11.34	5	11.39	5	10.25	5	10.35	5	10.36	5	11.22	5	11.26	5	11.26	5	11.00	5	10.65	5	10.23	10.90
		15	11.14	15	11.48	15	11.53	15	10.45	15	10.88	15	10.25	15	11.57	15	11.80	15	11.17	15	11.12	15	10.34	15	10.11	
		25	10.33	25	11.58	25	11.53	25	11.12	25	10.45	25	10.67	25	11.57	25	10.79	25	10.73	25	11.33	25	10.53	25	10.37	
	2015	5	9.68	5	8.28	5	10.51	5	10.12	5	10.24	5	10.58	5	9.35	5	11.23	5	11.23	5	10.35	5	10.35	5	10.35	10.11
		15	8.10	15	10.51	15	9.63	15	10.53	15	9.25	15	9.48	15	10.65	15	10.78	15	11.45	15	9.95	15	10.66	15	9.85	
		25	9.12	25	10.12	25	9.13	25	9.67	25	10.97	25	9.47	25	11.63	25	10.68	25	10.87	25	10.12	25	9.88	25	9.12	
201-1	2012	5	〈14.90〉	5	〈15.54〉	5	〈14.69〉	5	〈14.82〉	5	〈15.12〉	5	〈15.38〉	5	11.39	5	〈14.86〉	5	〈14.82〉	5	〈14.74〉	5	〈15.82〉	5	〈15.59〉	11.39
		15	〈15.92〉	15	〈15.86〉	15	〈14.66〉	15	〈14.69〉	15	〈15.33〉	15	〈14.82〉	15	〈14.86〉	15	〈14.52〉	15	〈14.94〉	15	〈14.92〉	15	〈15.69〉	15	〈15.52〉	
		25	〈15.70〉	25	〈15.91〉	25	〈14.76〉	25	〈15.13〉	25	〈15.38〉	25	〈14.71〉	25	〈14.82〉	25	〈14.86〉	25	〈14.92〉	25	〈14.94〉	25	〈15.62〉	25	〈15.47〉	
	2013	5	14.88	5	15.56	5	14.69	5	16.12	5	16.62	5	16.42	5	16.42	5	17.55	5	15.65	5	15.40	5	15.07	5	15.65	15.67
		15	16.93	15	15.44	15	14.69	15	15.82	15	16.42	15	16.82	15	14.82	15	14.92	15	14.94	15	15.65	15	15.05	15	15.95	
		25	15.58	25	15.90	25	14.75	25		25	16.42	25	16.62	25	14.82	25	15.14	25	15.14	25	15.14	25	15.40	25	15.96	
	2014	5	〈15.75〉	5	〈15.60〉	5	〈15.27〉	5	〈15.32〉	5	〈15.88〉	5	〈16.11〉	5	〈16.42〉	5	〈16.50〉	5	〈16.50〉	5	〈15.36〉	5	〈15.07〉	5	〈15.65〉	〈15.72〉
		15	〈15.07〉	15	〈15.17〉	15	〈15.15〉	15	〈15.22〉	15	〈16.86〉	15	〈16.18〉	15	〈16.83〉	15	〈16.50〉	15	〈16.36〉	15	〈16.22〉	15	〈15.05〉	15	〈15.96〉	
		25	〈15.05〉	25	〈15.15〉	25	〈14.80〉	25	〈15.35〉	25	〈16.02〉	25	〈16.33〉	25	〈16.76〉	25	〈15.14〉	25	〈15.14〉	25	〈15.14〉	25	〈15.40〉	25	〈15.75〉	
	2015	5	〈15.82〉	5	〈16.98〉	5	〈17.03〉	5	〈16.11〉	5	〈15.38〉	5	〈16.35〉	5	〈15.12〉	5	〈17.13〉	5	〈17.11〉	5	〈16.75〉	5	〈17.35〉	5	〈17.14〉	〈16.42〉
		15	〈16.08〉	15	〈16.10〉	15	〈16.50〉	15	〈16.13〉	15	〈15.86〉	15	〈15.38〉	15	〈15.88〉	15	〈17.35〉	15	〈17.58〉	15	〈16.90〉	15	〈16.66〉	15	〈16.88〉	
		25	〈16.05〉	25	〈16.03〉	25	〈16.38〉	25	〈16.25〉	25	〈16.10〉	25	〈15.68〉	25	〈16.79〉	25	〈16.12〉	25	〈16.35〉	25	〈16.35〉	25	〈17.05〉	25	〈17.41〉	

续表

点号	年份	1月		2月		3月		4月		5月		6月		7月		8月		9月		10月		11月		12月		年平均
		日	水位	日	水位	日	水位	日	水位	日	水位	日	水位	日	水位	日	水位	日	水位	日	水位	日	水位	日	水位	
203-1	2012	5	〈32.30〉	5		5	〈32.20〉	5	〈31.89〉	5	〈31.89〉	5	〈31.94〉	5		5		5		5		5		5		
		15	〈32.60〉	15	〈32.07〉	15	〈32.16〉	15	〈31.97〉	15	〈31.91〉	15	〈31.88〉	15	〈31.86〉	15	〈31.88〉	15	〈31.26〉	15	〈31.80〉	15	〈31.81〉	15	〈31.81〉	
		25	〈32.30〉	25	〈31.30〉	25	〈32.14〉	25	〈31.90〉	25	〈31.94〉	25	〈31.84〉	25	〈31.80〉	25		25		25		25		25		
	2013	5	〈32.31〉	5	32.30	5		5	〈31.20〉	5		5	〈31.88〉	5		5	〈29.48〉	5	30.98	5		5		5		31.80
		15	〈32.20〉	15		15	〈32.16〉	15		15	〈31.31〉	15		15	〈31.80〉	15		15		15		15		15		
		25		25	〈31.20〉	25	32.13	25		25	〈31.86〉	25	〈31.20〉	25	〈31.55〉	25	〈32.92〉	25		25		25		25		
210	2012	5	13.03	5	12.58	5	〈21.90〉	5	〈20.66〉	5	〈21.71〉	5	〈21.80〉	5	〈27.23〉	5	〈21.64〉	5	〈21.61〉	5	〈21.45〉	5	〈21.64〉	5	〈21.47〉	12.82
		15	12.90	15	〈23.39〉	15	〈22.00〉	15	〈21.74〉	15	〈21.77〉	15	〈21.74〉	15	〈21.70〉	15	〈21.61〉	15	〈21.63〉	15	〈21.62〉	15	〈21.58〉	15	〈21.40〉	
		25	12.77	25	〈21.33〉	25	〈21.86〉	25	〈21.72〉	25	〈21.80〉	25	〈21.70〉	25	〈21.67〉	25	〈21.59〉	25	〈21.51〉	25	〈21.67〉	25	〈21.54〉	25	〈21.37〉	
	2013	5	13.03	5	21.37	5	21.90	5	22.20	5	25.30	5	24.20	5	22.33	5	26.22	5	21.67	5	22.28	5	22.00	5	23.58	21.84
		15	12.94	15	21.40	15	22.04	15	22.64	15	25.20	15	21.74	15	20.96	15	21.61	15	21.63	15	23.23	15	22.57	15	24.72	
		25	12.40	25	20.96	25	21.84	25	25.30	25	25.20	25	21.20	25	21.56	25	21.59	25	21.53	25	21.77	25	21.63	25	24.66	
	2014	5	〈22.63〉	5	〈20.27〉	5	〈19.27〉	5	〈21.47〉	5	〈22.11〉	5	〈24.25〉	5	〈25.82〉	5	〈25.77〉	5	〈25.77〉	5	〈24.58〉	5	〈24.15〉	5		〈23.26〉
		15	〈22.57〉	15	〈19.22〉	15	〈19.42〉	15	〈22.55〉	15	〈22.69〉	15	〈24.26〉	15	〈26.07〉	15	〈23.28〉	15	〈23.22〉	15	〈26.13〉	15	〈24.33〉	15		
		25	〈24.50〉	25	〈19.98〉	25	〈19.33〉	25	〈19.66〉	25	〈23.48〉	25	〈25.44〉	25	〈26.48〉	25	〈21.59〉	25	〈23.28〉	25	〈25.35〉	25	〈25.48〉	25		
	2015	5	〈21.64〉	5	〈24.35〉	5	〈26.53〉	5	〈26.35〉	5	〈26.86〉	5	〈26.38〉	5	〈25.38〉	5	〈27.68〉	5	〈27.00〉	5	〈26.75〉	5	〈26.56〉	5	〈26.78〉	〈26.27〉
		15	〈24.27〉	15	〈26.28〉	15	〈25.35〉	15	〈25.35〉	15	〈27.00〉	15	〈25.38〉	15	〈26.11〉	15	〈27.32〉	15	〈26.96〉	15	〈27.15〉	15	〈27.12〉	15	〈26.45〉	
		25	〈25.25〉	25	〈25.68〉	25	〈26.13〉	25	〈26.38〉	25	〈26.38〉	25	〈26.77〉	25	〈27.38〉	25	〈27.48〉	25	〈26.52〉	25	〈27.54〉	25	〈26.33〉	25	〈26.91〉	
215-1	2012	5	12.87	5	13.56	5	13.00	5	11.86	5	12.76	5	11.79	5	12.49	5	11.80	5	11.76	5	11.62	5		5		12.14
		15	13.84	15	12.71	15	12.00	15	11.83	15	11.79	15	11.81	15	11.80	15	11.78	15	11.76	15	11.74	15		15		
		25	12.76	25	12.70	25	11.87	25	11.87	25	11.79	25	11.86	25	11.81	25	11.74	25	11.70	25	11.67	25		25		
216	2012	5	〈24.97〉	5	〈24.73〉	5	〈25.50〉	5	〈25.67〉	5	〈25.76〉	5	〈25.80〉	5	〈26.10〉	5	〈25.68〉	5	〈25.57〉	5	〈25.39〉	5		5		
		15	〈25.00〉	15	〈24.79〉	15	〈25.41〉	15	〈25.37〉	15	〈25.77〉	15	〈25.76〉	15	〈25.71〉	15	〈25.66〉	15	〈25.61〉	15	〈25.61〉	15		15		
		25	〈24.84〉	25	〈24.80〉	25	〈25.56〉	25	〈25.71〉	25	〈25.80〉	25	〈25.71〉	25	〈25.68〉	25	〈25.60〉	25	〈25.57〉	25	〈24.61〉	25		25		

续表

点号	年份	1月		2月		3月		4月		5月		6月		7月		8月		9月		10月		11月		12月		年平均
		日	水位	日	水位	日	水位	日	水位	日	水位	日	水位	日	水位	日	水位	日	水位	日	水位	日	水位	日	水位	
6	2012	5	〈34.00〉	5	〈34.00〉	5	〈32.96〉	5	〈32.86〉	5	〈32.87〉	5	〈32.88〉	5	11.00	5	〈32.58〉	5	〈32.61〉	5	〈32.17〉	5		5		11.00
		15	〈34.10〉	15	〈34.00〉	15	〈32.81〉	15	〈32.86〉	15	〈32.86〉	15	〈32.68〉	15	〈32.64〉	15	〈32.60〉	15	〈32.66〉	15	〈32.55〉	15		15		
		25	〈34.10〉	25	〈29.70〉	25	〈32.80〉	25	〈32.84〉	25	〈32.88〉	25	〈32.66〉	25	〈32.60〉	25	〈32.58〉	25	〈32.49〉	25	〈32.50〉	25		25		
8	2012	5	9.35	5	10.43	5	11.06	5	11.26	5	12.26	5	13.28	5	11.52	5	12.92	5	13.02	5	12.23	5	12.56	5	12.66	12.11
		15	10.64	15	11.30	15	11.03	15	10.86	15	12.46	15	13.11	15	13.06	15	12.97	15	12.92	15	12.70	15	12.48	15	13.06	
		25	10.60	25	11.26	25	11.06	25	11.33	25	12.46	25	13.07	25	12.73	25	12.97	25	12.90	25	12.61	25	12.57	25	13.13	
	2013	5	10.35	5	13.17	5	11.06	5	11.16	5	12.86	5	11.76	5	11.38	5	12.49	5	13.14	5	13.47	5	11.98	5	11.63	12.19
		15	10.62	15	13.13	15	11.00	15	11.16	15	12.86	15	13.11	15	12.26	15	12.97	15	12.92	15	13.24	15	11.58	15	11.66	
		25	13.07	25	12.26	25	11.09	25	12.86	25	11.96	25	10.06	25	12.91	25	12.97	25	12.90	25	13.50	25	11.58	25	12.58	
	2014	5	13.38	5	13.63	5	13.29	5	12.25	5	11.68	5	12.35	5	11.38	5	12.13	5	12.13	5	13.47	5	12.72	5	12.35	12.63
		15	13.38	15	12.98	15	12.98	15	12.35	15	12.35	13	12.56	15	12.50	15	12.26	15	12.51	15	12.44	15	12.32	15	12.58	
		25	12.99	25	13.03	25	12.98	25	12.12	25	12.55	25	12.35	25	12.89	25	12.97	25	12.09	25	13.05	25	12.32	25	13.38	
	2015	5	12.56	5	12.62	5	13.39	5	13.15	5	13.36	5	13.75	5	14.69	5	13.45	5	13.56	5	13.75	5	13.35	5	13.72	13.41
		15	11.35	15	13.13	15	13.36	15	13.45	15	13.28	13	13.35	15	13.95	15	13.75	15	13.80	15	13.32	15	13.48	15	13.48	
		25	12.36	25	13.11	25	13.13	25	13.22	25	14.25	25	14.28	25	13.52	25	13.12	25	14.00	25	13.66	25	13.68	25	13.33	
10	2012	15	〈23.49〉	15	〈23.42〉	15	〈17.44〉	15	〈17.34〉	15	〈17.27〉	15	〈17.23〉	15	〈17.21〉	15	〈17.25〉	15	〈17.33〉	15	〈17.31〉	15	〈17.29〉	15	〈17.31〉	〈18.32〉
	2013	15	〈23.51〉	15	〈23.52〉	15	17.44	15	16.20	15	〈16.95〉	15	〈17.23〉	15	〈19.07〉	15	〈19.60〉	15	〈17.33〉	15	〈27.63〉	15	〈35.98〉	15	〈41.25〉	〈16.82〉
	2014	15	〈36.29〉	15		15	〈20.56〉	15	〈22.35〉	15	〈23.56〉	15	〈24.24〉	15	〈25.01〉	15	〈26.35〉	15	〈27.00〉	15	〈28.57〉	15	〈30.24〉	15	〈29.33〉	〈26.68〉
	2015	15	〈26.79〉	15	〈25.15〉	15	〈24.22〉	15	〈23.35〉	15	〈22.35〉	15	〈21.18〉	15	〈20.00〉	15	〈24.58〉	15	〈29.80〉	15	〈27.35〉	15	〈28.85〉	15	〈27.63〉	〈25.10〉
12	2012	15	7.92	15	8.09	15	8.09	15	8.06	15	8.06	15	8.06	15	8.02	15	8.04	15	8.07	15	8.01	15	8.02	15	7.99	8.04
	2013	15	8.03	15	8.11	15	14.03	15	8.02	15	10.17	15	8.06	15	8.65	15	8.09	15	8.07	15	8.46	15	8.09	15	9.35	8.93

续表

点号	年份	1月		2月		3月		4月		5月		6月		7月		8月		9月		10月		11月		12月		年平均
		日	水位	日	水位	日	水位	日	水位	日	水位	日	水位	日	水位	日	水位	日	水位	日	水位	日	水位	日	水位	
14	2012	15	〈21.12〉	15	〈26.19〉	15	〈26.19〉	15	〈25.38〉	15	〈25.85〉	15	〈25.79〉	15	〈25.85〉	15	〈25.89〉	15	〈25.93〉	15	〈25.90〉	15	〈25.87〉	15	〈25.89〉	〈25.49〉
	2013	15	〈21.12〉	15	〈21.89〉	15	7.96	15	〈22.19〉	15	11.49	15	〈25.79〉	15	〈26.11〉	15	〈25.89〉	15	〈25.93〉	15	25.17	15	〈26.11〉	15	〈21.39〉	14.87
20	2012	15	〈30.18〉	15	〈30.00〉	15	〈25.58〉	15	〈25.36〉	15	〈25.21〉	15	〈25.18〉	15	〈25.18〉	15	〈25.18〉	15	〈25.20〉	15	〈25.20〉	15	〈25.19〉	15	〈25.16〉	〈26.05〉
	2013	15	〈30.00〉	15	〈30.01〉	15	〈25.50〉	15	35.89	15	〈35.59〉	15	〈25.18〉	15	〈30.31〉	15	〈34.45〉	15	〈30.21〉	15	〈30.16〉	15	〈30.09〉	15	〈43.05〉	35.89
	2014	15	〈40.28〉	15	〈39.26〉	15	〈39.77〉	15	〈40.25〉	15	〈40.12〉	15	〈40.30〉	15	〈40.19〉	15	〈39.28〉	15	〈37.58〉	15	〈38.82〉	15	〈39.21〉	15	〈40.52〉	〈39.63〉
	2015	15	27.39	15	25.15	15	26.17	15	27.31	15	26.35	15	27.87	15	28.30	15	28.35	15	29.80	15	29.52	15	30.01	15	29.65	27.99
21	2012	15	13.57	15	13.90	15	13.89	15	13.76	15	13.69	15	13.61	15	13.64	15	13.61	15	13.61	15	13.60	15	13.63	15	13.60	13.68
	2013	15	13.54	15	13.56	15	13.56	15	16.40	15	15.08	15	13.61	15		15		15	13.61	15	13.61	15	13.23	15	15.53	14.17
	2014	15	16.11	15	16.38	15	16.83	15	16.21	15	16.11	15	17.35	15	16.87	15	16.17	15	16.37	15	15.72	15	14.34	15	15.53	16.17
	2015	15	16.35	15	15.68	15	15.85	15	16.35	15	15.69	15	16.12	15	15.53	15	16.00	15	16.14	15	16.35	15	16.22	15	16.68	16.08
29	2013	15	5.04	15	5.10	15	6.36	15	4.90	15	5.10	15	5.46	15	5.40	15	5.22	15	5.50	15	5.33	15	5.50	15	6.03	5.41
52	2012	15	5.01	15	6.41	15	6.37	15	6.29	15	6.20	15	5.46	15	5.40	15	5.41	15	5.40	15	5.40	15	5.37	15	5.39	5.68
	2014	15	7.53	15	6.13	15	6.19	15	6.25	15	7.11	15	6.15	15	5.99	15	5.79	15	5.92	15	4.62	15	5.50	15	6.11	6.11
	2015	15	5.04	15	5.10	15	5.33	15	5.00	15	5.13	15	5.35	15	4.95	15	5.00	15	4.93	15	5.12	15	5.32	15	4.98	5.10
205	2012	15	〈19.12〉	15	〈18.98〉	15	〈18.48〉	15	〈18.84〉	15	〈18.71〉	15	〈18.50〉	15	〈18.46〉	15	〈18.48〉	15	〈18.55〉	15	〈18.55〉	15	〈18.51〉	15	〈10.71〉	〈17.99〉
	2013	15	〈19.14〉	15	〈19.17〉	15	〈18.94〉	15	〈20.14〉	15	20.84	15	〈18.50〉	15	〈18.34〉	15	〈18.47〉	15	〈18.55〉	15	〈18.61〉	15		15		20.84
民21	2012	15	10.91	15	10.87	15	10.84	15	11.00	15	10.86	15	10.81	15	10.83	15	10.81	15	10.80	15	10.74	15	10.71	15	10.71	10.82
	2013	15	10.87	15	10.86	15	10.81	15		15		15		15		15		15		15		15		15		10.85
民56	2012	15	7.87	15	7.90	15	7.86	15	7.77	15	7.74	15	7.70	15	7.73	15	7.74	15	7.75	15	7.70	15	7.59	15	7.61	7.75
	2013	15	5.86	15	7.84	15	7.80	15	干	15	干	15	干	15	干	15	干	15	干	15	干	15	干	15	干	7.17
民58	2012	15	5.89	15	5.54	15	5.58	15	5.52	15	5.51	15	5.47	15	5.50	15	5.52	15	5.60	15	5.60	15	5.51	15	5.50	5.56
	2013	15	5.86	15	5.79	15	5.57	15	7.00	15	7.50	15	5.47	15	6.32	15	7.33	15	7.34	15	7.63	15	7.24	15	6.23	6.61
	2014	15	7.38	15	7.25	15	7.25	15	6.76	15	7.21	15	7.01	15	6.85	15	7.03	15	7.24	15	5.43	15	7.24	15	5.58	6.85
	2015	15	5.58	15	5.79	15	5.66	15	5.35	15	5.64	15	5.00	15	5.70	15	5.24	15	5.27	15	5.33	15	5.35	15	5.45	5.45

四、地下水质资料

汉中市地下水质资料表

点号	年份	pH	色(度)	浑浊度(度)	臭和味	肉眼可见物	阳离子(mg/L)								阴离子(mg/L)						矿化度
							钾	钠	钙	镁	氨氮	三价铁	二价铁	锰	氯化物	硫酸盐	重碳酸盐	碳酸盐	硝酸盐	亚硝酸盐	
1	2011	8.56					24.6	86.5	107.0	24.6	<0.02	<0.03		<0.01	66.3	104	372	5.85	113	<0.002	94
	2012	8.20					20.3	65.3	122.0	25.3	<0.02	<0.030		<0.010	58.0	94.0	383	0.00	94.50	<0.002	
	2013	8.24					28.9	74.8	106.0	24.8	0.06	<0.030		<0.010	59.8	101	392	0.00	107	0.02	
	2014	8.12					22.4	58.7	99.0	21.3	0.03	<0.030		<0.010	48.3	77.4	351	1.55	80.2	<0.001	
	2015	7.21					24	63.5	95.6	20.7	<0.02	<0.030		<0.010	43.4	68.8	345	0.00	70.5	<0.001	75
9	2011	7.70					1.12	48.0	56.2	10.3	0.027	<0.03		<0.01	17.1	37.4	259	0.00	12.7	0.004	434
	2012	7.68					2.32	24.5	94.1	16.2	<0.02	<0.030		<0.010	29.6	46.6	286	0.00	30.9	<0.002	
	2013	7.65					2.04	21.9	106	15.0	0.05	<0.030		<0.010	35.6	48.7	273	0.00	49.1	<0.002	
	2014	7.35					1.80	19.9	102.0	14.9	0.04	<0.030		<0.010	36.6	56.2	253	0.0	52.1	<0.001	
	2015	7.34					1.71	22.9	100.0	15.2	<0.02	0.17		<0.010	37.4	57.4	270	0.00	50.3	<0.001	56
13	2011	8.29					1.64	22.7	72.0	12.6	0.067	<0.03		<0.01	10.2	32.4	277	0.00	10.1	<0.002	449
	2012	8.12					0.96	53.1	48.6	8.78	<0.02	<0.030		<0.010	14	26.5	277	0.00	7.51	<0.002	
	2014	7.58					1.48	13.0	85.9	13.2	0.05	<0.030		<0.010	13.2	37.8	269	0.00	12.4	<0.001	
20	2011	8.17					2.36	31.1	63.1	14.5	0.044	<0.03		<0.01	12.9	41.8	271	0.00	5.86	<0.002	434.
	2012	8.11					1.55	12.8	84.0	13.3	<0.02	<0.030		<0.010	10.4	32.7	283	0.00	10.4	<0.002	
	2013	7.63					2.21	25.3	90.8	15.2	0.03	<0.030		0.04	19.6	69.5	304	0.00	13.5	<0.002	
21	2011	8.57					1.00	21.9	54.1	10.7	0.031	<0.03		<0.01	8.72	9.92	232	5.85	9.61	<0.002	34
	2012	7.64					0.97	52.8	51.1	8.86	<0.02	<0.030		<0.010	14.3	27.1	277	0.00	7.70	<0.002	
	2013	7.61					1.08	13.0	64.8	11.2	0.07	<0.030		<0.010	10.2	16.5	249	0.00	10.4	0.005	
	2014	7.71					0.94	11.1	62.7	10.5	0.07	<0.030		<0.010	7.18	8.59	229	0.00	10.6	<0.001	
	2015	7.42					0.39	11.1	54.2	10.7	<0.02	<0.030		<0.010	7	8.16	230	0.00	9.37	<0.001	33
24	2011	8.46					1.84	36.3	106.0	17.9	0.046	<0.03		<0.01	48.4	64.7	283	0.00	38.8	0.003	571.
	2012	7.82					0.99	60.2	50.8	8.7	<0.02	<0.030		<0.010	13.9	42.9	283	0.00	7.18	<0.002	
	2013	7.47					2.01	43.2	118	18.2	0.04	<0.030		<0.010	53.2	76.0	355	0.00	47.8	<0.002	
	2014	7.22					1.73	43.1	118.7	18.2	0.04	<0.030		<0.010	42.4	83.2	352	0.00	44.8	<0.001	
	2015	7.3					1.74	63.9	118.0	21	<0.02	<0.030		<0.010	54.9	75	404	0.00	48.5	<0.001	76
52	2011	8.18					4.59	67.1	132.0	17.1	<0.02	<0.03		<0.01	45.5	106	348	0.00	135	0.006	88
	2012	7.64					5.07	57.6	144.0	23.5	<0.02	<0.030		<0.010	58.5	118	338	0.00	106	<0.002	
	2013	8.11					4.66	41.1	135	15.9	0.07	<0.030		<0.010	46.1	71.1	320	0.00	139	0.01	
	2014	7.72					3.89	37.2	114.0	13.2	0.03	<0.030		<0.010	37.0	65.2	276	0.00	103	0.02	
	2015	7.6					3.22	29.7	86.8	10.1	<0.02	<0.030		<0.010	24.5	53	256	0.00	40.5	0.01	51
201	2011	8.06					1.2	23.5	84.8	18.8	0.046	<0.03		<0.01	18.6	21.2	345	0.00	15.3	0.009	520.
	2012	7.96					1.88	41.9	131	19.8	<0.02	<0.030		<0.010	51.5	71.0	376	0.00	48.5	<0.002	
	2013	7.81					1.03	64.5	46.5	7.75	<0.02	<0.030		0.01	16.2	29.7	292	0.00	8.59	<0.002	

溶解性总固体(mg/L)	COD (mg/L)	可溶性 SiO_2 (mg/L)	硬度(以碳酸钙计,mg/L)			其他指标(mg/L)								取样时间
			总硬	暂硬	永硬	挥发酚	氰化物	氟离子	砷	六价铬	铅	镉	汞	
757	0.31	28.5	368	315	54	<0.002	<0.002	0.15	0.004	<0.01	<0.002	<0.0002	<0.000 04	2011.10.31
690	0.57	30.4	409	314	95	<0.002	<0.002	0.22	0.001	<0.01	<0.002	<0.0002	<0.000 04	2012.10.26
729	0.63	30.2	368	321	47	<0.002	<0.002	0.13	0.008	<0.01	<0.002	<0.0002	<0.000 04	2013.10.23
555	0.99	32.8	335	289	46	<0.002	<0.002	0.09	0.0056	<0.01	<0.002	<0.0002	<0.000 04	2014.12.06
580	0.49	32	324	282	42	<0.002	<0.002	0.08	0.005	<0.01	<0.002	<0.0002	<0.000 04	2015.11.17
305	0.39	20.9	183	183	0	<0.002	<0.002	1.19	<0.0004	<0.01	<0.002	<0.0002	<0.000 04	2011.10.31
369	0.57	26.6	302	235	67	<0.002	<0.002	0.15	0.0014	<0.01	<0.002	<0.0002	<0.000 04	2012.10.26
431	0.40	26.0	326	224	102	<0.002	<0.002	0.11	0.001	<0.01	<0.002	<0.0002	<0.000 04	2013.10.23
432	0.34	32.8	316	207	109	<0.002	<0.002	0.08	0.000 63	<0.01	<0.002	<0.0002	<0.000 04	2014.12.06
433	0.34	16.4	313	222	91	<0.002	<0.002	0.08	<0.0004	<0.01	<0.002	<0.0002	<0.000 04	2015.11.17
311	0.23	20.0	232	227	4	<0.002	<0.002	0.16	<0.0004	<0.01	<0.002	<0.0002	<0.000 04	2011.10.31
289	0.49	21.8	158	157	0	<0.002	<0.002	1.54	0.000 98	<0.01	<0.002	<0.0002	<0.000 04	2012.10.26
330	0.19	32.8	269	220	49	<0.002	<0.002	0.15	0.000 48	<0.01	<0.002	<0.0002	<0.000 04	2014.12.06
299	0.31	25.6	217	217	0	<0.002	<0.002	0.14	<0.0004	<0.01	<0.002	<0.0002	<0.000 04	2011.10.31
314	0.57	22.7	265	232	33	<0.002	<0.002	0.19	0.000 51	<0.01	<0.002	<0.0002	<0.000 04	2012.10.26
389	0.40	22.3	289	249	40	<0.002	<0.002	0.35	0.001	<0.01	<0.002	<0.0002	<0.000 04	2013.10.23
231	0.23	26.7	179	179	0	<0.002	<0.002	0.22	<0.0004	<0.01	<0.002	<0.0002	<0.000 04	2011.10.31
315	0.65	21.8	164	164	0	<0.002	<0.002	1.55	0.000 77	<0.01	<0.002	<0.0002	<0.000 04	2012.10.26
239	0.48	27.7	208	204	4	<0.002	<0.002	0.23	0.001	<0.01	<0.002	<0.0002	<0.000 04	2013.10.23
241	0.33	32.8	200	188	12	<0.002	<0.002	0.17	0.000 47	<0.01	<0.002	<0.0002	<0.000 04	2014.12.06
220	0.34	28.7	179	170	0	<0.002	<0.002	0.18	0.005	<0.01	<0.002	<0.0002	<0.000 04	2015.11.17
430	0.39	19.4	338	232	106	<0.002	<0.002	0.17	<0.0004	<0.01	<0.002	<0.0002	<0.000 04	2011.10.31
338	0.49	21.4	163	163	0	<0.002	<0.002	1.64	0.0007	<0.01	<0.002	<0.0002	<0.000 04	2012.10.26
534	0.40	20.2	369	292	77	<0.002	<0.002	0.22	0.001	<0.01	<0.002	<0.0002	<0.000 04	2013.10.23
551	0.33	32.8	372	289	83	<0.002	<0.002	0.14	0.0007	<0.01	<0.02	<0.0002	<0.000 04	2014.12.06
566	0.38	22.4	381	331	50	<0.002	<0.002	0.16	0.0008	<0.01	<0.002	<0.0002	<0.000 04	2015.11.17
706	0.39	13.2	400	285	115	<0.002	<0.002	0.13	<0.0004	<0.01	<0.002	<0.0002	<0.000 04	2011.10.31
696	0.65	21.0	456	277	180	<0.002	<0.002	0.34	0.000 67	<0.01	<0.002	<0.0002	<0.000 04	2012.10.26
631	0.48	17.7	403	263	140	<0.002	<0.002	0.17	0.001	<0.01	<0.002	<0.0002	<0.000 04	2013.10.23
521	0.95	32.8	339	227	112	<0.002	<0.002	0.12	0.000 72	<0.01	<0.002	<0.0002	<0.000 04	2014.12.06
391	0.42	15.7	258	210	48	<0.002	<0.002	0.13	0.0005	<0.01	<0.002	<0.0002	<0.000 04	2015.11.17
348	0.23	27.9	289	283	6	<0.002	<0.002	0.25	<0.0004	<0.01	<0.002	<0.0002	<0.000 04	2011.10.31
557	0.65	20.7	409	309	99	<0.002	<0.002	0.19	0.000 62	<0.01	<0.002	<0.0002	<0.000 04	2012.10.26
312	0.48	20.7	148	148	0	<0.002	<0.002	1.87	0.002	<0.002	<0.002	<0.0002	<0.000 04	2013.10.23

续表

点号	年份	pH	色(度)	浑浊度(度)	臭和味	肉眼可见物	阳离子(mg/L)								阴离子(mg/L)					
							钾	钠	钙	镁	氨氮	三价铁	二价铁	锰	氯化物	硫酸盐	重碳酸盐	碳酸盐	硝酸盐	亚硝酸盐
201	2014	7.76					1.18	14.7	96.6	19.6	0.06	<0.030		<0.010	21.5	28.1	329	0.00	22.4	<0.001
210	2011	8.07					2.19	33.1	82.1	14.7	0.027	<0.03		<0.010	26.7	43.6	292	0.00	26.1	<0.002
	2012	8.10					0.89	11.1	62.1	10.8	<0.02	0.088		<0.010	7.61	9.10	241	0.00	9.35	<0.002
	2013	7.40					1.21	13.1	92.3	18.5	0.03	<0.030		<0.010	23.9	27.5	310	0.00	21.8	0.004
	2014	7.76					0.91	63.5	49.4	7.86	0.06	<0.030		<0.010	14.5	41.1	281	0.00	8.8	<0.001
215	2011	8.21					0.67	76.3	21.9	3.12	<0.02	<0.03		<0.010	14.8	29.4	199	0.00	4.42	0.01
216	2011	8.45					1.04	67.7	41.5	6.60	0.063	<0.03		<0.010	15.2	29.4	250	0.00	16.3	<0.002
	2012	8.05					0.98	52.6	52.0	8.88	<0.02	0.055		<0.010	14.0	26.5	283	0.00	8.03	<0.002
6	2011	7.89					5.18	59.3	112.0	19.7	0.033	<0.03		<0.010	52.6	80.7	387	0.00	47.2	0.018
10	2014	8.01					1.13	36.5	62.3	11.4	0.06	<0.030		<0.010	17.8	35.0	259	0.00	12.0	<0.001
	2015	7.03					1.57	28.2	74.0	14.4	<0.02	<0.03		<0.010	16.4	53	280	0.00	6.87	<0.001
观 6	2015	7.15					1.48	37.7	64.0	13.5	<0.02	<0.03		<0.010	19.2	32.6	271	0.00	15.7	<0.001

溶解性总固体(mg/L)	COD(mg/L)	可溶性SiO_2(mg/L)	硬度(以碳酸钙计,mg/L)			其他指标(mg/L)								取样时间
			总硬	暂硬	永硬	挥发酚	氰化物	氟离子	砷	六价铬	铅	镉	汞	
390	0.41	32.8	322	269	53	<0.002	<0.002	0.16	<0.0004	<0.01	<0.002	<0.0002	<0.000 04	2014.12.06
391	0.31	23.6	266	239	26	<0.002	<0.002	0.13	<0.0004	<0.01	<0.002	<0.0002	<0.000 04	2011.10.31
242	0.49	27.1	199	198	1	<0.002	<0.002	0.22	0.000 42	<0.01	<0.002	<0.0002	<0.000 04	2012.10.26
369	0.40	27.8	307	254	53	<0.002	<0.002	0.24	0.0005	<0.01	<0.002	<0.0002	<0.000 04	2013.10.23
354	0.44	32.8	156	156	0	<0.002	<0.002	1.59	0.0012	<0.01	<0.002	<0.0002	<0.000 04	2014.12.06
248	0.16	12.6	68	68	0	<0.002	<0.002	3.10	0.0005	<0.01	<0.002	<0.0002	<0.000 04	2011.10.31
296	0.23	19.0	131	131	0	<0.002	<0.002	2.18	<0.0004	<0.01	<0.002	<0.0002	<0.000 04	2011.10.31
314	0.57	21.6	166	166	0	<0.002	<0.002	1.60	0.0012	<0.01	<0.002	<0.0002	<0.000 04	2012.10.26
601	0.54	22.9	361	317	43	<0.002	<0.002	0.20	<0.0004	<0.01	<0.002	<0.0002	<0.000 04	2011.10.31
315	0.37	32.8	203	203	0	<0.002	<0.002	0.95	0.000 53	<0.01	<0.002	<0.0002	<0.000 04	2014.12.06
345	0.57	22.5	244	230	14	<0.002	<0.002	0.19	<0.0004	<0.01	<0.002	<0.0002	<0.000 04	2015.11.17
320	0.34	15	215	215	0	<0.002	<0.002	0.67	0.0006	<0.01	<0.002	<0.0002	<0.000 04	2015.11.17

第六章　安　康　市

一、监测点基本情况

安康市城区生活及工业用水是以汉江地表水为主，仅有少数单位及村组开采地下水，地下水用量仅占城市生产生活用水总量的7%。

安康市地下水动态监测工作始于2000年，主要监测安康市汉滨区月河河谷、汉江河谷区潜水，地貌单元主要为一级阶地、河漫滩及洪积台地。本年鉴收录2011—2015年监测数据，其中水位监测点16个，水质监测点5个。

二、监测点基本信息表

(一)地下水位监测点基本信息表

地下水位监测点基本信息表

序号	点号	位置	地面高程(m)	孔深(m)	地下水类型	地貌单元	页码
1	D2	恒口镇工商所院内	280.7	6.41	潜水	月河高漫滩	190
2	D3	恒口镇史家院子	280.52	6.55	潜水	月河高漫滩	190
3	D4	五里镇老街	273.4	10.04	潜水	月河一级阶地	190
4	D5	五里飞机场	268.92	12.2	潜水	月河一级阶地	191
5	D6	建民镇农贸市场内	262.85	10.5	潜水	月河一级阶地	191
6	D7	江北化工厂院内	299.22	45.67	潜水	洪积台地	192
7	D9	汉滨区林业局院内	247.79	75.13	潜水	汉江高漫滩	192
8	D10	公安局内	248.38	50.44	潜水	汉江高漫滩	193
9	D13	东堤外油坊街	245.85	16.1	潜水	汉江高漫滩	193
10	D14	东堤小学院内	250.64	17.83	潜水	汉江一级阶地	193
11	D15	金堂寺北	242.25	11.84	潜水	汉江高漫滩	193
12	X1	农科所家属院内	284.8	57.8	潜水	月河一级阶地	194
13	X2	蚕种场院内	282.3	137	潜水一承压水	月河一级阶地	194
14	X3	大同镇汉滨区卫校旁	276.5	12.55	潜水	月河一级阶地	195
15	X4	汉滨区五里镇民兴村	265.2	8.4	潜水	月河一级阶地	195
16	X5	汉滨区农机局院内	268.5	80	潜水	汉江二级阶地	195

(二)地下水质监测点基本信息表

地下水质监测点基本信息表

序号	点号	位置	地下水类型	页码
1	D3	恒口镇史家院子	潜水	196
2	D4	五里镇老街	潜水	196
3	D7	江北化工厂院内	潜水	196
4	D9	汉滨区林业局院内	潜水	196
5	D15	金堂寺北	潜水	196

三、地下水位资料

安康市地下水位资料表

水位单位:m

点号	年份	1月		2月		3月		4月		5月		6月		7月		8月		9月		10月		11月		12月		年平均
		日	水位	日	水位	日	水位	日	水位	日	水位	日	水位	日	水位	日	水位	日	水位	日	水位	日	水位	日	水位	
D2	2012	15	2.89	15	3.08	15	3.26	15	3.27	15	2.64	15	1.78	15	0.49	15	0.87	15	0.44	15	1.75	15	2.59	15	3.14	2.18
	2013	15	3.34	15	3.64	15	3.74	15	3.88	15	3.44	15	2.18	15	1.49	15	0.96	15	2.32	15	2.84	15	3.04	15	3.34	2.85
	2014	15	3.65	15	3.74	15	3.94	15	3.95	15	3.67	15	3.26	15	2.46	15	2.50	15	1.02	15	1.20	15	2.05	15	2.80	2.85
	2015	15	3.13	15	3.36	15	3.42	15	3.46	15	2.88	15	2.08	15	0.96	15	1.43	15	1.55	15	1.41	15	1.38	15	1.61	2.22
D3	2011	5	6.10	5	6.27	5	6.40	5	6.35	5	6.38	5	6.25	5	5.83	5	4.65	5	5.43	5	4.65	5	5.10	5	5.40	5.71
		15	6.10	15	6.30	15	6.32	15	6.35	15	6.15	15	6.30	15	5.76	15	4.95	15	4.70	15	4.95	15	5.27	15	5.47	
		25	6.20	25	6.30	25	6.33	25	6.31	25	6.20	25	5.75	25	5.80	25	5.26	25	3.85	25	5.14	25	5.30	25	5.60	
	2012	5	5.65	5	6.05	5	6.16	5	6.22	5	6.12	5	5.65	5	4.93	5	5.17	5	4.82	5	4.21	5	5.62	5	5.96	5.68
		15	5.82	15	6.13	15	6.19	15	6.23	15	5.95	15	5.77	15	5.90	15	5.30	15	4.75	15	5.50	15	5.75	15	6.00	
		25	5.95	25	6.11	25	6.21	25	6.19	25	5.81	25	5.84	25	4.93	25	5.20	25	4.94	25	5.60	25	5.89	25	6.05	
	2013	5	6.14	5	6.35	5	6.49	5	6.57	5	6.50	5	5.91	5	5.72	5	5.47	5	5.78	5	6.06	5	6.11	5	6.17	6.10
		15	6.22	15	6.37	15	6.19	15	6.57	15	6.30	15	5.76	15	5.69	15	5.54	15	5.87	15	6.05	15	6.08	15	6.23	
		25	6.30	25	6.48	25	6.44	25	6.43	25	6.29	25	5.75	25	5.40	25	5.66	25	5.95	25	6.18	25	6.15	25	6.32	
	2014	5	6.17	5	6.45	5	6.48	5	6.54	5	6.40	5	6.35	5	6.15	5	6.11	5	5.63	5	5.04	5	5.49	5	5.76	6.03
		15	6.45	15	6.43	15	6.52	15	6.47	15	6.25	15	6.16	15	5.98	15	6.08	15	5.25	15	5.26	15	5.67	15	5.91	
		25	6.40	25	6.36	25	6.54	25	6.39	25	6.29	25	6.16	25	6.03	25	6.06	25	4.85	25	5.41	25	5.69	25	5.92	
	2015	5	6.06	5	6.18	5	6.34	5	6.25	5	6.14	5	5.78	5	5.14	5	5.70	5	5.96	5	5.66	5	5.69	5	5.94	5.93
		15	6.14	15	6.29	15	6.39	15	6.23	15	5.95	15	5.73	15	5.29	15	5.88	15	5.76	15	5.77	15	5.74	15	6.01	
		25	6.20	25	6.30	25	6.41	25	6.25	25	5.94	25	5.46	25	5.48	25	5.89	25	5.74	25	5.79	25	5.89	25	6.08	
D4	2011	5	9.41	5	9.71	5	9.86	5		5		5		5	9.89	5	9.61	5	9.43	5	8.68	5	8.76	5	9.00	9.37
		15	9.51	15	9.76	15	9.89	15		15		15		15	9.81	15	9.51	15	9.23	15	8.69	15	8.86	15	9.11	

续表

点号	年份	1月		2月		3月		4月		5月		6月		7月		8月		9月		10月		11月		12月		年平均
		日	水位	日	水位	日	水位	日	水位	日	水位	日	水位	日	水位	日	水位	日	水位	日	水位	日	水位	日	水位	
D4	2011	25	9.66	25	9.81	25	9.99	25		25		25		25	9.76	25	9.46	25	8.76	25	8.68	25	8.85	25	9.17	9.37
	2012	5	9.28	5	9.68	5	9.81	5	9.97	5	10.01	5	10.06	5	10.03	5	9.65	5	9.37	5	9.23	5	9.48	5	9.69	9.71
		15	9.44	15	9.76	15	9.96	15	10.03	15	9.97	15	10.06	15	9.87	15	9.61	15	9.24	15	9.33	15	9.51	15	9.78	
		25	9.61	25	9.79	25	10.03	25	9.95	25	10.06	25	10.06	25	9.81	25	9.56	25	9.22	25	9.36	25	9.62	25	9.83	
	2013	5		5		5	0.09	5	11.41	5	11.71	5	11.81	5	11.69	5	11.61	5	12.15	5	11.44	5	11.49	5	11.69	11.27
		15		15		15		15	11.51	15	11.73	15	11.85	15	11.75	15	11.37	15	12.81	15	11.47	15	11.49	15	11.69	
		25		25		25		25	11.72	25	12.47	25	11.57	25	11.55	25	11.31	25	11.30	25	11.47	25	11.56	25	11.74	
	2014	5	11.43	5	12.09	5	11.76	5	12.11	5	11.85	5	11.96	5	12.06	5	11.90	5	12.28	5	11.65	5	11.33	5	11.16	11.79
		15	11.71	15	11.66	15	11.89	15	11.49	15	11.86	15	12.13	15	12.12	15	11.95	15	12.37	15	11.62	15	11.39	15	11.35	
		25	11.83	25	11.56	25	11.51	25	11.77	25	11.91	25	12.05	25	12.00	25	12.27	25	11.79	25	11.54	25	11.05	25	12.05	
	2015	5	11.53	5	11.75	5	11.81	5	11.86	5	11.78	5	11.35	5	10.90	5	11.04	5	11.07	5	11.07	5	11.80	5	10.91	11.44
		15	11.55	15	11.75	15	11.84	15	11.95	15	11.85	15	11.54	15	10.99	15	11.23	15	11.06	15	10.87	15	11.67	15	11.00	
		25	11.75	25	11.69	25	11.85	25	11.95	25	11.82	25	11.38	25	10.90	25	11.12	25	12.35	25	10.79	25	10.90	25	11.03	
D5	2012	15	8.18	15	8.88	15	8.61	15	8.73	15	8.27	15	8.62	15	7.28	15	7.75	15	6.85	15	7.58	15	7.75	15	7.90	8.03
	2013	15	8.67	15	8.63	15	8.73	15	8.88	15	8.47	15	7.78	15	8.35	15	8.38	15	8.53	15	8.87	15	8.52	15	8.58	8.53
	2014	15	8.84	15	8.73	15	8.77	15	8.74	15	8.52	15	8.55	15	8.37	15	8.64	15	7.59	15	7.82	15	8.07	15	8.26	8.42
	2015	15	8.57	15	8.67	15	8.92	15	8.11	15	7.94	15	7.87	15	7.57	15	8.57	15	8.22	15	8.13	15	8.17	15	8.62	8.26
D6	2012	15	6.42	15	6.39	15	6.86	15	6.52	15	6.02	15	6.22	15	5.45	15	5.76	15	5.25	15	5.95	15	6.21	15	6.29	6.11
	2013	15	6.41	15	6.44	15	6.53	15	6.67	15	6.37	15	6.17	15	6.35	15	6.09	15	6.36	15	6.45	15	6.28	15	6.37	6.37
	2014	15	6.52	15	6.70	15	6.74	15	6.71	15	6.59	15	6.69	15	6.40	15	6.72	15	6.60	15	6.07	15	6.19	15	6.49	6.54
	2015	15	6.57	15	7.06	15	7.28	15	6.59	15	6.39	15	6.56	15	6.10	15	6.68	15	6.83	15	6.60	15	7.18	15	6.61	6.70

续表

点号	年份	1月		2月		3月		4月		5月		6月		7月		8月		9月		10月		11月		12月		年平均
		日	水位	日	水位	日	水位	日	水位	日	水位	日	水位	日	水位	日	水位	日	水位	日	水位	日	水位	日	水位	
D7	2011	5	6.32	5	6.50	5	6.90	5	7.12	5	7.53	5	7.83	5	7.48	5	6.75	5	6.78	5	5.48	5	5.61	5	5.68	6.63
		15	6.33	15	6.56	15	7.18	15	7.23	15	7.57	15	7.91	15	7.38	15	6.48	15	6.23	15	5.46	15	5.68	15	5.79	
		25	6.49	25	6.74	25	7.20	25	6.75	25	7.63	25	7.53	25	7.38	25	6.48	25	5.58	25	5.63	25	5.58	25	5.96	
	2012	5	5.99	5	6.23	5	6.42	5	6.87	5	7.04	5	6.88	5	6.95	5	6.26	5	5.98	5	5.73	5	5.69	5	5.84	6.32
		15	6.10	15	6.33	15	6.57	15	6.94	15	6.99	15	7.05	15	6.43	15	6.31	15	5.61	15	5.81	15	5.69	15	5.86	
		25	6.13	25	6.28	25	6.76	25	6.98	25	7.04	25	7.27	25	6.39	25	6.18	25	5.59	25	5.73	25	5.84	25	5.91	
	2013	5	6.03	5	6.26	5	6.49	5	7.13	5	7.40	5	7.41	5	6.99	5	6.78	5	7.21	5	7.75	5	8.09	5	8.28	7.23
		15	6.15	15	6.24	15	6.70	15	7.19	15	7.42	15	7.24	15	7.08	15	6.91	15	7.38	15	7.93	15	8.19	15	8.28	
		25	6.19	25	6.50	25	6.89	25	7.27	25	7.48	25	7.17	25	6.89	25	7.16	25	7.50	25	8.04	25	8.24	25	8.41	
	2014	5	8.41	5	8.60	5	8.85	5	9.19	5	9.38	5	9.48	5	9.33	5	9.13	5	8.98	5	7.89	5	8.12	5	8.40	8.85
		15	8.58	15	8.66	15	9.00	15	9.28	15	9.41	15	9.64	15	9.30	15	9.06	15	8.81	15	8.02	15	8.25	15	8.58	
		25	8.56	25	8.74	25	9.13	25	9.36	25	9.50	25	9.53	25	9.23	25	9.12	25	8.02	25	8.05	25	8.35	25	8.67	
	2015	5	8.69	5	9.17	5	9.41	5	9.59	5	9.42	5	8.90	5	8.30	5	8.40	5	8.32	5	8.07	5	8.16	5	8.28	8.75
		15	8.92	15	9.24	15	9.50	15	9.44	15	9.27	15	8.84	15	8.22	15	8.40	15	8.26	15	8.09	15	8.14	15	8.37	
		25	9.04	25	9.31	25	9.58	25	9.39	25	9.08	25	9.60	25	8.28	25	8.31	25	8.12	25	8.13	25	8.23	25	8.42	
D9	2011	5	9.65	5	9.91	5	10.13	5	10.15	5	10.15	5	10.05	5	9.79	5	9.17	5	9.48	5	8.20	5	8.72	5	8.96	9.46
		15	9.70	15	10.00	15	10.20	15	10.15	15	10.05	15	10.03	15	9.65	15	9.20	15	7.15	15	8.30	15	8.75	15	9.28	
		25	9.85	25	10.10	25	10.10	25	10.05	25	10.00	25	9.82	25	9.68	25	9.35	25	8.05	25	8.45	25	8.92	25	9.45	
	2012	5	9.74	5	10.05	5	10.10	5	10.13	5	10.20	5	9.94	5	10.09	5	9.71	5	9.61	5	9.42	5	9.73	5	9.25	9.93
		15	9.85	15	10.10	15	10.12	15	10.15	15	10.05	15	10.02	15	9.66	15	9.94	15	9.28	15	9.53	15	9.95	15	10.29	
		25	9.97	25	10.05	25	10.08	25	10.19	25	9.96	25	10.24	25	9.65	25	9.90	25	9.25	25	10.63	25	10.09	25	10.40	

续表

点号	年份	1月		2月		3月		4月		5月		6月		7月		8月		9月		10月		11月		12月		年平均
		日	水位	日	水位	日	水位	日	水位	日	水位	日	水位	日	水位	日	水位	日	水位	日	水位	日	水位	日	水位	
D9	2013	5	10.53	5	10.78	5	10.88	5	10.61	5	10.41	5	10.09	5	10.18	5	10.09	5	10.23	5	10.20	5	10.26	5	11.03	10.43
		15	10.64	15	10.86	15	10.95	15	10.55	15	10.35	15	10.03	15	10.34	15	10.27	15	10.26	15	10.23	15	10.31	15	10.17	
		25	10.76	25	10.91	25	10.70	25	10.44	25	10.39	25	10.10	25	10.04	25	10.25	25	10.31	25	10.25	25	9.83	25	11.24	
	2014	5	11.21	5	11.55	5	11.36	5	10.91	5	11.52	5	10.54	5	10.90	5	11.32	5	10.68	5	9.42	5	9.66	5	10.22	10.69
		15	11.35	15	11.52	15	11.31	15	10.74	15	10.51	15	10.71	15	11.18	15	10.91	15	9.94	15	9.47	15	9.93	15	10.46	
		25	11.40	25	11.40	25	11.03	25	10.61	25	10.50	25	10.77	25	11.14	25	10.96	25	9.56	25	9.57	25	10.04	25	10.71	
	2015	5	10.84	5	11.04	5	10.94	5	10.22	5	9.86	5	10.15	5	9.77	5	10.69	5	10.75	5	9.99	5	9.97	5	10.39	10.36
		15	10.73	15	10.97	15	10.79	15	10.05	15	10.01	15	10.36	15	10.19	15	10.90	15	10.34	15	10.00	15	9.90	15	10.44	
		25	10.94	25	10.89	25	10.58	25	9.96	25	10.06	25	10.14	25	10.19	25	10.70	25	10.01	25	10.04	25	10.47	25	10.66	
D10	2012	15	8.97	15	9.35	15	9.44	15	9.58	15	9.54	15	9.66	15	9.60	15	9.82	15	9.32	15	9.27	15	9.18	15	9.51	9.44
	2013	15	10.06	15	10.17	15	10.26	15	10.11	15	10.02	15	9.86	15	10.13	15	9.89	15	9.85	15	9.83	15	9.85	15	10.18	10.02
	2014	15	10.58	15	10.65	15	10.68	15	10.26	15	10.15	15	10.15	15	10.30	15	10.23	15	10.04	15	9.42	15	9.40	15	9.61	10.12
	2015	15	10.04	15	10.24	15	10.17	15	9.75	15	9.61	15	9.53	15	9.46	15	9.73	15	9.65	15	9.39	15	9.14	15	9.43	9.68
D13	2012	15	10.65	15	11.50	15	11.10	15	11.45	15	11.52	15	11.83	15	11.04	15	11.15	15	10.94	15	11.00	15	11.32	15	11.53	11.25
	2013	15	11.69	15	11.86	15	12.21	15	12.22	15	12.25	15	12.30	15	11.80	15	11.53	15	11.80	15	11.93	15	12.04	15	12.18	11.98
	2014	15	12.33	15	12.45	15	12.47	15	12.60	15	12.40	15	12.37	15	12.77	15	12.21	15	12.09	15	11.38	15	11.54	15	11.59	12.18
	2015	15	11.78	15	11.90	15	12.02	15	11.94	15	11.72	15	11.69	15	11.52	15	11.75	15	11.90	15	12.00	15	12.09	15	12.14	11.87
D14	2012	15	12.15	15	12.51	15	12.89	15	13.36	15	13.35	15	13.88	15	13.06	15	13.10	15	12.93	15	13.03	15	13.48	15	13.68	13.12
	2013	15	13.78	15	13.88	15	14.28	15	14.50	15	14.58	15	14.57	15	13.98	15	14.07	15	14.11	15	14.27	15	14.25	15	14.43	14.23
D15	2011	5	7.85	5	8.00	5	8.05	5	7.95	5	8.20	5	7.90	5	7.60	5	5.85	5	7.75	5	6.42	5	6.89	5	7.10	7.39
		15	8.05	15	8.05	15	8.10	15	8.10	15	8.05	15	8.00	15	7.70	15	7.20	15	2.50	15	6.70	15	7.03	15	7.35	

续表

点号	年份	1月		2月		3月		4月		5月		6月		7月		8月		9月		10月		11月		12月		年平均
		日	水位	日	水位	日	水位	日	水位	日	水位	日	水位	日	水位	日	水位	日	水位	日	水位	日	水位	日	水位	
D15	2011	25	7.95	25	8.05	25	7.96	25	8.05	25	8.07	25	7.30	25	7.60	25	7.34	25	5.40	25	6.95	25	7.20	25	7.60	7.39
	2012	5	7.85	5	7.85	5	8.01	5	8.05	5	7.65	5	7.73	5	5.87	5	7.05	5	6.70	5	7.58	5	7.42	5	7.81	7.64
		15	7.75	15	7.98	15	8.35	15	8.15	15	7.84	15	7.90	15	7.32	15	8.26	15	6.43	15	8.30	15	7.75	15	7.67	
		25	7.75	25	7.91	25	8.01	25	7.87	25	7.74	25	8.02	25	5.61	25	7.50	25	7.07	25	8.40	25	7.85	25	7.98	
	2013	5	8.03	5	8.28	5	8.23	5	8.48	5	8.08	5	7.89	5	8.01	5	7.70	5	8.03	5	8.16	5	8.12	5	8.18	8.13
		15	9.12	15	8.22	15	8.22	15	8.28	15	8.07	15	7.82	15	8.08	15	8.16	15	8.17	15	8.21	15	8.04	15	8.20	
		25	8.24	25	8.23	25	8.24	25	8.83	25	8.18	25	7.81	25	6.91	25	7.99	25	8.16	25	8.18	25	8.00	25	8.24	
	2014	5	8.22	5	8.35	5	8.34	5	8.38	5	8.25	5	8.52	5	8.06	5	8.15	5	7.93	5	7.82	5	7.97	5	8.16	8.13
		15	8.28	15	8.32	15	8.28	15	8.30	15	8.23	15	8.24	15	8.41	15	8.06	15	6.43	15	8.04	15	8.12	15	8.24	
		25	8.34	25	8.55	25	8.42	25	8.18	25	8.34	25	7.88	25	7.98	25	8.19	25	7.49	25	7.88	25	8.10	25	8.31	
	2015	5	8.36	5	8.50	5	8.50	5	7.91	5	8.45	5	7.78	5	7.65	5	8.28	5	8.37	5	8.22	5	8.32	5	8.41	8.30
		15	8.46	15	8.50	15	8.56	15	8.33	15	7.23	15	8.14	15	8.05	15	8.32	15	8.28	15	8.44	15	8.40	15	8.54	
		25	8.48	25	8.51	25	8.45	25	9.29	25	8.29	25	7.87	25	8.02	25	8.27	25	8.04	25	8.59	25	8.43	25	8.61	
X1	2012	15	4.96	15	5.14	15	5.60	15	5.58	15	5.35	15	4.94	15	4.18	15	4.23	15	4.18	15	4.65	15	5.23	15	5.40	4.95
	2013	15	5.57	15	5.74	15	5.79	15	5.83	15	5.58	15	4.91	15	5.71	15	4.37	15	4.96	15	5.24	15	5.26	15	5.34	5.36
	2014	15	5.57	15	5.65	15	5.71	15	5.62	15	5.40	15	5.18	15	5.62	15	5.49	15	4.79	15	4.78	15	5.36	15	5.21	5.37
	2015	15	5.82	15	5.71	15	5.89	15	5.69	15	5.02	15	5.34	15	4.65	15	4.64	15	4.86	15	4.82	15	5.16	15	5.27	5.24
X2	2012	15	9.08	15	9.17	15	10.83	15	7.92	15	9.29	15	8.46	15	8.12	15	7.69	15	6.38	15	8.75	15	7.95	15	8.04	8.47
	2013	15	10.17	15	10.38	15	10.55	15	10.12	15	9.23	15	8.33	15	8.76	15	8.71	15	9.22	15	9.30	15	9.17	15	10.28	9.52
	2014	15	10.96	15	10.65	15	10.65	15	11.21	15	8.20	15	9.83	15	10.16	15	10.02	15	9.29	15	10.05	15	10.09	15	10.78	10.16
	2015	15	11.23	15	11.79	15	11.77	15	11.45	15	10.33	15	9.91	15	9.37	15	9.07	15	9.33	15	9.48	15	9.80	15	10.27	10.32

续表

点号	年份	1月		2月		3月		4月		5月		6月		7月		8月		9月		10月		11月		12月		年平均
		日	水位	日	水位	日	水位	日	水位	日	水位	日	水位	日	水位	日	水位	日	水位	日	水位	日	水位	日	水位	
X3	2012	15	8.25	15	8.92	15	9.13	15	9.18	15	7.64	15	6.10	15	5.59	15	4.62	15	5.28	15	7.50	15	8.13	15	8.90	7.44
	2013	15	9.51	15	9.95	15	10.08	15	10.28	15	9.85	15	7.21	15	7.69	15	6.00	15	8.64	15	9.45	15	9.24	15	9.51	8.95
	2014	15	10.12	15	10.30	15	10.40	15	10.53	15	10.34	15	9.73	15	8.93	15	8.94	15	7.73	15	8.18	15	8.98	15	9.50	9.47
	2015	15	9.93	15	10.28	15	10.44	15	10.43	15	9.94	15	8.93	15	8.04	15	8.50	15	8.69	15	8.47	15	9.03	15	9.63	9.36
X4	2012	15	5.25	15	5.72	15	6.08	15	6.29	15	6.06	15	5.46	15	3.33	15	3.12	15	3.28	15	4.66	15	5.33	15	5.79	5.03
	2013	15	6.20	15	6.49	15	6.70	15	6.87	15	6.88	15	6.24	15	6.18	15	4.18	15	5.27	15	6.28	15	6.41	15	6.59	6.19
	2014	15	7.38	15	7.47	15	7.54	15	7.53	15	7.32	15	7.25	15	6.90	15	7.00	15	6.34	15	5.83	15	6.04	15	6.32	6.91
	2015	15	6.64	15	6.88	15	7.09	15	6.87	15	6.46	15	6.17	15	5.19	15	6.06	15	5.94	15	6.05	15	6.19	15	6.51	6.34
X5	2012	15	28.10	15	28.30	15	28.30	15	28.60	15	28.64	15	29.30	15	28.87	15	29.07	15	28.57	15	28.55	15	27.91	15	29.18	28.62
	2013	15	29.86	15	30.60	15	29.74	15	29.53	15	29.52	15	29.55	15	30.70	15	29.95	15	30.45	15	29.38	15	29.60	15	30.00	29.91
	2014	15	30.28	15	30.70	15	30.40	15	29.47	15	29.50	15	29.45	15	30.65	15	29.87	15	29.16	15	28.63	15	29.04	15	29.79	29.75
	2015	15	29.97	15	30.50	15	30.28	15	29.19	15	29.58	15	29.31	15	29.57	15	29.68	15	29.65	15	29.38	15	29.41	15	29.75	29.69

四、地下水质资料

安康市地下水质资料表

点号	年份	pH	色(度)	浑浊度(度)	臭和味	肉眼可见物	阳离子(mg/L)								阴离子(mg/L)						矿化度
							钾	钠	钙	镁	氨氮	三价铁	二价铁	锰	氯化物	硫酸盐	重碳酸盐	碳酸盐	硝酸盐	亚硝酸盐	
D3	2011	7.4	<5.0	<1.0	异味	无	110.1		102.2	17.6	<0.03	<0.080		<0.05	54.9	180.1	234.9	0.0	135.78	<0.003	903.
	2012	8.09	<5.0	<1.0	无	微量沉淀	87.6		97.2	20.7	<0.03	<0.080		<0.05	54.9	148.9	302.0	0.0	47.15	<0.003	807.
	2013	7.98	<5.0	<1.0	无	无	47.6		130.3	19.4	0.05	<0.080		<0.05	53.2	108.1	338.6	0.0	53.92	0.112	795.
	2014	7.67	<5.0	<1.0	无	少量沉淀	123.6		116.2	23.1	<0.03	0.088		0.28	69.1	196.9	329.5	0.0	101.03	0.047	998.
	2015	7.4	<5.0	<1.0	无	无	35.2		128.7	18.5	<0.03	<0.08		<0.05	46.1	123	286.8	0.0	56.46	<0.003	723.
D4	2011	7.4	6.0	<1.0	异味	无	82.9		104.2	24.9	<0.03	<0.080		<0.05	63.8	115.3	317.3	0.0	90.32	<0.003	798.
	2012	8.11	<5.0	<1.0	无	无	83.4		100.2	21.3	<0.03	<0.080		<0.05	47.9	148.9	274.6	0.0	88.47	<0.003	801.
	2013	7.75	5.0	<1.0	无	少量沉淀	58.9		90.2	28.0	<0.03	<0.080		<0.05	53.2	112.9	277.6	0.0	59.41	0.085	718.
	2014	7.63	<5.0	<1.0	无	无	55.8		104.2	26.7	<0.03	<0.080		<0.05	58.5	139.3	256.3	0.0	66.79	0.006	740.
	2015	7.31	<5.0	<1.0	无	微量沉淀	85		104	28.7	<0.03	<0.08		<0.05	67.4	192.1	250.2	0.0	77.9	0.033	833.
D7	2011	7.6	6.0	<1.0	无	微量沉淀	57.1		87.2	35.2	3.00	<0.080		0.7	218.0	4.8	222.7	0.0	<2.50	0.014	647.
	2012	7.89	5.0	<1.0	无	少量沉淀	38.2		124.2	40.7	0.68	<0.080		0.97	145.3	156.1	238.0	0.0	<2.50	0.056	767.
	2013	7.97	7.0	<1.0	无	少量沉淀	40.5		50.1	36.5	0.65	<0.080		0.20	113.4	117.7	97.6	0.0	2.84	<0.003	488.
	2014	7.92	5.0	<1.0	无	少量沉淀	46.9		32.1	19.4	0.93	0.137		0.22	109.9	48.0	73.2	0.0	<2.50	0.014	350.
	2015	7.51	<5.0	<1.0	无	无	8.7		151.9	23.8	<0.03	<0.08		<0.05	49.6	187.3	213.2	0.0	69.98	0.008	734.
D9	2011	7.8	5.0	<1.0	无	微量沉淀	29.8		30.1	7.3	0.11	<0.080		0.61	12.4	28.8	149.5	0.0	<2.50	0.048	246.
	2012	8.32	<5.0	<1.0	无	少量沉淀	19.3		32.1	12.2	0.19	<0.080		0.47	17.7	7.2	164.7	3.0	<2.50	<0.003	262.
	2013	8.19	<5.0	<1.0	无	少量沉淀	31.4		40.1	20.7	0.60	<0.080		0.45	24.8	45.6	210.5	0.0	<2.50	<0.003	369.
	2014	7.84	13.0	1.0	无	微量沉淀	29.8		56.1	29.2	0.59	0.407		1.13	23.0	69.6	271.5	0.0	<2.50	<0.003	483.
	2015	7.73	<5.0	<1.0	无	无	36.6		70.1	23.8	0.14	<0.08		0.42	63.8	65.3	238	0.0	<2.50	0.062	531
D15	2011	7.4	<5.0	<1.0	异味	无	40.4		109.2	12.2	<0.03	<0.080		<0.05	42.5	127.3	189.2	0.0	77.99	<0.003	620.
	2012	7.75	<5.0	<1.0	无	微量沉淀	30.4		152.3	33.4	<0.03	<0.080		<0.05	72.7	136.9	289.8	0.0	125.51	<0.003	872.
	2013	7.95	<5.0	<1.0	无	无	69.7		170.3	36.5	0.06	<0.080		<0.05	92.2	182.5	372.2	0.0	126.25	0.004	1084.
	2014	7.64	<5.0	<1.0	无	微量沉淀	43.3		166.3	41.9	<0.03	0.100		<0.05	74.4	165.7	411.9	0.0	82.85	0.143	1012.
	2015	7.23	<5.0	<1.0	无	微量沉淀	33.1		156.3	38.9	<0.03	<0.080		<0.05	63.8	168.1	347.8	0.0	89.32	0.031	913.

溶解性总固体(mg/L)	COD(mg/L)	可溶性 SiO_2 (mg/L)	硬度(以碳酸钙计,mg/L)			其他指标(mg/L)								取样时间
			总硬	暂硬	永硬	挥发酚	氰化物	氟离子	砷	六价铬	铅	镉	汞	
786	1.8	23.6	327.8	192.7	135.1	<0.001	<0.0008	0.39	0.007	<0.005	<0.001	<0.0005	<0.000 05	2011.09.30
656	0.7	19.6	327.8	247.7	80.1	<0.001	<0.0008	0.32	0.002	<0.005	<0.001	<0.0005	<0.000 05	2012.09.28
626	2.0	17.6	405.4	277.7	127.6	<0.001	<0.0008	0.32	<0.001	<0.005	<0.001	<0.0005	<0.000 05	2013.09.28
834	2.5	26.6	385.3	270.2	115.1	<0.001	<0.0008	0.41	0.007	<0.005	0.002	<0.0005	<0.000 05	2014.10.27
580	0.9	16.6	397.4	235.2	162.2	<0.001	<0.0008	0.3	<0.001	<0.005	<0.001	<0.0005	0.000 06	2015.10.30
640	1.8	17.7	362.8	260.2	102.6	<0.001	<0.0008	0.38	0.003	<0.005	<0.001	<0.0005	<0.000 05	2011.09.30
664	0.9	20.2	337.8	225.2	112.6	<0.001	<0.0008	0.45	0.005	<0.005	<0.001	<0.0005	<0.000 05	2012.09.28
580	3.0	17.3	340.3	227.7	112.6	<0.001	<0.0008	0.41	<0.001	<0.005	<0.001	<0.0005	<0.000 05	2013.09.28
612	1.0	18.1	370.3	210.2	160.1	<0.001	<0.0008	0.36	<0.001	<0.005	<0.001	<0.0005	0.000 07	2014.10.27
708	1.4	18	378.3	205.2	173.1	<0.001	<0.0008	0.34	<0.001	<0.005	<0.001	<0.0005	0.000 14	2015.10.30
536	3.2	0.4	362.8	182.7	180.1	0.001	<0.0008	0.24	<0.001	<0.005	<0.001	<0.0005	<0.000 05	2011.09.30
648	2.7	1.5	477.9	195.2	282.7	<0.001	<0.0008	0.26	<0.001	<0.005	<0.001	<0.0005	0.000 10	2012.09.28
440	2.5	1.8	275.2	80.1	195.2	<0.001	<0.0008	0.20	<0.001	<0.005	<0.001	<0.0005	<0.000 05	2013.09.28
314	2.1	<5.0	160.1	60.1	100.0	<0.001	<0.0008	0.21	<0.001	<0.005	<0.001	<0.0005	<0.000 05	2014.10.27
628	0.8	14	477.7	174.7	302.7	<0.001	<0.0008	0.28	<0.001	<0.005	<0.001	<0.0005	0.0001	2015.10.30
172	1.3	0.1	105.1	105.1	0.0	<0.001	<0.0008	0.11	<0.001	<0.005	<0.001	<0.0005	<0.000 05	2011.09.30
180	1.2	2.6	130.1	130.1	0.0	<0.001	<0.0008	0.15	<0.001	<0.005	<0.001	<0.0005	<0.000 05	2012.09.28
264	1.9	3.8	185.2	172.7	12.5	<0.001	<0.0008	0.17	<0.001	<0.005	<0.001	<0.0005	<0.000 05	2013.09.28
348	2.1	<5.0	260.2	222.7	37.5	<0.001	<0.0008	0.17	<0.001	<0.005	0.003	<0.0005	<0.000 05	2014.10.27
412	1.2	8.3	273.2	195.2	78	<0.001	<0.0008	0.2	<0.001	<0.005	<0.001	<0.0005	0.0001	2015.10.30
526	3.0	10.5	322.8	155.1	167.7	<0.001	<0.0008	0.30	0.001	<0.005	<0.001	<0.0005	<0.000 05	2011.09.30
728	0.7	11.4	518.0	237.7	280.3	<0.001	<0.0008	0.23	<0.001	0.024	<0.001	<0.0005	<0.000 05	2012.09.28
898	2.9	17.5	575.5	305.3	270.2	<0.001	<0.0008	0.30	<0.001	<0.005	<0.001	<0.0005	<0.000 05	2013.09.28
806	1.7	16.6	588.0	337.8	250.2	<0.001	<0.0008	0.26	<0.001	<0.005	0.003	<0.0005	<0.000 05	2014.10.27
740	1	11.9	550.5	285.3	265.2	<0.001	<0.0008	0.26	<0.001	<0.005	<0.001	<0.0005	0.000 12	2015.10.30

第七章 铜 川 市

一、监测点基本情况

铜川监测区位于耀州区寺沟河谷阶地。本年鉴收录2011—2015年水质监测数据，其中潜水水质监测点2个，承压水水质监测点1个。

二、监测点基本信息表

地下水质监测点基本信息表

序号	点号	位置	地下水类型	页码
1	地观2下	耀州区寺沟河谷	承压水	200
2	地观2上	耀州区寺沟河谷	潜水	200
3	地观7上	耀州区寺沟河谷	潜水	200

三、地下水质资料

铜川市地下水质资料表

点号	年份	pH	色(度)	浑浊度(度)	臭和味	肉眼可见物	阳离子(mg/L)								阴离子(mg/L)						矿度
							钾	钠	钙	镁	氨氮	三价铁	二价铁	锰	氯化物	硫酸盐	重碳酸盐	碳酸盐	硝酸盐	亚硝酸盐	
地观2下	2011	7.6	<5.0	<1.0	无	无	53.5		95.2	30.4	<0.03	<0.08		<0.05	21.3	93.7	299	0	132.03	0.005	757
	2012	8.04	<5.0	<1.0	无	无	91.8		88.2	31.6	<0.03	<0.08		<0.05	26.6	88.9	289.8	0	226.03	0.018	820
	2013	7.93	<5.0	<1.0	无	无	41.7		82.2	32.8	0.04	<0.08		<0.05	19.5	55.2	277.6	0	146.77	0.025	682
	2014	8.03	<5.0	<1.0	无	无	35.2		89.2	38.9	<0.03	<0.08		0.11	19.5	88.9	289.8	0	125.88	<0.003	722
	2015	8.22	<5.0	<1.0	无	无	44.5		84.2	31.8	<0.03	<0.08		<0.05	117.7	87.4	262.4	0	121.28	0.008	671
地观2上	2011	7.6	<5.0	<1.0	无	无	56.1		90.2	23.1	0.06	<0.08		<0.05	39	103.3	283.7	0	58.61	0.004	679
	2012	7.94	8	1	无	无	61.2		77.2	24.9	<0.03	<0.08		<0.05	30.1	108.1	292.9	0	41.07	0.011	646
	2013	8.01	<5.0	<1.0	无	无	40.7		66.1	26.7	<0.03	<0.08		<0.05	23	69.6	280.7	0	35.37	0.014	558
	2014	8.11	<5.0	<1.0	无	无	37.3		77.2	28	<0.03	<0.08		<0.05	28.4	91.3	271.5	0	38.58	<0.003	591
	2015	8.4	<5.0	<1.0	无	无	44.5		64.1	28.2	<0.03	<0.08		<0.05	31.9	97	231.9	6	33.3	0.008	55
地观7上	2011	7.6	<5.0	<1.0	无	无	59.1		92.2	32.2	<0.03	<0.08		<0.05	24.8	67.2	338.6	0	134.56	0.005	769
	2012	7.83	<5.0	<1.0	无	无	108.2		113.2	41.3	<0.03	<0.08		<0.05	30.1	124.9	326.4	0	307.24	0.011	1019
	2013	7.63	<5.0	<1.0	无	无	53.5		98.2	37.7	<0.03	<0.08		<0.05	21.3	86.5	295.9	0	190.86	<0.003	81
	2014	8.09	<5.0	<1.0	无	无	49.1		87.2	31	0.18	<0.08		<0.05	24.8	57.6	378.3	0	58.72	<0.003	711
	2015	8.11	<5.0	<1.0	无	无	57.3		77	28.9	<0.03	<0.08		<0.05	31.9	70.1	323.4	0	65.1	0.1	649

溶解性总固体(mg/L)	COD(mg/L)	可溶性SiO_2(mg/L)	硬度(以碳酸钙计,mg/L)			其他指标(mg/L)								取样时间
			总硬	暂硬	永硬	挥发酚	氰化物	氟离子	砷	六价铬	铅	镉	汞	
608	0.8	9.6	362.8	245.2	117.6	<0.001	<0.0008	0.54	<0.001	<0.005	<0.001	<0.005	<0.0005	2011.10.17
676	1.1	11.3	350.3	237.7	112.6	<0.001	<0.0008	0.3	<0.001	<0.005	<0.001	<0.005	<0.0005	2012.11.13
544	1.1	15.1	340.3	227.7	112.6	<0.001	<0.0008	0.3	<0.001	<0.005	<0.001	<0.005	<0.0005	2013.10.25
578	1.1	13.5	382.8	237.7	145.1	<0.001	<0.0008	0.29	<0.001	<0.005	<0.001	<0.005	<0.0005	2014.10.16
540	0.8	13	341.3	215.2	126.1	<0.001	<0.0008	0.3	<0.001	<0.005	<0.001	<0.005	0.000 05	2015.11.02
538	0.8	10.2	320.3	232.7	87.6	<0.001	<0.0008	0.55	0.004	<0.005	<0.001	<0.005	<0.0005	2011.10.17
500	1.3	11	295.3	240.2	55.1	<0.001	<0.0008	0.33	<0.001	<0.005	<0.001	<0.005	<0.0005	2012.11.13
418	1.7	14	275.2	230.2	45	<0.001	<0.0008	0.32	<0.001	<0.005	<0.001	<0.005	<0.0005	2013.10.25
456	1.1	13.3	307.8	222.7	85.1	<0.001	<0.0008	0.32	<0.001	<0.005	<0.001	<0.005	<0.0005	2014.10.16
440	0.9	13.7	276.2	190.2	86	<0.001	<0.0008	0.31	<0.001	<0.005	<0.001	<0.005	<0.0005	2015.11.02
600	0.6	10.3	362.8	277.7	85.1	<0.001	<0.0008	0.56	<0.001	<0.005	0.002	<0.005	<0.0005	2011.10.17
856	1.0	12.4	452.9	267.7	185.2	<0.001	<0.0008	0.3	<0.001	0.008	<0.001	<0.005	<0.0005	2012.11.13
668	0.7	14.8	400.4	242.7	157.7	<0.001	<0.0008	0.34	<0.001	<0.005	<0.001	<0.005	<0.0005	2013.10.25
522	1.0	13.2	345.3	310.3	35	<0.001	<0.0008	0.32	<0.001	0.008	<0.001	<0.005	<0.0005	2014.10.16
488	0.9	7.7	311.3	265.2	46.1	<0.001	<0.0008	0.34	<0.001	0.006	<0.001	<0.005	<0.0005	2015.11.02

第八章　榆　林　市

一、监测点基本情况

榆林市地下水监测以潜水水质监测为主，监测点分别位于榆林市经济开发区草海则、榆林市西沙公安干校和神木县公交站。

二、监测点基本信息表

地下水质监测点基本信息表

序号	点号	位置	地下水类型	页码
1	Y1	经济开发区草海则	潜水	204
2	Y3	西沙公安干校	潜水	204
3	Y15	神木县公交站	潜水	204

三、地下水质资料

榆林市地下水质资料表

点号	年份	pH	色(度)	浑浊度(度)	臭和味	肉眼可见物	阳离子(mg/L)								阴离子(mg/L)						矿 度
							钾	钠	钙	镁	氨氮	三价铁	二价铁	锰	氯化物	硫酸盐	重碳酸盐	碳酸盐	硝酸盐	亚硝酸盐	
Y1	2011	8.11	<5.0	1	无	无					<0.02	<0.05		<0.02	14.89	17.46			2.82	0.005	
Y3	2011	8.19	<5.0	<0.5	无	无					<0.02	<0.05		<0.02	21.27	28.4			8.28	0.007	
Y15	2011	8.24	<5.0	<0.5	无	无					<0.02	<0.05		<0.02	4.25	9.82			4.48	<0.001	

溶解性总固体(mg/L)	COD(mg/L)	可溶性SiO_2(mg/L)	硬度(以碳酸钙计,mg/L)			其他指标(mg/L)								取样时间
			总硬	暂硬	永硬	挥发酚	氰化物	氟离子	砷	六价铬	铅	镉	汞	
222	1.04		180.16			<0.002	<0.002	0.14	<0.01	0.012	<0.01	<0.005	<0.001	2011.12.15
347	1.2		284.26			<0.002	<0.002	0.19	<0.01	<0.004	<0.01	<0.005	<0.001	2011.12.15
159	0.72		124.11			<0.002	<0.002	0.37	<0.01	0.005	<0.01	<0.005	<0.001	2011.12.15

编制情况说明

陕西省地质环境监测总站已开展地下水监测60年，分别于1978年、1985年、1991年、1992年编制出版了《西安地区地下水位年鉴(1956—1977年)》《西安地区地下水位年鉴(1978—1983年)》《西安地区地下水位年鉴(1984—1990年)》《宝鸡地区地下水位年鉴(1975—1985年)》。

为了保护历史监测资料，更好地推进地质环境监测机构的公益性服务与监测资料的社会化共享，我站于2013—2016年组织编制了《陕西省地下水监测年鉴(2011—2015年)》。现将有关情况说明如下。

(1)2011—2015年间，我省西安、咸阳、宝鸡、渭南、汉中、安康、榆林和铜川等8市开展地下水动态监测，故本年鉴编录了8市371个监测点位的水位、水质监测数据。

(2)为了便于使用资料，年鉴中附有监测点基本信息表，说明了每个监测点基本信息，包括监测点编号、监测点位置、地下水类型等。

地下水监测数据整编是一项长期、细致的基础性工作，由于资料积累时间较长，时间仓促，不妥之处敬请批评指正。

陕西省地质环境监测总站

2016年12月10日